GESCHICHTE
DER
ELEMENTAR-MATHEMATIK

IN SYSTEMATISCHER DARSTELLUNG
MIT BESONDERER BERÜCKSICHTIGUNG
DER FACHWÖRTER

VON

DR. JOHANNES TROPFKE
OBERSTUDIENDIREKTOR AN DER KIRSCHNER-SCHULE ZU BERLIN

ERSTER BAND
RECHNEN

DRITTE, VERBESSERTE UND VERMEHRTE AUFLAGE

BERLIN UND LEIPZIG 1930
WALTER DE GRUYTER & CO.
VORMALS G. J. GÖSCHEN'SCHE VERLAGSHANDLUNG / J. GUTTENTAG, VERLAGSBUCHHANDLUNG / GEORG REIMER / KARL J. TRÜBNER / VEIT & COMP.

vormals G. J. Göschen'sche Verlagshandlung — J. Guttentag, Verlagsbuchhandlung — Georg Reimer — Karl J. Trübner — Veit & Comp.
Berlin W 10, Genthiner Straße 38.

Druck von Metzger & Wittig in Leipzig.

Vorwort zur ersten Auflage.

Die hohe Bedeutung geschichtlicher Forschungen in der Wissenschaft, wie insbesondere der große Wert, der in der Verwendung geschichtlicher Mitteilungen auch bei dem mathematischen Unterricht ruht, ist so allgemein anerkannt, daß es sich erübrigt, an dieser Stelle näher darauf einzugehen.

Anders liegt die Frage, wie ein Schulmann oder ein Gebildeter überhaupt — sei es zum Gebrauch im Unterricht, sei es zur Selbstbelehrung — sich die historischen Kenntnisse zu eigen machen kann. Bis vor kurzem war die Geschichte der Mathematik nur in vielen einzelnen Abhandlungen, zum Teil sehr speziellen Inhaltes, zerstreut behandelt. Einen Markstein in der Entwicklung des geschichtlich-mathematischen Studiums bildet CANTORs großes Meisterwerk.[1] Seine zusammenfassende Darstellung des immer umfangreicher gewordenen, vielseitigen Stoffes gibt uns in meisterhafter Schilderung einen klaren und tiefen Einblick in den großen Werdegang unserer modernen Mathematik. Den Einzelheiten wird, soweit es zum Verständnis der Allgemeindarstellung nötig ist, möglichste Ausführlichkeit gewidmet; aber naturgemäß kann bei einem so groß angelegten Werke, wie bei der Fülle des zu bearbeitenden Materials erschöpfende Behandlung in diesen Einzelheiten nicht verlangt werden. Gerade das Studium der CANTORschen Vorlesungen hat daher eine beträchtliche Anzahl neuer Arbeiten hervorgerufen, von denen die einen die nun erst kenntlicher gewordenen Lücken der Geschichtsforschung auszufüllen sich bemühen, andere sich mit einheitlicher Darstellung der Geschichte von Sondergebieten, wie der Trigonometrie u. a. beschäftigen und daher das engere Thema eingehender durcharbeiten können.

Die vorwiegend historische Anordnung in CANTORs Werk bereitet dem Leser, der sich über ein Thema unterrichten will, große Schwierigkeiten, da die stufenweise Entwicklung des gesuchten Stoffes aus den verschiedensten Kapiteln mit Hilfe des Inhaltsverzeichnisses zusammengetragen werden muß. Monographien sind noch nicht in größerer Zahl vorhanden; zum Teil stellen auch diese noch ein so umfassendes Sachgebiet dar, daß das Beantworten der gestellten Frage nur wenig erleichtert wird. Für ein Werk, das imstande sein soll, schnell Auskunft über diesen oder jenen Punkt zu geben, das also als eine Art Nachschlagewerk dienen kann, ist deshalb die systematische Anordnung durchaus vorzuziehen.

---

[1] MORITZ CANTOR, *Vorlesungen über Geschichte der Mathematik* — Bd. I, dritte Auflage, Leipzig 1907 — Bd. II, zweite Auflage, Leipzig 1900 und 1913 — Bd. III, zweite Auflage, Leipzig 1901 — Bd. IV, Leipzig 1908 — (kurz als CANTOR, 1^3, 2^2, 3^2, 4^1 angeführt).

Nach diesem Gesichtspunkt ist die vorliegende Geschichte der Elementarmathematik behandelt worden.

Angeregt durch das Studium mathematisch-historischer Schriften, hatte der Verfasser begonnen, sich eine stofflich geordnete Sammlung geschichtlicher Notizen herzustellen, um sie im Unterricht hier und dort benutzen zu können. Neben den Vorlesungen CANTORS waren die Schriften von BALTZER, BRETSCHNEIDER, CHASLES, FRIEDLEIN, GÜNTHER, HANKEL, KLÜGEL, MATTHIESSEN, NESSELMANN, SUTER, TREUTLEIN, UNGER, ferner die *Zeitschrift für Mathematik* und die *Bibliotheca mathematica* durchgearbeitet worden. In einer Programmabhandlung Ostern 1899 erschien, übersichtlich geordnet, der erste Teil dieser Zusammenstellung. Die Unvollständigkeit des gefundenen Materials trat schon beim Abfassen dieser Abhandlung so klar hervor, daß eine Fortsetzung unterdrückt wurde. Als unerläßliche Notwendigkeit stellte es sich heraus, das bereits begonnene Quellenstudium zunächst weiter durchzuführen. Es war das eine mehrjährige, äußerst umfangreiche Vorarbeit, die ihren Ausdruck in den Fußnoten findet.

Der Neubearbeitung lag daher eine erheblich vergrößerte Stoffmenge vor; daß diese von Vollständigkeit noch ziemlich weit entfernt ist, kann niemandem klarer sein als dem Verfasser.

Der gewählte Stil nähert sich bei dem Umfang des Stoffes lexikalischer Kürze. Durch eine breitere Darstellung, die entschieden leichter gewesen wäre und zu der oft genug das Interesse zum Thema verlocken wollte, hätte die Übersichtlichkeit gelitten. Auch durfte der Umfang des Buches nicht über eine gewisse Grenze hinausgehen, damit der Charakter eines Handbuches gewahrt bleibe. Anderseits würde zu große Knappheit in der Form die Klarheit und Deutlichkeit beeinträchtigt haben. Gesperrt gedruckte Stichworte erleichtern das Zurechtfinden. Die sich oft in derselben Form wiederholenden Zeitangaben waren nötig, um auch denen, die nur diesen oder jenen Abschnitt herausgreifen, die historische Folge stets vor Augen zu führen.

In unseren elementar-mathematischen Lehrbüchern ist geschichtlichen Belehrungen leider selten eine Stelle eingeräumt. Nur wenige neuere Leitfäden ahmen das beachtenswerte Beispiel BALTZERS nach. Es wäre nicht der schlechteste Dank, den der Verfasser für seine Arbeit hätte, wenn das reichlich gebotene Material hierin eine Änderung herbeiführte; zu keinem Zwecke würden die Resultate seiner Mühe freudiger zur Verfügung gestellt werden. Ein Erfolg wäre es schon, wenn endlich einmal so viele falsche, leider nur zu fest eingewurzelte Bezeichnungen aus dem Unterricht verschwinden würden, wie „Diophantische Gleichungen, Cardanische Formel, Goldener Schnitt, Lunulae Hippocratis, Huddesche Methode, Gausssche Zahlenebene" und viele andere, wenn die richtigen neueren Erklärungen für das Pluszeichen aus *et*, den Wurzelhaken aus einem Punkt (nicht aus einem *r*), das Prozentzeichen $^0/_0$ aus *Cto.* (= *cento*), für den Zusammenhang des x der Gleichung mit dem italienischen *cosa* usw. die allbeliebten falschen Erzählungen verdrängten.

Auf die Genauigkeit der Angaben, besonders in den Anmerkungen, ist größter Wert gelegt worden. Die Zitate sind den Originalen selbst entnommen. In den wenigen Fällen, wo diese dem Verfasser nicht zugänglich waren, sind die Gewährsmänner gewissenhaft genannt.

Ein allgemeines Namen- und Sachregister wird am Schluß des zweiten Bandes beigefügt werden.

Berlin, im Sommer 1902.

Vorwort zur zweiten Auflage.

Seit Erscheinen der ersten Auflage hat die mathematisch-historische Wissenschaft große Fortschritte gemacht. Besondere Verdienste um sie hat sich GUSTAF ENESTRÖM (Stockholm) erworben, der die *Bibliotheca mathematica* zu einem Mittelpunkt der Forschung ausbaute, in ihr wie von einer Warte aus alle fachlichen Veröffentlichungen verfolgte und in Berichten und Berichtigungen, in Kritik und Anregung, nicht zum wenigsten in eigener wertvoller Mitarbeit Förderung schaffte. Wenn sich MORITZ CANTOR auch in seinen *Vorlesungen* ein bleibendes Denkmal errichtet hat, so stellte sich doch vielfach bei strenger Nachprüfung Unzulänglichkeit in Bericht, Urteil und Genauigkeit heraus, die ernsten Widerspruch und exakte Verbesserung forderte. Hier trat die *Bibliotheca mathematica* nachdrücklich ein.[2] Eine Reihe befähigter Fachgenossen haben sich in jüngster Zeit zum Wort gemeldet; von deutschen Gelehrten sind D. MAHNKE, E. RATH, F. RUDIO, W. SCHMIDT, P. STÄCKEL (†), H. VOGT zu nennen, vor allem HEINRICH WIELEITNER,[3] für das Ausland H. BOSMANS, FL. CAJORI, TH. HEATH, J. L. HEIBERG, G. R. KAYE, L. C. KARPINSKI, G. LORIA, D. E. SMITH, P. TANNERY (†), H. G. ZEUTHEN (†). Die internationale Zusammenarbeit, die unter ENESTRÖMS Führung so schön begonnen hatte, ist durch die Ereignisse der letzten Jahre unterbunden worden. Den größten Abbruch erlitt unsere junge Wissenschaft durch das Eingehen der *Bibliotheca mathematica.*

Die Durcharbeitung dieser neueren Literatur, sowie tieferes Studium der Quellenschriften selbst brachte der neuen Auflage große Ergänzungen und auch Berichtigungen, so daß der Umfang des Werkes, vor allem in den Anmerkungen, die wohl den wichtigsten und

[2] Vgl. u. a. die zahlreichen *Kleinen Bemerkungen* zu CANTORS *Vorlesungen* in der *Bibliotheca mathematica.* — [3] Seine in der Sammlung SCHUBERT erscheinende, zum Teil auf eigenen Forschungen beruhende *Geschichte der Mathematik*, II. Teil: *Von Cartesius bis zur Wende des 18. Jahrhunderts*, 1. Hälfte: *Arithmetik, Algebra, Analysis*, Leipzig 1911; 2. Hälfte: *Geometrie und Trigonometrie*, Berlin 1921, ebenso auch der I. Teil von S. GÜNTHER, *Von den ältesten Zeiten bis Cartesius*, Leipzig 1908, geben für die einzelnen Kapitel des nachfolgenden Werkes sehr wertvolle Übersichten, die bei den hier gesteckten Zielen naturgemäß sehr kurz gehalten werden mußten.

schwierigsten Teil der Darstellung ausmachen, erheblich gewachsen ist. Besondere Aufmerksamkeit wurde auf die Geschichte der Fachwörter verwendet; die gleichgerichtete Arbeit von A. SCHIRMER[61] über die deutschen Fachwörter kam dem Verfasser erst zur Kenntnis, als er selbst schon den größten Teil seiner Sammlung fertiggestellt hatte.

Im Äußeren ist eine Umstellung der einzelnen Abschnitte und eine Teilung in mehr als zwei Bände erfolgt; der Anschluß an das Schulpensum ist aber möglichst gewahrt. Es enthält Band I Das Rechnen, II Allgemeine Arithmetik, III Proportionen und Gleichungen, IV Geometrie, V Trigonometrie und Sphärik, VI Analysis. Analytische Geometrie. Kegelschnitte. In Band VII werden zwei getrennte Register, Namen- und Sachverzeichnis, gegeben; sie sind mit größter Sorgfalt hergestellt, um eine möglichst tiefe Ausnutzung des gesamten Stoffes zu verbürgen. Verweisungsziffern in den Anmerkungen geben immer die Stelle an, wo die entsprechenden Schrifttitel genau zu finden sind.

Der Druck wurde dadurch erschwert, daß erst jetzt die Verbindung Deutschlands mit der wissenschaftlichen Außenwelt wiederhergestellt wurde und sich mehrfach durch neu zugehende Mitteilungen Änderungen im letzten Augenblick nötig zeigten.

Ohne die reiche Unterstützung, die G. ENESTRÖM beim Durchsehen der Fahnen gewährte, ohne die selbstlose, fleißige und peinlich genaue Mitarbeit meines Freundes H. WIELEITNER wäre das gesteckte Ziel nicht erreicht worden. Ihnen für ihre Hilfe zu danken, reichen meine Worte nicht aus; den besten Dank werden sie mit mir in der Anerkennung durch die Leser und Benutzer finden. Für die arabische Literatur, Schreibart der Eigennamen usw. war die entgegenkommende Teilnahme an der Korrektur durch JULIUS RUSKA (Heidelberg) von wesentlicher Bedeutung.

Berlin, Dezember 1920.

Vorwort zur dritten Auflage.

Die fortschreitende mathematisch-historische Forschung hat weitere Verbesserungen und Ergänzungen gebracht. Das Anmerkungenmaterial ist verschärft und vervollständigt worden.

Die am Schluß eines jeden Bandes angehängte Vergleichstafel der Seiten- und Anmerkungszahlen der zweiten und dritten Auflage ermöglicht die Benutzung des großen Namen- und Sachverzeichnisses am Ende des Band VII der zweiten Auflage.

Der letzte Band der dritten Auflage wird ein neues vervollständigtes Namen- und Sachverzeichnis aller Bände bringen.

Berlin, September 1929.

Der Verfasser.

Inhalt.

Das Rechnen.

	Seite
A. Die Zahlen im allgemeinen	3— 43
1. Die Zahlwörter	3— 14
2. Die Ziffern	14— 43
B. Die Maße	43— 66
1. Die Zeitmaße	43— 51
2. Die Winkelmaße	51— 65
3. Die Dezimalmaße	65— 66
C. Die ganzen Zahlen	66—148
I. Das Rechnen mit ganzen Zahlen	66—119
1. Das Kopfrechnen	66— 69
2. Das schriftliche Rechnen	69—115
a) Die Rechnungsarten im allgemeinen	69— 88
b) Die einzelnen Rechnungsarten	88—113
α) Addition	88— 90
β) Subtraktion	90— 96
γ) Multiplikation	97—105
δ) Division	105—113
c) Das abgekürzte Rechnen	113—115
3. Das Rechnen mit benannten Zahlen	115—119
II. Eigenschaften der ganzen Zahlen	119—140
III. Tabellen	140—148
D. Die Brüche	149—187
1. Die gewöhnlichen Brüche	149—172
a) Allgemeiner Teil	149—161
b) Besonderer Teil	162—172
2. Die Dezimalbrüche	172—187
E. Das angewandte Rechnen	187—218
1. Die Regeldetri	187—194
2. Die Zinsrechnung	194—203
3. Die Terminrechnung	203—204
4. Die Gewinn- und Verlustrechnung	204—205
5. Die Rabattrechnung	205—208
6. Die Tararechnung	208—210
7. Die Mischungsrechnung	210—212
8. Die Gesellschaftsrechnung	212—216
9. Wechselrechnung	216—218
Vergleichstafel der Seiten- und Anmerkungszahlen der zweiten und dritten Auflage	219—222

DAS RECHNEN

A. Die Zahlen im allgemeinen.

I. Die Zahlwörter.

Nur weniges vermag der grübelnde Verstand aus der Vorzeit menschlicher Kultur zu erschließen. Tatsächliche Kenntnisse, die wir aus der Durchforschung alter Bauten und Denkmäler schöpfen, reichen kaum über das vierte Jahrtausend vor Beginn unserer Zeitrechnung hinaus, literarische Funde sind erst aus noch viel späterer Zeit zu verzeichnen. Welch lange und blühende Entwickelung mathematisch-architektonischen Wissens muß indes vorangegangen sein, daß die auf das dritte Jahrtausend v. Chr. zu datierenden majestätischen Bauten Altägyptens hervorgebracht werden konnten! Wie weit in die Vergangenheit muß unser geistiges Auge blicken, um den Anfängen rechnerischer Leistungen nachzuforschen, wenn uns zwei kleine unscheinbare Tontäfelchen, nur wenig jünger, von hohen abstrakten mathematischen Kenntnissen Babylons erzählen, Kenntnissen, die von Beschäftigung mit Quadratzahlen, mit Sexagesimalbrüchen zeugen![1]

Dichter Nebel verhüllt diese Fernen historischer Forschung, nur Vermutungen und Annahmen können zum Ersatz herangezogen werden. Dem Beginn der Sprachenbildung muß die Entstehung des Zahlbegriffes vorangegangen sein. Wie die Henne, die instinktiv ihre Jungen zählt, eine Art Begriff der Anzahl besitzt, so im Urzustand der Mensch.[2] Sehr allmählich erwuchsen den Begriffen Worte, meistens aus Bezeichnungen von Dingen, die in der betreffenden Anzahl aufzutreten pflegen. Primitive Völker verbinden zuweilen noch heute das Zahlwort so eng mit dem gezählten Gegenstand, daß sie für einen Zahlbegriff, wie 4, verschiedene Wörter haben je nach der Art des Gezählten.[3] Bei geringer Veranlagung kommt es oft nur zu Wortbildungen für wenige Einheiten oder gar

[1] Die sogenannten Täfelchen von Senkereh (unweit Babylon), gefunden 1854[279]; vgl. R. Lepsius, Abh. Ak. Berlin, Phil. u. hist. Abt. 1877 (1878), S. 105—144. Die neuesten Ausgrabungen der Pennsylvania-Universität unter Leitung von H. V. Hilprecht haben in der Tempelbibliothek zu Nippur Täfelchen mit mathematischen Texten an das Licht gebracht, die bis zum Jahr 2400 v. Chr. zurückreichen. *The Babylonian Expedition of the University of Pennsylvania.* Series A. Vol. 20. Part. 1. Philadelphia 1906. — [2] E. Fettweis, *Das Rechnen der Naturvölker*, Leipzig 1927, S. 2. — [3] Daselbst S. 3, 55 f.

nur zu Zahlgesten[4], ohne daß aber solch eine kurze Zahlreihe notwendig die Zähl- und Rechenfähigkeit hinderte.[5] Andere Völker vermochten zu einem Zahlensystem fortzuschreiten. Mit gesteigerter Lebenshaltung und wachsendem Verkehr erhöhte sich nach und nach das Bedürfnis, die Zahlenreihe zu erweitern; die Anzahl der Finger, als stetig vor Augen, wurde zumeist maßgebend, um Ordnung in diese Reihe zu bringen.[6] Fast alle Völker der Erde besitzen Zahlensysteme, deren Einheiten sich zu zehn (Finger beider Hände) gruppieren. Nur wenige Fälle eines ausgebildeten Zwanzigersystemes, das die Anzahl der Finger und Zehen zusammen zum Grundtypus nimmt, sind sicher festzustellen, bei den Altmexikanern, den Kelten und einigen Indianerstämmen. Ein streng durchgebildetes Fünfersystem (Finger einer Hand) findet sich noch seltener, wenn auch solche Wortbildungen in anderen Systemen zuweilen auftreten. Spuren eines Elfersystems, dessen Entstehung zweifelhaft ist, sind bei den Neuseeländern vorhanden. Ob ein hin und wieder durchblickendes Zwölfersystem natürlichen Ursprunges ist, etwa unter Benutzung der 12 Knöchel an den Fingern einer Hand, ohne Daumen, ob es nicht unbewußter Nachklang eines historisch nachweisbaren künstlichen Systemes (Babylon) ist, dürfte schwer zu entscheiden sein.[7]

[4] Daselbst S. 18 f., 29 f., 53 f. — [5] Daselbst S. 44 f. — [6] Auf diese Entstehung des dekadischen Systemes hat zuerst ARISTOTELES (384 v. Chr. Stagira in Macedonien — 322 v. Chr. Chalkis; Athen, Schule der Peripatetiker) aufmerksam gemacht, vgl. ARISTOTELES, Probl. XV, § 3, Ausgabe Berl. Ak., ed. IMM. BEKKER, 5 Bände, Berlin 1831, 1836, 1870, Bd. 2, S. 910; GEMMA FRISIUS (1508 Friesland — 1555 Loewen) fügt den betreffenden Absatz des ARISTOTELES seinem Rechenbuch *Arithmeticae practicae methodus facilis*, Wittenberg 1544 (1. Aufl. 1540) als Anhang bei. Vgl. auch OVID, *Fasti* III, 121. — [7] Wissenschaftliche Betrachtungen über andere Zahlensysteme, als das dekadische, hat zuerst BLAISE PASCAL (1623 Clermont — 1662 Paris, Math. u. Philos.) in einer Abhandlung *Caractères de divisibilité des nombres*[809] (PASCAL, Werke, ed. BOSSUT, La Haye 1779, Bd. 5, S. 123 ff.) angestellt, dann unabhängig von ihm der gelehrte Bischof JOH. CARAMUEL Y LOBKOWITZ (1606—1682), der 1670 (Campaniae) ein Werk *Mathesis biceps vetus et nova* veröffentlichte, in dessen erstem Bande Zahlensysteme mit der Basis 2 bis 10, 12 und 60 besprochen werden (vgl. CANTOR, 2^2, S. 771). Auch LEIBNIZ (1646 Leipzig — 1716 Hannover) gab sich mit derartigen Untersuchungen ab; in d. Hist. Mém. math. phys. sc. Paris 1703 (1705), S. 85—89 (Ges. Werke,[786] ed. GERHARDT, III. Folge, II. Abt., Bd. 3, Halle 1863, S. 223—227) erörtert er die Vorteile und Nachteile des dyadischen Systems. Die Vorzüge eines Duodezimalsystems schildert BUFFON (1707—1788, Paris, Naturf.) und schlägt in dem etwa 1670 niedergeschriebenen *Essai d'arithmétique morale* (G. L. L. BUFFON, *Histoire naturelle*, Bd. 10, Deux-Ponts 1786, cap. XXVII, S. 125) die Bildung zweier neuen Zahlzeichen vor, um die Einführung dieses von jeher von den Mathematikern bevorzugten Systems zu ermöglichen. Eine umfassende Darstellung des ganzen

Unsere Sprache, die zum indogermanischen Stamm gehört, hat eine rein dezimale Zahlwörterreihe. Der Ursprung der Wurzeln für die einzelnen Zahlwörter 1 bis 1000 liegt im Dunkeln. Das Wort Elf ist entstanden aus *ein-lif* = eins über zehn, wie Zwölf aus *zwo-lif* = zwei über zehn; beide weisen also nicht auf ein anzunehmendes Zwölfersystem hin.[8] Die Zehner, Hunderter usw. sind multiplikative, die dazwischenliegenden Zahlen additive Bildungen. Die Schlußsilbe in „zwanzig, dreißig usw." hängt mit dem gotischen *tigus* = *δεκάς* (Zehn) zusammen. Die Verwendung der Subtraktion (vgl. das lateinische *duodeviginti*) fehlt, die Division wird nur in der Verbindung anderthalb (vom Zweiten die Hälfte) benutzt.

Das Bedürfnis nach Erweiterung der Zahlenreihe kann mehrere Gründe haben; es kann aus religiösen Betrachtungen entspringen, wie bei den Indern und Chinesen, aus wissenschaftlichen Überlegungen, wie bei den Babyloniern und Griechen (ARCHIMEDES), aus Rücksichten auf Verkehr und Handel, wie im Mittelalter und in der Neuzeit. Dem Naturvolk wird tausend beinahe als unendlich erscheinen; je höher die Kultur, um so höher steigt der Begriff des Unendlichen, bis er zu den Zahlen der modernen Astronomie, die mit Lichtjahren arbeitet, gelangt.[8a]

Der Buddhagläubige, Inder und Chinese, will das Unfaßbare, Erhabene seiner Gottheit durch übergroße Zahlen versinnbildlichen. So hat das Sanskrit eigene Zahlenbezeichnungen für alle dekadischen Einheiten bis 10^{21}, ja es finden sich, auch im Chinesischen, Bildungen bis 10^{53}, die dann, zu einem System zusammengefaßt, noch fünf bis sechs andere solche Systeme über sich haben.[9]

Viel weiter zurück reicht die Rechenkunst der Babylonier (vgl. S. 1). Auf den in der Tempelbibliothek zu Nippur gefundenen

Gebietes mit sorgfältigen Literaturangaben gibt W. AHRENS, *Math. Unterhaltungen und Spiele*, 1^2, Leipzig 1910, Kap. III: Numerationssysteme S. 24 bis 104. Siehe auch 2^2, Leipzig 1913, S. 319—333. — Nach W. C. EELLS, Bibl. math. 13_3, 1912—1913, S. 218—222 gibt es Indianersprachen mit 5er und 20er Systemen; 3er, 4er und 8er Systeme sollen auch nachzuweisen sein; besonders reichhaltig sind die Angaben über die Systeme primitiver Völker bei FETTWEIS[2] S. 6f., 18f., 47f. — [8] Vgl. M. HEYNE, *Deutsches Wörterbuch*, 1^2, Leipzig 1905, S. 740; 2^2, Leipzig 1906, S. 1464. — [8a] H. HERRMANN, Z. math. nat. Unterr. 57 (1926), S. 385: „*Die größte Zahl, welche bisher in der Naturforschung vorgelegen haben dürfte, ist die Wirkungsgröße der im Sinne der allgemeinen Relativitätstheorie geschlossen gedachten Welt, gemessen durch das elementare Wirkungsquantum; sie liegt nach Eddington zwischen* 10^{150} *und* 10^{156}. Der EDDINGTONsche Weltkrümmungshalbmesser ist $6 \cdot 10^{29}$. — [9] Journal Asiatique, 1_6, Paris 1863, F. WOEPCKE, S. 257[169], und D. E. SMITH and L. CH. KARPINSKI, *The Hindu-arabic numerals*, Boston and London 1911, S. 15 f.

Tontäfelchen, die aus dem dritten Jahrtausend v. Chr. stammen, will man eine Reihe großer Zahlen, als höchste unter ihnen 195955200000000, entziffert haben (vgl. S. 17).[10]

Der große griechische Mathematiker ARCHIMEDES (287 v. Chr. — 212 v. Chr., Syrakus), bestrebt zu zeigen, daß die Zahlenreihe nach oben keinen Abschluß besitzt, sucht in seiner sogenannten *Sandrechnung* (*Ψαμμίτης, Arenarius*)[11] die Anzahl der Sandkörner zu ermitteln, die eine Kugel mit einem Radius von Fixsternweite enthält. Um eine solche auszudrücken, faßt er die Zahlen bis zu 10^8 zu einer Oktade zusammen; 10^8 wird als Einheit einer neuen Oktade genommen, die also bis 10^{16} reicht; die dritte Oktade geht bis 10^{24} usf. Solcher Oktaden stellt ARCHIMEDES im ganzen 10^8 auf und nennt die ungeheure Reihe dieser Zahlen die erste Periode. Hier beginnt eine zweite Periode von schwindelnder Höhe, der noch andere folgen können.[12] Die sich ergebende Sandkörnermenge berechnet ARCHIMEDES auf 10000000 Einheiten der achten Oktade in der ersten Periode. Ähnliche Gruppierung der unendlichen Zahlenreihe, nur zu Tetraden, nimmt APOLLONIOS von Perge (zwischen 250 und 200 v. Chr. in Alexandria, dann in Pergamum) nach dem Zeugnis des PAPPOS (Ende des dritten Jahrhunderts n. Chr., Alexandria) vor.[13]

Während diese wissenschaftlichen Zahlenfortführungen geistiges Eigentum nur weniger ausgesuchten Gelehrten blieb, brachte Steigerung von Handel und Verkehr dauernden Zuwachs für unseren Zahlwörterschatz. Charakteristisch ist, daß in Deutschland das Wort Million zunächst nur in der Verbindung „1 Million Gulden" auf-

[10] H. V. HILPRECHT, *The Bab. Exped.* A. XX, S. 26^1. Vgl. E. LÖFFLER, *Die arithmetischen Kenntnisse der Babylonier und das Sexagesimalsystem*, Arch. Math. Phys. 17_3, 1911, S. 139. — [11] *Archimedis opera omnia*, ed. HEIBERG, Leipzig 1880, 1881, Bd. 2, S. 242—291; 2. Ausgabe 1910—1915, 2^2, 1913, S. 216 bis 259; deutsch von E. NIZZE, *Archimedes von Syrakus vorhandene Werke*, Stralsund 1827, S. 209—223. Zu ARCHIMEDES Werken, vgl. die englische Ausgabe von T. L. HEATH, Cambridge 1897 (deutsch von FR. KLIEM, Berlin 1914) und die französische Ausgabe von P. VER EECKE, Paris et Bruxelles 1921; ferner die deutschen Übersetzungen von A. CZWALINA, OSTWALDS Klass. No. 201—203, 210, 212 und Math. phys. Bibl. No. 64, Leipzig 1925, und von FR. KLIEM und G. WOLFF, Math. Nat. Techn. Bücherei, Bd. 1, Berlin 1927. — [12] Dieses sein Zahlensystem hatte ARCHIMEDES in einer besonderen, dem Zeuxippos gewidmeten Schrift, die leider verloren ist, dargelegt. *Archimedis Opera*, ed. HEIBERG, 2_2, Leipzig 1913, S. 216, Z. 18. — [13] *Pappi Math. Collectiones* (*Συναγωγή*) lib. II, cap. 1ff., ed. F. HULTSCH, Berlin 1876—1878, Bd. 1, S. 2ff. Die Zahlen unter 10000 nennt APOLLONIOS *μονάδες* (Einheiten), die fünf- bis achtstelligen *μυριάδες ἁπλαῖ* (einfache Myriaden), die neun- bis zwölfstelligen *μυριάδες διπλαῖ* (doppelte Myriaden) usf. bis *μυριάδες τρισκαιδεκαπλαῖ* (10000^{13}).

trat, zugleich mit der Bezeichnung 1 Tonne Gulden = 100000 G., die sich heute noch in der holländischen Kaufmannssprache findet.[14] In Deutschland erscheint das Wort Million erstmalig im Rechenbuch des CHRISTOPH RUDOLFF aus Jauer (1526).[15] Ihm folgt der bekannte Rechenmeister ADAM RIESE (1492—1559, Annaberg). Die Wortform weist auf italienischen Ursprung; tatsächlich wird es benutzt[16] in der Arithmetik von Treviso (1478),[64] in der *Arithmetica* des Italieners PIERO BORGHI aus dem Jahre 1484 (Venedig),[17] in der *Summa* des LUCA PACIOLI (ungefähr 1445 Borgo San Sepolcro — 1514 Florenz; Franziskaner, Lehrer der Math. an verschiedenen ital. Universitäten) von 1494, dem bedeutendsten Werke jener Zeit, wo es auch zu Zusammensetzungen wie *millione di millioni* verwertet wird.[18] Doch muß der Gebrauch des Wortes noch älter sein, da es auch bei dem französischen Mathematiker NICOLAS CHUQUET (Lyon, Paris; † um 1500) in dem nur handschriftlich überlieferten, 1484 vom Verfasser vollendeten Werke *Le Triparty en la science des nombres* vorkommt; hier wird sogar bereits eine weitere Vervollkommnung der Zahlenwörterreihe angebahnt, indem entsprechend zu Million die Worte *Byllion* für 10^{12}, *Tryllion* für 10^{18} und weiter *Quadrillion, Quyllion, Sixlion, Septyllion, Octyllion, Novyllion* usw. vorgeschlagen werden.[19] In der Tat kommt es in nicht mathematischen Schriften schon im 14. Jahrhundert vor (MARCO POLO; † 1324).[20] Bymillion, Trimillion im modernen Sinne findet sich bereits 1475 in dem nur handschriftlich erhaltenen Rechenbuch des JEHAN ADAM.[21] Der italienischen

[14] Vgl. auch TH. FONTANE, Roman „*Cécile*" (8. Kapitel): *Ich habe von einer Tonne Goldes sprechen hören.* — [15] Kunstliche Rechnung mit der Ziffer vnd mit den Zalpfennigen. Wien 1526. Sign. Aiij, Z. 18: „Das tausendmaltausend oder million." — [16] D. E. SMITH, *History of Mathematics*, I *General Survey of the History of Elementary Mathematics*, Boston 1923; II *Special Topics of Elementary Mathematics*, Boston 1925; II, S. 82, Z. 1. — [17] Ohne Titelangabe, Venedig 1484. Anfang: *Qui comenza la nobel opera de arithmetica.* — In späteren Ausgaben Titel: *Libro de Abacho.* — Faksimile bei D. E. SMITH, *Rara Arithmetica*, Boston u. London 1908, S. 19; D. E. SMITH,[16] *History* II, S. 81 u. Isis 8_3, 1, 1926, S. 44 ff. — [18] L. PACIOLI, *Summa de Arithmetica Geometria Proportioni et Proportionalita*, Venet. 1494 (verfaßt um 1487), Bl. 19 v⁰, vgl. die Übersicht am Rande. — [19] N. CHUQUET, *Le Triparty en la science des nombres* (Manuskript), Abdr. im Bull. bibl. storia mat., 13, Rom 1880, ed. MARRE, S. 594, Zeile 4 ff. — [20] G. ENESTRÖM brieflich, vgl. H. YULE, *Marco Polo* (London 1875), II, S. 199, Z. 12. — Nach Angaben des französischen Philologen DU CANGE soll es in der Form *millio* schon 1250 gebräuchlich gewesen sein, vgl. G. WINTER, *Unbeflügelte Worte*, Augsburg 1888, S. 129 (brieflich A. STREICH). — [21] *Traicté d'arismetique pour pratique par gectoners*, Paris 1475. Vgl. LYNN THORNDIKE in The Americ. Monthly 33, 1928, S. 24. H. WIELEITNER, *Rechnen und Algebra*, Mathematische Quellenbücher I, M. N. T. Bücherei Nr. 3, Berlin 1927, S. 2.

Herkunft sind sich auch die deutschen Rechenmeister bewußt; CLAVIUS (1537 Bamberg — 1612 Rom; Jesuit, zuletzt Lehrer der Mathematik im Ordenshause zu Rom) bemerkt wenigstens in der *Epitome arithmeticae practicae*, Romae 1583, um das schwülstige, bis dahin und selbst noch viel später übliche „tausendmaltausend" durch das neue Wort zu ersetzen: „Man könne, wenn man der Sitte der Italiener gemäß die millena milia Million nenne, jede beliebige Zahl mit weniger Worten und vielleicht sogar deutlicher aussprechen".[22] Es dauerte noch eine beträchtliche Spanne Zeit, bis das Wort Million ein fester Bestandteil der Zählung wurde. Schon längst wurde Million, Billion usw. in Frankreich ständig benutzt, wie von LA ROCHE, *Larismethique*, Lyon 1520, LAUNAY, *L'Arithmétique Arpendage universel Toise des Bastimes etc.*, Anjou et Rouen 1605, die eigentlichen Gelehrten stellten sich energisch auf die Seite der neuen Lesart, so GIRARD (1595?—1632, Leiden, Lehrer der Math.),[23] aber in Deutschland ist die alte Zählweise noch im achtzehnten Jahrhundert nicht ganz verdrängt. In der mathematischen Enzyklopädie von SCHOTT, *Cursus mathematicus* 1674[479], wurde milliones bei höheren Zahlen zweifach, dreifach usf. gesetzt, ähnlich wie früher das Wort Tausend; SCHOTT führt an, daß neuere Mathematiker, um sich nicht zu wiederholen, *Bimilliones* für *milliones millionum* u. ä. *Trimilliones* bildeten. Diese Zählart nimmt dann J. CHR. STURM in seiner *Mathesis enucleata* 1689 auf. Erst durch die weitverbreiteten Lehr- und Handbücher des Freiherrn CHR. VON WOLFF (1679 Breslau — 1754 Halle) scheint der modernen Methode, größere Zahlen zu lesen, endgültig der Sieg auch in Büchern, die auf den Anfangsunterricht zugeschnitten sind, verschafft worden zu sein.[24]

22 *Epitome arithmeticae practicae* (1. Aufl. 1583), 2. Aufl. Coloniae, 1584, S. 10: „*Iam vero si more Italorum millena milia appellare velimus Milliones, paucioribus verbis et fortasse significantius numerum quemcumque propositum exprimemus.*" — 23 A. GIRARD, *Invention nouvelle en l'algèbre*, Amsterdam 1629, Neudruck von BIERENS DE HAAN, Leiden 1884 (unpaginiert), Seite A. Der Flame SIMON STEVIN (1548 Brügge — 1620 Leiden; Kaufmann, Ingenieur), dessen mathematische Werke GIRARD herausgab, las noch (1585) die Zahl 75687130789276: *septante cincq mille mille mille mille, six cents huictante sept mille mille mille, cent trente mille mille, sept cents huictante neuf mille, deux cents septante six*, vgl. *Les Œuvres de S. Stevin* augmentées par ALB. GIRARD, Leyden 1634, I, 3. *L'Arithmétique* (zuerst gedruckt 1585) L. I, déf. V, explicat. Das Wort Million wird nicht benutzt bei MICHAEL STIFEL, *Arithmetica integra*, Nürnberg 1544; JOH. SCHEYBL, *Compendium arithmeticae artis*, Basileae 1549, u. a., selbst nicht bei JOH. ULR. MÜLLER, Neu aufgeschmückte teutsche Mathematik, Ulm 1695. Auch in England war Million bis zum 18. Jahrhundert nicht gebräuchlich. — 24 Z. B. *Anfangsgründe aller mathematischen Wissenschaften*, I. Aufl., Halle

Das Wort Billion im Sinne von 10^{12} kommt nach CHUQUET (vgl. S. 7) erst wieder bei CATALDI 1602[25] vor und dann allmählich häufiger. In Amerika hat sich die Bedeutung von Billion als 10^9 bis zum Ende des 18. Jahrhunderts gehalten, in Frankreich bis heute.[26]

Das Wort Milliarde hat bei JACQUES PELETIER 1549[27] noch die Bedeutung million de millions, nimmt aber schon 1558 bei JAN TRENCHANT[28] den modernen Wert an; in der ersten Hälfte des 19. Jahrhunderts wurde es in Frankreich gebräuchlich, in Deutschland lernte man es jedoch erst durch die von Frankreich an Deutschland 1871 nach dem Friedensschluß zu zahlende Summe kennen.

Um größere Zahlen zu lesen, muß man sie sich in Gruppen zu je sechs, bzw. drei, etwa durch übergesetzte Punkte oder Bogen, abteilen. Dies empfiehlt bereits eine anonyme Algorithmushandschrift aus der Zeit um 1200,[29] dann LEONARDO VON PISA (1228) im *Liber abbaci*,[30] JOHANNES DE SACROBOSCO († 1256? in Paris) im Rechenbuch *Tractatus de arte numerandi*[31] und sein Kommentator PETRUS DE DACIA (erste Hälfte des 14. Jahrhunderts).[31] Dieser Übung folgten die deutschen Rechenmeister (WIDMANN 1489[200], GRAMMATEUS 1518[58a], RIESE 1522[203], TONSTALL 1522).[32]

Es ist noch auf das Wort Null einzugehen, das ebenfalls als Zahlwort aufzufassen ist. Wie wir sehen werden (S. 21f.), ist das Zeichen für Null indisch-arabischen Ursprungs. Die indische Bezeichnung der Null *śūnya*[33] (wörtlich: leer) übersetzten die Araber mit *aṣ-ṣifr* (*aṣ* der Artikel).[34] Latinisiert wurde dies bei LEONARDO

1710 (bis in das sechste Jahrzehnt das gebräuchlichste Handbuch, dann durch die KÄSTNERschen Lehrbücher gleichen Titels[396] abgelöst). — 25 *Practica arithmetica*, Bologna 1602, S. 5 (D. E. SMITH, *History* II[16], S. 85). — 26 D. E. SMITH, *History* II[16], S. 84, 86 oben. — 27 J. PELETIER, *L'arithmétique*, Poitiers 1549. — 28 JAN TRENCHANT, *L'arithmétique*, Lyon 1566 (1. Aufl. 1558). — 29 *Liber algorizmi*, Heidelberger Handschrift; M. CANTOR, *Über einen Codex des Klosters Salem*, Zeitschr. Math. Phys. 10, 1865, S. 3. Vgl. G. ENESTRÖM, Bibl. math. 13_3, 1912—1913, S. 265. — 30 *Scritti di Leonardo Pisano matematico* pubbl. da BALD. BONCOMPAGNI, I, *Liber abbaci* (nach der zweiten Bearbeitung von 1228; erste Niederschrift 1202), Rom 1857, S. 4. — 31 Viele Ausgaben seit 1488; die letzte: *Petri Philomeni de Dacia in Algorismum vulgarem Johannis de Sacrobosco Commentarius*, ed. M. CURTZE, Kopenhagen 1897, S. 3, 29; auch J. O. HALLIWELL, *Rara mathematica*, London 1839. — 32 Genauere Literatur bei D. E. SMITH, *History* II[16], S. 86—87. — 33 G. BÜHLER, *Indische Paläographie*, Straßburg 1896 (1. Bd., Heft 11, *Grundriß der indogermanischen Philologie und Altertumskunde*, herausgeg. v. G. BÜHLER), S. 78, 86. — 34 Daselbst S. 78, Absatz B. Nach P. HAUPT, *Philological Studies 7. The Cuneiform Prototype of Cipher and Zero.* The Americ. Journ. of Philology 45, 1924, S. 57—59, vielleicht Zusammenhang mit dem assyrischen *šipru* (= Botschaft).

von Pisa (um 1180—1250?), dem in erster Reihe das hohe Verdienst zukommt, indisch-arabisches Rechnen nach Italien verpflanzt zu haben (*Liber abbaci* 1228)[30] mit *zephirum*,[35] während der hochgelehrte Jordanus Nemorarius († 1237, deutscher Ordensgeneral?), der zweite Vorkämpfer für die neuerwachende mathematische Wissenschaft in der *Demonstratio de algorismo* „*sciffula*",[36] ein anonymer Algorithmiker aus der ersten Hälfte des 12. Jahrhunderts,[37] ebenso der ein Jahrhundert jüngere *Algorithmus demonstratus*,[38] der später dem Jordanus Nemorarius zugeschrieben wurde, *cifra* verwendet. Hieraus entstand in Frankreich *chiffre* (1356, handschriftlich, vgl. S. 15; 1484, Nic. Chuquet, *Le Triparty*),[39] in Italien *zeuero*[40] und *zero*, wie lira aus livra, libra. Zero ist seit dem 14. Jahrhundert in schriftlicher Aufzeichnung nachzuweisen,[41] im Druck 1491 bei Calandri,[42] 1494 bei Luca Pacioli,[43] drang auch früh nach Frankreich ein,[44] wo ein neues Wort für Null nötig wurde, da chiffre im 14. Jahrhundert allmählich einen erweiterten Sinn, die gemeinsame Bezeichnung für alle Zeichen 1, 2, 3 ... 9, angenommen hatte (vgl. S. 14f.).

35 *Scritti* I[30], S. 2, Z. 24. In den ältesten lateinischen Übersetzungen arabischer Originale heißt die Null *circulus* (12. Jahrhundert). Vgl. B. Boncompagni, *Trattati d'arithmetica*, I, Roma 1857: *Algorithmi de numero Indorum* (wahrscheinlich Übersetzung des Rechenbuches von Alḫwārazmī, um 825 n. Chr. — vgl. oben S. 27 — durch Atelhart von Bath um 1125 n. Chr. oder Robert von Chester um 1144 n. Chr.; vgl. G. Eneström, Bibl. math. 12_3, 1911—1912, S. 184); ferner *Trattati*, II, Roma 1858: *Liber alghoarismi de pratica arismetrica* (arabische Bearbeitung des Rechenbuches von Alḫwārazmī, Übersetzung durch Johannes von Sevilla um 1146 n. Chr.; sogenanntes „Rechenbuch des Johannes von Sevilla". Sacrobosco's Rechenbuch[31] sagt: *theta* (*vel theca*) *vel circulus vel cifra vel figura nihili*; Halliwell,[31] S. 3. Maximus Planudes, † 1310, gebraucht τζίφρα[404]. — 36 G. Eneström, Bibl. math. 7_3, 1906—1907, *Über die ‚Demonstratio Jordani de algorismo'*, S. 26, Nr. 6. — 37 Münchner Handschrift (1163—1168 geschrieben) Clm 13021, M. Curtze, *Über eine Algorismus-Handschrift des 12. Jahrhunderts*, Abh. Gesch. Math. 8, 1898, S. 18, 22. — 38 *Algorithmus demonstratus*[179], ed. Joh. Schöner, Nürnberg 1534, Teil I, petitiones: *figura 0, quae cifra, sive circulus, sive figura nihili.* Bibl. math. 13_3[179], S. 293, Z. 2. Über die Entstehung des *Algorithmus demonstratus* vgl. S. 36. — 39 N. Chuquet, *Le Triparty*[19], S. 593, Z. 16 v. u.: „*chiffre, nulle, figure de nulle valeur*". — 40 Nach D. E. Smith, *History* II[16], S. 71: *zeuero 1307 Magister Jacobus de Florentia*; *ceuero* 1370 in der Arithmetik des Giovanni de Danti aus Arezzo. — 41 B. Boncompagni, Bullet. bibl. storia 16, Roma 1883, S. 673—685. — 42 *De arimetrica opusculum*, Florenz 1491. — 43 Luca Pacioli, *Summa*[18], Bl. 19 r⁰ am Rand. — 44 1485, *Le kadran des marchans*, vgl. Leo Jordan, *Materialien zur Geschichte der Zahlzeichen in Frankreich*, Arch. f. Kulturgeschichte 3, Berlin 1905, S. 191, Anm. So auch im *Liure de chiffres et de getz* nouvellement imprimé, Lyon 1501, Bl. 11 r⁰: *chiffre ou zero, ... qui ne vault riẽs mais elle fait valoir les autres selon les lieux ou elle est mise.* —

Die Kenntnis von der Entstehung des Wortes cifra ist bald geschwunden. Petrus de Dacia (1326/27, Rektor der Universität Paris) erklärt das ihm unverständliche Wort in seinem Kommentar (1291) zum Rechenbuch des Sacrobosco als Abkürzung aus *circumfacta* oder *circumferentia.*[45] Cifra ist aber noch lange für Null gebräuchlich geblieben, selbst zu einer Zeit, wo es längst den modernen Sinn „Ziffer" angenommen hatte (vgl. unten), so bei Adrian Metius 1611,[46] Hérigone 1634,[47] Cavalieri 1643,[48] sogar im 18. Jahrhundert noch in lateinischen Abhandlungen Eulers 1783.[49] In Fr. Meinerts *Lehrbuch der Mathematik,* Halle 1789, wird historischgetreu nur die 0 Ziffer genannt; 1, 2, 3 . . . 9 heißen Zahlzeichen.[50] Selbst Gauss nennt 1799[51] noch die Null cifra; ja in England bleibt diese Auffassung bis ins 19. Jahrhundert hinein nachweisbar.[52]

In den lateinischen Übersetzungen und Bearbeitungen arabischer Schriften des 12. Jahrhunderts scheint nun auch das Wort nulla aufzutreten.[53] Es muß sich, besonders im mündlichen Unterricht, bis zum 15. Jahrhundert stark verbreitet haben, wenn auch die gelehrte Literatur schweigt; es erscheint plötzlich, fast gleichzeitig in Frankreich (Chuquet, *Triparty* 1484),[39] in Italien (Rechenbuch von Treviso 1478;[54] Borghi, *Arithmetica* 1484[55]) und Deutschland (Deutsche Algorithmushandschrift 1488).[56] Es fehlt im *Bamberger Rechenbuch* 1483[407], wie in dem von Widmann 1489[200], und wird erst wieder in Deutschland in den Rechenbüchern von Joh. Böschensteyn

45 Ed. M. Curtze, S. 26[31]. — 46 Adrianus Metius, *Arithmeticae et geometriae practica,* Francq. 1611, S. 1. — 47 *Cursus mathematicus,* Paris 1634—1662 (lat. u. franz.), II, S. 2. — 48 *Trigonometria plana et sphaerica, linearis et logarithmica,* Bononiae 1643, S. 3, XXIII. — 49 *Opuscula analytica* I, Petersb. 1783, S. 87, Z. 5. — 50 Bd. I, *Gemeine und allgemeine Arithmetik,* Halle 1789, § 18, S. 15. — 51 *Werke,* ed. Akademie d. Wiss. Göttingen, 3[2] Analysis, Leipzig 1876, S. 8, Z. 20. — 52 Z. B. Hutton, *Course math.* 1827, I 4: *The first nine are called significant figures as distinguished from the cipher, which is of itself quite insignificant.* In übertragenem Sinne heute noch üblich, z. B. sagt W. Thackeray im *Esmond* (1852): *his lordship being little more than a cypher in the house.* — 53 Münchner Handschrift, Clm 13021[37], S. 19 *nullus* (vielleicht aber auch Schreib- oder Lesefehler), *circulus.* — 54 Treviso 1478, anonym. Titel: *Incommincia vna practica molto bona et vtile* etc. Vgl. B. Boncompagni, Atti dall' Accademia Pontificia de' Nuovi Lincei, 16, 1862—1863, Roma 1863; ferner D. E. Smith, *The first printed Arithmetic,* Isis 6_3, 1924, S. 316, Z. 1. — 55 Piero Borghi, Venedig 1484.[17] — 56 Stuttgarter Handschrift HB. XI. 22 (1488). Vgl. E. Rath, *Über einen deutschen Algorismus aus dem Jahre 1488,* Bibl. math. 14_3, 1914, S. 244: . . . Ziffra wird och genannt nulla oder figura nihel vnd die anderen 9 figuren nempt man digitos finger.

(1514),[57] JACOB KOEBEL (1515)[58] und HENRICUS GRAMMATEUS (= SCHREYBER) (1518)[58a] benutzt. Mit Beginn des 16. Jahrhunderts greift die Umdeutung des Wortes Ziffer auch nach Deutschland herüber; daher wurde auch hier ein neues Wort, das allein nur die 0 zu bedeuten hatte, ein Bedürfnis. Wie sich in Frankreich zéro eingestellt hatte, so leistet jetzt hier nach und nach Null den gleichen Dienst.

Der Italiener TARTAGLIA (1499? Brescia — 1557 Venedig; Lehrer der Mathematik) zählt 1556 als zu seiner Zeit geltende Bezeichnungen der Null auf: *niteccha, circolo, cifra, zerro, nulla.*[59] Von diesen läßt sich *circulus*, und auch *nihil*, schon in der obenerwähnten Handschrift aus der ersten Hälfte des 12. Jahrhunderts gleichzeitig mit *cifra* nachweisen.[60] Beide erscheinen in der Folgezeit fast immer nebeneinander, z. B. in dem sehr stark gebrauchten und weit verbreiteten Rechenbuche des SACROBOSCO († 1256?; Oxford).[31]

Nulla fühlte sich noch lange in den deutschen Schriften, in denen es seit 1488 immer häufiger auftritt, als Fremdwort und legt die lateinische Endung selten ab (z. B. 1592 SARTORIUS[61]), höchstens in der Mehrzahl (1562 HOLTZMANN[62]). In den Erquickstunden von SCHWENTER, Nürnberg 1636, wird es sonderbarerweise männlich gebraucht.[63] Im 18. Jahrhundert fängt man an, die Null zu sagen (1716 CHR. v. WOLFF, *Mathematisches Lexikon*,[64] L. EULER 1770,[65] L. UNTERBERGER 1774).[66] In einer zweiten Bearbeitung des WOLFFschen Lexikons von 1747 heißt es endlich kurz Null.[67]

---

57 Ain Newgeordnet Rechen biechlein mit den zyffern, Augsburg 1514 nach F. MÜLLER, *Zur Terminologie der ältesten mathematischen Schriften in deutscher Sprache*, Z. Math. Phys., Leipzig 1899, Suppl. S. 319 (s. Abh. Gesch. Math. 9, Leipzig 1899). — 58 JACOB KOEBEL, Eyn new geordnet Vysirbuch, Oppenheim 1515, Blatt XV, setz ein o ziffern, ein nulla . . . — 58a Ayn new kunstlich Buech, Widmung Wien 1518, gedr. Nürnberg wohl 1521 (unpaginiert), am Anfang des ersten Teiles „Numeratio“, und die zehende (figura) ist ain vnbedeutliche als . 0 . nulla gehayssen. — 59 TARTAGLIA, *General trattato nvmeri et misvre*, Venedig I 1556, II 1556, III 1560, parte I, lib. I, Bl. 5 v⁰. — 60 A. a. O.,[37] S. 19. — 61 Ein New Künstlich Rechenbüchlein, Danzig 1592 Bl. 1a (nach A. SCHIRMER, *Der Wortschatz der Mathematik, nach Alter und Herkunft untersucht.* Zeitschrift für deutsche Wortforschung. Beiheft zum 14. Bd. Straßburg 1912, S. 48). — 62 Die Sechs Erste Bücher Euclidis, vom anfang oder grund der Geometry . . . auß griechischer sprach in die Teütsch gebracht, Basel 1562, S. 123, Z. 1 v. u. — 63 I. Aufg. 18, S. 44, Z. 3 v. u. So hiesse man noch ein Nulla hinter die Zahl setzen; ferner S. 46, Z. 15, S. 52, Z. 5 u. ö. — 64 *Mathematisches Lexicon*, Leipzig 1716 (2. Aufl., Leipzig 1734 ohne Mitwirkung v. WOLFFS; Neubearbeitung, Leipzig 1747), Sp. 1486 Mitte: eine Nulle. — 65 *Vollst. Anleitung zur Algebra*, 2 Teile, Petersburg 1770, II, § 205, S. 424, Z. 20. — 66 *Anfangsgründe der Math.*, I, Wien 1774, § 29. — 67 I, 352, Z. 2; aber S. 1439, Z. 16.[64]

Was die Einteilung der Zahlen in Einer, Zehner usw. betrifft, so hatten schon die Griechen ein Wort für die ersteren: πυθμένες. Die Zehner hießen bei ARCHIMEDES *οἱ ἀνάλογοι ἀριθμοί* (numeri pertinentes),[68] Zahlen, die sich gleichsam auf eine bestimmte Stelle beziehen. Die an die Araber sich anlehnenden algorithmischen Schriften[69] benutzen *unitates*, *deceni*, so auch die obenerwähnte Algorithmushandschrift aus dem 12. Jahrhundert,[70] der *Liber abbaci* (1228) des LEONARDO VON PISA[71] u. a. Auch GERBERT (940—1003; seit 999 Papst SYLVESTER II.) kennt diese Bezeichnung,[72] verwendet daneben aber noch[73] *digiti* (Fingerzahlen = Einer) und *articuli* (Knöchelzahlen = Zehner), *compositi* (Zahlen unter Hundert mit 2 Ziffern), Bezeichnungen, die bei dem Rechnen auf dem Abakus im 10. Jahrhundert ihre besondere Bedeutung angenommen haben.[74] Die Verwendung dieser letzten Wörter wird dann besonders seit dem 13. Jahrhundert sehr gebräuchlich; an sie erinnert noch das heutige *digits* im Englischen und *doigts* im Französischen. Im späteren Mittelalter erscheinen die griechischen Fachwörter *monadici*, *decades* usw.,[75] die schließlich in deutschen Büchern mit einzehlige Zahlen, Zehner usw. übersetzt wurden.[76] Allgemein spricht J. H. BEYER 1603 in

68 Pappus, ed. HULTSCH[13], III. Appendix S. 1213. — 69 Vgl. *Trattati* I[35], S. 7. — 70 Vgl. a. a. O.[37] S. 17, 21. — 71 I, S. 2, Z. 13 v. u.[30] Vgl. G. ENESTRÖM, Bibl. math. 8_3, 1907—1908, *Über eine dem Jordanus Nemorarius zugeschriebene kurze Algorismusschrift*, S. 150. — 72 *Gerberti Opera math.*, ed. BUBNOW, Berlin 1899, S. 9. — 73 Daselbst S. 7, Brief an CONSTANTIN, cr. 980 n. Chr. In der gefälschten BOËTIUS-Geometrie (11. Jahrh. n. Chr.) wird diese Benennung den Alten zugeschrieben. *Boëtius de institutione arithmetica libri* II, ed. FRIEDLEIN, Leipzig 1867 (S. 389 f.), S. 395. — 74 J. RUSKA, *Arabische Texte über das Fingerrechnen.* Der Islam, 10, Berlin 1920, S. 118. G. FRIEDLEIN, ZMPh 10, Leipzig 1865, S. 248—259 weist nach, daß, während im älteren selbständigen Fingerrechnen die Einer durch ganze Finger, die Zehner aber nur durch die Glieder des Daumens und Zeigefingers ausgedrückt wurden, im Gebrauche des Abakusrechnens eine neue Begriffsfestlegung der Wörter *digiti* und *articuli*, zuerst belegbar bei ABBO VON FLEURY (10. Jahrhundert), eintritt, indem diese zu wirklichen Zahlbegriffen werden, allerdings zunächst nur für die Einer und Zehner, die in den Produkten des auswendig gelernten Einmaleins vorkommen. So sagt ABBO bei einem Beispiel, wie $70 \cdot 50 = 3500$: *Si multiplicaveris decenum per decenum dabis unicuique digito C et omni articulo mille* (hast du Zehner mit Zehner zu multiplizieren, so gib dem *digitus* [den Wert] 100 und jedem *articulus* 1000). Allmählich schliff sich *digitus* zur allgemeinen Bedeutung „Einer" ab, wie *doigt* (frz.) und *digits* (engl.) verraten. — Man sucht deshalb vergeblich in griechischen und arabischen Schriften Wörter, auf die *digitus* und *articulus* in der Bedeutung Einer und Zehner zurückgeführt werden könnten. — 75 Z. B. J. BUTEO, *Logistica*, Lugduni 1559, S. 8, 9. — 76 G. PH. HARSDÖRFFER, *Der mathematischen und philosophischen Erquickstunde Zweiter Teil. Deliciae Physicomathematicae*, Nürnberg 1651, nach FELIX MÜLLER[57], S. 321.

seiner *Logistica decimalis*[77] von zehentheiligen Zahlen (*numeri decadici*). Die Bezeichnung dekadisches System wird in den Elementarbüchern mit Ende des 18. Jahrhunderts üblich.[78]

Das Wort Stelle ist vor dem 18. Jahrhundert nicht bekannt; es gehört zu den deutschen Fachausdrücken, die durch die vielgelesenen Bücher v. Wolffs Anerkennung gefunden haben (1716).[79] Kästner (1758) bildet die Zusammensetzung Dezimalstelle.[80] In den ältesten lateinischen Schriften, die das indische Zifferrechnen nach dem Abendland brachten, war „Stelle" mit *differentia,* wohl in Anlehnung an die arabische Vorlage, wiedergegeben worden, so in Algorithmushandschriften des 12. Jahrhunderts,[81] von Leonardo (1228),[82] Sacrobosco († 1256?; Oxford, Paris),[83] während die Abacisten unter *differentia* die dekadische Ergänzung einer Einerzahl verstanden.[84] Bei Sacrobosco tritt aber auch schon *locus* in dem Sinne von Stelle auf,[85] und wird dann bald vorherrschend.[86] Bei Stifel (1546)[87] u. a. wird es mit ſtet verdeutscht. Im Französischen tritt *lieu* ein.[44]

2. Die Ziffern.

Das Wort Ziffer hat sich, wie eben geschildert, aus der Verallgemeinerung des alten Wortes für 0, *cifra,* gebildet, eine charakteristische Erscheinung, die erkennen läßt, daß man sich wohl bewußt war, welche wichtige Stelle gerade die Null unter den neu aufkommenden Zahlzeichen einnahm.

Die neue Bedeutung hat *cifra* offenbar im Volksmund angenommen, und zwar geschah das schon im 14. Jahrhundert. Das Volk rechnete nicht schriftlich: es hatte die neuen Zahlzeichen nur vom Hörensagen kennengelernt und übertrug das dabei über-

77 *Logistica decimalis. Das ist die Kunstrechnung mit den zehnteiligen Brüchen.* (1. Ausg. 1603) 2. Ausg., Frankfurt 1619, S. 13. — 78 J. Ph. Grüson, *Grundriß d. rein. u. angew. Math.*, I, Arithmetik. Halle 1799, § 24. — 79 *Math. Lexicon*[64], Leipzig 1716, Sp. 1486 . . . die leeren Stellen; in der dritten Stelle. — 80 *Anfangsgründe d. Arithmetik*[396] usw. Göttingen 1758, S. 80, Z. 2 v. u. — 81 Cantor, 1^3, S. 802[98]; A. Nagl, Wiener Handschrift 275 (um 1143 geschrieben),[433] Ztschr. Math. Phys. 34, 1889, Hist. lit. Abt., S. 135; M. Curtze[37], S. 18, Z. 4. — 82 *Liber abbaci*[30], Abschnitt 5, S. 33, Z. 24. Leonardo hat für Stelle auch *gradus*, z. B. S. 2, 27, Z. 1: *numeri primi gradus*, einstellige Zahlen. — 83 *Algorismus* ed. M. Curtze[31], S. 2, Z. 2—5, S. 22, 25—26. — 84 Vgl. N. Bubnow, *Arithm. Selbständigkeit der europäischen Kultur*, Berlin 1914, S. 92. — 85 Ed. M. Curtze[31], S. 3, Z. 4. — 86 Bibl. math. 9^2, 1895, S. 38. — 87 Rechenbuch von der Welschen und Deutschen Praktik, Nürnberg 1546, S. 2: in der dritten ſtet . . ., auch schon im Hildesheimer Rechenbuch (Clevischer Algorithmus) des Stiftschülers Bernhard, 1445 (Ztschr. Math. Phys. 33, 1888, Hist. lit. Abt., S. 125) und im Bamberger Rechenbuch 1483[407].

nommene Wort „Ziffer“ leicht auf alle Zahlzeichen. Wissenschaftliche Mathematiker kämpfen vergeblich gegen den entstehenden Mißbrauch des Wortes. In einer Handschrift von 1356 spricht ein Verfasser ganz erregt gegen diese Umdeutung: *Quamvis solum decima . . debeat nominari chifra, ista . 0 . . . . et alie nouem vocantur figure ut iste . 987 . . 1, sed vulgariter secundum communem usum loquendi ignorancium omnes decem littere appellantur chiffre. Sunt figure! et hoc sufficiat ad predita.*“ (Obgleich nur die zehnte chifra genannt werden sollte — jene 0 — und die anderen Figuren heißen, . . . werden dennoch beim Volk nach dem gemeinen Brauche der Ungebildeten alle 10 Zeichen Ziffern genannt. Sie sind aber Figuren! Und das genüge zu obigem.)[88] In Frankreich trat bald noch eine weitere Umdeutung ein, indem man unter Ziffer schließlich „fremdartige Zeichen, Geheimzeichen“ verstand; hierbei ist an unser „Chiffrieren“ zu denken. Der Verfasser einer Handschrift von 1485 sagt: . . . *se nomme chiffres, pour ce que c'est une manière d'escripture à la lettre commune differante.* [Man nennt sie Ziffern, weil es eine Schreibweise ist, die sich von den üblichen Zahlen (den römischen!) unterscheidet].[89] Das Einreißen dieser Mehrdeutigkeiten hat in Frankreich dahin geführt, daß man sich bald, wie schon erwähnt, nach einem Ersatzwort, das nur Null bedeuten sollte, umsehen mußte; man übernahm das italienische *zero*, das sich dort aus *zefiro* (vgl. LEONARDO VON PISA 1228, S. 10) gebildet hatte.

In Deutschland tritt uns das verallgemeinerte Wort Ziffer erst in der zweiten Hälfte des 15. Jahrhunderts entgegen, so im *Algorithmus rimatus*,[90] im Bamberger Rechenbuch 1483.[407] Ein Beispiel kennen wir (HUSWIRT 1501),[91] das sogar beide Bedeutungen nebeneinander gibt; erst in der zweiten Hälfte des 16. Jahrhunderts wird das moderne „Ziffer“ allgemein gebräuchlich.

Auch hier in Deutschland hatte *cifre* die neue Bedeutung im Volksmunde angenommen. Gelehrte Rechner der damaligen Zeit kennen die richtige Verwendung von cifra noch und weisen auf die Umdeutung im volkstümlichen Rechnen hin. Bei A. STIBORIUS (= ANDREAS STÖBERL, † 1515, Wien) heißen die zehn Zahlzeichen

---

88 Vgl. LEO JORDAN, *Materialien*[41], S. 185. — 89 Daselbst S. 188. — 90 Newn figur der ziffer soltu verstan, nach M. CURTZE, Zentralbl. f. Bibliothekswesen 16, 1899, S. 287. — 91 JOH. HUSWIRT, *Enchiridion, Anleitung zum Rechnen aus dem Anfang des 16. Jahrhunderts*, neu herausgegeben v. WILDERMUTH, Programm Tübingen 1864—1865. Ausgabe, Cöln 1501. Vgl. S. a_{II}, Z. 10 v. u. mit S. c_{I}, Z. 7 v. u.

figurae significativae quas iners popellus cyphras vocat (mit Wert behaftete Zeichen, die der träge Pöbel Ziffern nennt.[92] In den Rechenbüchern von JACOB KOEBEL (1514 Oppenheim, Eynn Newe geordent Rechēbüchlein)[93] werden die Eindringlinge als Zyfferzale bezeichnet, die bis dahin allgemein gewohnten römischen Zahlenzeichen im Gegensatz dazu als die gemein Teütsch zale, eine Benennung, die sich noch 1537 und 1543 wiederfindet. So verwachsen waren die Deutschen mit den römischen Anleihen in Sprache, Schrift und Wissenschaft, daß ihnen das Bewußtsein fremden Besitztums gänzlich abging. Aber auch KOEBEL kennt noch die ursprüngliche Bedeutung von Ziffer. Wenn er auch den Namen Zyffern für die zehn Zahlzeichen wiederholt gebraucht, so bemerkt er ausdrücklich, daß sie der gemein mañ so nennt. Er sagt des weiteren mit Absicht: Zum ersten soltu wissen / das Newn betheütlich figuren sein / vnd ein Zeiffer die sein also gestalt. 1 2 3 4 5 6 7 8 9 vnd 0 das ist die Zeiffer.[94] In der neuen Bedeutung allein treffen wir Ziffer in einem Böckeschen vor de leyen und Kinder (1525, Wittenberg), dann in einem Lehrbuch von JOHANNES KOLROSS, einem Basler Rechenmeister,[95] und von nun ab fast ständig.

Eigene Zahlzeichen sind in dem deutschen Sprachgebiet nicht nachweisbar. Bis ins 16. Jahrhundert hinein bediente man sich der römischen Zahlzeichen, erst dann wichen diese vor den modernen Ziffern langsam, aber sicher zurück (vgl. S. 37f.). Der Gebrauch der römischen Zeichen beschränkt sich heute auf Inschriften an Denkmälern, Stundenbezeichnung bei Uhren usw.

Die moderne Zahlenschreibart beruht auf dem Positionssystem. Ein solches läßt sich schon im vierten Jahrtausend v. Chr. im unteren Euphratland nachweisen. Hier saß das hochkulturfähige Volk der Sumerer, das sich trotz heftiger semitischer Einfälle bis etwa 2200 hielt, aber auch politisch niedergerungen durch die Dynastien von Babylon und Assur, den Siegern seine Kultur aufdrückte. In einer älteren Periode herrschte ein rein dekadisches System. Ältestes Schreibinstrument war ein runder Griffel, der eben abgeschnitten war und, senkrecht in weichen Ton gedrückt, einen

92 Vorrede zu der Ausgabe der *Tabulae ecclipsium* PEURBACHS 1514. Vgl. A. STURM, Bibl. math. 10_3, 1909—1910, S. 345. — 93 JACOB KOEBEL, Eynn Newe geordent Rechēbüchlein . . ., 1. Aufl. Oppenheim 1514. Bl. Aiij v_0 (2. Aufl. Augsburg 1514[57]). Bl. Aiij v°. Vgl. auch S. A (5) r° Tafel der Gemaynen vnd der Zyfferzale. — 94 Oppenheim 1514[93], Blatt Aiij v°. — 95 CANTOR, 2^2, S. 420.

Kreis, schräg einen Halbkreis hinterließ. Schon früh wurde aber auch ein angeschärfter Griffel benutzt, später ausschließlich, mit welchem Keile in den Ton gezeichnet werden konnten. Dem Halbkreis entspricht der vertikale Keil 𒁹 als Zeichen der Einheit, dem Vollkreis der Winkelhaken 𒌋 für zehn solcher Einheiten. Durch Wiederholung dieser Elemente, der Zehner zur linken, der Einer zur rechten, erforderlichenfalls in mehreren Reihen übereinander angeordnet (bis zu drei Reihen zu je drei Haken oder Keilen), können alle Zahlen bis 100 gebildet werden. Die Zahl Hundert hat ein besonderes Zeichen 𒈨, aus dem durch Vorsetzen eines multiplikativen Zehnerhakens 𒌋𒈨 tausend entsteht und, indem dies zu einem Zeichenbild verschmilzt, durch weiteres Vorsetzen eines Hakens 𒌋𒌋𒈨 zehntausend. Schon früh entwickelte sich neben diesem dekadischen System, das semitischen Ursprungs zu sein scheint und sich nur im Volksgebrauch hielt,[96] ein eigenartiges Sexagesimalsystem, seit Mitte des dritten Jahrtausends bei den Sumerern nachweisbar (Täfelchen von Senkereh, vgl. S. 1). Die Zahlen bis 59 werden ebenso geschrieben. Ein dann aber links vom Winkelhaken gesetzter Keil nimmt den Wert 60 (= 1 Soß) an, so daß 𒁹𒌋𒁹 als $1 \cdot 60 + 1 \cdot 10 + 6 = 71$ zu deuten ist; ein wiederum links vor diesen Keil gestellter Haken zeigt den Wert 600 (= 1 Ner), ein weiterer Keil links wird zu 60^2 (= 1 Saros) usf. Danach sind die Zahlensymbole 𒁹𒌋𒁹𒌋𒁹 als $60^2 + 10 \cdot 60 + 60^1 + 10 + 1 = 4271$ und mit wiederholten Elementen 𒁹𒁹𒁹𒌋𒌋𒌋𒌋𒁹𒁹𒌋𒁹𒁹𒁹𒌋𒌋 als $3 \cdot 60^3 + 4 \cdot 10 \cdot 60^2 + 2 \cdot 60^2 + 10 \cdot 60 + 3 \cdot 60 + 20 = 800000$ zu entziffern. Die größte Zahl, die bis jetzt gelesen wurde, lautet $60^8 + 10 \cdot 60^7 = 195955200000000$.[97] Fehlen an einer Stelle Elemente, so ist eine Lücke gelassen:[97a] wir würden eine Null setzen; aber eine solche kannten die Babylonier nicht. Erst im 3. Jahrhundert v. Chr. wird an die Stelle der Lücke eine Art Fehlzeichen gesetzt, zwei kleine, schräg angeordnete Winkelhaken 𒑱,[98] ohne daß aber von ihnen ständiger Gebrauch gemacht wird. So bedeutet 𒌋𒁹𒁹𒁹𒑱𒌋𒌋𒁹 $13 \cdot 60^2 + 21 = 46821$.[99] In den ältesten Texten ist die auseinandergesetzte Schreibart noch nicht so streng systematisch durchgeführt;

96 B. Meissner, *Babylonien und Assyrien* (Bd. I 1920), Bd. II, Heidelberg 1925, S. 387 (= Kulturgeschichtliche Bibliothek, Bd. 4). — A. Poebel, *Grundzüge der sumerischen Grammatik*, Rostock 1923, S. 104 ff. — 97 H. V. Hilprecht, *Babyl. Exped.*[1] S. 26. — 97a Meissner[96], S. 386, Anm. 4; Poebel[96], § 290. — 98 Vgl. F. X. Kugler, *Die babylonische Mondrechnung*, Freiburg i. Br. 1900, Keilinschriftliche Beilagen, Tafel V. Z. 26 Zeichen 3; Z. 88 Zeichen 3 u. ö. — 99 F. Thureau-Dangin, *Numération et métrologie sumériennes*, Revue d'Assyriologie et d'Archéologie orientale 18, 1921. S. 124.

für die Potenzen von 60 und ihr Zehnfaches existierten anfangs noch besondere Zeichen, so daß die Festlegung der Zahl eindeutig und ein Nullzeichen unnötig war.

Mit Hilfe des Minuszeichens 𒇲 (gelesen: lal) konnte, wie später bei den Römern, auch subtraktive Zahlenschreibung eintreten; so ist 𒎙𒇲𒁹 20 — 1 = 19.[100]

Die ägyptische Kultur geht in den Anfängen wohl auf die sumerische oder deren Vorläufer zurück. Die altägyptische Zahlenschreibart hielt aber an der rein dezimalen Form fest: für die Potenzen von 10 waren besondere Zeichen (bis 10^7) vorhanden. Jedes Zeichen wurde so oft gesetzt, als dekadische Einheiten ihrer Art vorhanden waren:

𓏺 = 1, 𓎆 = 10, 𓍢 = 100, 𓆼 = 1000, 𓂭 = 10000, 𓆐 = 100000.

Daher bedeutet: 𓆼𓎆𓎆𓏺𓏺𓏺𓏺𓏺 1025. Eine schreibtechnische Vereinfachung ist, wenn statt 𓎆𓎆𓎆 = 30 gesetzt wird: 𓎆 über 𓏺𓏺𓏺.[101]

Ein Nullzeichen war jedenfalls auch nicht erforderlich. Auf Inschriften des Tempels zu Edfu, die Katasteraufzeichnungen des Besitztums der Priesterschaft darstellen, tritt in den gegebenen Tabellen eine Hieroglyphe auf, die etwa das lateinische *non* bedeutet; aber auch sie besitzt keineswegs den Wert einer Ziffer und wird nur an Stelle eines Fehlstriches gesetzt, nicht anders, als ein in den Sehnentabellen des Ptolemaeus benutztes *o*,[102] das als Abkürzung von *οὐδέν* (= nichts) anzusehen ist.

Im griechischen Zahlenschreibsystem,[103] das erstmalig von einer

[100] Für den gesamten Stoff: A. Deimel, *Sumerische Grammatik der archaistischen Texte mit Übungsstücken.* Rom 1924. — [101] K. Sethe, *Von Zahlen und Zahlworten bei den alten Ägyptern und was für andere Völker und Sprachen daraus zu lernen ist.* Straßburg, 1916, Schriften der Wiss. Ges. Straßburg, Heft 25. S. 2 Anm. 2: „Die ältesten bekannten Belege für ägyptische Ziffernsysteme sind:

1. Das Siegesdenkmal des Königs Ncr-mr aus dem Anfang der 1. Dynastie (spätestens 3300 v. Chr.). ... Dort wird die Zahl der gemachten Gefangenen auf 120000, die der erbeuteten Rinder und Ziegen auf 400000 u. 1422000 angegeben.

2. Die Statue des Königs Hcj-śḫm (Chac-sechem) aus dem Ende der 2. Dynastie (spätestens ca. 2900 v. Chr.). ... Dort ist die Zahl der „unterägyptischen Rebellen“, die sich „unter den Sohlen des Königs“ befinden sollen, auf 47208 angegeben.

[102] *Μεγάλη σύνταξις* (Almagest), am Schlusse von I, 9, Cl. Ptolemaei *Opera quae exstant omnia*, ed. Heiberg, Bd. I, Syntaxis, Leipzig 1898, S. 48 f. (Bd. II, Leipzig 1903), Deutsch von K. Manitius, *Des Claudius Ptolemaeus Handbuch der Astronomie*, Leipzig 1912. — [103] Vgl. über die verschiedenen Zahlenschreibsysteme besonders

die Anzahl der Einheiten einfach wiedergebenden Abbildungsschrift zu symbolischer Schreibart der Zahlengrößen übergeht,[103a] aber in seiner Unbeholfenheit der Entwicklung der griechischen Rechenkunst große Schwierigkeit entgegenstellt, ist ebenfalls kein Platz für die Null. Die ältere Zahlenschreibart, mit den sogenannten Herodianischen Zahlzeichen (vom Grammatiker Herodian, um 200 n. Chr., überliefert), benutzt die Anfangsbuchstaben der griechischen Zahlwörter:

5 = Γ (Πέντε), 10 = Δ (Δέκα), 100 = Η (Ἑκατόν),
1000 = Χ (Χίλιοι), 10000 = Μ (Μύριοι)

und bildet die Abkürzungszeichen:

𐅄 = 50, 𐅅 = 500, 𐅆 = 5000, 𐅇 = 50000,

so daß ΧΧ𐅅ΗΔΔΓΙ 2626 bedeutet.

Diese Zeichen finden sich in attischen Inschriften von 554 bis 95 v. Chr.; zur Zeit des Perikles sind sie im amtlichen Gebrauch.

Von Milet geht die jüngere Schreibart aus, die den Buchstaben des Alphabetes — unter Benutzung auch einiger älteren Buchstaben — Zahlenwert gibt:

$\alpha = 1$	$\iota = 10$	$\varrho = 100$	$,\alpha = 1000$	∟ $= \frac{1}{2}$
$\beta = 2$	$\varkappa = 20$	$\sigma = 200$	$,\beta = 2000$	ω $= \frac{2}{3}$
$\gamma = 3$	$\lambda = 30$	$\tau = 300$	usw.,	
$\delta = 4$	$\mu = 40$	$\upsilon = 400$	also	
$\varepsilon = 5$	$\nu = 50$	$\varphi = 500$	$\overline{\mu\gamma} = 43$	
ϛ $= 6$	$\xi = 60$	$\chi = 600$	$\overline{\varphi\xi} = 560$	
$\zeta = 7$	$o = 70$	$\psi = 700$	$\overline{,\beta\lambda\varepsilon} = 2035$	
$\eta = 8$	$\pi = 80$	$\omega = 800$		
$\vartheta = 9$	ϙ $= 90$	ϡ $= 900$		

Die älteste Inschrift mit diesen Zahlzeichen stammt aus der Mitte des 5. Jahrhunderts v. Chr. Privatleute benutzen sie seit 300 v. Chr., Staatskanzleien seit 150 v. Chr.

Zur Unterscheidung von den Wortbuchstaben wird bei sorgfältiger Schreibung ein kleiner Horizontalstrich über die Zahlenbuchstaben gesetzt; ein Komma rechts oben bedeutet die Ordinalzahl oder den Stammbruch, z. B. γ' der Dritte oder ein Drittel. Die Strichelung ist indes nicht einheitlich. Die Tausender erhalten vorn links unten einen kleinen Strich; die Zehntausender (Myriaden)

E. Löffler, *Ziffern und Ziffernsysteme*, Phys.-math. Bibliothek, Bd. 1 (Leipzig 1918) und 34 (1919). — 103a O. Neugebauer, *Über vorgriechische Mathematik*, Abh. Math. Seminar Hamb. Univ. 7, Leipzig, 1929, S. 108.

werden durch ein M mit meist darüber gesetzten Zahlzeichen geschrieben, so daß etwa 349450 = $\overset{\lambda\delta}{M},\overline{\vartheta\upsilon\nu}$ ist. DIOPHANT (Ende 3. Jahrh. n. Chr.) trennt die Zehntausender einfach durch einen Punkt von den Tausendern ab:

z. B. $\overline{\tau\varsigma}.,\vartheta = 3069000$ $\overline{\lambda\gamma}.,\overline{\alpha\psi o\varsigma} = 331776$.[104]

Eine wirkliche Null und damit ein echtes Stellensystem treffen wir erst in ziemlich später Zeit im indischen Rechnen an. Allerdings hat es auch der mittelamerikanische Volksstamm der Maya (Südmexiko; Höhepunkt der Kultur 6. Jahrh. n. Chr., zweite Blüte 11.—13. Jahrh.) zur Erfindung einer Null gebracht, aber nur bei Zahlenangaben in der Zeitrechnung; ein Rechnen mit Stellenwertsystem ist nicht nachweisbar. Das amtliche Jahr wird zu 360 Tagen angenommen, es besteht aus 18 Monaten zu 20 Tagen. Das Zahlzeichensystem ist vigesimal:[105]

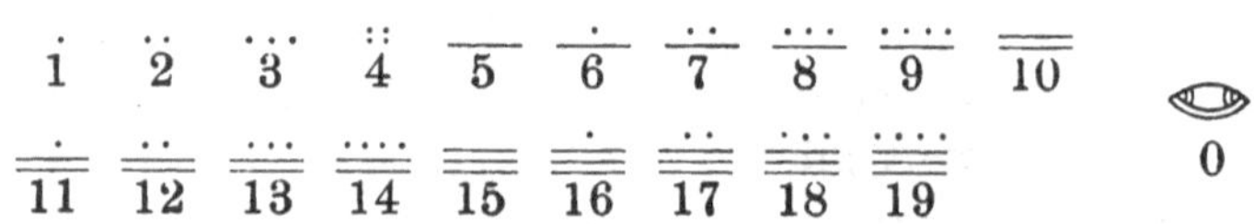

Während unsere modernen Ziffern, von rechts nach links aneinandergeschrieben, von Stelle zu Stelle ihren Wert verzehnfachen, sind die Maya-Zahlzeichen von unten nach oben übereinander angeordnet, zu unterst die Tage, darüber die Monate, also im Stellenwert mit 20 vervielfacht, darüber die Jahre, also im Stellenwert mit 18 multipliziert. Diese Schreibart ist schematisch fortgeführt und zwar rein vigesimal, ohne Wiederholung einer 18 als Vervielfältigungszahl: es bedeutet also:

1 Einheit der 6. Stelle	=	2880000	=	144000 · 20
1 Einheit der 5. Stelle	=	144000	=	7200 · 20
1 Einheit der 4. Stelle	=	7200	=	360 · 20
1 Einheit der 3. Stelle	=	360	=	20 · 18
1 Einheit der 2. Stelle	=	20	=	1 · 20
1 Einheit der untersten Stelle	=	1 [106]		

Danach sind folgende Zahlenbilder leicht zu entziffern:[107]

104 TH. L. HEATH, *Archimedes' Werke*, deutsch v. FR. KLIEM, Berlin 1914[11], S. 60. — 105 E. FÖRSTEMANN, *Erläuterungen zur Maya-Handschrift der Kgl. öffentlichen Bibliothek zu Dresden*, Dresden 1886, S. 3; L. G. MORLEY, *An Introduction to the Study of the Maya Hieroglyphs*, Washington 1915, S. 88. — 106 MORLEY, S. 135. — 107 Daselbst S. 131, Nr. a, e, j.

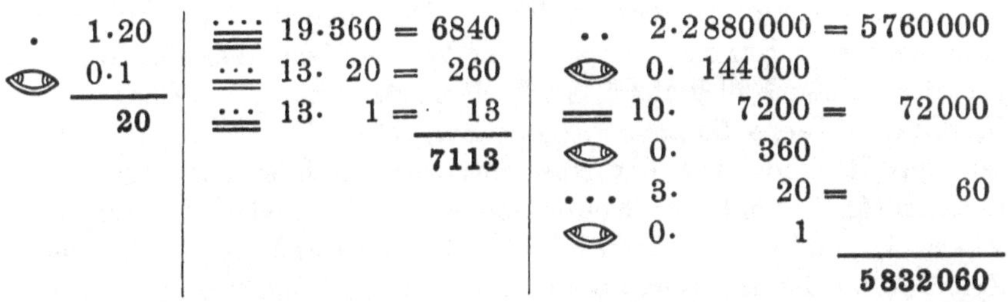

Die geschichtliche Forschung hat noch nicht rechte Klarheit gebracht, weder wo noch wann oder wie unsere moderne Ziffernschreibart mit dem Stellenwertsystem und der Null entstanden ist.[108] Im folgenden ist der gegenwärtige Stand der Frage wiedergegeben.

Die indische Mathematik ist arm an Dokumenten, ganz besonders auf dem Gebiete des einfachen Rechnens und des Ziffernschreibens; Fälschungen bereiten oft Schwierigkeiten. Nach einer vorchristlichen Periode, der der Śulvasūtras, die gar keine Beziehung mit der späteren Entwicklung hat — ihre Datierung macht sehr große Schwierigkeiten; man nahm bisher das 5. oder 4. Jahrhundert v. Chr. an: obere Grenze ist jedenfalls das 2. Jahrhundert n. Chr. — nimmt die indische Mathematik mit dem 5. Jahrhundert n. Chr. einen plötzlichen Aufschwung. Sie erscheint uns aber dabei nur als Werkzeug der Astronomie. Weder Āryabhaṭa (geb. 476 n. Chr. am oberen Ganges) in seinem *Gaṇita* (dem mathematischen Kapitel eines größeren astronomischen Werkes), das mit 33 Doppelversen in dunklen Worten mathematische Regeln ohne Beweise und Beispiele bringt,[109] noch Varāha Mihira († 587 n. Chr.), der die verschiedenen astronomischen Systeme (Siddhānta) seiner Zeit, darunter auch den Puliśa-Siddhānta, worin wohl Schriften des Paulus von Alexandrien (um 380 n. Chr.) wiedergegeben werden, seinen Landsleuten bekannt machte,[110] noch der glänzendste Vertreter dieser Periode, Brahmagupta (geb. 598) in seinem Brāhma-sphuṭa-siddhānta[111] lassen erraten, wie sie rechneten; man vermutet nur,[112] daß sie das dekadische Positionssystem

[108] Vgl. auch die wertvolle Quellenzusammenstellung bei D. E. Smith and L. Ch. Karpinski, *The Hindu-Arabic Numerals*, Boston 1911[9] und in D. E. Smith, *History of Mathematics*, Vol. II[16], Boston 1925, S. 65 ff. — [109] L. Rodet, *Leçons de calcul d'Aryabhatta*, Journ. Asiat. 13, Paris 1879, vgl. S. 408 oben. — [110] G. Thibaut and Sudhârkar Dvivedî, *The Pañcha-siddhânticâ of Varâha Mihira*, Benares 1889. — [111] H. Th. Colebrooke, *Algebra with Arithmetic and Mensuration from the Sanscrit of Brahmagupta and Bhâskara*, London 1817. — [112] I. G. Thibaut, *Astronomie, Astrologie und Mathematik der Inder*, Straßburg

als selbstverständlich voraussetzten. Den Begriff der Null kannte zum wenigsten Brahmagupta, da er Vorschriften über das Rechnen mit der reinen Null gibt.[113] Auch Mahāvīrā (um 830 n. Chr.)[114] geht in seinem Werke *Gaṇita-sāra-saṃgraha*, ähnlich wie Brahmagupta auf das Rechnen mit der Null ein, ohne daß er das Stellenwertrechnen an irgendeiner Stelle seiner Schrift andeutet; und doch wissen wir, daß das Rechnen mit den 9 Ziffern und der Null zu seiner Zeit bekannt ist und geübt wird: das läßt Rückschlüsse auf Brahmagupta zu. Ein auf Birkenrinde geschriebenes Bruchstück, das 1881 in Bakhṣāli, einem Orte Nordwestindiens gefunden wurde und kurz als Rechenbuch von Bakhṣāli[115] bezeichnet zu werden pflegt, benutzt 9 Ziffern — deren Form eine Ableitung aus ägyptischen hieratischen Zeichen gestatten soll — und die Null in Gestalt eines Punktes. Die Zeit, aus der das Fragment stammt, wurde zwischen dem 7. und 10. Jahrhundert geschätzt; es soll eine Abschrift eines älteren Originals sein, das seinem Versmaß nach vielleicht aus dem Anfang unserer Zeitrechnung stammen könnte.[116] Neuere Forschungen (G. R. Kaye)[117] sehen gerade darin, daß seine algebraische Symbolik

1899, S. 71, in: G. Bühler, *Grundriß der indischen Philologie u. Altertumskunde*[33]. Vgl. auch L. Rodet[109], S. 407—408, der aus Vorschriften, die Āryabhaṭa über das numerische Wurzelrechnen gibt, seine Kenntnis eines dekadischen Positionssystems abzuleiten versucht. Diese Schlüsse sucht der Inder S. Gāṅguli in der neuesten Zeit weiter zu verschärfen, wenn er auch noch nicht völlig überzeugt; vgl. Gāṅguli, Sāradā kānta, *The elder Aryabhaṭa and the modern Arithmetical Notation*, Amer. Math. Monthly 34, 1927, S. 409ff. Nach derselben Richtung bearbeitet B. Datta die Schriften Varāha Mihiras (6. Jahrh. n. Chr.), die er zum Teil schärfer übersetzt, ferner auch Stellen aus der Vedischen Poetik *Chandaḥ-sûtra* von Piṅgala (Mitte 2. Jahrh. n. Chr.) und glaubt das Auftreten des Stellenwertes nachweisen zu können. Vgl. Datta, Bibhutibuhsan, *Early literary Evidence of the Use of the Zero in India*. Americ. Math. Monthly 33, 1926, S. 449—454. In einer vorangegangenen Abhandlung (33, 1926, S. 220—225; *A Note on the Hindu-Arabic Numerals*) zitiert Datta andere indische Literaturstellen aus dem 5. Jahrhundert n. Chr. (evtl. 2 Jahrh. früher), ferner aus dem 6., dann eine dritte aus dem 7. bzw. 8. Jahrhundert, in denen der Stellenwert als landläufiges Beispiel behandelt wird. Die Datierungsfrage erscheint aber doch nicht völlig gesichert. Vgl. H. Wieleitner, Mitt. Gesch. Medizin u. Naturwissenschaften 25, 1926, S. 236; 26, 1927, S. 7. — **113** Brahmagupta[111], *Cuṭṭaca ch.* XVIII, sect. II, 31—36, S. 339—340. — **114** M. Raṅgācārya, *The Gaṇita-sāra-saṃgraha of Mahāvīrācārya*, Madras 1912, S. 6—7. — **115** Vgl. R. Hoernle, *The Bakhshālī manuscript*, Indian Antiquary, 17, Bombay 1888, S. 33—48, 275—279. — **116** G. Bühler, *Indische Paläographie*, Straßburg 1896[33], S. 78. — **117** J. a. Proc. As. Soc. Bengal 8, 1912, S. 349—361. Widerlegungsversuche sind nicht einwandfrei; B. Datta, *The Bakhshālī mathematics*, Bull. Calc. Math. Soc. 21, 1929, S. 1—60. Vgl. H. Wieleitner, Mitt. Gesch. Med. Nat. 28, 1929, S. 147—148.

sehr hoch ausgebildet ist und weit über der BRAHMAGUPTAS steht, einen triftigen Grund, es eher später (11./12. Jahrhundert) als früher anzusetzen. Bestimmte Erwähnung des dekadischen Systems und der Null begegnet uns (nach BÜHLER)[118] erst um 620 n. Chr. Als ältestes epigraphisches Beispiel dekadischer Ziffern wurde bisher (wieder nach BÜHLER)[119] die Gurjara-Inschrift von 595 n. Chr. angesehen; diese hat sich aber als Fälschung herausgestellt.[120] Vom 7. Jahrhundert an sollen Manuskripte und Inschriften mit Positionsziffern häufiger werden. 738 n. Chr. soll die Null zum ersten Male in Form eines Kreises erscheinen.[121] Daß erst aus späterer indischer Zeit schriftliche Aufzeichnungen bekannt sind, könnte darin seinen Grund haben, daß der Inder mit seinen Ziffern vor allen Dingen nur rechnete, und zwar auf Holztafeln, die mit Sand bedeckt waren, so daß die Rechnung selbst schnell wieder verwischt werden konnte. In indischen Schriften, die in Versen abgefaßt sind, werden die Zahlen auch häufig nicht selbst geschrieben, sondern durch Worte von Dingen oder Begriffen, die in der betreffenden Anzahl aufzutreten pflegen, ersetzt, so 1 durch Mond, Erde, Anfang u. a., 2 durch Zwillinge, Augen, Flügel, Hälfte, Hand, Arm, Ohr u. a. Selbst Synonyma und, wenn die Wörter Komposita sind, sogar die einzelnen Bestandteile können als Ersatz benutzt werden. Bei größeren Zahlen treten diese Wörter wie im Positionssytem aneinander. Hierdurch entsteht eine außerordentliche Mannigfaltigkeit in der Möglichkeit, Zahlen auszudrücken, die die Verwendung im Versmaß erleichtert.

Soweit Ziffern selbst überliefert sind, läßt sich erkennen, daß verschiedenartige Zeichen, je nach Zeit und Landesgegend, im Gebrauche waren.

Nach G. R. KAYE[122] sind indes die indischen Leistungen erheblich geringer einzuschätzen als bisher. KAYE geht überaus kritisch vor und läßt von der ganzen indischen Überlieferung nur das bestehen, was nach seiner Prüfung absolut echt ist. Das Bakhṣāli-Manuskript schiebt er, wie schon oben bemerkt, auf das 12. Jahrhundert n. Chr. Das älteste Auftreten einer Inschrift mit Positionszahlen kann er

118 BÜHLER[116], S. 78, Z. 13 v. u. — 119 Daselbst Z. 4 v. u. — 120 *Epigraphia Indica* II, S. 20 (nach KAYE). — 121 Journal of the Royal Asiatic society. 15_5, 1883, S. 27, Anm. 2. Das Dokument wurde aber nie veröffentlicht. — 122 Von seinen Originalschriften lag dem Verfasser nur das Buch *Indian Mathematics*, Calcutta u. Simla, 1915 und die Abhandlung, *Influence Grecque dans le développement des mathématiques Hindoues*, Scientia 25, Bologna 1919, Nr. 81, 1 vor. H. WIELEITNER gibt, Unterrichtsblätter Math. Nat. 25, 1919, S. 56—61, eine Zusammenstellung dieser neueren Literatur und auf Grund eigener Durcharbeit einen eingehenden Bericht.

erst in den Torkhēde-Kupferplatten von etwa 813 n. Chr. anerkennen. Die erste indische Inschrift mit einer (kreisförmigen) Null sei die von Gwalior (876 n. Chr.).[123] Die 9 Ziffern könnten nicht indischen Ursprungs sein, da diejenigen indischen Gebiete, die immer von fremden Einflüssen frei gewesen waren, wie Birma und Tibet, auch heute noch nicht mit ihnen, sondern mit den älteren Brāhmī-Zahlzeichen rechneten. Sehr wichtig ist auch in dieser Beziehung der Hinweis KAYES, daß das Sanskrit von links nach rechts geschrieben wird, die indischen Stellenwertzahlen aber, wie noch heute, von rechts nach links; die Inder müßten also das Ziffernsystem von einem Volke entlehnt haben, das wie die semitischen Sprachstämme von rechts nach links schrieb. Hier hätte KAYE noch auf die Griechen hinweisen können, die auch in dieser Richtung ihre Buchstaben zu Zahlen anordneten; so bei DIOPHANT (um 360 n. Chr.) $\overline{\varkappa\delta} = 24$, $\overline{\iota\beta} = 12$, wo $\bar{\varkappa} = 20$, $\bar{\delta} = 4$, $\bar{\iota} = 10$, $\bar{\beta} = 2$,[124] so beim Rechnen auf dem Rechenbrett (Abakus, vgl. S. 30f.), wie es die sogenannte Salaminische Tafel zeigt. Das Verwenden der Wortsymbolik beim Ausdrücken größerer Zahlen tritt in Indien erst auf, nachdem das andere Stellenwertsystem bekannt geworden war, beginnt aber immer mit den kleineren Elementen. Sämtliche arabischen Berichte (vgl. unten, S. 26f.) über den indischen Ursprung der Ziffern beanstandet KAYE: das arabische *hindasî* sei nicht, wie die bisherigen Orientalisten annehmen, als ‚indisch‘ (= *hindî*), sondern als ‚arithmetisch‘[125] zu deuten; im übrigen werde Indien oft mit ganz Vorderasien zusammengeworfen. — Die Ansichten KAYES dürften nicht unwidersprochen bleiben,[126] zunächst müßten auch die Arabisten über die letzte Behauptung zu Worte kommen.[127]

KAYE behauptet, daß die ganze indische nachchristliche Mathematik unselbständig ist und aus griechischen Quellen, zum Teil auch aus chinesischen, schöpft. Wir können griechische

[123] G. R. KAYE, *Indian Mathematics*[122] S. 29; die Ziffernform ist zum Teil der unsrigen schon ähnlich. Vgl. Tafel S. 40, Nr. 11. — [124] *Diophanti Alexandrini Opera omnia cum graecis commentariis*, I, ed. TANNERY, Leipzig 1893, *Ἀριθμητικά*, IV, 42, S. 20 f.). Französ. Übersetzung: *Diophante d'Alexandrie. Les six livres arithmétiques et le livre des nombres polygones.* Œuvres traduits pour la première fois du grec en français. Avec une introduction et des notes par PAUL VER EECKE, Bruges 1926. Vgl. auch TH. L. HEATH, *Diophantus of Alexandria*, 2. Ed., Cambridge 1910. Die älteste Diophanthandschrift (Madrid) stammt aus dem 13. Jahrhundert. — [125] hnd = arithmetisches Zeichen, aus dem persischen ènd = Maß, Arithmetik, Geometrie. Vgl. CARRA DE VAUX, Scientia 21, Bologna 1917, S. 275—282. Dagegen B. DATTA[140] S. 12—15. — [126] Vgl. die neueren Arbeiten von GAṄGULI und DATTA in Anm. 112. — [127] Vgl. auch E. LÖFFLER, Unt.-Bl. Math. Nat. 25, 1919, S. 85—88.

Quellen noch nachweisen, zum Teil sind sie allerdings in dem allgemeinen Niedergang der griechischen Mathematik verschwunden. Das *Romaka Siddhānta* und *Puliśa Siddhānta* sind unmittelbare griechische Anleihen. BRAHMAGUPTA selbst bezieht sich wiederholt auf griechische Vorgänger: was er an Mathematik bringt, ist nicht sein Eigentum, höchstens originell verarbeitet. Auch seine Kommentatoren, wie BHĀSKARA (1114 geb.), weisen auf ältere, nichtindische Gewährsmänner hin. Sonach muß man Bedenken tragen, den Indern bei dem Ziffernschreibsystem völlige Selbständigkeit zuzutrauen; es liegt die Vermutung nahe, daß auch dieses auf griechische Grundlage zurückgeht.[128] Schon APOLLONIUS kannte ein zifferartiges Rechnen; seine *πυϑμένες* (vgl. S. 98) sind die Stellenwerte der Zehner, Hunderter, Tausender usw. Allerdings kannte er keine Null. Sehr wahrscheinlich hat sich, vom klassischen Altertum ausgehend, das Rechnen auf dem Rechenbrett im hellenistischen Zeitalter vervollkommnet; es ist das eine Art Ziffernrechnen, bei dem ein fest aufgezeichnetes Schema von senkrechten Geraden eine Null entbehrlich macht. Nun kannten aber die Babylonier schon im 2. Jahrhundert v. Chr. ein Nullzeichen. Dieses, wie das *o* des PTOLEMÄUS[102], kann vorderasiatischen Mathematikern, vielleicht auch direkt den Indern bekannt geworden sein; das *Puliśa Siddhānta* brachte den Indern Auszüge gerade aus dem Werke des PTOLEMÄUS. Die Leistungen DIOPHANTS und besonders die uns verlorenen von ihm und seiner Schule (HYPATIA) kannten sie sicher, wie die Geschichte der unbestimmten Gleichungen lehrt. Die Neuplatonische Schule floh vor dem Bannstrahl Kaiser JUSTINIANS um die Mitte des 6. Jahrhunderts von Athen nach Persien. Aus Persien stammende arabische Gelehrte sind es gerade, die nur wenige Jahrhunderte später in der mathematischen Forschung an der Spitze stehen. Die griechischen und persischen Einflüsse wirkten wahrscheinlich beim indischen Rechnen zusammen. Der Inder benutzte statt eines festen Rechenbrettes ein Sandbrett (vgl. S. 33); das stets von neuem in dem Sande aufzuzeichnende Abakusschema (auch dieses können sie aus griechischer Praxis entnommen haben) wurde entbehrlich bei Benutzung eines Fehlzeichens, wie die Babylonier und PTOLEMÄUS es hatten. Wann dieser kleine und doch so riesengroße Fortschritt gemacht wurde, kann bis jetzt nicht festgestellt werden. Wenn aber der Syrer SEVERUS SABOKHT (662 n. Chr.), der am Euphrat wirkte, von der „geschickten Methode der

128 Vgl. auch CARRA DE VAUX a. a. O.[125] S. 276, ferner NIKOLAUS BUBNOW, *Arithmetische Selbständigkeit der europäischen Kultur*[84], der allerdings weit über das Ziel hinausschießt.

indischen Rechnungen, die alles übertrifft, nämlich der der 9 Zeichen"[129] berichtet, so kann man vorläufig noch den Indern den Ruhm der Erfindung des Positionssystems lassen. SABOKHT kannte alexandrinische Gelehrsamkeit; er hätte die gerühmte Rechenmethode sicherlich nicht den Indern, also seinen östlichen Nachbarn zugeschrieben, wenn sie von Alexandrien, also von Westen gekommen wäre. — KAYE stellt sich auch dem SABOKHTschen Bericht zweifelhaft gegenüber; anderseits streitet er nicht ab, daß das Stellenwertsystem nicht schon vor den sichergestellten Inschriften bei den Indern in Übung gewesen sein könnte.

Außerhalb Indiens werden indische Ziffern und das Rechnen mit ihnen zuerst (662 n. Chr.) von dem schon genannten syrischen Gelehrten SABOKHT[129] erwähnt, der Vorsteher eines Klosters am Euphrat und Leiter einer Gelehrtenschule war; die Form der Ziffern und die Art des Rechnens wird leider nicht mitgeteilt. An der Verbreitung des indischen Rechnens sind hauptsächlich die Araber (MOHAMMEDs Flucht 622) beteiligt, deren reger Handelsverkehr mit Indien auch tiefere wissenschaftliche Verbindung anknüpfen ließ. Sämtliche arabischen Nachrichten über die Ziffern und das Ziffernrechnen mit der Null sind darin einig, daß diese hervorragende Erfindung indischen Ursprungs ist. Die Araber selbst besaßen allerdings schon im 7. Jahrhundert ein eigenes Zahlenschreibsystem mit Buchstaben, das zuerst freilich nur bis 400 reichte, außerdem durch Formverschiedenheit nicht ganz eindeutig war und erst im 11. Jahrhundert ausgebaut wurde, so daß auch 1000 einfach geschrieben werden konnte.[130] Die Mehrzahl der arabischen Schriftsteller schrieben aber die Zahlwörter vollständig buchstabenmäßig aus, selbst in Rechenbüchern und mathematischen Schriften.[131] Diese Gewohnheit erschwert das Studium der Entwicklung der arabischen Schriftzeichen außerordentlich, weil die Belegstellen verhältnismäßig selten sind. — Untere Grenze für die Kenntnis indischer Ziffern

[129] Nach F. NAU, J. Asiat., 16_{10}, 1910, S. 225—227, No. III. — [130] F. WOEPCKE, Journ. Asiat. 1_6, 1863, S. 463 Note 1 u. S. 464[169]; C. I. GERHARDT, *Über die Entstehung und Ausbreitung des dekadischen Zahlensystems.* Programm, Salzwedel 1853, S. 16. — [131] F. WOEPCKE, *Sur l'introduction de l'arithmétique indienne en occident*, Rom 1859, S. 52 f., zählt eine ganze Reihe größerer arabischer Schriften auf, in denen keine Zahlzeichen, sondern nur ausgeschriebene Zahlwörter vorkommen, dazu gehört auch z. B. das Lehrbuch der Rechenkunst des ALKARḪĪ (*Alkāfī fī'l ḥisāb*, ed. HOCHHEIM, Programm, Magdeburg 1878—1880. Vgl. daselbst I. S. 2—3.

bei den Arabern ist das Jahr 700 n. Chr. Um diese Zeit erließ der Kalif WALID ein Verbot, griechische Schrift zu benutzen; ausdrücklich nahm er aber von diesem Verbot die griechischen Zahlzeichen aus, die vor den damaligen arabischen Zahlen im praktischen Gebrauch den Vorzug hatten: die indischen Ziffern werden nicht erwähnt, waren also damals noch nicht bekannt.[132] Sie faßten auch nur ganz allmählich Boden. Es scheint aber festzustehen, daß bei den persischen Astronomen des 8. Jahrhunderts n. Chr. das indische Rechnen mit der Null bereits in Übung war. Wirkliche Rechnungen sind freilich aus dieser Periode auch nicht erhalten. Aber der große Chemiker ǴĀBIR IBN HAJJĀN (zwischen 720 und 800), der dieser Zeit angehört, macht gelegentlich in einer seiner Schriften (um 760—780) eine Anspielung auf das Verhältnis der Null zu den Zahlen, die nicht verständlich wäre, wenn er nicht die allgemeine Kenntnis hierfür hätte voraussetzen dürfen.[133]

Der Geschichtsschreiber IBN ʿALĪ ʿABDĪ (um 900 n. Chr.) und mit Berufung auf ihn, der weitgereiste Gelehrte AL-MASʿŪDĪ († 956), der bis nach Indien und Ceylon gekommen war, berichten,[134] daß im Jahre 773 n. Chr. ein indischer Astronom an den Hof des Kalifen ALMANṢŪR nach Bagdad gekommen sei und Kenntnisse aus dem Werke des BRAHMAGUPTA verbreitet habe. Der Kalif habe eine Übersetzung durch ALFAZĀRĪ herstellen lassen, die unter dem Namen *Sindhind*, der arabischen Wiedergabe des indischen *Siddhānta*, sich schnell verbreitete und bald selbständige Arbeiten arabischer Astronomen einleitete. 820 fand eine Neubearbeitung durch MUḤAMMAD IBN MŪSĀ ALḪWĀRAZMĪ (Bagdad, Damaskus) statt; dieser verfaßte auch ein kurz gehaltenes Rechenbuch, das das indische Rechnen lehrte. Die Urschriften aller dieser Arbeiten sind nicht erhalten. Aus dem 12. Jahrhundert sind zwei lateinische, voneinander abweichende, meist anonym überlieferte Schriften vorhanden, die beide unter dem Namen ALḪWĀRAZMĪs das indische Rechnen auseinandersetzen; die erstere[135] wird in einer Handschrift dem JOHANNES VON SEVILLA (spanischer Jude; um 1140) zugewiesen, die andere[136] stammt vielleicht von ROBERT VON CHESTER (um 1150). Die letztere scheint tatsächlich eine Übersetzung der Urschrift des ĀLḪWĀRAZMĪ zu sein. ĀLḪWĀRAZMĪ verfaßte noch ein weiteres

132 C. I. GERHARDT, 1853[130], S. 21. — 133 Vgl. JULIUS RUSKA, *Zahl und Null bei Ǵābir ibn Hajjān.* Archiv f. Gesch. d. Math., Nat. u. Techn., 2_2, Leipzig 1929, S. 256—264. — 134 Vgl. F. WOEPCKE, J. As. 1_6, S. 474 ff.[169]; SMITH and KARPINSKI, *The Hindu-Arabic Numerals*[9], S. 7—9, 92 mit genauester Angabe der Originalliteratur. — 135 *Trattati* II[35]. — 136 *Trattati* I[35].

Werk, eine Algebra;[137] in ihrem Text kommen nur Zahlwörter vor, außer bei einigen Figuren, an die Ziffern geschrieben sind. Also muß um diese Zeit die Kenntnis der indischen Ziffern noch so wenig verbreitet gewesen sein, daß ĀLḪWĀRAZMĪ, ihr eifrigster Verfechter, sie noch nicht allgemein zu benutzen sich getraute.[138]

Im *Kitâb al-Fihrist,*[139] einem zusammenfassenden großen Werke über die arabische Geschichte und Literatur, geschrieben 987 n. Chr. von IBN ABĪ YA'QŪB AL-NADĪM, werden als Schriftsteller über das indische Rechnen AL-KINDĪ (800—870 n. Chr.) und AL-ṢŪFĪ († 986 n. Chr.) aufgeführt. Ein gewissenhafter Berichterstatter ist der große Mathematiker und Astronom AL-BĪRŪNĪ (973—1048 n. Chr.), der selbst mehrere Jahre in Indien zugebracht und ein umfassendes Werk über Indien[140] verfaßt hat — eine besondere Schrift von ihm über die Ziffern ist leider verloren gegangen —; er erzählt, daß die Inder seinerzeit nicht die Buchstaben ihres Alphabets zur Zahlenbezeichnung benutzten, wie die Araber es taten, sondern besondere Zeichen, von ihnen aṅka genannt, von verschiedener Form in den verschiedenen Gebieten, wie es auch der Fall bei ihren Schriftzeichen sei. Die Araber hätten sich die besten Formen der Ziffern ausgesucht; auf die Form käme es auch weniger an als auf ihren inneren Wert. Der bedeutende Naturforscher und Arzt AVICENNA (978 bis 1036) erzählt, daß sein Vater ihn als Knaben zu einem Händler geschickt habe, damit er von diesem das neue Rechnen lerne.[141]

Zwei Hauptformen von Ziffern kamen allmählich bei den Arabern in Übung, die Gobārziffern (Staubziffern) — vgl. Tafel, S. 40, 41 Reihe 21, 22, 26, 28, 29 — und die von den Arabern selbst indische Ziffern genannten Zeichen —, daselbst Reihe 17. Zuerst nebeneinander im Gebrauch fanden später die Gobārziffern bei den Westarabern (Marokko, Spanien), die anderen bei den Ostarabern fast ausschließliche Verwendung. Dieser Zustand hat sich bis heute gehalten, die Türken benutzen noch die ostarabischen Ziffern, Marokko unsere modernen, die aus den Gobārziffern entstanden sind. Beide Typen

[137] *The Algebra of Mohammed ben Musa*, ed. FR. ROSEN, London 1831. F. RUSKA, Sitzgsber. Heidelberger Akad., Phil.-hist. Klasse, 1917, 2. Abh. — [138] GERHARDT, 1853[130], a. a. O., S. 21. — [139] Vgl. H. SUTER, *Das Mathematiker-Verzeichnis im Fihrist.* Abh. Gesch. Math. 6, Leipzig 1892, S. 1—87; Nachträge und Berichtigungen 15, 1902, S. 155—186; *Die Mathematiker und Astronomen der Araber und ihre Werke*, 10, 1900. — [140] *Alberunis India*, ed. E. C. SACHAU, Engl. edition I, II, London 1886, I, Kap. XVI, S. 174. B. DATTA, *Al-Bīrunī on the Origin of the Arabic Numerals.* Proc. Benares Math. Soc. 7, 1929, S. 1—15. — [141] SMITH and KARPINSKI[9], S. 74, Anm. 1, genaue Literatur. Vgl. auch P. TREUTLEIN, *Geschichte unserer Zahlzeichen*, Programm, Karlsruhe 1875, S. 92 u.

gehen sicher auf indische Formen zurück; Hauptunterschiede liegen in der 2 und 3, die bei der ostarabischen Form auf zwei bzw. drei senkrechte, bei den westarabischen auf ebensoviel wagerechte Striche (vgl. Tafel, S. 40, Zeile 1 und ff.) zurückzuführen sind, ferner in der 5, die schließlich — mit Übergangsformen aus dem Indischen[142] — zu einem kleinen Kreis entartet ist, so daß nunmehr für die Null ein Punkt eintreten mußte. Stark verschieden sind auch 6, 7, 8. Es ist nicht ausgeschlossen, daß die ostarabischen Formen auf dem Umweg über Persien zu den Arabern gekommen sind,[143] wodurch Abänderungen erklärlicher sind; besonders die Form der 2 und 3 lassen dies vermuten, da die senkrechten Strichformen in Indien nur in ganz früher Zeit zu belegen sind.

Das älteste Dokument arabischer Zeit ist ein Papyrus aus der Erzherzog Rainer-Sammlung, auf dem sich die Jahreszahl  findet, die als 260 (Hedschra) zu lesen ist (873 n. Chr.), vgl. Tafel, S. 41, Nr. 23. Die 2 ist Ġobārtyp, die 6 ostarabisch; beide Formen kommen also gemischt vor. „Die Null ist durch einen Punkt ausgedrückt, wie überhaupt in allen noch mit griechischen Zahlbuchstaben durchgeführten Rechnungen dieses Papyrus arabischer Zeit die leeren Stellen stets durch einen Punkt bezeichnet erscheinen.“[144] Aus dem letzten Satz könnte man schließen, daß Stellenwertrechnen auch mit griechischen Zahlbuchstaben geübt wurde. Auch das zweitälteste Dokument aus derselben Papyrussammlung 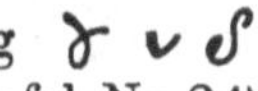 = 275 Hedschra = 388 n. Chr. ist in der Form gemischt (Tafel, Nr. 24), 2 ist ġobār, 7 und 5 ostarabisch. Eine Jahreszahl auf einer Säule eines zerstörten Klosters 349 Hedschra (= 961 n. Chr.) — Tafel, Nr. 25 — hat ganz moderne ostarabische Formen.[145] Sehr wichtig ist eine persische Handschrift, geschrieben 970 n. Chr. in Schiras von Al-Siġzī — Tafel, Nr. 26 —, weil sie alle Ziffern erkennen läßt, auch hier sind die Formen gemischt, 6, 7, 8 sind ostarabisch, die anderen gobār. Die Null hat Kreisform. Eine Papyrusdatierung 1169 in der Erzherzog Rainer-Sammlung (Tafel, Nr. 27) ist wiederum rein ostarabisch. Von nun ab findet man die Ġobārzeichen nur noch in westarabischen Schriften (747 Gründung der spanischen Omaijadendynastie); die ostarabischen Ziffern haben sich, anscheinend von Ägypten aus, im Orient festgesetzt.[146]

[142] J. Karabacek, *Papyrus Erzh. Rainer*, Wien 1894, S. 217. — [143] C. I. Gerhardt, *Études historiques sur l'arithmétique de position*, Programm, Berlin, 1856, S. 9 nennt sie *chiffres persans*. — [144] J. Karabacek[142], S. 216, 217. — [145] Vgl. *Egypt. exploration*[219], S. 18, Z. 1—5, „*One graffito, in Arabic, on a pillar, was important as it mentioned a date, the year 349 a. H. The figures are the modern Arabic figures*... — [146] Vgl. noch die ostarabischen Formen,

Abarten der westarabischen Ziffernformen, den unserigen sehr ähnlich, treten unvermittelt im 11., vielleicht schon im 10. Jahrhundert im Abendland auf. Auffallend ist, daß die Benutzung dieser eigenartigen Ziffernformen in Verbindung mit dem den Arabern anscheinend völlig fremden Abakusrechnen erscheint. Der besonders durch Gerbert (Auvergne, um 940 — Rom, 1003; seit 999 Papst Sylvester II.) in einer Schrift, die etwa 980—982 verfaßt ist,[147] und später durch seine Schüler verbreitete Abakus stellt ein Rechenbrett mit senkrechten Kolumnen dar, die der Reihe nach von rechts nach links für die Einer, Zehner, Hunderter usw. bestimmt waren und danach die Überschriften . . . M, C, X, I trugen. Zum Rechnen dienten die sogenannten *apices*, Marken aus Holz oder Horn, die als Aufschrift entweder die römischen Ziffern I, II . . . IX oder häufiger jene erwähnten Ziffern 1, 2 . . . 9, die Ähnlichkeit mit westarabischen Zahlzeichen hatten, besaßen. Diese Marken wurden in die verschiedenen Kolumnen gelegt und erhielten dadurch, entsprechend unserem heutigen Stellenwertsystem, verschiedene Zahlenwerte; eine Null war zur Darstellung mehrziffriger Zahlen unnötig, da die betreffenden Kolumnen einfach unbesetzt blieben. Vom 12. Jahrhundert an werden auch Namen für diese Ziffern überliefert: 1 *igin*, 2 *andras*, 3 *ormis*, 4 *arbas*, 5 *quimas*, 6 *caltis* (*calcis*), 7 *zenis*, 8 *temenias*, 9 *zelentis*,[148] merkwürdige Wortbildungen, die in vielfachen Verdrehungen und Entstellungen die arabischen Zahlwörter wiedergeben.[149]

Außerdem wurde ein Steinchen benutzt, um Kolumnenstellen, an denen gerade gerechnet wurde, anzumerken. Dieses wurde z. B. beim Multiplizieren und Dividieren im Fortgang der Rechnung von Einern zu Zehnern und Hundertern von Kolumne zu Kolumne fortgerückt. Es ist das aber keine Null, auch wenn es in einem Kommentar zu Gerberts Beschreibung (11. Jahrhundert)[150] ganz gelegentlich einmal benutzt wird, um bei der Zahl 302 das Freibleiben der Zehnerkolumne anzudeuten. Der Name des Merksteins, *sipos* (lat. *rotula*) deckt sich mit dem griechischen *ψῆφος* (Rechenstein, Stimmscheibe). Das Rechnen mit den *πυϑμένες* bei Apollonios

die im *Fihrist* (987 n. Chr.) als indischen Ursprungs angegeben werden. L. C. Karpinski, *Hindu numerals in the Fihrist*, Bibl. math. 11_3, 1910—1911, S. 123. — 147 *Gerberti Opera*, ed. Bubnow[72], S. 8—22. — 148 Cantor, 1^3, S. 894 ff., N. Bubnow, *Arithm. Selbständigkeit*[84], S. 63 f. — 149 Vgl. J. Ruska, *Zur ältesten arabischen Algebra und Rechenkunst*[137], II. — 150 N. Bubnow, *Arithm. Selbständigkeit*[84], S. 111.

(vgl. S. 98), Andeutungen[151] und Abbildungen[152] über Benutzung von Rechenbrettern im klassischen Altertum, ja der Fund eines griechischen Rechenbrettes selbst[153] machen es wahrscheinlich, wiewohl genaue Überlieferung fehlt, daß das Abakusrechnen ein wohlausgebildetes Verfahren für das mechanische Rechnen im klassischen Altertum war.[154] Das Rechnen nennen die Griechen später geradezu *ψηφοφορία* (vgl. den Titel der Schrift des MAXIMUS PLANUDES, † 1310: *Ψηφοφορία κατ' Ἰνδούς*).[404] Aus einer Bemerkung HERODOTs über die Ägypter *λογίζονται ψήφοις*[151] (sie rechneten mit Steinchen) kann man entnehmen, daß schon die Ägypter das Rechenbrett kannten.[154a]

Eine ganze Reihe von Stellen aus lateinischen Schriftstellern sichern das Kolumnenrechnen mit dem Abakus bei den Römern.[155] Die Tradition bewahrt die praktische Übung bis ins beginnende Mittelalter; in der Literatur aber taucht der Abakus erst wieder im 10. Jahrhundert auf. GERBERT hat nicht, wie ihm zugeschrieben wird, das Abakusrechnen erfunden; wir haben vielmehr Kenntnis,

151 HERODOT, *Historiae* II, 36, Ed. KALLENBERG I², Leipzig 1906, S. 144, Z. 22ff.: *γράμματα γράφουσιν καὶ λογίζονται ψήφοις, Ἕλληνες μὲν ἀπὸ τῶν ἀριστερῶν ἐπὶ τὰ δεξιὰ φέροντες τὴν χεῖρα* (die Ägypter schreiben Buchstaben und rechnen mit Steinchen; die Griechen aber, indem sie die Hand von links nach rechts führen). POLYBIUS, *Historia* V, 26, ed. BÜTTNER-WOBST, Lips. 1889, S. 139, Z. 13ff. *Ὄντως γάρ εἰσιν οὗτοι παραπλήσιοι ταῖς ἐπὶ τῶν ἀβακίων ψήφοις. Ἐκεῖναί τε γὰρ κατὰ τὴν τοῦ ψηφίζοντος βούλησιν ἄρτι χαλκοῦν καὶ παραυτίκα τάλαντον ἰσχύουσι.* (Diese Leute ähneln den Rechensteinen auf dem Abakus, die je nach dem Willen des Rechnenden bald den Wert eines Chalkus, bald den eines Talentes besitzen.) — Auch DIOGENES LAËRTIUS I, 59. — Vgl. K. A. BOETTIGER, *Kleine Schriften*, Bd. 3, 1838, S. 9—13; E. LOEFFLER, 1919[127], S. 85. M. L. D'OOGE, *Nicomachus of Gerasa*, *Introduction to Arithmetic*, translated into English, New York 1926, S. 6, Z. 4—11. — Auch C. I. GERHARDT, *Études*[143], 1856, S. 16, gibt interessante Belegstellen aus PERSIUS und MARTIANUS CAPELLA.[610] — 152 Abbildung auf einer neapolitanischen Vase, vgl. A. NAGL, *Die Rechenmethoden auf dem griechischen Abakus*, Abh. Gesch. Math. 9, 1899, S. 356, 357. Über Funde von römischen Rechenbrettern vgl. A. NAGL, Numismatische Ztschr. 35, 1903. Wien, S. 138, Anm. — 153 N. BUBNOW, *Arithm. Selbständigkeit*[84], S. 48f.; A. NAGL, Abh. Gesch. Math. 9, 1899, S. 337—353; Numismatische Ztschr. 35, 1903, S. 131—143; KUBITSCHECK, *Die salaminische Rechentafel*, Numism. Ztschr. 31, Wien 1900, S. 393—398. — 154 Vgl. A. NAGL in PAULYs Real-Encyclopädie, herausg. v. WISSOWA, 1, Stuttgart 1893, Sp. 5—6; Supplementband 3, Stuttgart 1918, Sp. 4—13. — 154a Vgl. O. NEUGEBAUER, *Die Grundlagen der ägyptischen Bruchrechnung*, Berlin 1926, S. 42; K. VOGEL, *Die Grundlagen der ägyptischen Arithmetik*, München 1929, S. 10. — 155 Vgl. Rocco BOMBELLI, *Studi archeologici critici circa l'antica numerazione italica* Parte I, Rom 1876, S. 116ff.; CANTOR, 1³, S. 529. In einem Manuskript aus der Wende des 12. Jahrhunderts werden die apices ohne Null als abacus latinus bezeichnet, vgl. M. CURTZE, Zentralbl. f. Bibliotheksw. 16, 1899, S. 280.

daß es zur Lehrzeit GERBERTS schon ganz verbreitet war.[156] Als junger Mann hat er es gelernt, später selbst gelehrt, schließlich seine Regeln niedergeschrieben.[157] Nicht völlig fest steht indes, ob GERBERT jene eigentümlichen Ziffernformen auf den apices (vgl. Tafel, S. 28, Nr. 3), die in den erhaltenen Handschriften sich finden, selbst schon gekannt hat; eine Bemerkung seines Biographen RICHER[158] (10. Jahrhundert) kann allerdings dahin gedeutet werden. Sicher ist das Auftreten der apices-Ziffern im Abendlande erst im 11. Jahrhundert, in einer rätselhaften Handschrift der Kapitularbibliothek von Ivrea,[159] die möglicherweise auch schon dem 10. Jahrhundert angehört, dann bei BERNELINUS (um 1020), vielleicht einem Schüler GERBERTS, der in Paris selbst ein Buch über den Abakus geschrieben hat.[160] Sie erscheinen ferner in einer anonymen, vielfach abgeschriebenen Handschrift, die sich als Geometrie des BOËTIUS ausgibt,[73] auch lange dafür gehalten wurde, aber ihrem Inhalt und Stil nach sich als Fälschung des 11. Jahrhunderts herausstellte.[161] Andererseits steht fest, daß die Rechensteine auch oft die römischen,[162] zuweilen die griechischen[163] Einersymbole trugen.

RICHER erzählt,[164] daß sich GERBERT kurz nach 967 in der spanischen Mark aufgehalten und mit Erfolg mathematische Studien getrieben habe. Es ist nicht unwahrscheinlich, daß er hier die neuartigen Ziffern kennen gelernt hat, und so wie er, manch anderer wissensdurstige Reisende. Man hat zwei spanische Manuskripte

156 Vgl. 1. Handschrift Bern, Nr. 299; A. NAGL, Sitzber. Akad. Wien, Phil.-hist. Klasse 116, 1888, S. 861 ff. 2. Mitteilungen des Mönches ABBO VON FLEURY (gest. 1003). *Gerberti opera*, ed. BUBNOW[72], S. 197—204. 3. Erzählungen des Speyerer Subdiakons WALTER (983) über seine Schulzeit; *Gerb. op.*, ed. BUBNOW[72], S. 204. Alle drei Schriftstücke weisen übereinstimmend auf das Jahr 970. — 157 *Gerberti opera*, ed. BUBNOW[72], S. 6, Z. 6 ff. Brief GERBERTS etwa aus dem Jahr 980: *Itaque cum aliquot lustra jam transierint, ex quo nec librum nec exercitium harum rerum habuerimus, quaedam repetita memoria, eisdem verbis proferimus, quaedum eisdem sententiis* (Da bereits mehrere Jahrfünfte vergangen sind, seitdem ich kein Buch und keine Übung gehabt habe, teile ich einiges aus dem Gedächtnis wörtlich, anderes dem Sinne nach mit). — 158 *Scriptores rerum germanicarum, Richeri Historiarum libri IIII*, editio altera, Hannover 1877. Buch III, § 54, S. 104: *Novem numero notas omnem numerum significantes disposuit.* (Er gab für die Zahl neun Zeichen, wodurch er jede Zahl ausdrückte.) — 159 Archiv Ges. f. ältere deutsche Geschichtskunde, 9, Hannover 1847, S. 619, 623. Vgl. CANTOR, I[3], S. 879. — 160 *Liber abaci*, abgedruckt in Œuvres de GERBERT, ed. OLLERIS, Paris 1867, S. 357—400, vgl. CANTOR, 1[3], S. 880. — 161 CANTOR, 1[3], S. 587, 878. — 162 N. BUBNOW, *Arithm. Selbständigkeit*[84], S. 57; *Gerberti opera*, ed. BUBNOW[72], S. 159, Z. 1. — 163 Œuvres de GERBERT, ed. OLLERIS[160], S. 361, *Gerberti opera*, ed. BUBNOW[72], S. 158, Z. 9. — 164 *Hist.* III, 43, S. 100.[158]

(Codex Vigilanus und Emilianus) gefunden, die 976, bzw. 992 n. Chr., im Kloster Abelda unweit Logroño geschrieben wurden; als Zusatz zu den *Origines* des ISIDORUS von Sevilla (Buch III, Kap. 1) sind hier die S. 41, Tafel IV, Zeile 30 aufgeführten Formen ohne Null hingeschrieben,[165] deren Übereinstimmung mit den westarabischen Ġobārziffern auf der Hand liegt. Da die Null fehlt und der Verfasser der Handschrift ihren Gebrauch nicht kennt, kann nur das Rechnen mit dem Abakus in dem unten angeführten Zusatz gemeint sein.

Der wahrscheinliche geschichtliche Zusammenhang stellt sich nunmehr folgendermaßen dar.

Die Inder übten eine Art Abakusrechnen; ob von den Griechen hierbei mittelbar und unmittelbar beeinflußt, wissen wir nicht (vgl. S. 31). Statt der festen griechischen Rechentafel benutzten sie ein mit Sand oder Staub bedecktes Brett, auf das sie wohl in älterer Zeit das Linienschema aufzeichneten und die Zahlen der Rechnung entsprechend eintrugen. Historische Belege für dieses Anfangsstadium sind naturgemäß nicht zu erwarten.[165a] Die spätere Erfindung, bzw. Annahme der Null (vgl. S. 25) war ein großer Fortschritt, er löste das Rechnen vom Abakusschema und machte es auf jeder Schreibunterlage möglich. Dieses Stellenwertrechnen der Inder lernten nach und nach die Araber (vgl. S. 26f.), noch leichter aber und wohl früher das Abakusrechnen ohne Null, dessen Kenntnis sie auch in unterworfenen Ländern als alte, seit der klassischen Zeit kaum vergessene Überlieferung vorfanden und nur durch Verwendung der neu erworbenen Ġobārziffern veränderten. Verschiedene arabische Rechenbücher haben in dem Titel das Wort takht, das ‚Brett‘ bedeutet. Daß es sich um das Staubrechnen auf dem Brett handelt,

165 P. EWALD, *Mitteilungen*[223], S. 358: „*Item de figuris arithmetice. Scire debemus Indos subtillisimum ingenium habere et caeteras gentes eis in arithmetica et geometria et ceteris liberalibus disciplinis concedere. Et hoc manifestum est in nobem*(!) *figuris, quibus designant unumquemque gradum cuius-libet gradus. Quorum haec sunt formae*: . . .“ (Ebenso über die Rechenzeichen. Wir müssen wissen, daß die Inder den scharfsinnigsten Geist hatten und die anderen Völker ihnen in der Rechenkunst, der Geometrie und den anderen freien Wissenschaften nachstanden. Und das ist klar bei den 9 Zeichen, mit denen sie jede Zahlenstufe jeder Höhe darstellen. Ihre Formen sind folgende: . . .“). Dasselbe bietet die andere Handschrift (C. EMILIANUS) aus San Millan de la Cogolla bei Burgos vom Jahre 992. — 165a Daß ein Brettrechnen bereits im älteren Indien bekannt und geübt war, glaubt B. DATTA, *The science of calculation by the board*, The Americ. Math. Monthly 35, 1928, S. 520—529 feststellen zu können. Nach ihm wurde schon im 5. oder 6. Jahrhundert v. Chr. das Rechnen eingeteilt in 1. Kopfrechnen, 2. Fingerrechnen, 3. Brettrechnen. Vgl. H. WIELEITNER, Mitteilungen z. Gesch. d. Med. u. Nat. 28, 1929, S. 147.

geht daraus hervor, daß auch das Wort ‚Staub‘ auftritt, al-turāb und später al-ġobār.[166] Es handelt sich hier eben um die so oft schon erwähnten Ġobārziffern, die bei dem Staubrechnen benutzt wurden. Für einen solchen Übergang des indischen Brettrechnens ohne Null an die Araber spricht auch eine eigenartige Verwendung der Ġobārziffern. In der arabischen Handschrift, aus der DE SACY die Zifferformen S. 41, Tafel III, Zeile 22 entnahm, werden den Ziffern Punkte übergesetzt, ein Punkt macht die Einer zu Zehnern, zwei Punkte zu Hunderten usw. Danach ist 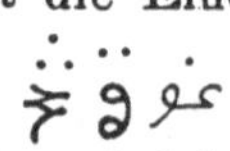 zu lesen als 3840.[167] Die Zahl ist einfach vom Brett abgeschrieben: die Punkte bedeuten den Rang der Kolonnen. Auch ohne das Abakusschema und ohne Null können mit Hilfe der Punkte Rechnungen vorgenommen werden. Dieses Punktsystem ist ferner in Persien gefunden worden,[168] aber nur selten mit ostarabischen Zifferformen;[169] es hat sich sogar bis zum 15. Jahrhundert gehalten.[170] Wahrscheinlich geht es auf indische Übung zurück.

Die Ġobārziffern sind also eng mit dem Abakusrechnen verknüpft. Im Orient hat das Rechnen mit dem Brett bald dem Stellenwertrechnen weichen müssen, hat sich aber im arabischen Westen (Marokko, Spanien) sehr lange gehalten. Hier setzte ja auch der Kulturaufschwung viel später ein; die erste Universität, Cordova, wurde erst 976 gegründet. Es leuchtet ein, daß auch die Beschaffung der Schriftunterlage einen gewissen Einfluß ausüben muß. War Papier leicht zu bekommen, dann war das Stellenrechnen das Gegebene. War Papier knapp und teuer und schwer zu beziehen, dann mußte man sich mit dem Staubbrett ohne Null behelfen. In Bagdad wurde die erste Papierfabrik schon 794 n. Chr. gegründet, in Spanien erst 1154.

Aus Spanien bezog das Abendland, das auch sicherlich noch genaueres Wissen des klassischen Rechnens auf direktem Wege geerbt und fortgepflanzt hatte, erneute Kenntnis des Schemarechnens und zugleich mit ihr wanderten die spanischen Ġobārziffern — ohne Null — mit nach Norden. Hier liegt GERBERTS Verdienst. In der spanischen Mark wird er vorzugsweise mit kirchlichen Kreisen in

166 D. E. SMITH und S. MOURAD, *The dust numerals among the ancient Arabs.* The Americ. Math. Monthly 34, 1927, S. 258—260. S. GANDZ, *Did the Arabs know the abacus?* The Americ. Math. Monthly 34, 1927, S. 308—316. — 167 A. P. PIHAN, *Exposé des signes de numération usités chez les peuples orientaux anciens et modernes*, Paris 1860. — 168 C. I. GERHARDT, *Études*[148], S. 9. — 169 FR. WOEPCKE, *Mémoire sur la propagation des chiffres indiens*, Journ. asiat. 1_6, Paris 1863, S. 244—246, Note. — 170 L. C. KARPINSKI[146], Bibl. math. 11_3, S. 124.

Verbindung gekommen sein, und diese kannten, wie wir aus den zwei Handschriften von 976 und 992 sehen (vgl. S. 32, 33), wohl die Ġobārziffern, aber nicht die Null und das Stellenwertrechnen.

Da diese Ġobārziffern in der Folge auf den Rechensteinchen (Apices) ein für allemal fest aufgezeichnet waren und nicht oft geschrieben zu werden brauchten, ist ihre eigenartige lapidare Form verständlich (vgl. S. 41, Tafel IV, Zeile 31—33). Erst die ständige Wiedergabe in der Schrift ließ die Formen sich später abschleifen und flüssiger werden.

Bald kam nämlich auch unmittelbare Kenntnis des indischen Positionsrechnens mit der Null durch die Vermittlung der Westaraber, deren Wissenschaft rasch erstarkte und Fühlung mit dem Osten hielt, in das Abendland. Zwei lateinische Handschriften aus dem 12. Jahrhundert, denen das Rechenbuch des Alḫwārazmī zugrunde liegt, wurden oben erwähnt (vgl. S. 27). Eine andere Algorithmushandschrift aus dem Anfange des 13. Jahrhunderts, vielleicht von Athelhard von Bath bearbeitet, liegt in mehreren vollständigen Abschriften vor.[171] Der *Liber embadorum*[485] des jüdischen Gelehrten Savasorda (um 1100 n. Chr.; Barcelona), den Plato von Tivoli 1145[172] übersetzte,[173] benutzt das indisch-arabische Rechnen. Hervorragend war der Einfluß, besonders in Italien, den das große Werk des Leonardo von Pisa, der *Liber abbaci* von 1202, in einer Bearbeitung von 1228 uns überliefert,[174] auf die rechnende Welt seiner Zeit, Mathematiker wie Kaufleute ausübte; Leonardo hatte das Buch Savasordas ausgiebig benutzt.

Eine große Anzahl etwa gleichzeitig in Deutschland entstandener Schriften zeugt von dem gewaltigen Fortschritt, den das neue Rechnen mit dem Ende des 12. Jahrhunderts genommen hat. Alḫwārazmīs Name wurde mit dem latinisierten Algorithmi weitergegeben. Die Person geriet in Vergessenheit, das Wort Algorithmus[175] wurde allmählich der Name der neuen Rechenmethode und hat sich in noch erweitertem Sinne bis zum heutigen Tage er-

171 Paris 16208, München 13021[37] u. 18927, Milano Ambr. A 3 sup. Vgl. M. Curtze[37], Abh. Gesch. Math. 8, 1898, S. 3 f.; A. Nagl[81], Ztschr. Math. Phys. 34, 1889; Hist. lit. Abt. S. 129—146, 161—170; G. Eneström, Bibl. math. 5_3, 1904, S. 312; P. Tannery, daselbst S. 416. — 172 Vgl. G. Eneström, Bibl. math. 11_3, 1910—1911, S. 333. — 173 M. Curtze, Bibl. math. 1_3, 1900, S. 321—337; Abh. Gesch. Math. 12, 1902, S. 1—183[485]. — 174 Vgl. Anm. 30. — 175 Auf die historische Entstehung des Wortes Algorithmus machte erst 1849 der Orientalist J. Reinaud (1795—1867) aufmerksam. Reinaud, *Mémoire sur l'Inde*, Paris 1849, S. 303 ff. In dem Sinne von Rechnungsmodus braucht Chr. Rudolff[15] schon das Wort in Behend vnnd Hubsch Rechnung[46], Straßburg 1525, C iiij r Z. 12.

halten. *Algorithmiker* nannte man die Anhänger des neuen Rechnens im Gegensatz zu den *Abacisten.* Nicht später als 1200 ist der *Liber algorizmi* geschrieben, der, im Kloster zu Salem gefunden, jetzt in Heidelberg aufbewahrt wird.[176] In vielen Handschriften verbreitet waren Algorithmusabhandlungen, die den JORDANUS NEMORARIUS (deutscher Ordensgeneral?; † 1237) zum Verfasser haben oder Bearbeitungen seiner Vorlesungen sind; so das *Opus numerorum,*[177] ferner die *Demonstratio Jordani de algorismo.*[178] Ein anonymer *Algorismus de integris,* in einzelnen Handschriften einem unbekannten Meister GERNARDUS zugeschrieben, aus dem 13. Jahrhundert stammend, wurde später von REGIOMONTANUS (1436–1476) eigenhändig abgeschrieben, aus seinem Nachlaß durch JOHANNES SCHÖNER 1534 im Druck zu Nürnberg als *Algorithmus demonstratus* herausgegeben[38]. Bis auf die neueste Zeit galt JORDANUS als Verfasser.[179] Durch zahlreiche Abschriften wirkte in diesem und den nächsten Jahrhunderten auf das stärkste für die Durchsetzung des Positionsrechnens der *Algorismus vulgaris* des SACROBOSCO († 1256?; Oxford, Paris).[180] Auch in Reimen erschienen Schriften über das indische Rechnen, wie — Anfang des 13. Jahrhunderts — das *Carmen de algorismo,* das ALEXANDER DE VILLA DEI zugewiesen wird.[181] Der älteste englische Algorismus *Crafte of Nombrynge* stammt von ca. 1300,[182] der älteste französische, der sich an das eben genannte *Carmen de algorismo* anlehnt, aus dem 13. Jahrhundert;[183] ein französischer Algorithmus von ca. 1275 wird in Paris aufbewahrt.[184] Die älteste belgische Algorithmusschrift wurde 1450 angefertigt.[185] Die erste Rechenschrift der Neuen Welt *Sumario compendioso* von JUAN DIEZ FREYLE wurde 1556 in Mexiko gedruckt. In den Vereinigten Staaten ist WILLIAM BRADFORDS *Young Man's Companion,* New York 1705, das älteste.[186]

[176] M. CANTOR, Ztschr. Math. Phys. 10, 1865[29], S. 1—16. — [177] G. ENESTRÖM[71], Bibl. math. 8_3, 1907—1908, S. 135—153. — [178] G. ENESTRÖM[36], Bibl. math. 7_3, 1906—1907, S. 24—37. — [179] G. ENESTRÖM, *Ist Jordanus Nemorarius Verfasser der Schrift Algorithmus demonstratus?,* Bibl. math. 5_3, 1904, S. 9—14; P. DUHEM, *Sur l'Algorithmus demonstratus,* Bibl. math. 6_3, 1905, S. 9—15; G. ENESTRÖM, *Der ‚Algorithmus de integris' des Meister Gernardus,* Bibl. math. 13_3, 1912 bis 1913, S. 289—332. — [180] Viele Ausgaben seit 1488, die letzte von M. CURTZE, Kopenhagen 1897[31], zusammen mit einem Kommentar des PETRUS DE DACIA. — [181] Ed. HALLIWELL[31], S. 81—83, vgl. J. HUEMER, Z. österr. Gymn. 55, 1904, S. 1104. — [182] D. E. SMITH, *An ancient Algorism,* Festschrift Moritz Cantor, Leipzig 1909; R. STEELE, *The Earliest Arithmetics in English,* Oxford 1923. D. E. SMITH, *History* II[16], S. 32, Anm. 2. — [183] V. MORTET, *Le plus ancien traité français d'algorisme,* Bibl. math. 9_3, 1908—1909, S. 55—64. — [184] D. E. SMITH, *History*[16], I, S. 225, druckt eine Seite ab. — [185] Isis, Nr. 38, Bd. 12_2, 1929. — [186] L. C. KARPINSKI, School and Society, 19, Nr. 482, 1924.

Diese gedrängte Übersicht der ersten Literatur über das indische Rechnen und seine Ziffern zeigt den gewaltigen Aufschwung des Zifferrechnens in Deutschland während des 13. Jahrhunderts. Und doch beschränkte sich anfangs seine Kenntnis nur auf gelehrte, vorzugsweise klösterliche Kreise. Das erste Auftreten der Ziffern außerhalb derselben findet sich in einer Handschrift des Lehrgedichtes Der Wälsche Gast (zweite Hälfte des 13. Jahrhunderts),[187] in welchem ein Bildchen der personifizierten Arithmetik, die die indischen Ziffern vor sich hat, dargestellt wird. Anders in Italien, wo kaufmännische Klugheit bald auf die durch LEONARDO gewordene Anregung hin nach dem neuen leicht handlichen Rechenwerkzeug griff. Hier hatten die Kreuzzüge, die den Weg nach dem Morgenlande von neuem zeigten, Handel und Wandel erstaunlich gesteigert. Kaufmännische Wissenschaft erreichte einen ungeahnten Höhepunkt; sie wurde für viele Jahrhunderte vorbildlich. Die Verwendung der Ziffern, die fast wie kaufmännische Geheimzeichen erscheinen, nahm so zu, daß die Florentiner Behörde sie 1299 verbot, wohl wegen der leichteren Kontrolle durch städtische Beamte, die ihrer nicht mächtig waren.[188] Man findet danach die Handelsbücher wieder mit römischen Zahlen geschrieben; Nebenrechnungen und Nachprüfungen in den Conti mit indischen Ziffern verraten aber, daß das eigentliche Rechnen trotzdem nur mit ihnen vorgenommen wurde. 1408 wurde in Venedig bei Geldbuchungen die kleinste Münze ständig mit Ziffern vermerkt.[189] Auf die Dauer konnte sich das Verbot nicht halten. Italienische Buchführung wurde in Deutschland zum Vorbild genommen. Kellereirechnungen des Deutschordenshauses in Marburg von 1378—1390 sind mit lateinischen Zahlen geschrieben,[190] ebenso noch Bergrechnungen des sächsischen Städtchens Buchholz aus 1509—1516, 1543; die Jahreszahlen sind aber Ziffern.[191] Ziffern sind in der Beschreibung der Annaberger Hochzeit 1474 ausschließlich verwendet.[192]

England besitzt ein Dokument aus dem 13. Jahrhundert, Tafeln zur Berechnung der Londoner Hafenzeit und Bestimmung der nächtlichen Mondscheindauer, die in Ziffern mit Benutzung der Null geschrieben sind.[193]

187 CANTOR, 2², S. 106. — 188 H. HANKEL, *Zur Geschichte der Mathematik in Alterthum und Mittelalter*, Leipzig 1874, S. 341, Anm. — 189 A. NAGL, Ztschr. Math. Phys. 34, 1889, Hist. lit. Abt. S. 161 ff.[81] — 190 Arch. f. Kulturgesch. 8, 1910, S. 146 ff. — 191 P. TREUTLEIN, *Das Rechnen im 16. Jahrhundert*, Abh. Gesch. Math. 1, 1877, S. 36. — 192 Arch. f. Kulturgesch. 6, 1908, S. 405. — 193 S. GÜNTHER, *Geschichte des mathematischen Unterrichtes im deutschen Mittelalter bis zum Jahre 1525*, Berlin 1887, S. 175 (Bd. III der *Monumenta Ger-*

Einige Inschriften auf Grabdenkmälern in Ziffern, 1371 (Pforzheim), 1388 (Ulm) sind anzuführen.[193] Ihre Datierung erscheint aber zweifelhaft, da man auch spätere Restaurationen vor sich haben kann; für Pforzheim ist dies sogar wahrscheinlich gemacht, indem sich die Zifferform nicht mit der damals üblichen deckt.[194]

Die älteste deutsche Münze mit Positionszahlen stammt aus dem Jahre 1458;[195] in Schweden ist eine solche vom Jahre 1478 aufbewahrt.[196] Von ROGER in Sizilien gibt es schon eine Münze von 1138, eine arabische trägt die Zahl 1217, eine türkische 1388.[197] 1471 erschien das erste größere Druckwerk, in welchem die Seitenzahlen Ziffern sind, ein Werk PETRARCAS.[198] Rechnungsbücher, Kalender enthalten nur römische Zeichen, sehr selten Ziffern. PETZENSTEINERS Drucke, 1482 (Rechenbuch des ULRICH WAGNER)[199] und 1483 (sog. Bamberger Rechenbuch)[407], weisen jedoch die arabischen Zeichen auf, ebenso das dem letzteren sehr verwandte Rechenbuch des JOHANNES WIDMAN von Eger von 1489.[200] Im 16. Jahrhundert wird das Schreiben mit Ziffern immer mehr Volkseigentum. JAK. KOEBELS erste Rechenbücher: Eynn Newe geordent Rechēbüchlein[93] (Oppenheim 1514; auch Augsburg 1514 Ain New geordnet Rechen biechlin[57]. Zahlreiche spätere Ausgaben) und Eyn New geordnet Vysirbuch[58] (Oppenheim 1515) enthalten fast durchgehends noch römische Zahlen; die Ausgabe des Rechenbuches von 1520 lehrt aber das Rechnen mit Ziffern, was bereits das Bamberger Rechenbuch[407], WIDMAN 1489[200] und JOH. BÖSCHENSTEYN 1514[201] in den ihrigen getan hatten. Das Rechenbuch des ADAM RIESE (1492—1559, Annaberg) von 1518[202] lehrt das Zifferrechnen

maniae Paedagogica von K. KEHRBACH). W. WATTENBACH, *Anleitung zur lateinischen Paläographie*, 4. Aufl., Leipzig 1886, S. 101. — 194 CANTOR, 2^2, S. 216. — 195 G. WERTHEIM, Bibl. math. 12_2, 1898, S. 120. — 196 G. ENESTRÖM, Bibl. math. 10_2, 1896, S. 120. — 197 D. E. SMITH u. L. C. KARPINSKI[9], S. 139. — 198 *Liber remediis utriusque fortunae*, Coloniae 1471. R. C. ARCHIBALD, The Amer. Math. Monthly 29, 1922, S. 423—427, gibt noch einen solchen Druck von 1470 an. — 199 Nur wenige Blätter erhalten. Staatliche Bibliothek in Bamberg. Letztes Blatt: „Anno Dñi 1482 kl' 16. Junij p. p. Henr. Peezensteiner Babenberge: finit Ulrich Wagner Rechēmeister zu Nürnberg." — FR. UNGER, *Die Methodik der praktischen Arithmetik in historischer Entwickelung vom Ausgange des Mittelalters bis auf die Gegenwart*, Leipzig 1888, S. 36, 37. Über ULRICH WAGNER vgl. A. JAEGER, *Der Nürnberger Rechenmeister Ulrich Wagner, der Verfasser des ersten gedruckten Rechenbuches*, Mitt. Gesch. Med. Nat., 26, 1927, S. 1—5. — 200 JOHANNES WIDMAN von Eger, Behēde vnd hubsche Rechenung auff allen kauffmannschafft, Leipzig 1489. — 201 Ain New geordnet Rechen biechlin mit den zyffern, Augsburg 1514. — 202 ADAM RIESE, Rechnūg auf der linihen, Erfurt 1518 (keine Exemplare bekannt): sehr viel neue Auflagen.

noch nicht, sondern nur das damals übliche Linienrechnen, benutzt aber im Texte die Ziffern; dasjenige von 1522 zeigt auch das Zifferrechnen.[203] Allmählich siegt das Zifferschreiben im Privatleben; von der Mitte des 16. Jahrhunderts an findet es sich in Protokollen, Rechnungen usw.[203a]

Was die Form der Ziffern[204] betrifft, so hat sie sich, seitdem sie einmal im Druck festgelegt war (1478[54], 1483[407], 1489[200]), bis auf die heutige Zeit fast unverändert erhalten. Daß vorher infolge handschriftlicher Veränderung, Verschnörkelung usw. die Form sich wandelte, ist erklärlich. Die Null hat fast stets die Kreisform gehabt, selten wurde sie durch einen Punkt ersetzt, wie es zwangsweise in der ostarabischen Zahlenschrift eintrat, nachdem die Form der 5 auf die Kreisform entartet war.

Die älteste Entstehungsgeschichte — durch ein, zwei oder drei Striche — haben 1, 2, 3. Zwei, bzw. drei horizontale Striche sind noch in der heutigen Form wieder erkennbar. Die 2 hatte auf den Apices (Tafel IV, Nr. 30—33) vorübergehend eine halbe Drehung erfahren. Auch 4, 5 und 7 haben solche Drehungen vorgenommen.

Die moderne 4 tritt vereinzelt zuerst im 13. Jahrhundert auf, so in der Florentiner Handschrift des *Liber abbaci* von Leonardo von Pisa (1228); sie wurde im 14. Jahrhundert in Italien immer gebräuchlicher und drang allmählich nach Norden vor.[205] Die Schleifenform der 4 (vgl. Tafel IV, Nr. 34—39, 43) hielt sich in Deutschland, solange sie noch in der Jahreszahl vorkam. Mit 1500 verschwindet sie plötzlich.[206]

Im ältesten gedruckten deutschen Rechenbuche — dem Bamberger Rechenbuch von 1483[407] — kommen beide Formen der 4, 5 und 7 noch gemischt vor. Danach entscheidet sich aber der Druck für die moderne Form. Doch wurde im Anfang des 16. Jahrhunderts die alte Form von 5 und 7 noch handschriftlich zuweilen bevorzugt.[207]

203 Adam Riese, Rechenung auf der linien vn̄d fēdern, Erfurt 1522. Sehr viele Auflagen. — 203a Fr. Unger[199], *Methodik*, S. 14. — 204 Eine sehr umfassende Zusammenstellung der Formen jeder einzelnen Ziffer bei D. E. Smith and L. C. Karpinski[9], S. 145—148 mit Literaturangaben. — 205 Vgl. M. Curtze, Zentralbl. f. Bibliothekwesen 16, Leipzig 1899, S. 292. In einem aus Italien geschriebenen Briefe benutzt Regiomontan schon die neue Form der 4. — 206 Vgl. A. Nagl, Ztschr. Math. Phys. 34, 1889. Hist.-lit. Abt. S. 135. M. Curtze, Ztschr. Math. Phys. 42, 1897, Hist.-lit. Abt. S. 152. — 207 Vgl. die Beispiele in Schreibschrift bei Gregor Reysch, *Margarita philosophica*, Freyburg 1503, Bl. g_{I}, g_{I} verso, g_{II}, g_{III}.

Zur Geschichte

	1	2	3	4	5	6	7	8	9	0
I. Indische Brāhmī-Ziffern ohne Stellenwert[209]										
1) Aśoka-Inschrift um 250 v. Chr.	|	||		+		[illegible]				
2) Nānā Ghāt-Inschriften um 150 v. Chr.	—	=		[illegible]		[illegible]	[illegible]		[illegible]	
3) Nasik-Inschrift um 100 v. Chr.	—	=	≡	[illegible]	[illegible]	[illegible]	[illegible]	[illegible]	[illegible]	
4) Kṣatrapa-Münzen um 200 n. Chr.	—	=	≡	[illegible]	[illegible]	[illegible]	[illegible]	[illegible]	[illegible]	
5) Gupta-Inschriften 300–400 n. Chr.	[illegible]	=	≡	[illegible]	[illegible]	[illegible]	[illegible]	[illegible]	[illegible]	
II. Indische Ziffern mit Stellenwert[210]										
6) Gurjara-Inschrift 595 n. Chr.			[illegible]	[illegible]		[illegible]				
7) 798 „					[illegible]		[illegible]			
8) 804 „					[illegible]					
9) Torkhede-Kupferplatten 813 „			[illegible]		[illegible]		[illegible]			
10) 815 „		[illegible]					[illegible]	[illegible]		
11) Gwalior-Inschrift 876 „	[illegible]	[illegible]	[illegible]	[illegible]	[illegible]	[illegible]	[illegible]	[illegible]	[illegible]	o
12) 917 „				[illegible]	[illegible]		[illegible]	[illegible]	[illegible]	o
13) 972 „				[illegible]				[illegible]	[illegible]	
14) 1050 „	[illegible]	[illegible]	[illegible]	[illegible]	[illegible]	[illegible]	[illegible]	[illegible]	[illegible]	o
15) 11. Jahrh.	[illegible]	[illegible]	[illegible]	[illegible]	[illegible]	[illegible]	[illegible]	[illegible]	[illegible]	o
16) Bakhṣālī-Handschrift 12. „	[illegible]	[illegible]	[illegible]	[illegible]	[illegible]	[illegible]	[illegible]	[illegible]	[illegible]	•
III. Arabische Ziffern										
17) Ostarabische Ziffern (modern)[211]	١	٢	٣	٤	٥	٦	٧	٨	٩	•
18) Ältere Formen der ostarabischen Ziffern[212] 15. Jahrh.					[illegible]					
19) „ 1575[213]					[illegible]					
20) „ 1573[214]					[illegible]					
21) Ġobār-Ziffern, westarab. Handschrift,[215] undatiert	1	[illegible]	[illegible]	[illegible]	[illegible]	6	7	8	[illegible]	o

der Ziffern.[208]

1	2	3	4	5	6	7	8	9	0

22) Ġobār-Ziffern, ägyptische Handschrift,[216] undatiert

23) Ältestes Auftreten, Ägypten[217] 873

24) „ „ [218] 888

25) „ „ [219] 961

26) Handschrift, Schiras[220] 970

27) „ Ägypten[221] 1169

28) Abū Zakarījā el Ḥaṣṣar, Westarabien,[222] 12. Jahrh.

29) Handschrift[214] 1573

IV. Ziffern des mittleren Europa[208]

30) Spanische Handschrift, Codex-Vigilanus[223] 976 n. Chr.

31) Altdorfer Codex (Zürich),[224] 11. Jahrh.

32) Boëtius-Handschrift (Chartres)[225] 11. Jahrh.

33) Handschrift[226] Anf. 12. Jahrh.

34) „ [227] 12. Jahrh.

35) „ [228] um 1200

36) Handschrift, Sigmaringeu[228] 1303

37) Codex-Berol. lat.[229] Ende 14. Jhrh.

38) Sacrobosco-Handschrift[230] 1442

39) Handschrift[231] zwisch. 1427 u. 1468

40) Heidelberg. Handschr.[232] 15. Jhrh.

41) Margaritha philosophica[233] 1508

42) Geschriebene Ziffern von Dürer[234] 1525

43) Druck, Regiomontanus, Nürnberg[235] 1474

44) Druck, Widman v. Eger[200] 1489

Anmerkungen der Tafel „Zur Geschichte der Ziffern".

208 Vgl. die sehr eingehende Arbeit von G. F. Hill, *On the Early Use of Arabic Numerals in Europe.* Archäologie, Vol. 62, Oxford 1910, S. 137—190. — **209** Smith and Karpinski[9], S. 25. — **210** Daselbst, S. 49—50. — **211** A. P. Pihan[167], Paris 1860, S. 207. So die moderne Seitenpaginierung bei C. E. Sachau, *Albirunis India*, arabische Ausgabe, London 1887.[140] — **212** C. I. Gerhardt, *Études*[143], S. 8; Smith and Karpinski[9], S. 56. — **213** Arabisches Manuskript, 1575 aus der Plimptonbibliothek, Smith and Karpinski[9], S. 56. — **214** Fr. Woepcke, *Introduction au calcul Gobārī et Hawaī*, Atti dell' Academia Pontificia dei nuovi Lincei, 19, S. 365. Woepcke verwechselt hier irrtümlich Ġobār mit Indisch. — **215** Pihan[167], S. 209 (mit Null); Reinaud, *Mémoire*[175], S. 400. — **216** Silvestre de Sacy, *Grammaire arabe*, Paris 1810, Tafel VIII (ohne Null). De Sacy entnimmt diese Ziffern (ohne Null) und die zugleich von ihm daneben gestellten koptischen Zeichen einem Manuskript des Abbé de Saint-Germain-des-Près, Nr. 334, das an die Nationalbibliothek übergegangen war (Suppl. arabes de la Bibl. impér. No. 1912). De Sacy bezieht sich auch kurz vorher auf beaucoup de manuscripts arabes écrits en Égypte. Daher scheint die vorliegende Handschrift de Sacys eine ägyptische zu sein. Pihan[167] nennt die angegebenen Zeichen asiatische Ġobār-Ziffern. — **217** Jahreszahl 260 Hedschra = 873 n. Chr., ägyptischer Papyrus. J. Karabacek, *Papyrus Erzherzog Rainer.*[142] Führer durch die Ausstellung, Wien 1894, Nr. 798, S. 216—217. — **218** Jahreszahl 275 Hedschra = 888 n. Chr. J. Karabacek, *Ägyptische Urkunde aus dem Kgl. Museum zu Berlin.* Wiener Zeitschrift f. d. Kunde des Morgenlandes, Bd. 11, Wien 1897. — **219** Jahreszahl 349 Hedschra = 961 n. Chr. Aufschrift auf einer Säule, Ägypten. *Archæological Report of the Egypt exploration fund for 1908—1909*, London 1910, S. 18, Z. 1—5. — **220** Handschrift 970 in Schiras geschrieben durch den Mathematiker Muḥammed ibn ʿAbdel Ġalib Abū Saʿīd Al-Siġzī. F. Woepcke, *Sur une donnée historique relative à l'emploi des chiffres indiens par les Arabes.* Annali di scienze math. et fis. 1855, 6, S. 321—323. — **221** Jahreszahl 1169. J. Karabacek, *Papyrus Erzh. Rainer*[142], S. 176, Tafel XV. — **222** H. Suter, *Das Rechenbuch des Abū Zakarījā el-Ḥaṣṣār*, Bibl. Math. 2_3, Leipzig 1901, S. 15. — **223** P. Ewald, *Mitteilungen.* Neues Archiv der Gesellschaft f. ältere deutsche Geschichtsforschung 8, 1883, S. 354—364. Hill[208] I, 1. — **224** C. I. Gerhardt, 1853[130] nach Mannert, *De numerorum, quos Arabicos vocant, vera origine Pythagorica*, Norimb. 1801. Hill[208] I, 5. — **225** C. I. Gerhardt, 1853[130] S. 11 aus M. Chasles, *Geschichte der Geometrie*, deutsche Übersetzung von L. A. Sohnke, Halle 1839, S. 532f. Hill[208] I, 6. — **226** C. I. Gerhardt[130] S. 11, aus Comptes rendus 1843, Chasles; Hill[208] I, 15. — **227** Hill[208] II, 2. — **228** W. Wattenbach[193], S. 102, Nr. 3 u. 6; Hill[208] II, 3. — **229** W. Wattenbach[193], a. a. O., Nr. 7, Hill[208] VII, 8. — **230** D. E. Smith, *Rara arithmetica*[17], S. 450; Hill[208] X, 6; Smith and Karpinski[9], S. 143 g. — **231** P. Treutlein, *Geschichte unserer Zahlzeichen*[141], S. 95, Nr. 6. — **232** W. Wattenbach[193], Nr. 8; Hill[208] X, 14. — **233** Treutlein[141], Nr. 5. — **234** Treutlein[141], Nr. 4. — **235** Hill[208] XXX, Nr. 6.

Die 6 zeigt unsere Form bereits auf den Apices des 10. und 11. Jahrhunderts und in den westarabischen Zeichen.

Die heutige 7 ist nicht vor den Drucken des 15. und 16. Jahrhunderts zu finden, dürfte also die jüngste von allen sein.

Die 8 war bei den Westarabern von dem jetzigen Aussehen, ebenso die 9: die letztere weist übrigens auch bei den Ostarabern gleiche Linienführung auf.

In der Übergangszeit vom Gebrauch der römischen Zahlschreibart zu dem Stellenwertsystem der Ziffern treten auch Vermischungen beider ein, so bei JAKOB KOEBEL in der Oppenheimer Ausgabe (vgl. S. 38) seines Rechenbuches von 1514: MVI^C^XII für 1612. Handschriftlich findet sich diese Schreibart schon 1475 bei JEHAN ADAM[21], z. B. MVII^C^ für 1700.

B. Die Maße.

I. Die Zeitmaße.

Der Begriff Tag ist von vornherein durch den scheinbaren Umlauf der Sonne gegeben. Eine Einteilung des Tages[236] erforderte schon höheren Kulturzustand, wie ihn die Babylonier bereits mehrere Jahrtausende vor Christi Geburt besaßen. Ihnen verdankt man nach HERODOT[237] die Stundeneinteilung.[238] Sie beobachteten den Schatten eines kleinen Gegenstandes, der im Mittelpunkt einer in Stein eingehauenen Halbkugel angebracht war, in seinem Verlauf auf der Kugelfläche und teilten den während des Tages erhaltenen Weg in 6 bzw. 60 (vgl. S. 54), später in zwölf gleiche Teile, dadurch also den Tag in 12 Stunden. Diesen stellte man dann zwölf unter sich gleiche, von den ersten verschiedene Nachtstunden gegenüber. Erst in der späteren Entwickelung kam man zu einer gleichmäßigen Tageseinteilung in 24 Stunden. PTOLEMÄUS (2. Jahrhundert n. Chr.)

236 R. WOLF, *Geschichte der Astronomie*, München 1877, S. 5. — 237 HERODOT, *Hist.*, lib. II, cap. 109, ed. DIETSCH, Leipzig 1882, S. 168: *πόλον καὶ γνώμονα καὶ τὰ δυώδεκα μέρεα τῆς ἡμέρης παρὰ Βαβυλωνίων ἔμαθον οἱ Ἕλληνες.* — 238 Auch die Ägypter (Inschriften aus der 6. Dynastie) haben eine ähnliche Tageseinteilung in 24 veränderliche Stunden gehabt. Ob diese am Nil oder am Euphrat ihren Ursprung hatte, läßt sich bei den prähistorischen Beziehungen zwischen beiden Völkern nicht mehr feststellen, vgl. K. SETHE, *Die Zeitrechnung der alten Ägypter im Verhältnis zu der der anderen Völker: I. Das Jahr, II. Jahr und Sonnenlauf, III. Einteilung des Tages- und des Himmelskreises.* Nachr. Ges. Wiss. Göttingen, 1919, S. 287 f., 1920, S. 28 f., 97 f.; 1920, S. 110 ff.

unterscheidet Äquinoktialstunden und bürgerliche Stunden; diese sind $\frac{1}{12}$ des Tagbogens, jene entsprechen einem Stundenwinkel von 15°.[239]

Die Griechen[240] hatten von HOMER bis THEOPHRAST († 287 v. Chr.) nur eine rohe Tagesteilung in drei Nachtwachen *ἑσπέρα, μέσαι νύκτες, ἕως* und drei Tagesabschnitte *πρωΐ, μεσημβρία, δείλη*; *ὥρα* als 24. Teil des Tages verbreitet sich in der Literatur nicht vor der Berührung mit Babylon im Alexanderzug. Den ältesten Beleg für die gleichmäßige Einteilung in 24 Stunden bei den Griechen gibt ARISTOTELES.[241] Sonnen- und Wasseruhren waren noch sehr unvollkommen.

In der ältesten Zeit folgten die Römer den Etruskern und teilten den Tag in 10 Abschnitte; militärisch richteten sie 4 Nachtwachen ein, wie auch bei ARRIANOS (95—180 n. Chr.) und einigen Griechen erwähnt. Schon im 3. Jahrhundert übernahmen sie von den Griechen die Einteilung des Tages in 12 Stunden und die Sonnenuhr.

Die schärfste Zeiteinteilung findet man im Euphratlande. Sumerische Tafeln, älter als 2 Jahrtausend v. Chr., geben Nachricht von Sonnenuhren; bei diesen wurde aber nicht die Schattenlänge, sondern die Schattenrichtung gemessen mit Zugrundelegung der Zahl 6. Šuššu war der 6. Teil des Volltages; diese 3 Tages- und 3 Nachtabschnitte sind von den Griechen den Babyloniern entlehnt. Šuššu wurde in 2 Kas-Bu (neuere Lesung: béru)[240] zerlegt, später in 10 Teile, gemäß dem Zehnersystem, das die Sumerer in ältester Zeit besaßen. Hieraus entstand eine Sechzigerteilung des Tages und des Kreises.[242]

Die Babylonier[243] und Ägypter[244] begannen den Tag zumeist mit Sonnenaufgang, die Juden, Araber und Türken mit Sonnenuntergang, ebenso die Griechen nach SOLON (bei HOMER und HESIOD beginnt der Tag mit dem Frührot), die Priester und Juristen bei den Römern (das Volk mit Sonnenaufgang) und die Chinesen mit Mitternacht, während die heutige Astronomie seit PTOLEMÄUS, wie auch die arabische Astronomie (mit geringen Ausnahmen),[245] den Mittag als Anfangspunkt nimmt.[246]

Der griechische Astronom GEMINOS (zweite Hälfte des 1. Jahr-

239 *Handbuch der Astronomie*[102], deutsch v. K. MANITIUS, Leipzig 1912, S. 98. — 240 K. SETHE, *Zeitrechnung*[238], S. 105. — 241 K. SETHE[238], S. 113. — 242 E. HOPPE, *Die Zeitmessung im Altertum*, Mitt. Math. Ges. Hamburg 5, 1911—1920, Leipzig, S. 281 f.; BR. MEISSNER[96], *Babylonien und Assyrien*, S. 394. — 243 F. X. KUGLER (*Bab. Mondrechnung*[98], S. 114, Nr. 6) hat keilinschriftliche Tafeln mit astronomischen Tabellen behandelt, in denen Mitternacht als Anfangspunkt genommen wird. — 244 L. BORCHARDT, *Altägyptische Zeitmessung*, Berlin 1920, S. 3, Z. 22. — 245 ALBATTĀNĪ, *Opus Astronomicum*, ed. C. A. NALLINO, I, Med. Ins. 1903, S. 221, ad caput XXIX. — 246 Vgl. F. K. GINZEL, *Handbuch der mathematischen und technischen Chronologie* I, Leipzig 1906, S. 95—96.

hunderts v. Chr.) unterscheidet, sicher nach babylonischem Vorgang, streng zwischen dem Tag, der vom Sonnenaufgang bis zum Sonnenuntergang dauert, und dem zwischen zwei aufeinanderfolgenden Sonnenaufgängen.[247]

Die Zusammenfassung von 7 Tagen zu einer Woche hat in Vorderasien, vielleicht bei den Babyloniern, ihren Ursprung;[248] die heilige Siebenzahl spielte dabei eine wesentliche Rolle.[249] Man ordnete die Tage den sieben bekannten Wandelgestirnen: Sonne, Mond, Mars, Merkur, Jupiter, Venus, Saturn in dieser Reihenfolge zu, worauf noch heute unsere modernen Tagesnamen in den verschiedenen Sprachen hinweisen. In der Bibel finden wir die babylonische Einteilung wieder. Die Römer besaßen einen achttägigen Turnus, indem immer auf 7 Arbeitstage ein Markttag, nundinae, folgte. Erst als die christliche Religion unter Konstantin zur Staatsreligion erhoben wurde, führte man auch in Rom die babylonische Woche ein; der Markt- bzw. Ruhetag wurde auf den Sonntag verlegt (etwa 325 n. Chr.).

Das Jahr war ursprünglich ein Mondjahr. Daß die Zeitdauer der Erdumdrehung, die des Erdumlaufes um die Sonne und des Mondumlaufes um die Erde nicht in ganzzahligem Verhältnis stehen, führte zu den größten Schwierigkeiten, die erst in der neueren Zeit in einigermaßen befriedigender Weise gelöst wurden.[250]

Der synodische Mondumlauf (zwischen zwei Vollmonden) beträgt 29,53059 Tage.[251] Man rechnete anfangs $29\frac{1}{2}$ Tage und mußte daher, um mit dem Mondumlauf im Einklang zu bleiben, Monate zu 30 und 29 Tagen, sogenannte volle und leere Monate annehmen. Bei den Griechen trat diese Ordnung etwa in der Zeit zwischen Hesiod (um 776 v. Chr.) und Solon (um 594 v. Chr.) ein. Hieraus

---

247 *Elementa astronomiae*, ed. K. Manitius, Leipzig 1898 (mit deutscher Übersetzung), S. 68 *καθ᾽ ἕτερον δὲ τρόπον ἡμέρα λέγεται χρόνος ὁ ἀφ᾽ ἡλίου ἀνατολῆς μέχρις ἡλίου αὖθις ἀνατολῆς* (andrerseits wird Tag auch genannt die Zeit zwischen einem Sonnenaufgang und dem folgenden). — 248 R. Wolf, *Gesch. d. Astr.*[236], S. 22; F. K. Ginzel, *Chronol.* I[246], S. 94, 120. — Dio Cassius, lib. 37 § 1 sucht ihren Ursprung bei den Ägyptern, *Römische Geschichte*, ed. Dindorf, Vol. 1, Leipzig 1863, S. 211. — 249 F. X. Kugler, *Sternenkunde u. Sternendienst in Babel. II. Babylonische Zeitordnung und ältere Himmelskunde*, Münster i. W., 1909—1910, S. 192—194. — 250 F. X. Kugler, *Sternenkunde und Sternendienst in Babel, Ergänzungen zu I und II*; Bd. I, Münster 1913, S. 16 u.: „*Wir wissen jetzt mit Sicherheit, daß das Sonnenjahr in älterer Zeit (um 2000 v. Chr.) mit dem heliakischen des Aldebaran (α Tauri), im 5. Jahrhundert v. Chr. mit dem heliakischen Aufgang von α Arietis begann. Das Sonnenjahr der Babylonier war ein siderisches, kein tropisches. Der Eintritt der Sonne in den Frühlings- oder Herbstpunkt hatte für den babylonischen Kalender gar keine Bedeutung.*“ — 251 Vgl. F. K. Ginzel, *Chronologie* I[246], S. 36.

ergeben sich für 12 Monate nur 354 Tage, so daß sich bald, da das tropische Sonnenjahr (von Frühlingspunkt zu Frühlingspunkt) 365,24220 Tage umfaßt, eine Verschiebung der Jahreszeiten bemerkbar machte. Nichtsdestoweniger hielten die Araber, ohne Rücksicht auf den Sonnenlauf, bis in die Gegenwart diese Zeitrechnung aufrecht, besitzen also einen beweglichen Jahresanfang. Bei den Völkern des Altertums suchte man dem Übelstand durch Einschieben von Schaltmonaten abzuhelfen. In Babylonien war bis zum 6. Jahrhundert v. Chr. noch kein regelmäßiger Schaltzyklus vorhanden; je nach Bedarf wurde alle 2 oder 3 Jahre eine Einschaltung von einem vollen Monat vorgenommen.[252] Mit dem Jahre 534 v. Chr. scheint eine 8-jährige Schaltungsperiode eingeführt worden zu sein, die später durch eine 27-jährige abgelöst wurde. Im Jahre 381 v. Chr. schließlich kommt ein fester 19jähriger Zyklus auf.[253] Nach verschiedenen mißglückten Versuchen, die in der Zeit nach SOLON in Griechenland unternommen wurden, schlug METON (Astronom und Mathematiker zu Athen) im Jahre 433 v. Chr. vor, 19 Jahre mit 235 Monaten (125 volle und 110 leere) anzusetzen und zwar 12 Jahre mit 12 Monaten und 7 zwischen ihnen liegende Jahre mit 13 Monaten auszufüllen, eine Annäherung, deren Vortrefflichkeit uns am klarsten einleuchtet, wenn wir das Verhältnis der Länge eines synodischen Monates zu der eines tropischen Jahres

$$\frac{29{,}53059}{365{,}24220}$$

nach dem Kettenbruchverfahren entwickeln und die Näherungsbrüche

$$\frac{1}{12}, \frac{2}{25}, \frac{3}{37}, \frac{8}{99}, \frac{11}{136}, \frac{19}{235}, \frac{334}{4131}, \ldots$$

bilden,[254] unter denen das METONsche Verhältnis $\frac{19}{235}$ erst an sechster Stelle erscheint. Es ist wahrscheinlich, daß der METONsche Zyklus auf babylonischen Berechnungen beruht (vgl. oben). KALIPPUS veranlaßte 330 v. Chr. noch eine Verbesserung, indem bei jedem vierten Zyklus ein Tag weggelassen werden sollte, wodurch die Monatsdauer sich auf 29,531, die Jahresdauer auf 365,250 Tage berechnen läßt.[255]

Schon in sehr früher Zeit waren die Ägypter[256] vom Mondjahr

252 F. X. KUGLER II[249], S. 192. — 253 F. X. KUGLER, *Sternenkunde und Sternendienst in Babel. I. Entwicklung der babylonischen Planetenkunde von ihren Anfängen bis auf Christus.* Münster i. W. 1907, S. 212—214. Vgl. auch ED. MAHLER, *Zur Astronomie und Chronologie der Babylonier*, Z. f. Assyr. 34, 1922, S. 69. — 254 R. WOLF, *Handbuch der Astronomie*, Zürich 1890, Bd. I, cap. 302, Anm. c. — 255 R. WOLF, *Gesch. d. Astr.*[236], S. 16. — 256 L. BORCHARDT, *Altägyptische Zeitmessung*[244], S. 1 u.: *„Bei Einführung ihres Kalenders, der*

zum Sonnenjahr übergegangen, indem sie 12 Monate mit 30 Tagen ansetzten, denen sie 5 Ergänzungstage folgen ließen. Sie erkannten bald den Fehler von einem viertel Tag, behielten aber trotzdem ihre Zeitrechnung mit kurzer Unterbrechung bei. Unter PTOLEMAEUS III EUERGETES (247—222 v. Chr.) wurde die bedeutsame Neuerung vorgenommen, alle 4 Jahre einen Schalttag einzuführen. Es geschah dies durch das (1866 wiederaufgefundene) sog *Dekret von Kanopos* vom 7. März 238 v. Chr.,[257] an dem wahrscheinlich der berühmte Geograph ERATOSTHENES (276—194 v. Chr.) beteiligt war. Leider ließ man diese wichtige Verordnung nach etwa 40 Jahren wieder in Vergessenheit geraten.

Am schlimmsten war die Unordnung im römischen Kalender. Ursprünglich wohl im Besitze eines reinen Mondjahres von 354 Tagen mit 4 Monaten zu 31 Tagen, 7 Monaten zu 29 Tagen und einem zu 27 Tagen, versuchten die Römer durch ziemlich unglückliche Einschaltungen mit dem Sonnenjahr im Einklang zu bleiben. Erst CAESARS Machtspruch gelang es 47 v. Chr., die nach ihm benannte Julianische Reform mit Unterstützung des SOSIGENES, der auf das Ptolemäische Edikt zurückgriff, in die Wege zu leiten (3 Jahre zu 365, 1 Jahr zu 366 Tagen). Das erste Jahr dieser Zeitrechnung (1. Januar 45 v. Chr.) begann mit dem ersten Neumondstage nach der bruma (Wintersonnenwende); der Schalttag (*dies intercalaris*) lag im Februar.[258] Nach CAESARS Tode wurde diese Reform, die der Senat zuerst in falscher Auffassung in Angriff nahm, durch AUGUSTUS richtig durchgeführt. Gemäß der Machtstellung Roms gelangte sie zu weitester Verbreitung und behielt bis zum 16. Jahrhundert ihre allgemeine Gültigkeit, hält sich sogar noch heute bei den Staaten griechisch-katholischen Bekenntnisses (Rußland, Griechenland).

In dieser Reform war das Jahr mit 365,25 statt mit 365,24220 Tagen angenommen. Dies wurde im Laufe längerer Zeit eine neue Fehlerquelle. Bildet man für den Überschuß über 365 Tage die Näherungswerte nach dem Kettenbruchverfahren, so erhält man[259]

$$\frac{0}{1}, \frac{1}{4}, \frac{7}{29}, \frac{8}{33}, \frac{55}{227}, \frac{63}{260}, \frac{181}{747} \cdots$$

Den Bruch $\frac{1}{4}$ benutzt CAESAR; $\frac{8}{33}$ liegt einem Vorschlag des

bereits im Jahr 4236 v. Chr. die für Jahrtausende bleibende Form erhalten haben muß, wandten sie ein künstliches Jahr an, das die über 365 überschießenden Tagesbrüche des natürlichen Sonnen- und Sternjahres nicht berücksichtigt." — 257 R. LEPSIUS, *Das bilingue Dekret von Kanopus*, Berlin 1866, Bd. I; L. BORCHARDT[244], S. 2, Z. 9—13. — 258 F. K. GINZEL, *Chronologie* I[246], S. 97. — 259 L. EULER, *Introductio in analysin infinitorum*, Lausanne 1748, I, 18, § 382.

ostarabischen Astronomen 'OMAR ALḪAJJĀM († 1123, Bagdad) vom Jahre 1079 zugrunde, einen Zyklus von 33 Jahren einzuführen, nämlich das 4te, 8te, 12te, ..., 28te als Schaltjahr zu nehmen, statt des 32ten aber das 33te zu wählen.[260] Es ergäbe dieser Vorschlag den genauesten überhaupt jemals vorgeschlagenen Wert 365,24242. In der neueren Zeit wurden die Vorschläge zur Reform des Julianischen Kalenders immer häufiger, da der Fehler auf 10 Tage angewachsen war (NIKOLAUS VON CUSA † 1464, REGIOMONTANUS † 1476, STIFEL † 1567). Durch eine Bulle des Papstes GREGOR XIII. vom 1. März 1582 wurde die Neuordnung eingeleitet. Unter Mitwirkung des deutschen Mathematikers CHRISTOPH CLAVIUS (1537 Bamberg — 1612 Rom; Jesuit)[261] wurde festgesetzt, daß die Tage vom 5. bis 14. Oktober 1582 gestrichen werden sollten und von den Julianischen Schaltjahren jedes Säkularjahr, dessen Hunderter nicht durch 4 teilbar sind, als gewöhnliches Jahr zu nehmen sei. Hierdurch erhielt das Jahr den Wert von 365,24250 Tagen, allerdings immer noch mit einem Fehler, der indes erst in $3^1/_3$ Jahrtausenden einen Tag ausmachen wird. — Leider ließ die religiöse Spaltung Deutschlands den Gregorianischen Kalender nicht sofort allgemeine Geltung finden. Die evangelischen Teile Deutschlands nahmen ihn, ebenso wie die Niederlande, erst 1700 an, wo dann der 19.—29. Februar wegblieb; die fehlenden Teile der Schweiz begannen das Jahr 1701 mit dem 12. Januar, Dänemark schloß sich 1710, England sogar erst 1752, Schweden 1753 an.[262]

Der Jahresanfang lag im alten Rom an den Iden des März; er wurde 153 v. Chr. auf die Calendae Januariae verlegt, von wo wir heute noch das neue Jahr rechnen, war jedoch in der Zwischenzeit, namentlich in christlichen Ländern, vielfachen Schwankungen unterworfen. So begann man in Deutschland in früher Zeit einem Vorschlage des DIONYSIUS EXIGUUS († um 540, Abt in Rom) zufolge mit dem 25. März, später mit dem 25. Dezember; in England und Frankreich ging man umgekehrt vom 25. Dezember auf den 25. März über. Gesetzlich wurde Neujahr auf den 1. Januar verlegt in Frankreich 1566, den Niederlanden 1575, Schottland 1599, England wieder erst 1752. In Deutschland und in der Schweiz erfolgte der Übergang zum 1. Januar im 15. und 16. Jahrhundert allmählich von selbst.[263]

260 R. WOLF, *Gesch. d. Astr.*[236], S. 331. — 261 S. GÜNTHER weist darauf hin, daß es natürlich ist, wenn sich der Papst der Hilfe des gelehrtesten Jesuiten, CLAVIUS, sicherte. Der Grundgedanke lag aber bereits vorher vor; das größte Verdienst hierbei hätten die römischen Ärzte LUIGI und ANTONIO LILIO gehabt. Mitt. Gesch. Med. 21, Leipz. 1922, Refer., S. 4. — 262 R. WOLF, *Handbuch d. Astr.*[254], Kap. 308—309. — 263 R. WOLF, *Handbuch d. Astr.*[254], Kap. 307.

Den Beginn unserer christlichen Zeitrechnung legt Dionysius Exiguus auf das Jahr 753 ab urbe condita als das Geburtsjahr Christi. Dieser Datierung trat 604 Bonifacius IV. bei. Indessen ist später vielfach auf einen Irrtum des Dionysius bei dieser Angabe hingewiesen worden, so u. a. von dem Astronomen Johannes Kepler (1571 Weil der Stadt, Württ. — 1630 Regensburg; Graz, Prag, Linz, Ulm) *De Jesu Christi servatoris nostri vero anno natalitio*, Frankfurt 1606[264] und Widerholter Aussführlicher Teutscher Bericht, Das vnser Herr vnd Hailand Jesus Christus nit nuhr ein Jahr vor dem Anfang vnserer heutiges Tags gebreuchigen Jahrzahl geboren sey: ... sondern fünff gantzer Jahr. Straßburg 1613.[265]

In der heutigen Zeitrechnung zählt man die Julianischen Jahre von der Geburt Christi an nach vorwärts und rückwärts, so daß das Jahr 1 v. Chr. und 1 n. Chr. wie bei den Historikern aufeinanderfolgen. Die Astronomie nimmt statt der Ordinalzahlen die Kardinalzahlen und schaltet das Jahr 0 ein, so daß die astronomischen Jahre vor Christus um eine Einheit kleiner sind als die historischen. Vorteile dieser Bestimmung sind, daß die Jahre ± 4, ± 8, ± 12 usw. Schaltjahre sind und die Zeitdauer einfach durch Subtraktion gefunden werden kann.[266]

Die Vorschriften über die Lage des Osterfestes wurden auf der Kirchenversammlung zu Nicaea auf Anregung Kaiser Konstantins 325 n. Chr. so geregelt, daß Ostern an dem ersten Sonntage nach dem Vollmond, welcher der Tag- und Nachtgleiche folgt, gefeiert werden sollte. Mehrfachen späteren Wünschen, für das Osterfest den ersten Aprilsonntag zu nehmen, ist leider nie Folge gegeben worden. In mathematische Form hat Gauss (1777 Braunschweig — 1855 Göttingen) die kirchlichen Vorschriften über die Lage des Osterfestes gebracht.[267]

Das Wort Kalender hängt mit dem römischen *calendae*, der Bezeichnung des ersten Tages eines jeden Monates, zusammen. Es ist abzuleiten von *calare* (*καλεῖν* = ausrufen) und bezieht sich auf das

N. Tartaglia erzählt in seinem *General trattato*[59], Venet. 1556, parte I, lib. 11, cap. 4, S. 182, daß zu seiner Zeit in Italien meistens das Jahr mit dem Januar begonnen werde, nur an einzelnen Orten, wie z. B. in Venedig, mit dem März; er zählt demnach auf 1. *Marzo*, 2. *Aprile*, 3. *Mazzo*, 4. *Zugno*, 5. *Luio*, 6. *Agosto*, 7. *Settembrio*, 8. *Ottobrio*, 9. *Nouembrio*, 10. *Decembrio*, 11. *Genaro*, 12. *Febraro* und rechnet dabei in seinen Aufgaben jeden Monat mit 30 Tagen (Bl. 182r°, Z. 3 v. u.) — **264** *Joannis Kepleri Opera omnia*, ed. Frisch, Frankfurt a. M. u. Erlangen 1858—71, 4, 1868, S. 175ff. — **265** S. 201 ff.[264] — **266** Vgl. F. K. Ginzel, *Chronologie* I[246], S. 99. — **267** v. Zachs Monatl. Korresp. 1800, August; Gauss' Werke, ed. Akademie d. Wiss. Göttingen, 6², Astronomische Abhandlungen, Leipzig 1874, S. 73 ff. Beweis von J. B. J. Delambre, *Conn. des temps pour l'an* 1817, Paris 1815, S. 307. Vgl. O. Beau, *Das christliche Osterfest*, Programm Nr. 95, Gymn. Sorau, Ostern 1905.

öffentliche Ausrufen des Sichtbarwerdens der ersten Mondsichel, mit deren Erscheinen ein Monat beginnen sollte.

Die Monatsnamen sind dem römischen Kalender entnommen. Auf Vorschlag des MARCUS ANTONIUS wurde der Monat Quintilis, in welchem CAESAR geboren war, Julius genannt. Die Umänderung des Namens Sextilis in Augustus vollzog ein Edikt des AUGUSTUS selbst (9 oder 8 n. Chr.). Gewählt wurde der Sextilis nicht als Geburtsmonat des AUGUSTUS, sondern als der Monat, in dem von ihm die meisten Siege erfochten worden waren.[268]

Die Wörter Minute und Sekunde stammen von den Benennungen der sexagesimalen Bruchteile, in die nach dem Vorgang Babylons (S. 55) bei den Griechen die Einheit eingeteilt wurde. HIPPARCH (zwischen 161 und 126 v. Chr. auf Rhodus) benutzte bereits die Sexagesimalteilung. In der erhaltenen griechischen Literatur findet sie sich aber erst bei dem Astronomen GEMINOS (zweite Hälfte des 1. Jahrhunderts v. Chr.).[269] Die Bruchbezeichnung lautet bei ihm *πρῶτον ἑξηκοστόν, δεύτερον ἑξηκοστόν* sc. *μέρος* bzw. *λεπτόν*, ähnlich bei PTOLEMAEUS (zwischen 125 und 151 n. Chr. in Alexandria) in seiner *μεγάλη σύνταξις*: *τμήματα* oder *μοῖραι*.[270] Nach PTOLEMAEUS sind diese Bezeichnungen durch Vermittlung der arabischen Wissenschaft dem Abendland überliefert worden. Die kurzen Bezeichnungen *πρῶτα λεπτά, δεύτερα λεπτά* werden dabei in den lateinischen Übersetzungen, die nach den arabischen Schriften hergestellt werden, mit *prima minuta, secunda minuta* wiedergegeben. Die Spezialisierung der ungleichartigen Adjektiva *minuta* und *secunda* zu den heutigen Fachwörtern ist vielleicht schon bei den Indern, die die griechische Trigonometrie übernahmen, sicher bei den Arabern eingetreten, wie eine mittelalterliche (12. Jahrhundert) Übersetzung des Rechenbuches des MUḤAMMAD IBN MŪSĀ ALḪWĀRAZMĪ (Anfang des 9. Jahrhunderts; Perser, Astronom in Bagdad) erzählt.[271] Minuta,

268 M. CANTOR, *Die römischen Agrimensoren und ihre Stellung in der Geschichte der Feldmeßkunst*, Leipzig 1875, S. 82. — 269 ED. MANITIUS[247], S. 116; Einführung der Sechzigerteilung erst S. 204, Z. 9: *καλεῖται δὲ τὸ μὲν τῆς μιᾶς μοίρας ἑξηκοστὸν πρῶτον ἑξηκοστόν, τὸ δὲ τοῦ πρώτου ἑξηκοστοῦ ἑξηκοστὸν δεύτερον ἑξηκοστόν* ... (der sechzigste Teil eines Hauptteils heißt erstes Sechzigstel der des ersten Sechzigstels zweites Sechzigstel). — 270 PTOLEMAEUS, Opera ed. HEIBERG[102], S. 48 f., Sehnentafel lib. I, cap. 11. — 271 BONCOMPAGNI, *Trattati*[35] I, S. 17: *Sed indi posuerunt exitum partium suarum ex sexaginta; diuiserunt enim unum in LX partes, quas nominauerunt minuta. Iterum unum quodque minutum in LX partes quas uocauerunt secunda.* (Aber die Inder nahmen den Ausgangspunkt ihrer Unterabteilungen bei der Zahl 60; sie teilten nämlich die Einheit in 60 Teile, die sie Minuten nannten, wiederum eine jede Minute in 60 Teile, die sie Sekunden nannten.) Über die Wortentstehung berichtet

secunda wird im Mittelalter stets sächlichen Geschlechts angenommen, so bei GERHARD VON CREMONA (1114—1187),[272] RADULPH VON LAON († 1131);[273] so auch noch bei COPERNICUS (1473—1543)[274] und im *Lexicon mathematicum* des VITALIS (Paris 1668). Auch in deutschen Schriften wird dasselbe Geschlecht benutzt, z. B. 1477 in einer Übersetzung des *Tractatus quadrantis* von ROBERTUS ANGLICUS[275] u. ö. Der Geschlechtswechsel zum Femininum tritt erst in der neueren Zeit ein,[276] als der fortdauernde Gebrauch der Mehrzahl „die Minuten, Sekunden" Ungewißheit über die Einzahl entstehen ließ, ein Vorgang, den wir ähnlich auch bei den Wörtern Kathete (vgl. Bd. *Geometrie*), Bibel u. a. beobachten können. Besonderer Grund des Geschlechtswechsels ist wohl die Anlehnung an die stets gleichzeitig gebrauchten weiblichen Wörter Stunde, Zeit, Glocke.

2. Die Winkelmaße.

Die Einteilung des Kreises in 360 Grade, wie überhaupt die Aufstellung eines Sexagesimalsystems, weist nach Babylon.[277]

Der englische Assyriologe E. HINCKS[278] hat 1854 keilschriftliche Tontäfelchen entziffert und auf einem (K_{90}; cr. 650 v. Chr.) Zahlen mit sexagesimaler Schreibart entdeckt. Die aus 15 Gliedern bestehende

Reihe:	5	10	20	40	1 20
	1 36	1 52	2 8	2 24	2 40
	2 56	3 12	3 28	3 44	4

MAXIMUS PLANUDES († 1310, Byzanz), *Ψηφοφορία κατ' Ἰνδούς*, ed. C. I. GERHARDT, Halle 1865[404], S. 23: *οἱ ἀστρόνομοι λαμβάνουσι . . . λεπτὰ ἤτοι πρῶτα, ἅπερ ἀπροσδιορίστως λεπτὰ ὀνομάζουσι, καὶ δεύτερα, ἅ καὶ αὐτὰ μὴ καὶ τὸ λεπτὰ προστιθέντες προσφέρουσιν, ὡς νοουμένων ἔξωθεν ἐν μὲν τοῖς λεπτοῖς τοῦ πρῶτα, ἐν δὲ τοῖς δευτέροις τοῦ λεπτὰ* (die Astronomen nehmen nur erste Teile (d. i. Minuta), die sie unterschiedslos „Teile" nennen, und Zweite (d. i. Sekunda), eine Bezeichnung, die sie ohne Zusatz von ‚Teile' verwenden, indem sie bei den ‚Teilen' (Minuta), „erste", bei den ‚Zweiten' (Secunda) „Teile" ergänzen. — **272** *Verba filiorum Moysi, filii Sekir, id est Maumeti, Hameti et Hasen — Der Liber trium fratrum de geometria*, ed. CURTZE, Nov. Act. Leop. 49, Halle 1887, S. 125: *minutum, quod est pars sexagesima.* — **273** *Arithm. Traktat*; A. NAGL, Z. Math. Phys. 34 Suppl., 1890, S. 116, Z. 19—20: *in minuta resecare.* — **274** M. CURTZE, Z. Math. Phys. 20, 1875, S. 240: *minuta proportionalia.* — **275** Ed. CURTZE, Abh. Gesch. Math. 9, 1899, S. 59: . . . zu minut vnd ainen drittail ains minuts . . ., vgl. auch Anm. 320. — **276** So schon *une minute*, OZANAM, *Dictionnaire mathématique*, 1691 Amst. (1. Aufl., Paris 1690), *eine Minute* in WOLFFS *Mathematischem Lexikon* 1716[64], S. 904. — **277** K. SETHE sucht eine ägyptische Urquelle nachzuweisen. Vgl. Nachr. Gött. Ges. Wiss. phys.-hist. Kl., 1920, S. 99 f., Jhrb. DMV 33, 1925, S. 143. — **278** E. HINCKS, *On the Assyrian Mythology*, Transact. of the Royal Irish Acad., Pol. Lit. 22, 2, 1855, S. 405—422. Schon Literary Gazette, Vol. 38, 5. VIII. 1854 (London), S. 707, *Cuneiform inscriptions in the British Museum*, zeigt H. die Erfassung der sexagesimalen Schreibart, indem er 80 statt 1 20 setzt.

zeigt in den ersten fünf Zahlen geometrische, dann arithmetische Steigung. Hierbei ist 1 20 = 1 × 60 + 20; 2 8 = 2 × 60 + 8 usf. 4 = 4 × 60. Die Zahlen sollen nach HINCKS die fortschreitende Aufhellung der Mondscheibe, die voll zu 240 Teilen angenommen wird, vom Neumond bis zum Vollmond wiedergeben, nach SAYCE wohl wahrscheinlicher die Mondlängen.[278a]

Ein anderes Täfelchen mathematischen Inhaltes wurde 1854 bei Senkereh am Euphrat gefunden (aus cr. 1900 v. Chr.)[279]: Die eine Seite enthält Vergleichungstabellen zweier Maßsysteme,[279a], von denen das eine sexagesimal ist, die andere Seite die Aufzählung der Quadrat- u. Kubikzahlen für 1 bis 59. Die Kubikzahlen sind nur bis 33^3 erhalten. Die Zahlenschreibweise ist wieder sexagesimal; 8^2 ist z. B. mit 1 4 ($= 1 \times 60 + 4$), 16^3 mit 1 8 16 ($= 1 \times 60^2 + 8 \times 60 + 16$) wiedergegeben.[279b]

Besonders die Ausgrabungen, die die Universität Pennsylvania[280] in Nippur veranstaltet, haben seit 1906 eine große Zahl weiterer mathematischer Texte an das Tageslicht gebracht. Sie bieten Multiplikations- und Divisionstafeln (vgl. S. 140f.), deren Zahlen nach dem Sechzigersystem geschrieben sind. Ihre Entstehung wird auf die Mitte des 3. Jahrtausends v. Chr. angesetzt.

Es steht fest, daß die Urbewohner Babyloniens, die Sumerer, ebenso die später eingewanderten semitischen Stämme, die die vorgefundene Kultur und Schrift annahmen, in der Sprache ein rein dezimales Zahlensystem hatten. Wie erklärt sich nun die Entstehung des Sexagesimalsystems? — Es sind verschiedene Vermutungen aufgestellt worden. Einmal wird ein uraltes Sechssystem (Zahl der Finger 1, 2 . . . 5; Hand = 6) angenommen, das sich mit dem Zehnersystem des erobernden Volksstammes vermischt haben soll (G. KEWITSCH).[281] Andere heben den hohen wissenschaftlichen Stand, der aus den gefundenen Tafeln spricht, hervor und suchen wahrscheinlich zu machen, daß die sumerischen Gelehrten in dem Be-

278a A. H. SAYCE, *The Astronomy of the Babylonians*, Nature 12, 1875, S. 490. — 279 Brit. Mus. No. 92680. — Die Zeitangabe cr. 1900 v. Chr. nach R. C. ARCHIBALD, *Bibliography of Egyptian and Babylonian mathematics*, Supplement, Ohio 1927, S. 101. — 279a R. LEPSIUS[1], S. 105—144, mit genauer Angabe der Vorarbeiten. Erster Bearbeiter G. SMITH, North British Review, July 1870, S. 332 f. — 279b Die Quadratzahlentabelle wurde zuerst von C. H. RAWLINSON gedeutet, R. Asiat. Soc., Journal 15, 1855, S. 215ff. (Fußnote, S. 217—221), *On the Early History of Babylonia.* Hier findet sich also die erste Veröffentlichung über das Sexagesimalsystem. Vgl. H. WIELEITNER, *Zur Geschichte der Entdeckung des babylonischen Sexagesimalsystems*, Festschrift zum 70. Geburtstag von G. STICKER, Berlin 1930. — 280 H. V. HILPRECHT, *Die Ausgrabungen im Bâl-Tempel zu Nippur*, Leipzig 1903. Vgl. ferner *The Babylonian Expedition*[1]. — 281 Ztschr. f. Assyriologie 18, 1905, S. 87; Unterrichtsbl. Math. Nat. 15, 1909, S. 122—128.

wußtsein der vorzüglichen Teilbarkeit der Zahl 60 diese mit theoretischer Absicht als Grundzahl gewählt haben (E. Löffler).[282] Mit etwas besseren Gründen wird aber eine dritte Hypothese gestützt (E. Hoppe),[283] die von der Annahme ausgeht, daß die Urbewohner des Euphratlandes als Hauptwinkel nicht, wie die Ägypter, die Griechen und wir heute noch, den rechten Winkel betrachteten, sondern den durch drei gleich lange Stäbe stets leicht zu bildenden Winkel von 60°. Daß Euklid in seinen Elementen (I, 1) mit dieser Normalfigur beginnt, ist vielleicht historischer Widerschein. Man erkannte bald, lange vor Ausbildung einer Geometrie oder gar Astronomie, ohne Voraussetzung von Kreis und Zirkel, daß sechs solcher Winkel aneinandergelegt die Ebene ausfüllen. Damit mag das babylonische Zeichen für Grad ✱, drei sich unter 60° kreuzende Gerade,[284] ohne Kreis, im Zusammenhang stehen, das in späterer Zeit, als man die Sehnenrechnung schon kannte, benutzt wurde.

K. Sethe[285] nimmt die schon oft geäußerte Erklärung der Kreisteilung in 360 Teile aus dem Näherungswert des Jahres zu 360 Tagen wieder auf und will daraus das Sexagesimalsystem erklären. Die Gegengründe stellt O. Neugebauer[286] zusammen und versucht seinerseits eine neue Erklärung, die viel für sich hat. Er untersucht eingehend die Metrologie der Sumerer, Längen-, Flächen-, Gewichts- und Hohlmaße und findet bei den aus einem Grundmaß, etwa der Elle oder der Meile, abgeleiteten Nebenmaßen die Verhältniswerte $^1/_3$, $^1/_2$, $^2/_3$, 1 und 10; hierin ist die Teilungszahl 6 nicht zu verkennen, die mit Verbindung des in ältesten Zeiten vorhandenen noch nicht bis 100 entwickelten Dezimalsystems zur Zahl 60 als Hauptzahl führt. Die fortschreitende Kultur muß eine Verbindung zweier übergeordneten Hauptmaße wie Elle und Meile erfordert haben. Eine solche einheitliche Verkittung aller solcher Maße durch die Zahl 60 „scheint ein Akt der bewußt regulierend eingreifenden Staatsgewalt gewesen zu sein“.[287] Dadurch ist dann auch das Positionssystem zu erklären; wird z. B. eine Strecke

282 Archiv Math. Phys. 17_3, 1911, S. 135f. — Auf diesen Vorzug der Zahl 60 macht schon Theon von Alexandria (um 365 n. Chr.), der Kommentator des Ptolemaeus aufmerksam; *Commentaire de Théon, sur le premier livre de la composition math. de Ptolémée*, éd. Halma, Paris 1821, S. 110, Z. 1ff. — 283 Archiv Math. Phys. 15_3, 1909, S. 304f.; E. Hoppe, *Mathematik und Astronomie im klassischen Altertum*, Heidelberg 1911, S. 22f. — 284 E. Hoppe, *Math. u. Astronomie*[283], S. 23. A. H. Sayce, Transact. of the Soc. of bibl. arch. 4, S. 307, No. 18; S. 310. — 285 K. Sethe, *Zeitrechnung*[238], I. Das Jahr, Nachr. Gött. Ges. Wiss. phil.-hist. Kl. 1919, S. 302f., III. *Einteilung des Tages* usw., daselbst 1920, S. 99f. — 286 *Zur Entstehung des Sexagesimalsystems*, Abh. Ges. Wiss. Göttingen, Math.-phys. Kl. 13, Neue Folge 1927, S. 3 und 4. — 287 O. Neugebauer, *Über die Entstehung des Sexagesimalsystems*, Archeion, Archivio di storia della scienza 9, 1928, S. 212—213.

mit Meile und Elle gemessen, so schreibt man erst die Meilen und daneben die Ellen. Diese Maßschreibart wird auf die Zahlenschreibart übertragen und hier zu einem sexagesimalen Positionssystem ausgebaut. In seiner Kritik dieser Erklärung weist E. HOPPE[288] darauf hin, daß die Multipla $^1/_3$, $^1/_2$, $^2/_3$, 1, 10 noch einfacher als durch 60, durch die Währungszahl 30 erfüllt werden, also keine zwingende Notwendigkeit für ein Sexagesimalsystem sich ergäbe. Es sei auch nicht denkbar, daß sich die Sumerer solch ein 60-Maßsystem bauten zu einer Zeit, als ihr Dezimalsystem noch nicht bis 100 hinauf reichte; bei der großen Kultur des Landes und seinem Reichtum muß die Erreichung der 100 gleich ganz früh im Dezimalsystem erreicht worden sein. HOPPE behauptet umgekehrt, die Maße seien darum mit den Multipla $^1/_3$, $^1/_2$, $^2/_3$, 1, 10 aufgebaut, weil eine sexagesimale Zahlenschreibweise voranging. Sehr viel Bedenken erregt sicherlich die Annahme eines Regierungsaktes zur Festlegung des 60-Abstandes übergeordneter gleichartiger Maße.

Klarheit in der Entstehungsgeschichte der babylonischen Sechzigerteilung ist also noch keineswegs zurzeit vorhanden. Wahrscheinlich geht diese Teilung auch nicht auf eine Wurzel zurück; neuere Funde und Forschungen werden wohl die Hypothesen HOPPES und NEUGEBAUERS noch zusammenführen.

Sechsteilung wird auf Abbildungen bevorzugt. Altbabylonische Kriegswagen hatten sechs Speichen,[289] nicht vier, wie in Ägypten und Griechenland. Wagen mit sechsspeichigen Rädern werden in Ägypten erst seit etwa 2000 v. Chr. bei Vorführung asiatischer Tribute abgebildet.[290] Die babylonische Windrose zeigt nicht die Grundzahl 4, wie bei uns (32 Striche), sondern die Zahl 6 (36 Teile). Durch Halbieren hatte die Sechsteilung eine Zwölfteilung zur Folge; diese benutzten die Babylonier nicht nur bei der Kreisteilung, sondern auch bei Streckenmessungen und übertrugen sie später auch auf die Tages- und Nachtzeit (vgl. S. 43). Die älteste wissenschaftlichere Tageseinteilung ist die nach sechs Hauptzeiteinheiten Uš (= šuššu); man teilte eben die Fläche der Sonnenuhr, auf die der Stab seinen Schatten warf, in die sechs Hauptwinkel ein. Bei gesteigerten Ansprüchen an die Genauigkeit war diese Zeitbestimmung

288 E. HOPPE, *Die Entstehung des Sexagesimalsystems und die Kreisteilung*, Archeion, Archivio di storia della scienza 8, 1927, S. 449—458. — 289 C. BEZOLD, *Niniveh und Babylon*, Bielefeld u. Leipzig 1903, S. 23, 54, 62, 124. — 290 G. STEINDORFF, *Die Blütezeit der Pharaonen*, Monographien zur Weltgeschichte 10, Bielefeld u. Leipzig 1900, S. 43, 57, 163 (Abbildungen).

jedoch nicht ausreichend. Statt zu halbieren in 2 kas-bu (bêru), teilte man in der Folgezeit, entsprechend dem in der Sprache gegebenen dekadischen Zahlensystem, den Hauptwinkel in zehn Teile und kam so zur Einteilung des Volltages in 60 Stunden. Eine solche Teilung hielt sich bis in die Zeit der Seleukiden (312—64 v. Chr.);[291] sie drang sogar nach Indien und ist dort heute noch nachzuweisen.[292] Die Zahl 60 erhielt hierdurch den Charakter einer Grundzahl; ein besonderes Wort, *Soß*, stellte sich für sie ein. Im Laufe der Entwicklung wurden 60 solcher Einheiten, $60^2 = 3600$, zu einer höheren Einheit, *Sar* genannt, zusammengefaßt; weitere Einheiten bauten sich nach demselben Gesetze auf. Große Festigkeit gewann dieses Zahlensystem dadurch, daß man den glücklichen Gedanken hatte, beim Schreiben in der Keilschrift eine Art Positionssystem zu befolgen (vgl. S. 17). War aber einmal das Sexagesimalsystem ein dauernder Besitz geworden und auch in andere Maßsysteme eingedrungen, so lag der letzte Schritt nicht weit. Man teilte, als sich eine wissenschaftliche Geometrie und Astronomie bildete, mit fortschreitender Verfeinerung auch den Hauptwinkel in 60 Teile, diese Unterteile wieder in 60 Teile usf. Während bei der Zeit die Sechzigerteilung schon sehr früh benutzt wurde, hielt man bei dem Kreise noch lange an der altertümlicheren Zwölferteilung fest.[292a] Wann auch hier die Sechzigerteilung die Oberhand gewann, ist noch nicht festgestellt; die älteste sichere Kunde von diesem Fortschritt geben uns Tontafeln aus der Zeit des Kambyses (um 522 v. Chr.).[293] Der hier auftretende babylonische Zeitgrad entspricht vier unserer Zeitminuten, so daß eine volle Umdrehung, d. h. 24 unserer Stunden, 360 solcher babylonischen Grade gibt. Auf derselben Tafel ist aber für die Bogenmaße immer noch die Zwölferteilung benutzt, indem die Ekliptik in zwölf Hauptteile (*kas-bu*), diese in zwölf Unterteile geteilt werden.[294] Zu einer gleichmäßigen Einteilung der Ekliptik in 12×30^0 gelangten die babylonischen Astronomen erst, als sie sich die Auf-

291 Sie ist noch von PTOLEMAEUS bei Wiedergabe babylonischer Werte benutzt worden; vgl. CANTOR, 1[3], S. 39. — Eine solche Sechzigerteilung klingt noch durch, wenn GEMINOS (zweite Hälfte des 1. Jahrh. v. Chr.), ed. MANITIUS[247], S. 58, den ganzen Meridiankreis in sechzig Teile teilt. Er nimmt vom Nordpol zum Äquator 15 solcher Sechzigstel, deren vier auf den Abstand vom Äquator bis zum nördlichen Wendekreis, sechs auf den Abstand zwischen dem Polarkreis und dem Pol fallen. — 292 H. VON SCHLAGINTWEIT, Sitzgsb. Bayr. Ak. Wiss., math.-phys. Kl., München 1871, S. 129. — 292a Nach ARCHIBALD[279] S. 85 findet sich in älterer Zeit die Teilung des Kreises in 8, 12, 120, 240 und 480 Teile. — 293 F. X. KUGLER, *Babyl. Planetenkunde*[253], S. 63, Nr. V. — 294 F. X. KUGLER, *Babylonische Planetenkunde*[258], S. 25, 63; *Babylonische Mondrechnung*[98], S. 146.

gabe stellten, die Positionen des Mondes und der Planeten vorauszuberechnen.[295]

Man kann verfolgen, wie die Sexagesimalteilung im 2. Jahrhundert v. Chr. nach Ägypten und Griechenland vordrang und sich dann als wissenschaftliche Bruchteilung eine Weltstellung zu erringen wußte, die sie erst im 15. und 16. Jahrhundert n. Chr. an die Dezimalteilung abtrat (siehe *Dezimalbruchrechnung*).

Dikaiarchos, der Schüler des Aristoteles (384—322) gibt bei dem ältesten Erdmessungsversuch, auf den sich Archimedes in seiner ‚Sandrechnung' mit der Angabe von 300000 Stadien für den Erdumfang bezieht,[296] den Himmelsbogen zwischen dem Wendekreis und dem Drachenkopf mit $^1/_{15}$ des Meridians an;[297] Eudemos (um 334 v. Chr.) berichtet in seiner Geschichte der Astronomie, daß die Schiefe der Ekliptik der Seite eines Fünfzehneckes (d. i. 24°) gleich sei.[298] Der große griechische Astronom Aristarch von Samos (erste Hälfte des 3. Jahrhunderts v. Chr., Alexandria), der zuerst die heliozentrische Lehre aufstellte, gibt in seiner Schrift *Περὶ μεγεθῶν καὶ ἀποστημάτων ἡλίου καὶ σελήνης* (Über die Größe und Entfernung von Sonne und Mond) den Abstand von Mond und Sonne am Himmelsgewölbe zu der Zeit, wo uns der Mond genau halb erscheint, auf „$^1/_{30}$ des Viertelkreises weniger als ein Viertelkreis"[299] an, also noch nicht in der kurzen Form 87°. Der etwas spätere Archimedes (287—212 v. Chr., Syrakus) nimmt in der Sandrechnung (vgl. S. 6) den Sonnendurchmesser auf $^1/_{200}$ bis $^1/_{164}$ des Quadranten an;[300] dabei bezieht er sich auf Aristarch, der diesen Wert auf $^1/_{180}$ (720ter Teil des Tierkreises)[301] angegeben habe. Nach Eratosthenes (276 Kyrene — 194 Alexandria, Geograph) beträgt der Abstand der beiden Wendekreise $^{11}/_{83}$ des Umkreises.[302] — Das sind alles Angaben, die sicher in der viel einfacheren Gradeinteilung gegeben worden wären, wenn diese zu jener Zeit in Griechenland bekanntgewesen wäre.

295 F. X. Kugler, *Sternenkunde und Sternendienst in Babel, Ergänzungen zum I. und II. Buch*, Münster i. W. 1913[250], S. VIf. — 296 *Archimedis Opera ed. Heiberg*[11], 2², Leipzig 1913, S. 220, Z. 10. — 297 H. Berger, *Geschichte der wissenschaftlichen Erdkunde der Griechen*, 2. Aufl., Leipz. 1903, S. 268, Z. 8. — 298 H. Berger[297], S. 268, 269. — 299 Ausgabe (mit kritischen Berichtigungen) von E. Nizze; Programm des Stralsunder Gymnasiums 1856, S. 5, *Θέσις Δ.* Vgl. auch die Übersetzung von A. Nokk, Freiburger Lyceum, Programm 1854. Neueste Ausgabe von Heath, *Aristarchos of Samos*, Oxford 1913. Ein Auszug findet sich in der Sammlung des Pappos, *Collectiones*[13], Buch VI, § 69ff., Bd. II, S. 554ff. — 300 Archimedes, *Ψαμμίτης* 16.; Opera, ed. Heiberg[11], 2², S. 226, Z. 12—20; Nizze[11], S. 213, § 4. — 301 Archimedes, Opera[11] 2², S. 222, S. 8: *τὸ εἰκοστὸν καὶ ἑπτακοσιοστόν.* — 302 Cl. Ptolemaeus, *Syntaxis*[102], ed. Heiberg I, Leipzig 1898, S. 68, Z. 4f.; Manitius[102], S. 44, Z. 24.

Mit dem 2. Jahrhundert dringt endlich die babylonische Kreiseinteilung in die griechische Wissenschaft ein. ERATOSTHENES teilt gelegentlich den Erdumfang in Sechzigstel von 4200 Stadien.[303]

Dem Astronomen HIPPARCH von Nicäa, der zwischen 146 und 126 v. Chr. auf Rhodus beobachtete, ist aber die Einteilung des Kreises in 360 Teile, wie überhaupt die Sechzigerteilung ganz geläufig. Daß diese Kenntnis aus Babylon stammt, teilen nicht nur GEMINOS (zweite Hälfte des 1. Jahrhunderts v. Chr.)[304] und PTOLEMAEUS (Mitte des 2. Jahrhunderts n. Chr.)[305] ausdrücklich mit; wir haben dafür auch festeste Beweise durch die auffallende Übereinstimmung astronomischer Zahlenwerte, die von PTOLEMAEUS dem HIPPARCH zugeschrieben werden, mit solchen, die neuerdings auf babylonischen Keilschrifttafeln aus der Zeit kurz vor HIPPARCH entziffert worden sind.[306] Eine dem HYPSIKLES von Alexandria (um 170 v. Chr.) schon im späteren Altertum zugeschriebene astrologische Schrift Ἀναφορικός (Von den Aufgängen der Gestirne) zeigt ebenfalls die Gradeinteilung; man hat indes aus ihrem Inhalt festgestellt, daß HYPSIKLES ihr Verfasser nicht sein kann, sie vielmehr erst nach HIPPARCH anzusetzen ist.[307] Den ältesten erhaltenen Literaturbeleg für die 360-Teilung des Kreises liefert, da die Schriften des HIPPARCH fast alle verloren gegangen sind, die *Dioptra* des HERON von Alexandria (um 100 v. Chr.). Während in seiner *Vermessungslehre* Winkelgrößen noch in Bruchteilen des Rechten angegeben werden, wird dort der Winkel nach Graden des in 360 Teile geteilten Diopterkreises gemessen; in diesem neuen Maße gibt er Sternörter an,[308] auch größere Kreise auf der Erde, wie die Entfernung Alexandria—Rom.[309]

Wir erkennen also, daß um 200 v. Chr. die Kenntnis der Sexagesimalbrüche von Babylon nach Alexandria gekommen sein und schnell allgemeine Anerkennung gefunden haben muß. Damit waren diese Brüche in die wissenschaftliche Welt eingetreten und wurden nun Allgemeingut der Astronomen. Ihrer bediente sich PTOLEMAEUS (2. Jahr n. Chr., Alexandria) und hebt am Anfang des Almagestes ausdrücklich hervor: „Im allgemeinen werden wir die Ansätze der Zahlen nach dem Sexagesimalsystem machen, weil die Anwendung der (gewöhnlichen) Brüche unpraktisch ist“[310]; nach griechischem

303 H. BERGER[297], S. 15 o., 267 u. — 304 Ed. MANITIUS[247], cap. 15, 2. — 305 *Μεγάλη σύνταξις* IV, 2; ed. HEIBERG[102], S. 270; deutsch v. K. MANITIUS[102], S. 196. — 306 F. X. KUGLER, *Babyl. Mondrechnung*[98], S. 21, 24. — 307 K. MANITIUS, *Des Hypsikles Schrift Anaphorikos nach Überlieferung und Inhalt kritisch behandelt*, Dresden 1888, Gymn. z. heil. Kreuz. — 308 *Heronis Alexandrini Opera quae supersunt omnia, Vol. III, Vermessungslehre und Dioptra*, ed. H. SCHÖNE, Leipzig 1903, S. 288, Z. 2f. — 309 Daselbst S. 306, Z. 6f. — 310 *Des Claudius*

Vorbilde verfahren die Araber wie auch die Astronomen des Mittelalters. Hier erscheinen sie als *minutiae physicae* oder *philosophicae* im Gegensatz zu den *minutiae vulgares.*[311] Der Rechnung mit ihnen werden in den mittelalterlichen Lehrbüchern besondere Kapitel gewidmet oder es werden gar ganze Lehrbücher für sie verfaßt. Noch im 16. Jahrhundert geschah das durch KASPAR PEUCER (1525—1602).[312] Ihr Urteil war gesprochen, als GEORG VON PEURBACH (1423—1461; Professor an der Univ. Wien) und REGIOMONTANUS (JOHANNES MÜLLER aus Königsberg in Franken 1436 — Rom 1476; Wien, Italien, Nürnberg) zur Dezimalteilung übergingen. Noch im 17. Jahrhundert finden sich in Tabellenwerken Umwandlungstafeln der Sexagesimalbrüche in Dezimalbrüche. Nur historische Nachklänge sind es, wenn in späteren Werken besondere Abschnitte über Sexagesimalbrüche erscheinen.[313]

Die erstrebenswerte Einteilung des Kreisquadranten in 100 Teile tritt zuerst in einer geographischen Abhandlung von 1446 (Münchener Handschrift) auf,[314] die Hundertteilung des Grades in den später anzuführenden logarithmisch-trigonometrischen Tafeln (siehe *Abschnitt Logarithmen*), die H. BRIGGS (1556 Halifax — 1630 Oxford; Professor am Gresham-College zu London, zuletzt an der Universität Oxford) bei seinem Tode hinterließ. Sie erschienen 1633 (Gouda) in der *Trigonometria Britannica* von H. GELLIBRAND im Druck, leider zu spät, um die Mathematiker zum Übergang zur Hundertteilung zu zwingen; die vorher (1620) erschienenen Tafeln E. GUNTERs halfen dem dringenden Bedürfnis nach trigonometrisch-logarithmischen Tafeln ab, ohne daß man sich an die Hundertteilung zu gewöhnen nötig hatte. Ein neuer Versuch wurde zur Zeit der französischen Revolution gemacht, zum Teil auf Verwendung von J. L. LAGRANGE (1736 Turin — 1813 Paris; Turin, Berlin, Paris). Man begann die Umrechnung der vorhandenen Tafeln; die in Frankreich am gebräuchlichsten gewordene Tafel von FR. CALLET (Paris 1783) führte beide

Ptolemaeus Handbuch der Astronomie, 1. Bd. deutsch v. K. MANITIUS, Leipzig 1912, S. 25, Z. 17—19. — [311] Z. B. im *Algorithmus demonstratus*, ed. SCHÖNER[38], II. Teil (v. d. Brüchen), Einleitung. — [312] *Logistice astronomica hexacontadon et scrupulorum sexagesimorum, quam Algorythmum Minutiarum Physicalium uocant, Regulis explicata et demonstrationibus ... autore Caspare Peucero ...* Vitembergae 1556. — [313] Vgl. W. J. G. KARSTEN, *Lehrbegrif* (!) *der gesamten Mathematik*, 8 Bde., Greifswald 1767—1778, Bd. II, Abschn. 5. — [314] S. GÜNTHER, *Studien zur Geschichte der mathematischen und physikalischen Geographie*, Abhdlg. IV: *Analyse einiger kosmographischer Codices der Münchener Hof- u. Staatsbibliothek*, Halle 1878, § 11, S. 249. CANTOR, 2², S. 185. R. WOLF, *Handbuch der Astr.*[254], I, cap. 57, Anm. c. — Vgl. R. MEHMKE, Bericht über die Winkelteilung, Jahresber. Dtsch. Math.-Ver. 8, 1, 1900, S. 139ff.

Teilungen. Doch verlief auch diese Bewegung im Sande. Erst in der Neuzeit ist ein kleiner Schritt zur Besserung getan worden, indem man die Sekunden verwirft und wenigstens da und dort die Minuten, bei 4-stelligen Tafeln auch die Grade dezimal teilt.[314a]

Das Wort Grad (gradus von gradi = schreiten) erinnert an Treppe, Leiter[315] und ist auf die arabischen Übersetzungen der ptolemäischen *μεγάλη σύνταξις* (Almagest) zurückzuführen. PTOLEMAEUS (griech. Astron., beob. zwischen 125 und 151 n. Chr. in Alexandria) hatte den Durchmesser in 120 Teile (*μοῖραι*) und diese dann, seinen Vorgängern folgend, sexagesimal weitergeteilt (vgl. S. 57). Die Araber wählten für die Hauptteile das Wort *daraǵah*, das, wörtlich weiter ins Lateinische übersetzt, zu *scala, gradus* wurde. Das französische *degré* soll noch die direkte Abstammung vom arabischen Wort verraten.[316]

Allerdings wurde für gewisse Teile eines Kreises *gradus* schon im Altertum gebraucht, z. B. von MANILIUS (um 25 n. Chr.).[317] Ein Fachwort für 360stel eines Kreises wurde es aber erst durch die lateinischen Übersetzungen arabischer Schriften.[318] Das Wort drang frühzeitig in die deutsche Sprache ein — so tritt es um 1400 in der *Geometria Culmensis*[319] auf — und wurde schließlich ganz als deutsches Wort behandelt.[320]

PTOLEMAEUS trennt scharf zwischen den sexagesimalen Teilen des Radius, die er *τμήματα* (partes) nennt, und den Graden eines Winkels, die bei ihm *μοῖραι* (Bruchteile) heißen. Die Bezeichnung

---

[314a] Vgl. A. SCHÜLKE, *Neuere Bewegungen in der Logarithmenrechnung*, Z. math. nat. Unterr. 60, Leipzig 1929, S. 290—292. — [315] Vgl. MAX C. P. SCHMIDT, *Kulturhistorische Beiträge zur Kenntnis des griechischen und römischen Altertums*, 1. Heft: *Zur Entstehung und Terminologie der elementaren Mathematik*, 2. Aufl., Leipzig 1914, S. 166. — [316] So G. H. F. NESSELMANN, *Versuch einer kritischen Geschichte der Algebra der Griechen*, Berlin 1842, S. 137, dem sich aber CANTOR, 1^3, S. 131, Anm. 2 und ENESTRÖM, Bibl. math. 4_3, 1903, S. 215 nicht anschließen. — [317] *M. Manilii Astronomicon libri V*, ed. JACOBS, Berlin 1846, I, 581, S. 29: *quattuor et gradibus sua fila reducit ab aestu.* — [318] Z. B. *Rudimenta Astronomica Alfragani, item Albategnius astronomus peritissimus de motu stellarum cum demonstr. geom. et addit.* JOANNIS DE REGIOMONTE, Norimb. 1537 (ed. SCHÖNER; aus dem Nachlaß REGIOMONTANS). Vgl. A. G. KÄSTNER, *Geometrische Abhandlungen* 1, Göttingen 1790, S. 457. — [319] Ein agronomischer Tractat aus der Zeit des Hochmeisters Conrad von Jungingen (1393—1407), ed. H. MENDTHAL, Leipzig 1886, sogen. Geometria Culmensis, S. 35: in 60 gradus geteilt. — [320] Cöln 1519, *Sphera materialis* (SACROBOSCO), geteutscht durch CONRADT HEYNFOGEL, Bl. C. 1v⁰, Z. 13. Ein jetzlicher grad (am Himmel wird geteilt) in 60 minutē. Ein jetzlichs minut in 60 sekund . . . —; ALBR. DÜRER, Vnderweysung der messung mit dem zirckel und richtscheyt in Linien, ebenen vnnd ganzen corporen, Nürnberg 1525, Bl. Dij, Z. 1 von grad zu grad.

der weiteren sexagesimalen Unterstufen ist in den Ptolemaeushandschriften verschieden. Überall wird aber als Fehlzeichen für eine Unterstufe *o* (= *οὐδέν*, nichts; vgl. S. 18[102], 25) benutzt. Zeichen wie unser ^{0}, $'$, $''$ kennt PTOLEMAEUS nicht in dieser Bedeutung. HEIBERG schreibt in seiner Almagestausgabe die Sehnenlänge $37^p\ 4'\ 55''$

τμημάτων $\overline{\lambda\zeta}$ $\overline{\delta}$ $\overline{\nu\varepsilon}$,[321]

den Winkel $41^0\ 0'\ 18''$

μοιρῶν $\overline{\mu\alpha}$ ο $\overline{\iota\eta}$.[322]

In der Sehnentafel fehlen die Überstreichungen, da die gemeinsamen Spaltenüberschriften genügen. Daher wird[323]

περιφερειῶν	εὐθειῶν			ἑξηκοστῶν			
κζ	κη	ο	μη	ο	α	α	δ
⋮							
λ	λα	γ	λ	ο	α	ο	μ
⋮							
ξ	ξ	ο	ο	ο	ο	νδ	κα

zu übersetzen sein mit

Bogen	Sehnen			Sechzigstel (d. h. partes proportionales)			
27^0	28^p	$0'$	$40''$	$0'$	$1'$	$1''$	$4'''$
⋮	⋮			⋮			
30^0	31^p	$3'$	$30''$	0^0	$1'$	$0''$	$40'''$
⋮	⋮			⋮			
60^0	60^p	$0'$	$0''$	0^0	$0'$	$54''$	$21'''$

Auch bei der Fortführung der sexagesimalen Teilung zu niedrigeren Stufen begnügt sich PTOLEMAEUS mit einfachem Aneinanderschreiben,

so	ο	$\overline{\lambda\gamma}$	$\overline{\delta}$	$\overline{\kappa\delta}$	$\overline{\vartheta}$	$\overline{\lambda\beta}$	$\overline{\kappa\alpha}$	$\overline{\lambda\beta}$	$\overline{\lambda}$ [324]
für	0^0	$33'$	$4''$	$24'''$	9^{IV}	32^{V}	21^{VI}	32^{VII}	30^{VIII}.

Nur bei Überschriften von Tafeln solcher großen Brüche wird besonders geschrieben:[325]

	$\overset{o}{\mu}$	α′	β′	γ′	δ′	ε′	ς′
für	^{0}	$'$	$''$	$'''$	^{IV}	^{V}	^{VI}.

In der Schrift über ‚das Verhalten der Planeten‘ übernimmt der

321 PTOLEMAEUS, *Syntaxis*[102], ed. HEIBERG I, S. 34, Z. 16. — 322 Daselbst, S. 78, Z. 4. — 323 Daselbst, S. 43—63. — 324 Daselbst, S. 279, Z. 21. — 325 Daselbst, S. 282.

Herausgeber aus den vorliegenden Handschriften für größere Sexagesimalbrüche das einfache Aneinanderschreiben[326] oder die Schreibart:

$$\overset{\circ}{\mu}\ \overline{\varrho\xi\beta}\ \text{καὶ}\ \xi'\xi'\bar{\iota} = 162^0\,10',$$

wo also der Nenner $60 = \xi'$, wie bei gewöhnlichen Brüchen hingeschrieben wird. Anderseits bringt Ptolemaeus noch oft Stammbruchsummen, so bei der Jahreslänge $365 + \frac{1}{4} + \frac{1}{76}$, die er für Meton (S. 46) in Anspruch nimmt,[327] in der Planetenschrift $\bar{\alpha}\llcorner'\gamma' = 1 + \frac{1}{2} + \frac{1}{3}$,[328] besonders in der Geographie, wo er bei den Längen- und Breitenangaben statt der Minuten gewöhnliche Brüche zu schreiben pflegt, die einen doppelten Akzent erhalten,

$$\text{μοίραις}\ \mu\varepsilon'\ \delta'' = 45^0 + \tfrac{1}{4},^{329} \qquad \lambda\zeta'\ \gamma''\ \iota\beta'' = 37^0 + \tfrac{1}{3} + \tfrac{1}{12},^{330}$$
$$= 45^0\,15' \qquad\qquad = 37^0\,25'$$

$$\lambda\zeta'\ \llcorner''\gamma''\ \iota\beta'' = 37^0 + \tfrac{1}{2} + \tfrac{1}{3} + \tfrac{1}{12},^{331}$$
$$= 37^0\,55'.$$

Die Handschriften arabischer Astronomen enthalten überhaupt keine Abkürzungen, sogar die Zahlen werden zumeist buchstabenweis geschrieben. Die griechisch-lateinischen Bezeichnungen werden mit den entsprechenden arabischen Wörtern wiedergegeben.

Eine Ausnahme machen die Alfonsinischen Tafeln (Alfons von Kastilien, 1226—1284); sie deuten in den angegebenen Sexagesimalbrüchen die Stufen der höheren sexagesimalen Einheiten mit deren entsprechenden Ziffern an $1^{\ddot{1}} = 1$ Tag, $1^{\ddot{2}} = 60$ Tage, $1^{\ddot{3}} = 3600$ Tage. Die erste Unterabteilung $^1/_{60}$ wird durch $1^{\ddot{\text{m}}}$, wo $\ddot{\text{m}}$ eine Abkürzung von Minute (*Menudos* = *partes minutae*, vgl. S. 50), nicht eine Art negativer Exponent[332] (1^{minus}) ist. Die tieferen Einheiten haben wiederum einfache Ziffern rechts oben neben sich, da keine Verwechslung möglich ist. $49^{\ddot{2}}\ 32^{\ddot{1}}\ 15^{\ddot{\text{m}}}\ 4^{\ddot{2}}$ heißt demnach

$$49 \cdot 60 + 32 + 15 \cdot \tfrac{1}{60} + 4 \cdot \tfrac{1}{60^2}.^{333}$$

Die übliche arabische Schreibart der Sexagesimalbrüche übernahm das Abendland; sie fand natürlich in erster Reihe Verwendung bei der Winkeleinteilung in Grad, Minute, Sekunde usw. Regiomontanus benutzte in seinen Briefen (1462—1473) bei Rechnungen stets eine

326 *Ὑποθέσεων πλανωμένων Α'*, *Opera astronomica minora*, ed. J. L. Heiberg[102], Leipzig 1907, S. 74, Z. 15; S. 78, Z. 22 u. ö. — 327 *Syntaxis*[102], I, S. 207, Z. 10; Manitius[102], I, S. 145, Z. 15. — 328 S. 95, Z. 14[326]. — 329 *Cl. Ptolemaei Geographica*, ed. H. Müller, I, 1, Paris 1883, S. 32, Z. 27. — 330 Daselbst S. 119, Z. 6. — 331 Daselbst S. 391, Z. 4. — 332 G. Eneström, Bibl. math. 6_3, 1905, S. 400. — 333 A. Wegener, Bibl. math. 6_3, 1905, S. 179.

Bezeichnung wie $\overline{24}\cdot 10'\cdot 8''$,[333a] im Text verwendet er die Bezeichnungen, die seine wissenschaftlichen Freunde in ihren Briefen benutzen und die REGIOMONTANUS wohl in seinem Studium auch ursprünglich benutzt hatte:

$$\overset{w}{\breve{g}}\ 13\ \ \overset{w}{\breve{m}}\ 59,^{333b}\qquad \overset{w}{\breve{g}}\ 23\ \ \overset{w}{\breve{m}}\ 51\ \ \overset{w}{\breve{2}}\ 20.^{333c}$$

Die letztere Schreibart dehnt JAKOB von Speier noch weiter aus

$$\text{horas}\ 15\ \ \overset{w}{\breve{m}}\ 5\ \ \overset{w}{\breve{2}}\ 36\ \ \overset{w}{\breve{3}}\ 24\ \ \overset{w}{\breve{4}}\ 14\ \ \overset{w}{\breve{5}}\ 6.^{333d}$$

ORONTIUS FINAEUS (1535)[334] wählte für diese Maße dieselben Zeichen *grad.* $\overset{w}{\breve{m}}$, $\overset{w}{\breve{2}}$, $\overset{w}{\breve{3}}$; GEMMA FRISIUS (1540)[335] benutzte die Abkürzung

$$\overset{\text{Integr.}}{36.}\quad \overset{\text{Mi.}}{30.}\quad \overset{2.}{24}\quad \overset{3.}{50}\quad \overset{4.}{15}\quad (\text{modern } 36^0\ 30'\ 24''\ 50'''\ 15^{\text{IV}}).$$

Der ‚Arithmetica practica' des GEMMA FRISIUS von 1556[335a] ist ein kleiner Anhang des J. PELETIER, datiert von 1545 Lutetiae, beigefügt; hier wird, nachdem vorher die Reihe

$$\underset{0}{1}\quad \underset{1}{3}\quad \underset{2}{9}\quad \underset{3}{24}\quad \underset{4}{81}\quad \underset{5}{243}\quad \underset{6}{729}\quad \underset{7}{2187}$$

betrachtet war, die untere Reihe auch für die Winkelteilung vorgeschlagen: $0,\ 1,\ \ddot{2},\ \ddot{3},\ \dddot{4}\ldots$

In Wirklichkeit wird die Null als Abkürzungszeichen noch nicht gebraucht. In einer Additionsaufgabe, in der auch Signum = 60^0 vorkommt, schreibt er

S.	g.	m.	$\ddot{2}$	$\ddot{3}$	$\ddot{4}$
5.	40.	33.	55.	45.	24
7.	25.	22.	18.	47.	53
13.	5.	56.	14.	33.	17

In der Ausgabe, Straßburg 1559, schlägt PELETIER in seinem Zusatz (datiert 1558) vor

$$\underset{0}{\text{Integra Mi}}\ \text{vel}\ \ \underset{1}{\tilde{1}}\ \ \underset{2}{\tilde{2}}\ \ \underset{3}{\tilde{3}}\ \ \underset{4}{\tilde{4}}\ \ \underset{5}{\tilde{5}}\ \ \underset{6}{\tilde{6}}\ \ \underset{7}{\tilde{7}}\ \ \underset{8}{\tilde{8}}\ \text{etc.,}$$

verwendet aber die Gradabkürzung ^{0} immer noch nicht.[335b]

[333a] *Der Briefwechsel Regiomontans mit Giovanni Bianchini, Jacob von Speier und Christian Roder*, ed. M. CURTZE, Abh. z. Gesch. d. math. Wiss. Bd. 12, Leipzig 1902, S. 193, Z. 15. — [333b] Daselbst, S. 194, Z. 11. — [333c] Daselbst, S. 263, Z. 22. — [333d] S. 300, Z. 13. — [334] *Arithmetica practica*, Parisiis 1535, S. 46. — [335] *Arithmeticae practicae methodus facilis*[6], Ausgabe Argentorati 1559, S. 57 v⁰. — [335a] *Arithmeticae practicae methodus facilis . . ., huc accesserunt Jacobi Peletarii Cenomani annotationes: eiusdem item de fractionibus Astronomicis compendium* . . . Lugduni 1556. — [335b] FL. CAJORI, *A History of Notations*, II, *Notations mainly in higher mathematics*, Chicago-London 1929, S. 145.

In einem astronomischen Werke von ERASMUS REINHOLD (1571)[335c] kommt nun wirklich erstmalig unsere Gradbezeichnung ^{0} vor, aber nur an zwei Stellen,[335d] außerhalb des Textes, an der einen mit darübergesetzten Zeichen, an der anderen Stelle mit rechts oben angesetzten Zeichen

$$\overset{0}{63}\quad \overset{\prime}{13}\quad \overset{\prime\prime}{53} \quad \text{und} \quad 62^0\ 54'\ 18''.$$

Auch die Zeichen ′ ″ ohne Null kommen nur noch wenige Male vor; fast immer, im Text stets, schreibt REINHOLD

O. gr. 26 1^a, 36 2^a, 43 3^a.

In den angehängten Tafeln (1573) geht den Strichen ′ ″ ‴ ⁗ ebenfalls keine ^{0} vorher.[335e]

VIETA (1595)[336] hängt in Äußerlichkeiten am Alten und schreibt

$$\overset{\text{Par.}}{5}\quad \overset{\text{Scr. I}}{42}\quad \overset{\text{II}}{38}$$ (modern $5^0\ 42'\ 38''$) Par. = partes, Scr. = Scripula.

Inzwischen war auch eine Verallgemeinerung auf die Bezeichnung von Potenzen eingetreten, zunächst für die Unbekannte in Gleichungen. CHUQUET (1484)[337] schrieb 12^1, 12^2, 12^3 ... für unser $12x$, $12x^2$, $12x^3$ ...; er wagte sogar 12^0, 12^{-1} für 12 und $12/x$. STIFEL (1553)[338] schlug für die Potenzen zweiter, dritter usw. Unbekannter vor:

$$\overset{0}{1}\ .\ \overset{1}{1\mathfrak{A}}\ .\ \overset{2}{1\mathfrak{AA}}\ .\ \overset{3}{1\mathfrak{AAA}}\ .\ \overset{4}{1\mathfrak{AAAA}}.$$

$$\overset{0}{1}\ .\ \overset{1}{1\mathfrak{B}}\ .\ \overset{2}{1\mathfrak{BB}}\ .\ \overset{3}{1\mathfrak{BBB}}\ .\ \overset{4}{1\mathfrak{BBBB}}.$$

Für allgemeine Zahlenpotenzen schreibt L. SCHOENER (1586)[339] bei Betrachtungen geometrischer Reihen:

$$\overset{\text{IIII}}{12960000.}\quad \overset{\text{III}}{216000.}\quad \overset{\text{II}}{3600.}\quad \overset{0}{\text{I}}\quad \overset{\text{I}}{\tfrac{1}{60}}\quad \overset{\text{II}}{\tfrac{1}{3600}}\quad \overset{\text{III}}{\tfrac{1}{216000}}$$

und übernimmt diese Symbole dann sofort für Sexagesimalbrüche,[340] bzw. sexagesimale Ober- und Untereinheiten

335c ER. REINHOLD, *Prvtenicae tabvlae coelestivm motvvm*, Tüb. 1571. — 335d Daselbst S. 15 u. — 335e FL. CAJORI, *History of Notations* II[335b], S. 146 berichtet, daß in *Johannis Caramvelis Mathesis Biceps Vetvs et Nova Companiae* 1570, p. 61 die Winkelbezeichnung $^{0\ \prime\ \prime\prime\ \prime\prime\prime\ \text{IV}}$ benutzt sei. Das Werk war dem Verfasser nicht zugänglich; es scheint sich aber nur um die Reihe, die PELETIER[335a] schon aufstellte, zu handeln. — 336 VIETAE *Responsum ad problema Adriani Romani*, Paris 1595, S. C_I. — 337 *Triparty*[19], S. 737—738. — 338 Die Coß Chr. Rudolffs mit schönen Exempeln der Coß durch Michael Stifel Gebessert vnd sehr gemehrt, Königsberg i. Pr., 1553, Buch I, Kap. 5, Bl. 61 v⁰ und 62. — 339 *Logistica sexagenaria*, Anhang zu P. RAMUS, *Arithmeticae libri duo et algebrae totidem*, Francofurti 1586, S. 310; auch Ausgabe Frankfurt 1592. — 340 Daselbst S. 366, Z. 1.

$\overset{\text{IIae}}{3.}$ $\overset{\text{Iae}}{15.}$ $\overset{0}{7.}$ $\overset{\text{I}}{50.}$ $\overset{\text{II}}{33.}$ $\overset{\text{III}}{23.}$

Paul Reesen (1587),[341] Raymarus Ursus (1588)[342] bilden dann weiter

$\overset{\grave{}\grave{}}{36}.$ $\overset{\grave{}}{42}.$ $\overset{0}{48}.$ $\overset{\prime}{24}.$ $\overset{\prime\prime}{18}.$ $\overset{\prime\prime\prime}{54}.$

$\overset{0}{12}.$ $\overset{\prime}{23}.$ $\overset{\prime\prime}{34}.$

Ph. van Lansberge (1591)[343] läßt das neue Gradzeichen ^{0} wieder weg, setzt aber die Striche neben die Zahlen:

73 53′ 5′2′.
29 56′ 1′5′.

Bei Barth. Pitiscus (1600)[344] sind die Zeichen $^{0\prime}$ ganz gebräuchlich:

$36^0.$ 5′3.
$45^0.$ 58′.

Ebenso hat Herwart von Hohenburg (1610):[345]

$\overset{0}{64}.$ $\overset{\prime}{20}.$ $\overset{\prime\prime}{28}.$

$\overset{0}{38}.$ $\overset{\prime}{41}.$ $\overset{\prime\prime}{25}.$

und Peter Crüger (1612)[346] mit Fortlassung der Punkte und Verschiebung der Zeichen über die Einer:

$7\overset{0}{1}$ $3\overset{\prime}{1}$ $4\overset{\prime\prime}{3}.$

Damit ist die moderne Winkelbezeichnung gewonnen und erscheint nun öfter. Die Zeichen rücken bald neben die Ziffern, und die Punkte bleiben oft fort, wie bei A. Girard (1626): 66 graden 46′ 54″,[347] Kepler (1627): 4^0. 32′. 27″.,[348] und 6^0. 9′. 39. 27. 4. 52. 40^{VI},[349] R. Norwood (1631): 22 deg: 37′. 11″.[350] und N. Durret (1639):

341 J. P. Reesen, *Initia geometrica . . . unâ cum Logisticâ Astronomicâ brevissimâ*, Wittenberg 1587 (2. Aufl. 1612). — 342 *Fundamentum astronomicum*, Argentorati 1588, S. 1, 4. — 343 *Triangulorum geometriae libri quatuor.* Lugd. Bat. 1591, S. 193. — 344 *Trigonometriae siue de dimensione triangulorum libri quinque*, 1. Aufl. Augsburg 1600, S. 61, Z. 14, S. 84. Anfangs schreibt P. allerdings S. 58: 36. gr. 53. min.; S. 79: 90. gr. 0′ und 30. gr. 2. m., dann aber gebraucht er vorzugsweise ^{0} und ′. — 345 *Tabulae arithmeticae προσθαφαιρέσεως universales*, Monachii 1610. Ferner J. H. Alsted, *Elementale mathematicum*, Frankfurt 1611, S. 196 $\overset{0}{1}.$ $\overset{\prime}{48}.$ und $\overset{0}{10}.$ $\overset{\prime\prime}{25}.$ — 346 *Synopsis trigonometriae sive doctrinae triangulorum cum canone trigonometrico, hoc est tabulis Sinuum, Tangentium, Secantium, emendatissimis*, Dantisci 1612, S. 166. — 347 *Tabulae Sinvvm, Tangentivm, Secantivm ad radium 100 000* (französische Ausgabe 1626), holl. Ausg. 's Gravenhage 1629, Bl. f (12) v⁰. — 348 *Tabulae Rudolphinae*, Ulm 1627, S. 15, links Z. 3. — 349 Daselbst S. 18, l. Z. 12. — 350 *Trigonometry or the doctrine of triangles*, London 1631, S. 15.

26° 39′ 22″.[351] OUGHTRED gebraucht die moderne Bezeichnung erst in der Clavis-Ausgabe von 1647[680].

3. Die Dezimalmaße.

Die Forderung nach dezimaler Währung stellte zuerst der Holländer SIMON STEVIN (1548 Brügge — 1620 Leiden; Kaufmann, später im Staatsdienst als Ingenieur) in einem *La Disme* betitelten Anhang seiner *Practique d'Arithmétique* von 1585.[352] Er ermahnt in dieser Schrift, die gleichzeitig flämisch unter dem Titel *De Thiende*[353] erschien, die Regierungen, das ihrige dazu zu tun, daß das dezimale Rechnen Eingang finde, und fordert dezimal geteilte Münzen, Maße und Gewichte. Wenn auch für die Gegenwart sich nichts erreichen lasse, so hoffe er, daß ein künftiges Menschengeschlecht seinen Plan verwirklichen werde, da es sich die damit verbundenen Vorteile nicht entgehen lassen könne.

Welcher Zeitraum mußte verstreichen, bis der Wunsch dieses geistvollen Mathematikers erfüllt wurde! Wieder war es die französische Revolution, die im Sinne STEVINs die große Reform in Angriff nahm und durchführte. Einem Antrage TALLEYRANDs zufolge versuchte 1790 der Konvent, mit England sich über ein neues Münz-, Maß- und Gewichtssystem, das für alle Völker annehmbar sei, zu einigen.[354] Da England ablehnte und sich auf Grund der Pendellänge von Greenwich ein eigenes System aufstellte (1 Yard = 3 engl. Fuß = 0,91439 m), so mußte Frankreich allein vorgehen. Eine zu dem Zwecke eingesetzte Kommission, der u. a. P. S. DE LAPLACE, L. LAGRANGE, G. MONGE angehörten, verwarf auf Antrag des ersten das Sekundenpendel, weil „die Maßeinheit nicht von heterogenen Elementen wie Zeit und Schwere abhängen dürfe“, und schlug nach einem 1790 gemachten Vorschlag des Ingenieurgeographen R. BONNE[354a] in ihrem *Mémoire sur le choix d'une unité de mesures*[355] den zehnmillionten Teil des Meridianquadranten als Längeneinheit vor; dieser Vorschlag hängt zusammen mit der damals beabsichtigten Teilung des rechten Winkels in 100° zu je 100′. Der Konvent machte diesen Antrag

[351] *Theoria planetarum brevis*, Paris 1639, S. 13. — [352] *Les Œuvres mathématiques de Simon Stevin* . . ., augmentées par ALB. GIRARD[23], Leyde 1634, I, S. 212—213, Article VI Schluß. — [353] *La Thiende, Fac-similé de l'édition originale Planctenienne de 1585.* Avec une introduction par H. BOSMANS, Anvers 1924. — [354] Bereits GABRIEL MOUTON hat 1670, *Observationes diametrorum solis et lunae etc.*, Lugd., die Idee eines natürlichen Grundmaßes vertreten. Vgl. R. WOLF, *Gesch. d. Astr.*[236], S. 623, Anm. — [354a] F. ROSENBERGER, *Gesch. d. Phys.*, III, Braunschweig 1897—1900, S. 94 (1. Aufl. 1887—1890). — [355] Hist. mém. math. phys. Ac. sc. Paris 1788 (1791), S. 7—16.

(30. März 1791) zu dem seinigen und beschloß, um das Meter möglichst genau festzulegen, eine neue Gradmessung vorzunehmen. Auf Grund der erhaltenen Resultate wurde durch Dekret vom 24. April 1799 die neue Münz-, Maß- und Gewichtsordnung verfügt. Als Urmaß wurden zwei Meterstäbe aus Platin, das eine für die Archive, das andere für das Observatorium angefertigt. Spätere Rechnungen von J.-B. J. Delambre und F. W. Bessel zeigten, daß das gewählte Urmaß etwas kleiner ausgefallen war, als es seiner Definition nach sein sollte. Nachdem das neue metrische System bereits in Italien und der Schweiz angenommen war, wurde es am 17. August 1866 im Norddeutschen Bund, am 1. Januar 1872 in ganz Deutschland eingeführt. Die Mängel des alten *Mètre des archives* führten 1875 zur Gründung des Internationalen Maß- und Gewichtsbureaus mit dem Sitz in Paris und der Aufgabe, neue internationale Urmaße herzustellen und zu vergleichen. Das hergestellte Prototyp des Meters wurde 1889 von der internationalen Meterkonferenz endgültig anerkannt. Tatsächlich ist die Verbindung mit der ursprünglichen Erdquadrantendefinition aufgehoben; die Maß- und Gewichtsordnung vom 30. Mai 1908[356] bestimmt einfach: „das Meter ist der Abstand zwischen den Endstrichen des internationalen Meterprototyps bei der Temperatur des schmelzenden Eises".[357]

Am 4. Dezember 1871 war das Gesetz über die Ausprägung der deutschen Reichsgeldmünzen erlassen worden; ihm folgte am 9. Juli 1873 ein weiteres Gesetz, das die alten Landeswährungen außer Kraft setzte.[358]

C. Die ganzen Zahlen.

I. Das Rechnen mit ganzen Zahlen.

1. Das Kopfrechnen.

Daß bei tieferem Kulturzustand der Völker das Kopfrechnen einen viel breiteren Raum einnimmt als das schriftliche Rechnen, liegt auf der Hand. Das Rechnen im Kopfe ist sogar zunächst das einzig vorhandene, wird dann bei fortschreitender Kultur durch Be-

356 Reichsgesetzblatt 1908, S. 349. — 357 Vgl. Plato, *Die Maß- und Gewichtsordnung vom 30. Mai 1908 mit den Ausführungsbestimmungen*, Berlin 1912. — 358 Vgl. auch R. Wolf, *Handb. d. Astr.*[254], Bd. II, Kap. 426, und Matthäus Sterner, *Geschichte der Rechenkunst*, I. Teil zu „*Prinzipielle Darstellung des Rechenunterrichts auf historischer Grundlage*", München, Leipzig 1891, S. 360 bis 364.

nutzung äußerer Merkzeichen unterstützt und so zu weiterer Vervollkommnung gebracht.[359]

Schon in den altägyptischen Schulen wurde Wert auf Kopfrechnen gelegt. In einer Ermahnungsschrift an Schüler (aus der 19. Dynastie, um 1300 v. Chr.) heißt es: „Wenn du schweigend (d. h. im Kopf) rechnest, so lasse kein Wort hören!“[360]

Ganz besonders ist das Rechnen der Inder ein reines Kopfrechnen gewesen; seiner hohen Ausbildung verdankt man die sinnreichen und kurzen Rechenmethoden, deren sich die moderne Zeit bedient. Die Teilresultate, die der indische Rechner im Kopfe erhielt, wurden auf weißen, mit farbigem Sande (Staub) bedeckten Tafeln hingeschrieben, um beim Weiterschreiten in der Rechnung ausgelöscht und durch die fortgeführten Zahlen ersetzt zu werden.[361]

Das Fingerrechnen, welches uns Beda (672—735, Girvey, Kloster an der Grenze Schottlands) in einem Kapitel seiner Zeitrechnung *De temporum ratione*[362] überliefert, zeigt zunächst nur, wie durch verschiedenartiges Beugen der Finger beider Hände die einzelnen Zahlen 1 bis 10000 dargestellt werden können; diese Übung findet sich bei den Arabern wieder, kann sogar rückwärts bis ins klassische Altertum, besonders auf ägyptischem Boden, verfolgt werden.[363] Es kann kaum Zweifel entstehen, daß es sich bei diesen Fingerbeugungen auch um eine Unterstützung des Kopfrechnens handelte. Bestimmte Überlieferungen bestehen indes nicht vor Leonardo von Pisa (1228).[364]

Bei Völkern, die auf dem Höhepunkte der Kultur stehen,[365] wird dem Kopfrechnen aus methodischen Grundsätzen ein bedeutsamer

359 Über die Anfänge des Rechnens bei den primitiven Völkern, vgl. E. Fettweis[2], S. 41—43. — 360 Adolf Erman, *Die Literatur der Ägypter*, Leipzig 1923, S. 242. — 361 In diesem Sinne wird die Überschrift einer kleinen westarabischen Abhandlung *Einleitung zum Staub- und Luftrechnen* verständlich, in der mit dem letzteren das reine Kopfrechnen gemeint ist; vgl. Cantor, 1[3], S. 816. — 362 S. Günther, *Gesch. d. math. Unterr.*[193], § 3; Cantor, 1[3], S. 828 bis 829. — 363 J. Ruska, *Arab. Texte*[74], 1920, S. 87. — 364 *Liber abbaci*[30], S. 5f., die Anweisung steht S. 17, 18, 30. — 365 Über den ägyptischen Rechenunterricht erzählt Plato, *Gesetze*, *Dialogi*, ed. C. T. Hermann, V, Leipzig 1906, 819 B, S. 238, Z. 3 v. u. ff. — übers. von Appelt, *Platons Gesetze*, II, Leipzig 1916, S. 309: „Es muß also von jeder dieser Wissenschaften . . . ein jeder wenigstens so viel lernen, wie die ungeheure Schar der Kinder in Ägypten gleich beim ersten Elementarunterricht lernt. Was nämlich erstens das Rechnen anbelangt, so hat man dort ganz ausdrücklich für die Kinder besondere Belehrungsmittel erfunden, um die Kleinen spielend und frohgemut das ihrige lernen zu lassen. So das Spiel mit Äpfeln und Kränzen, die bei gleichbleibender Gesamtzahl bald an mehr, bald an weniger Kinder zu gleichen Teilen verteilt werden, und das Faust- und Ringkampfspiel, wo alle abwechselnd der Reihe nach und in der gehörigen Folge zurückgestellt oder zusammengepaart werden . . . .“

Platz angewiesen. ARISTOTELES (384—322 v. Chr.) betont energisch den Wert des Kopfrechnens.[366] Es ist überliefert, daß in den römischen Schulen die Knaben im Einmaleins unterrichtet wurden.[367] Immer wieder ermahnen die Verfasser erster Rechenbücher, das Einmaleins so fest wie möglich dem Gedächtnis einzuprägen.[368]

Der erste, der methodische Übungen im Kopfrechnen, als Vorübung des schriftlichen Rechnens, anstellte, ist NICOLA TARTAGLIA (1499? Brescia — 1557 Venedig), jener aus dem Streite um die Priorität der Lösung kubischer Gleichungen bekannte italienische Mathematiker. Seine Ansichten und Forschungen hat er im *General trattato di numeri et misure*[59] (1556—1560 Venedig) niedergelegt, dem besten Handbuche über das elementare und angewandte Rechnen seiner

366 ARISTOTELES, *Topica* VIII, 14, Ausg. Ak. Berlin[6], S. 159[b], Z. 23 f.: *ὥσπερ ἐν γεωμετρίᾳ πρὸ ἔργου τὸ περὶ τὰ στοιχεῖα γεγυμνάσθαι, καὶ ἐν ἀριθμοῖς τὸ περὶ τοὺς κεφαλισμοὺς προχείρως ἔχειν μέγα διαφέρει πρὸς τὸ καὶ τὸν ἄλλον ἀριθμὸν γιγνώσκειν πολλαπλασιούμενον* (wie man in der Geometrie Übung in den Elementen haben muß, so ist bei den Zahlen Schlagfertigkeit in den Kopfrechnungen von großer Bedeutung, um die Multiplikation anderer Zahlen auszuführen). Der Kommentator des ARISTOTELES, ALEXANDER VON APHRODISIAS (um 200 n. Chr., Athen) bemerkt dazu (*In Aristotelis Topicorum libros Comm.* ed. WALLIES, Berlin 1891, S. 586, Z. 3): *κεφαλισμοὺς λέγει Ἀριστοτέλης τοὺς τῶν πρώτων ἀριθμῶν μέχρι δεκάδος πολλαπλασιασμούς. διὰ γὰρ τῆς περὶ τούτων γυμνασίας καὶ οἱ τῶν ὑστέρων καὶ μειζόνων καὶ ὁμοίων αὐτοῖς πολλαπλασιασμοὶ κατὰ μετάβασιν γνωρίζονται. ἀπὸ γὰρ τοῦ ‚δὶς δύο τέσσαρα‘ γνωρίζεται ὁ ‚δὶς κʹ μʹ‘ καὶ ὁ ‚εἰκοσάκις κʹ υʹ‘ καὶ ὁ ‚διακοσιοντάκις κʹ τετρακις-χίλια‘ καὶ ἑξῆς ὁμοίως.* (Kopfrechnungen nennt ARISTOTELES die Multiplikationen der ersten Zahlen bis 10. Durch ihre Einübung leitet man die Multiplikationen der größeren, entsprechenden Zahlen ab; so folgt aus dem „2 mal 2 ist 4“ auch $20 \cdot 2 = 40$ und $20 \cdot 20 = 400$, ferner $200 \cdot 20 = 4000$ usf.) Auch DIOPHANT (2. Hälfte des 3. Jahrhunderts, Alexandria) legt auf die Vorübungen im Rechnen größten Wert; ed. TANNERY[124] I, 14: *καλῶς ἔχει ἐναρχόμενον τῆς πραγματείας συνθέσει καὶ ἀφαιρέσει καὶ πολλαπλασιασμοῖς γεγυμνάσθαι.* (Es empfiehlt sich für den Anfänger Addition, Subtraktion und Multiplikation fest einzuüben.) — 367 Eine unbelegte Stelle bei CANTOR, 1[3], S. 531 (S. GÜNTHER, *Geschichte der Mathematik*, I, Sammlung SCHUBERT XVIII, Leipzig 1908, S. 140 nennt HORAZ, was sicher falsch ist) beschreibt das gleichmäßige Herunterleiern des Einsundeins und Einmaleins in den Schulen, das zuweilen durch die Schläge des Lehrers oder das Geheul der Gezüchtigten unterbrochen wurde. Auch CICERO (*De natura deorum* II, cap. 18, § 49) erinnert an das Einmaleins mit den Worten: *Quae, si, bis bina quot essent, didicisset, Epicurus certe non diceret* (E. würde das nicht sagen, wenn er gewußt hätte, wieviel zweimal zwei ist). Der Kirchenvater AUGUSTINUS versichert, daß ihm das $1 + 1 = 2$, $2 + 2 = 4$ als Knaben ein verhaßtes Geleier war (*Confessionum* I, 13 Schluß: *unum et unum duo, duo et duo quattuor odiosa cantio mihi erat*). — 368 Vgl. das Rechenbuch des JOH. WIDMANN aus Eger 1489, Bl. B (8) r° Mitte[200]: Lern wol mit vleiß daß eyn mol eyn. Szo wirt dir alle Rechnung gemeyn.

Zeit. Er schickt der Behandlung der Rechnungsarten Rechenübungen, enthaltend das Einsundeins, Einsvoneins, Einmaleins und Einsdurcheins voraus; seine Forderungen an das Kopfrechnen sind sogar so groß, daß er das Einmaleins bis zur 40 übt und daß er Multiplikationen von 1 bis 20 mit beliebigen zweistelligen Zahlen im Kopfe auszuführen verlangt.

Viel Zeit verstrich, bis das Kopfrechnen wirklich in den Schulen als getrennte methodische Übung eingeführt wurde. Erst der Mitte des 18. Jahrhunderts war es vorbehalten, dieser so wichtigen, in der Entwicklung des Rechenunterrichts vielleicht wichtigsten Lehrform die ihr gebührende Geltung zu verschaffen, und auch das erst nach manchen Irrungen. J. G. G. Hübsch, der sich 1748[369] kräftig dafür ins Zeug legt, stellt es noch hinter das schriftliche Rechnen, indem er seinen Wert allein in der Verwendung für das praktische Leben sieht. Fr. G. Busse (1786)[370] betrieb es parallel dem schriftlichen Rechnen, aber immer noch als besondere Anwendung desselben. 1791 erschien das erste, dem Kopfrechnen selbst gewidmete Buch *Anleitung zum Kopfrechnen in Verbindung mit schriftlichem Rechnen* von G. H. Biermann,[371] bestimmt für das Schullehrerseminar in Hannover; doch erst Fr. Koehler 1797 *Anweisung zum Kopfrechnen in Verbindung mit der dazu erforderlichen Methode zum Gebrauche für Lehrer*[371] stellte es an die richtige Stelle vor das schriftliche Rechnen und bahnte dadurch der neueren Unterrichtsmethode den Weg.[372]

Das Wort Kopfrechnen fand durch diese beiden Bücher erst weitere Verbreitung. Die Wortbildung Ein mal eins wird schon im Bamberger Rechenbuch von 1483[373] benutzt.

2. Das schriftliche Rechnen.

a) Die Rechnungsarten im allgemeinen.

Der Umfang dessen, was als Grundstock des Rechnens angesehen wurde, war sehr verschieden in den einzelnen Entwicklungsepochen. Galt bei den Indern selbst das Ausziehen der Kubikwurzeln als noch zu den elementaren Rechenoperationen gehörig,[374] so waren im Gegensatz dazu bis zum Anfang des 16. Jahrhunderts

369 J. G. G. Hübsch, *Arithmetica Portensis*, Leipzig 1748. — 370 *Anleitung zum Gebrauche eines gemeinverständlichen Rechenbuches für die Schulen*, Leipzig 1786. — 371 Unger[199], S. 163. — 372 Unger[199], S. 168, § 90; Sterner[358], S. 385—392. — 373 Kap. 4, Bl. (9) v°.[407] — 374 Bei Bhāskara (geb. 1114); vgl. L. Rodet, *L'algèbre d'Al-Khârizmi et les méthodes indienne et grecque*, im Journal Asiatique, Paris 1878, série VII, t. XI, S. 21. Vgl. auch B. Datta, *The scope and development of the Hindu Gaṇita*, Ind. Hist. Quart. 5, 1929, S. 506, 510.

in Deutschland die Anforderungen so gering, daß selbst auf Universitäten sich der Unterricht nur bis zur Bruchrechnung oder der Regeldetri erstreckte. Ein Rechenbuch des Georg von Peurbach (1423—1461, Professor an der Universität Wien),[375] das nach dem Zeugnis des Grammateus[376] gemacht sei für die jungen studenten der hohen schul zu Wien, enthält etwa denjenigen Rechenstoff, den heutzutage ein 10 jähriges Kind beherrscht.[377] Bis zu welcher Höhe im Gegensatz dazu versteigt sich andrerseits wieder der Begriff der Elementarmathematik, wenn man heute auf höheren Lehranstalten Differential- und Integralrechnung u. a. einschließt.

Ebenso verschieden war die Auffassung, welche Rechenverfahren als sogenannte Spezies[378] zu betrachten seien. Man kann behaupten, daß die Zahl der unterschiedenen Spezies im umgekehrten Verhältnis zu der Höhe der vorhandenen mathematischen Kenntnis steht. Wir finden bei den Indern sechs Rechenoperationen[374] als Grundverfahren gelehrt: Addition, Subtraktion, Multiplikation, Division, Potenzierung, Radizierung. Die neuere Zeit fügt nur noch das Logarithmieren dazu. In der Zeit des Darniederliegens mathematischer Wissenschaft im 13. Jahrhundert lehrt Johannes de Sacrobosco (1256?, Lehrer der Astr. und Math. in Paris) im *Tractatus de arte numerandi*[31] neun Rechnungsarten, die uns auch in späteren Jahrhunderten noch lange entgegentreten: 1. *Numeratio* (Zählung), 2. *Additio* (Zusammenthuung oder Zusammenraytung), 3. *Subtractio* (Abziehung), 4. *Duplatio* (Zwiefachung), 5. *Multiplicatio* (Mannigfaltigung, Vielmachung, Mehrung), 6. *Mediatio* (Halbmachung, Zweiteilung), 7. *Divisio* (Teilung), 8. *Progressio* (Fürzählung, Aufsteigung, Fortgehung), 9. *Radium extractio* (Ausziehung der Wurzeln). In Klammern beigesetzt sind die später in deutschen Rechenbüchern üblich gewordenen Bezeichnungen.[379] Dabei umfaßt die Progressio nur die Addition der Reihe der natürlichen Zahlen, wenn es hoch kommt,

375 *Elementa Arithmetices*, *Algorithmus de numeris integris etc.*, 1. Aufl. ohne Ort 1492 (sehr viele Ausgaben, z. B. noch Vitebergae 1534). — 376 Rechenbuch von 1518[58a], Bl. (A_7) v⁰. — 377 Unger[199], S. 25. — 378 Das Wort *species* in der Bedeutung *Grundrechnungsart* tritt zuerst in einem *Codex des Klosters Salem* (um 1200), *Liber Algorizmi*, jetzt Heidelberger Handschrift, veröffentlicht von M. Cantor[29] auf. Auch Johannes de Sacrobosco († 1256?) kennt es bereits (*Algorismus*, ed. Curtze[31], S. 1, Z. 18). Es ist gewiß viel älteren Ursprungs. Bei Boëtius (480—524 n. Chr.)[73] hat es noch keine Fachbedeutung. Es wird im 16. Jahrhundert durch die Rechenbücher von Riese (1522[203] u. öfter), Gemma Frisius (1540) u. a. volkstümlich. Eine andere Bezeichnung, *pars arithmetica*, die noch Ramus (1569)[636] anführt, kann sich nicht halten. Vgl. auch das Wort Operation, das sich von der Algebra aus durchsetzt. — 379 Die deutschen Ausdrücke nach Felix Müller, Ztschr. Math. Phys. Suppl. 1899[57]. Die bei

auch noch die der geraden und ungeraden, selten bei wissenschaftlicheren Verfassern noch die geometrischen Reihen 1, 2, 4, 8 . . .

---

den griechischen Mathematikern üblichen Wörter sind die folgenden:

Rechnen allgemein = *λογίζεσθαι*, *λογισμός*, *ψηφίζειν*, *ψήφοις λογίζεσθαι* (reri, putare, computare, calculum abducere (CICERO), calculare (spät); ratio, computatio). Definition nach PLATON (*Theaitetos* 198[c], *Dialogi*, ed. WOHLRAB, I, Leipzig 1887, S. 355, Z. 17): *ἀριθμεῖν . . . σκοπεῖσθαι πόσος τις ἀριθμὸς τυγχάνει ὤν* = Rechnen heißt, sehen, eine wie große Zahl gerade da ist.

EUKLID (Elemente, 325 v. Chr.).

Addition: *προστιθέναι* (hinzusetzen) — schon PLATON *πρόσθεσις* (*Phaidon* 97 A, *Dialogi* I, ed. WOHLRAB, Leipzig 1887, S. 143, Z. 6 und 13).

Subtraktion: *ἀφαιρεῖν* (wegnehmen).

Multiplikation: *πολυπλασιάζειν* (vervielfältigen); *ὁ ὑπὸ . . . ἀριθμός* (das Produkt aus . . .).

Division: durch *μετρεῖν* (messen) ersetzt; PLATON *σχίσις* (vgl. *πρόσθεσις*).

Quadrat: *ὁ ἀπὸ . . .* (das Quadrat von . . .), schon bei PLATON (*Menon*, 83 D; *Dialogi*, III, ed. HERMANN 1906, S. 336, Z. 10); *δύνασθει*, *δύναμις* (schon bei HIPPOKRATES, 440 v. Chr.), vgl. F. RUDIO, *Der Bericht des Simplicius über die Quadraturen des Antiphon und des Hippokrates*, Urkunden zur Geschichte der Mathematik im Altertum, 1, Leipzig 1907, S. 48, Z. 11, S. 70, Z. 14 u. ö.).

ARCHIMEDES († 212 v. Chr.).

Addition: *ἐπισυντιθέναι*, *σύνδυο λαμβάνειν*; Summe = *ὁ ἀριθμὸς συναμφοτέρων*, *ὁ συγκείμενος*, *ἐς τὸ αὐτὸ συντεθείς*.

Subtraktion: *ἀφαιρεῖν ἀπὸ*; Differenz = *τὸ λειπόμενον*, *καταλειπόμενον*, *τὸ λοιπόν*, *ὑπεροχή*.

Multiplikation: *πολλαπλασιάζειν*; Produkt = *τὸ ὑπὸ τῶν . . .*, *ὁ γενόμενος*; Faktoren = *οἱ πολλαπλασιάξαντες ἀλλάλους*.

Division: *διαιρεῖν*, durch 4 teilen *μετρεῖν ὑπὸ τετράδος*, durch 203 geteilt *διαιρεθεῖσα εἰς $\overline{σ}$ καὶ $\overline{γ}$*; $\frac{99}{20000}$ eines rechten Winkels *τᾶς ὀρθᾶς διαιρεθείσας ἐς δισμύρια τούτων $\overline{ϙθ}$ μέρεα* (ARCHIMEDES, *Opera*[11], 2_2, S. 232, Z. 20).

Quadrat: *τὸ ἀπὸ*; *δύνασθαι*, *δύναμις*.

HERON (1. Jahrh. v. Chr.).

Allgemein: sich ergeben = *γίγνεσθαι* (auch bei der Division, vgl. G. FRIEDLEIN[527], S. 79).

Addition: *συντιθέναι* (zusammensetzen), *μιγνύναι* und *συμμιγνύναι* (mischen).

Subtraktion: *ὑφαιρεῖν*, *ἀφαιρεῖν*, *ὑπεξαιρεῖν* (wegnehmen), *αἴρειν* (aufheben), *παρεκβάλλειν* (mehr geometrisch; wegwerfen), Differenz *ὑπεροχή*, *τὸ λοιπόν*.

Multiplikation: *πολυ-*, *πολλαπλασιάζειν*. Passiv. *γίγνεσθαι ἐπί τινα* (z. B. 5 gegen 3 wird 15). Faktoren = *πλευραί*; Produkt = *γενόμενον*.

Division: *μερίζειν*, *διαιρεῖν*.

Quadrat: *τὰ $\overline{γ}$ ἐφ' ἑαυτά γίγνεται* (das Quadrat von 3 ist . . .; 3 in sich selbst ergibt . . .).

Quadratwurzel: *τὴν τετραγωνικὴν πλευρὰν λαμβάνειν* (die Seite des Quadrats nehmen) (HERON, Opera 3[308], S. 160; Z. 12, S. 280, Z. 2).

NIKOMACHOS (um 100 n. Chr.).

Allgemein: *ἀποβαίνειν* = herauskommen (auch *ἀποτελεῖν*), *ἀποδίδωμι* = ergeben.

und 1, 3, 9, 27 . . .;[380] die Extractio war meistens nur das Ausziehen der Quadratwurzel. In der Numeratio wurde das Zählen, Lesen und Schreiben der Zahlen gelehrt; einigermaßen verständlich ist noch die Auffassung als besonderer „Lehrgegenstand", wenn man den allmählich immer weitere Kreise erfassenden Kampf zwischen römischer und arabischer Zahlenbezeichnung beachtet. Daß aber Duplatio und Mediatio selbständig neben Multiplikation und Division erscheinen, wird nur aus dem geschichtlichen Zusammenhang in der Gesamtentwicklung des Rechnens verständlich.

Der Ursprung der Duplation ist ägyptisch. Ein alter Papyrus (Papyrus Rhind) in hieratischer Schrift aus der Zeit des Hyksoskönigs Aauserrē' (Apophis) zwischen 1788 und 1580 v. Chr., dessen Schreiber Aḥmōse (Ahmes) sich auf ältere Vorlagen aus der Zeit des Amenemhat (12. Dynastie, 1849 ~ 1801 v. Chr.) beruft — „Rechenbuch des Ahmes" kurz genannt[381] — gibt uns sehr wichtigen Aufschluß über

Addition: *ἐπιτιθέναι, προστιθέναι, συντιθέναι, συναθροίζειν, συγκεφαλόειν, συνάγειν* (*πρόσθεσις, σύνθεσις, συγκεφαλαίωσις*). Summe: *ὁ γενόμενος, τὸ κατὰ σύνθεσιν, σύμπας, συγκεφαλαίωμα*. Bei Reihen: (*ἐπι*)-*σωρεύειν, σωρεία*.
Subtraktion: *ἀφαιρεῖν* (*ἀφαίρεσις*); Rest bleiben: *ἀπολείπειν, καταλείπειν, ὑπερέχω, ὑπερφέρω*. Rest: *λοιπόν, λειπόμενον, λειφθέν, ὑπεροχή, διαφορά, ἔλλειψις*.
Multiplikation: *πολλαπλασιάζειν* (seltener *πολυ* . . .). Produkt: *ὁ γενόμενος* (z. B. *δὶς γενόμενος*, multipliziert mit 2), *τὸ ὑπὸ* . . . Faktor: *πλευρά*.
Division: *διαιρεῖν, μερίζειν*. Durch 2 teilen: *διχάζειν* (*διαίρεσις, τμῆμα*).
Quadrat: *τὸ ἀπὸ* . . .; *τετράγωνος*. Kubus: *κύβος*; *ὁ ἀπὸ* . . . (*κύβος*).

Pappus (Ende des 3. Jahrh. n. Chr.).
Addition: *συντιθέναι, προςτιθέναι*.
Subtraktion: *ἀφαιρεῖν*; Differenz = *ἔλλειψις*.
Multiplikation: *πολλαπλασιάζειν, συμπολλαπλ*. Pass. *γίγνεσθαι ἐπί τινα*; Produkt = *ὁ γενόμενος ἀριθμός* oder kurz *ὁ ἐξ* . . .
Division: *μερίζειν*; Divisor = *μερισμός*; Quotient = *ὁ ἐκ τοῦ μερισμοῦ*.

Diophant (3.—4. Jahrh. n. Chr.).
Addition: *προστιθέναι*; *σύνθεσις*.
Subtraktion: *ὑφαιρεῖν*; *ὑπεροχή*; *ἀφαίρεσις*.
Multiplikation: *πολλαπλασιάζειν*; *πολυπλασιασμός*.
Division: *μερίζειν*; *λόγος*; *μερισμός*.
Quadrat: *ἐφ' ἑαυτὸν πολλαπλασιάζειν*; *τετράγωνος*.
Quadratwurzel: *πλευρά*.

Die lateinischen Fachwörter siehe bei den einzelnen Rechnungsarten. — 380 Z. B. im Bamberger Rechenbuch von 1483[407] Bl. (13) v⁰, A. Riese, Rechnung auff der Linien vnd Federn, Nürnberg 1527[267a] Bl. Bij v⁰. — 381 Aug. Eisenlohr, *Ein mathematisches Handbuch der alten Ägypter* (Papyrus Rhind des Brit. Mus.), Leipzig 1877; T. Eric Peet, *The Rhind mathematical Papyrus, British Museum 10057 and 10058*, University Press of Liverpool, London 1923; *The Rhind Mathematical Papyrus*, 2 Bde., hgg. von A. B. Chace mit anderen, Math. Ass. of America, Oberlin (Ohio) 1927, 1929.

den Stand des damaligen Rechnens, überhaupt der Mathematik, die schon in jener Zeit nicht rein technisch oder empirisch war, sondern eine gewisse theoretische Höhe erreicht hatte, in der sie sich auch mit Aufgaben abstrakter Art abgab, mit ungefügen Zahlen, zu denen niemals die reine Praxis führen kann.[382] Das Rechnen der Altägypter ist uns fremdartig, aber es ist völlig zweckerreichend.[382a] Eigentliche Rechenoperationen sind dem Rechner nicht bewußt. Aus dem Zählen, das die Ägypter in frühester Zeit bis über die Million ausdehnen und schriftlich wiedergeben konnten, entspringt ein rein additives Verfahren. Zugrunde gelegt wird das Verdoppeln und dementsprechend umgekehrt das Halbieren; hiermit werden alle Aufgaben der ersten vier Spezies, wie wir sagen — auch mit Brüchen — durchaus richtig gelöst, wenn das Verfahren uns auch umständlich erscheint. Das Verdoppeln ist dem Ägypter ein so ursprünglicher Begriff, daß ihn selbst die Sprache aufnimmt und grammatisch eine besondere Dualform bildet. Direkt vorgenommen wurde außer der Verdoppelung nur die Multiplikation mit 10, wozu die dekadischen Zahlwörter und Zahlzeichen unmittelbar führten. Die Subtraktion wird als Sekem-Rechnung (Ergänzungsrechnung) direkt auf die Addition zurückgeführt, ebenso die Division auf die Verdoppelungsmultiplikation.

Das aus dem Papyrus Rhind entnommene Beispiel 15 × 13 bedarf kaum der Erläuterung. Der Rechner streicht die in der hier geschriebenen Verdoppelungstabelle erforderlichen Vielfachen (1 + 4 + 8 = 13) an und findet durch Addierung von 15 + 60 + 120 das gesuchte Produkt 195.[383]

/	1	15
	2	30
/	4	60
/	8	120
	13	195

Hier seien sofort noch einige schwierigere Aufgaben vorgeführt, um spätere Wiederholungen zu vermeiden. Über die Bruchschreibform vgl. S. 153.

382 R. C. Archibald, Besprechung von Peet, The Americ. Math. Monthly 31, 1924, S. 246. — H. Wieleitner, *Zur ägyptischen Mathematik*, Z. math.-nat. Unt. 56, 1925, S. 137 und derselbe, *War die Wissenschaft der alten Ägypter wirklich nur praktisch?*, Isis 9, 1927, S. 11—28. — A. Rey, *Coup d'œil sur la mathématique égyptienne*, Revue de synthèse historique 41, 1926, S. 16—62, und 43, 1927, S. 27—35. — K. Vogel, Referat dazu in Mitt. Gesch. Med. Nat. 27, 1928, S. 379—383. — 382a Die ägyptischen Fachwörter für das Rechnen in den 4 Rechnungsarten hat K. Vogel, *Die Grundlagen der ägyptischen Arithmetik*, München 1929, S. 11ff., zusammengestellt u. eingehend erläutert. — 383 T. E. Peet[381], S. 13.

Division 77 : 7 [384]

/	1	7	
/	2	14	
	4	28	$1 + 2 + 8 = 11$
/	8	56	

Division 19 : 8 [385]

	1	8	
/	2	16	
	$\frac{1}{2}$	4	
/	$\frac{1}{4}$	2	Lösung: $2\,\frac{1}{4}\,\frac{1}{8}$
/	$\frac{1}{8}$	1	

Division 80 : $3\frac{1}{2}$ [386]

	1	$3\frac{1}{2}$	
	10	35	
/	20	70	
/	2	7	
/	$\frac{2}{3}$	$2\frac{1}{3}$	Lösung: $22\,\frac{2}{3}\,\frac{1}{7}\,\frac{1}{21}$
/	$\frac{1}{21}$	$\frac{1}{6}$	
/	$\frac{1}{7}$	$\frac{1}{2}$	

Division 10 : $1\,\frac{1}{2}\,\frac{1}{4}$ [387]
($10 : 1\,\frac{3}{4}$)

/	1	$1\,\frac{1}{2}\,\frac{1}{4}$	
	2	$3\frac{1}{2}$	
/	4	7	
/	$\frac{1}{7}$	$\frac{1}{4}$	Lösung: $5\,\frac{1}{2}\,\frac{1}{7}\,\frac{1}{14}$
	$\frac{1}{4}\,\frac{1}{28}$	$\frac{1}{2}$	
/	$\frac{1}{2}\,\frac{1}{14}$	1	

Die Griechen hatten zwar eine echte Multiplikationsmethode, benutzten aber die ägyptische Verdoppelungsmethode ebenfalls,[388] erstere wohl mehr im wissenschaftlichen, letztere im praktischen Rechnen. Als besondere Rechenart wird die Duplatio und Mediatio zum erstenmal hervorgehoben in dem Rechenbuch des Muḥammad ibn Mūsā Alḫwārazmī (Anfang des 9. Jahrhunderts n. Chr.; Perser, Astronom in Bagdad),[389] der in der Hauptsache nach indischem Muster arbeitete (vgl. S. 27). In Anbetracht dessen, daß man nirgends bei indischen Mathematikern Duplatio und Mediatio findet, kann nur griechischer, also indirekt ägyptischer Einfluß hierfür maßgebend

[384] Daselbst[381] S. 13. — [385] K. Sethe, *Von Zahlen* usw.[101], S. 73. — [386] Ahmes, Nr. 69; Peet[381], S. 115. — [387] Ahmes, Nr. 34; Peet[381], S. 70. Vgl. das Beispiel Ahmes, Nr. 30: $10 : \frac{2}{3}\,\frac{1}{10}$ bei H. Wieleitner,[382] Ztschr. math.-nat. Unt. 56, 1925, S. 132. — [388] In einem Scholion zu Platon, *Charmides* 165 E werden die „griechischen und ägyptischen Methoden der Multiplikation und Division" erwähnt. Vgl. Cantor, 1[3], S. 319. — [389] *Trattati d'Aritmetica*[35], I, S. 10.

sein. Da auch andere arabische Mathematiker, z. B. im 12. Jahrhundert noch ALḤAṢṢĀR,[390] diese Sonderstellung der Duplatio und Mediatio lehrten, ist es nicht verwunderlich, daß sie in die aus arabischen Quellen schöpfenden Rechenbücher des christlichen Mittelalters, z. B. in die Schriften des JORDANUS NEMORARIUS († 1237, deutscher Ordensgeneral?), wie in die *Demonstratio de algorismo*,[391] auch in den *Algorismus* des unbekannten Meisters GERNARDUS (13. Jahrhundert), der als *Algorithmus demonstratus*[392] oft dem JORDANUS zugeschrieben wurde (vgl. S. 36), gelangten. Das gleich hochbedeutende Werk des LEONARDO von Pisa (*Liber abbaci*, 1228) kennt diese Abtrennung der Duplatio und Mediatio von der Multiplikation und Division nicht, sei es, daß ihm arabische Quellen rein indischer Färbung vorlagen, sei es, daß er in selbständiger Überlegung mit Absicht die Streichung vorgenommen hat. Die bei weitem größte Verbreitung hatten die Schriften des JORDANUS, schon dadurch, daß sich lange Zeit die Wissenschaft nur in den Klöstern entwickelte, in die kaufmännisch-weltliche Schriften, wie der *Liber abbaci* LEONARDOs, schwer Eintritt fanden. Und als die Wissenschaft allmählich verweltlichte, wurde immer noch der alte Zopf mitgeschleppt; keiner wagte oder verstand das Althergebrachte zu bessern. Die *Summa*[393] von 1494 des LUCA PACIOLI (ungefähr 1445 Borgo San Sepolcro — 1514 Florenz; Franziskaner, Lehrer der Math. an verschiedenen Univers. Italiens), der ebenso wie LEONARDO von Pisa mit kaufmännisch-praktischer Bildung vertraut war, verwarf zuerst wieder ausdrücklich die Duplatio und Mediatio, da sie Sonderfälle der Multiplikation und Division seien. In Deutschland ließ sie zum erstenmal der Wiener Universitätslehrer GRAMMATEUS (HEINRICH SCHREYBER; † 1525) in dem Rechenbuch von 1518[58] weg; besonders energisch wandte sich GEMMA FRISIUS (1508—1555; Friesland, Löwen) gegen die Vertreter der alten Richtung (Rechenbuch von 1540[5]). Ihm verdankt man auch den ersten Versuch einer Definition von Spezies, *Vocamus autem species certas operandi per numeros formas* (Wir nennen Spezies gewisse Arten, mit Zahlen zu rechnen).[394]

Den letzten Ausläufer der alten Duplatio und Mediatio erkennt man noch im 18. Jahrhundert. In CHR. v. WOLFFs (1679 Breslau — 1754 Halle, Breslau) *Anfangsgründen*, deren erste Auflage 1710[24] er-

390 Vgl. SUTER[222], S. 21. — 391 G. ENESTRÖM[36], S. 27. — 392 *Alg. dem.*[38], Teil I, Kap. X u. XI. — 393 *Summa*[18], Bl. 19r⁰, Z. 15—16. PACIOLI zählt als Rechnungsarten auf: Numeration, Addition, Subtraktion, Multiplikation, Division, Progression, Extraktion. — 394 Ausgabe v. 1544[2], pars prima, *De additione prima specie* (unpaginiert).

schien, ist im § 58[395] eine Anweisung gegeben, ohne auswendig gelerntes Einmaleins zu multiplizieren, allein auf Grund der Duplatio und Mediatio. Ist mit 3 zu multiplizieren, so nehme man das Duplum und Simplum, bei 4 das Duplum dupli, bei 5 das Dimidium Decupli usf. bis zum Neunfachen. Durch diesen Ersatz wird es ermöglicht, selbst mehrziffrige Zahlen zu multiplizieren; in § 61 wird auch eine Division in dieser Art gezeigt. Das auf viel höherer Stufe stehende Werk Kästners (1719 Leipzig — 1800 Göttingen) gleichen Titels,[396] erste Auflage 1758, das das Wolffsche Buch allmählich verdrängte, enthält diese Methode nicht mehr.

Auch in der Reihenfolge der Rechnungsarten sind mit zunehmender Erkenntnis Verschiedenheiten festzustellen. Leonardo von Pisa (1228),[397] ebenso eine etwas ältere anonyme Algorismushandschrift aus der Mitte des 12. Jahrhunderts[398] beginnen mit der Multiplikation und bringen dann Addition, Subtraktion und Division. Pietro Borghi (1484) hat in seinem Rechenbuch die Reihenfolge Multiplikation, Division, Addition, Subtraktion.[399] Während Koebel (1515)[58] die Gleichwertigkeit der vier Spezies Addition, Subtraktion, Multiplikation, Division hervorhebt, sucht Grammateus (1518) die Zusammengehörigkeit der Addition mit der Multiplikation und der Subtraktion mit der Division zu betonen und ordnet demgemäß: Addition, Multiplikation, Subtraktion, Division.[400] Elia Misrachi (ca. 1455 bis 1528, Konstantinopel) faßt die Multiplikation als besonderen Fall der Addition auf und läßt sie daher bei seiner Aufzählung überhaupt weg; sie werde nur zur Abkürzung der Schreibweise gelehrt.[401] Den Begriff proportionaler Zahlen, der bei der Erklärung der Multiplikation mit Brüchen besonders wichtig ist, bringt Huswirt 1501 zuerst hinein.[402]

Daß Multiplikation und Division Rechnungsarten höherer Ordnung sind als Addition und Subtraktion, ihnen dann wieder Potenzierung und Radizierung übergeordnet ist, setzt erstmalig Neper

395 Auflage von 1750, S. 61. — **396** *Anfangsgründe der Arithmetik, Geometrie usw.*, Göttingen 1758, später mit weiteren Bänden zusammengefaßt in *Anfangsgründe der Analysis endlicher Größen.* 1. Aufl. 1760. — **397** *Liber abbaci*[30], I, S. 7. — **398** Codex Clm 13021[37], S. 10. — **399** Vgl.[17] D. E. Smith, *The first great commercial arithmetic*, Isis 8_3, I, 1926, S. 44—46. — **400** Rechenbuch von 1518[58a]: Addition Bl. Aiiij, Multiplikation Bl. A (5)—A (8), Subtraktion Bl. B, Division Bl. Bj v°—Biij v°. — **401** Vgl. G. Wertheim, *Die Arithmetik des Elia Misrachi*, Programm, Frankfurt 1893, S. 10. — **402** J. Huswirt, *Enchiridion*[91], S. 11, Z. 34ff., „*Multiplicatio est numeri procreatio, proportionabiliter se habentis ad multiplicandum sicut multiplicans ad unitatem se habet.*“ (Die Multiplikation ist das Bilden einer Zahl, die sich zum Multiplikanden proportional verhält, wie der Multiplikator zur Einheit.)

(1550—1617, Gutsherr von Merchiston) in seiner allerdings erst in der Neuzeit gedruckten, etwa um 1594 verfaßten *Ars logistica* auseinander.[403]

Unsere Rechenverfahren in den vier Spezies sind mit geringen Abweichungen schon einige Jahrhunderte nach Beginn unserer Zeitrechnung in Indien geübt worden. Nur ermöglichte das Rechnen der Inder auf einem mit feinem Sande bestreuten Brett einige Vereinfachungen, die wir heute nicht mehr üben. Man konnte die Schriftrichtung von links nach rechts auch beim Rechnen beibehalten. Stellte sich beim Addieren und Subtrahieren z. B. durch Fortschreiten zur nächsten Ziffer die Notwendigkeit heraus, die hingeschriebene Zahl durch auftretende Zehner der rechts folgenden Zifferngruppe zu ändern, so wurde die vermerkte Ziffer weggelöscht und entsprechend erhöht oder erniedrigt. So kam es zumeist, daß am Schluß der Rechnung schließlich das Ergebnis ohne Zwischenrechnung unmittelbar unter der Aufgabe stand. Hier bereitete natürlich das Rechnen auf Papier Schwierigkeiten. Ohne weiteres konnten die althergebrachten Anordnungen nicht beibehalten werden. Die Araber strichen die nicht gültigen Ziffern aus und setzten die verbesserten Werte darüber oder darunter. Dem arabischen Vorgang folgte das kaufmännische Rechnen in Italien, dann in Deutschland. Schon Maximus Planudes (1310, Byzanz) macht in seinem griechisch geschriebenen Rechenbuch darauf aufmerksam,[404] daß durch das Ziffernstreichen, besonders bei der Division, eine sehr unordentliche, unübersichtliche Wirrnis beim schriftlichen Rechnen entstehe, die eine Prüfung der durchgeführten Rechnung, ein Nachrechnen ohne völlige Wiederholung unmöglich macht.

Vielfach wird daher im Mittelalter das Sandbrettrechnen noch vorgeführt, so in dem sehr verbreiteten Rechenbuch des Sacrobosco[31] (1256?; Oxford, Paris). Im 15. Jahrhundert kommen unsere modernen zweckmäßigeren Rechnungsanordnungen, bei denen das Ziffernausstreichen vermieden wird, in Übung, zunächst wieder in Italien. Im *Algorismi Tractatus* des Prosdocimo de' Beldomandi († 1428, Padua), verfaßt 1410, gedruckt 1483 in Padua,[405] weicht nur noch die Division von der heutigen Form ab. Man unterscheidet seitdem das Rechnen *per figurarum deletionem more Alemanorum* (mit

403 Mark Napier, *De arte logistica Johannis Neperi*, Edinburg 1839, caput 1—4. — 404 *Ψηφοφορία κατ' Ἰνδούς*, ed. C. I. Gerhardt, Halle 1865, S. 14, Z. 5f.; übersetzt von H. Waeschke, Halle 1878, S. 19, Z. 3 v. u. — 405 *Prosdocimo de' Beldomandi Algorismi tractatus perutilis et necessarius*, Padua 1483 (verfaßt 1410), zitiert nach der Ausgabe Ven. 1540. — Hier findet sich auch (fol. 1 r⁰) die erste Erwähnung der Schiefertafel.

Zifferstreichen nach deutscher Art), sog. Überwärtsrechnen, und *sine figurarum deletione more Italorum* (ohne Ziffernstreichen nach italienischer Art), sog. Unterwärtsrechnen.[406] Die seit dem ersten Viertel des 15. Jahrhunderts aufblühende Wiener Schule, JOHANNES VON GMUNDEN (1380—1442), GEORG VON PEURBACH (1423—1461), dann REGIOMONTANUS (JOHANNES MÜLLER, 1436 Königsberg i. Franken — 1476; Wien, Nürnberg, Rom) lehnte sich an die Italiener an und war für die Verbreitung ihrer Methoden in Deutschland von gewichtigem Einfluß. Außerordentliche Förderung fand das Rechnen durch die Erfindung der Buchdruckerkunst. Die ältesten Drucke von Rechenbüchern sind italienisch und natürlich für Kaufmannskreise bestimmt. Ein anonymes Rechenbüchlein erschien schon 1478 in Treviso[54]; ein zweites, Venedig 1484, hat PIETRO BORGHI zum Verfasser.[17] Das umfangreichste Rechenwerk seinerzeit, das seine Wirkung weit über die Grenzen Italiens erstreckte, ist die 1494 zu Venedig erschienene *Summa*[18] des Franziskanermönches LUCA PACIOLI, dem gleich gute kaufmännische wie wissenschaftliche Fähigkeiten und Quellen zur Verfügung gestanden hatten. Inzwischen regten sich auch die Druckereien Deutschlands. Von dem ersten gedruckten deutschen Rechenbuche, 1482 zu Bamberg durch ULRICH WAGNER, Rechenmeister zu Nürnberg, verfaßt, sind nur wenige Seiten erhalten.[199] Bei demselben Drucker, PETZENSTEINER zu Bamberg, erschien dann 1483 ein zweites, ohne Nennung eines Verfassers, das sogenannte Bamberger Rechenbuch,[407] das sich durchaus von italienischer Kaufmannswissenschaft beinflußt zeigt. Aus gleichen Quellen[408] schöpft ein wiederum umfangreicheres, weit bekannt gewordenes und oft aufgelegtes Werk: Behēde und hubsche Rechenung auff allen kauffmannschafft von JOHANNES WIDMAN aus Eger, 1489 gedruckt in Leipzig[200]. Und nun stellt sich nach Beginn des neuen Jahrhunderts eine wahre Flut von kleinen, deutsch geschriebenen volkstümlichen Rechenbüchern in vielen Auflagen im Druck ein, die

406 Vgl. A. NAGL, Z. Math. Phys. 34, 1889. Hist. lit. Abt. S. 143—145. — 407 Vgl. UNGER[199], S. 37. Ein Exemplar befindet sich in der Zwickauer Ratsschulbibliothek, ein zweites hat H. WIELEITNER in der Augsburger Stadtbibliothek gefunden. Der Text beginnt (ohne Titel): Das Regifter. Hienach volget dz Regifter diefes Rechenpuchleins etc. — 408 Vgl. den Zusammenhang einer Wiener Handschrift 3029, kurz vor 1483 (A. NAGL, Ztschr. Math. Phys. 34, 1889, Hist.-lit. Abt. S. 145), des Bamberger[407] und des WIDMANNschen[200] Rechenbuches mit dem *Algorismus Ratisponensis*[1004] (ed. CURTZE, Hauniae 1897[31], S. XIX) aus der zweiten Hälfte des 15. Jahrhunderts. Von 250 Aufgaben des letzteren entlehnt die Wiener Handschrift 43, das Bamberger Rechenbuch 42, WIDMANN 51. Vgl. E. RATH, Bibl. math. 13_3, 1913—1914, S. 17ff.

die neue Zahlenkunst schließlich in alle Kreise bringt (J. Koebel,[58, 93] vgl. S. 16, J. Böschensteyn,[201] A. Riese,[202, 203] H. Grammateus[58a] u. v. a.). Allerdings spielt sich noch ein heftiger Kampf mit dem bisher im Volk üblichen Rechnen *auff der Linien* mit Rechenpfennigen ab, dem gewöhnlich der erste Teil dieser Volksschriften gewidmet ist; doch erlahmt der Wettstreit nach und nach, je mehr man die Vorzüge des Zifferrechnens schätzen lernte. Mit dem 16. Jahrhundert erringen die indisch-arabischen Rechenarten den Sieg auf der ganzen Linie.

Was die Behandlung der Rechnungsarten im allgemeinen betrifft, so waren methodische Grundsätze für sie während des Mittelalters nicht vorhanden. Nur N. Tartaglia (vgl. S. 68) bereitet den Unterricht in den Spezies durch Vorübungen, unser heutiges Einsundeins, Einsvoneins, Einmaleins, Einsdurcheins, vor.[409] Sehr häufig geben die Verfasser der Rechenbücher für die einzelnen Rechenarten möglichst viel Verfahren an, schon um mit ihrer Gelehrsamkeit zu prahlen; in der Praxis aber hatten sich bald bestimmte Verfahren herausgebildet, wie wir im folgenden sehen werden. Auch die äußere Behandlung der Rechenaufgaben in Schrift und Anordnung ließ viel zu wünschen übrig. Einer der wenigen, die hierauf acht zu geben empfehlen, ist wiederum H. Grammateus: „Hab vleis das die figuren gleich sten übereinander / also das die erste sei gesatzt über die erste / vnd die ander über die ander etc. vnd ain linien darunther gezogen vnther welche wirtt gesatzt die summa,“[410] empfiehlt er bei der Addition angelegentlich. Erst mit dem 18. Jahrhundert werden diese Ermahnungen dringender. Den lautesten Ausdruck gibt dem Streben nach Ordnung und Sauberkeit im Schreiben der Aufgaben und Ausrechnungen 1748 J. G. G. Hübsch, Lehrer der Mathematik in Pforta.[369] Seine Ratschläge sind noch heutzutage durchaus maßgebend. Hübsch fordert die schriftliche Ausführung der Exempel reinlich, ohne Rasur und Korrektur, deutlich in genügender Größe und sicherer Linienführung der Ziffern, ordentlich mit dem nötigen Raum zwischen den einzelnen Ziffern, Zahlen und Aufgaben und gehöriger Verteilung der Rechnungen wie mit entsprechendem Hervorheben durch Unterstreichen.[411]

Beweise für die Sätze und Regeln des Rechnens mit bestimmten Zahlen werden selten gegeben. Eine Ausnahme bildet der Jesuit Andreas Tacquet, der sich in seiner *Arithmetik* von 1656[412]

409 *General trattato*[59], Parte I, Bl. 7 v°, bzw. Bl. 13 r° u. 13 v°, Bl. 18 r°—20 r°, Bl. 28 r° u. 28 v°. — 410 Rechenbuch von 1518[58a], Blatt Aiiij r°. — 411 Unger[199], S. 163. — 412 *Arithmeticae theoria et praxis*, Löwen 1656. 2. Aufl., Anvers

rühmt, Beweise in einer Ausdehnung beigefügt zu haben wie noch niemand vor ihm. Eine Besserung in der Methodik wurde durch die mit Beginn des 18. Jahrhunderts erscheinenden großen Lehrwerke, die das gesamte Gebiet der Mathematik und ihrer Anwendungen von dem damaligen Universitätsstandpunkte aus behandeln, eingeleitet: die *Mathesis* (Nürnberg 1707) von LEONH. CHR. STURM,[413] die *Anfangsgründe aller mathematischen Wissenschaften* (Halle 1710) von CHR. VON WOLFF[24], die ähnlich betitelten Werke von A. G. KÄSTNER (Göttingen 1758)[396], der *Lehrbegriff* von W. J. G. KARSTEN (Greifswald 1767—1778)[313], die *Vorlesungen* von J. A. SEGNER (Lemgo 1747),[414] die oft im folgenden zu nennen sind. „Es ist nicht genug," erklärt VON WOLFF, „daß der Lehrer die Wahrheit sage, sondern die Schüler müssen auch begreifen, daß es Wahrheit sei." „Man muß nicht allein in der Erklärung der Rechenkunst die Regeln zeigen, nach welchen man die verlangten Zahlen finden kann, sondern man muß deutlich begreifen, warum durch selbige Regeln die verlangten Zahlen können gefunden werden."[415] Vorbildlich ist die Darbietung der Rechenlehre durch CHR. VON CLAUSBERG (1732),[416] der auf 1520 Seiten den gesamten Stoff methodisch, theoretisch und praktisch erschöpft. Alle diese Werke haben viele Auflagen erlebt. Auf die *Arithmetica Portensis* von J. G. G. HÜBSCH (Leipzig 1748)[369] ist schon hingewiesen worden. In der Befolgung methodischer Unterrichtsgrundsätze schloß sich bald auch Frankreich dem deutschen Vorgang an, so in den *Leçons* des Astronomen N. L. DE LA CAILLE (1741), die ebenfalls oft aufgelegt wurden.[417] Später erst folgte England durch Werke wie CH. HUTTONS *Treatise* (8. Aufl. 1788)[418] und JOHN BONNYCASTLES *Guide* (1780).[419] Einfluß auf die Elementarmathematik übten auch die Vorlesungen von L. LAGRANGE, die er 1795 in der Normalschule zu Paris hielt und veröffentlichte.[420]

1665. Die 1. Auflage ist nur noch in einem Exemplar vorhanden. Vgl. H. BOSMANS, Ann. soc. scient. Bruxelles 47, série A, I. Comptes rendus des séances, p. 39. — 413 LEONH. CHR. STURM, *Kurtzer Begriff der gesamten Mathesis*, Nürnberg 1707. — 414 *Vorlesungen über die Rechenkunst und Geometrie*, Lemgo 1747. — 415 CH. WOLFF, ,Vorrede zu dem *Auszug aus den Anfangsgründen aller math. Wissenschaft*', Frankf. u. Leipzig 1768 (1. Aufl. 1713). Vgl. H. WIELEITNER, *Geschichte der Mathematik*, II 1, Leipzig 1911, S. 18. — 416 CHR. VON CLAUSBERG, *Demonstrative Rechenkunst*, Leipzig 1732. Zitiert nach der 5. Aufl., Leipzig 1795. — 417 *Leçons élémentaires de mathématiques*, Paris 1741; Nouvelle éd. par M. L'ABBÉ MARIE, 1770 Paris. — 418 CH. HUTTON, *A complete Treatise on Practical Arithmetic and Book-Keeping* (8. Aufl. 1788). — 419 JOHN BONNYCASTLE, *The Scholar's Guide to Arithmetic*, London 1780. — 420 Séances des Écoles normales, au III (1794/5); *Leçons élémentaires sur les mathématiques*, Journ. de l'École Polyt. II, cah. 7—8, LAGRANGES Werke, éd.

Eigentliche Operationszeichen benutzen die Elementarbücher bis zum Ende des 16. Jahrhunderts, ja noch im 17. selten. Die Zeichen + und − treten zwar vereinzelt auf bei J. WIDMANN (1489),[200] M. STIFEL (1545),[421] A. RIESE;[421a] man merkt jedoch dem Gebrauch an, daß sie fremde Gäste aus der eigentlichen Mathematik sind. Sie deuten selten Operationen an, meistens nur ein Zuviel oder Zuwenig. Die Verwendung als Operationszeichen findet sich z. B. im Rechenbuch von GRAMMATEUS 1518 (1521)[58a] im ersten Teil gar nicht, von da an, wo die Algebra benutzt wird,[422] systematisch; ebenso wird in dem Rechenbuch von JOHANN EYSENHUT (1538)[423] einmal, wie aus Versehen, bei der Addition von Brüchen, ein Pluszeichen benutzt; beide Zeichen treten in demselben Buch am Schluß, wo als Anhang die regula falsi, die der eigentlichen Mathematik entnommen ist, gezeigt wird, sofort in ausgedehntem Maße auf. Im 17. Jahrhundert wird die Benutzung der Zeichen in der Elementarmathematik etwas häufiger; so haben + und − bei J. B. REIHER (1692) durchaus den Wert von Rechenzeichen.[424] Auch hier sind es die popularisierenden Werke des 18. Jahrhunderts von L. CHR. STURM[413], CHR. v. WOLFF[24], A. G. KÄSTNER[396] u. a., durch die die mathematischen Operationszeichen allmählich auch im einfachen Rechenpensum Bürgerrecht erhielten.

Die Rechenbücher der früheren Jahrhunderte hatten die Gewohnheit, bei jeder Rechnungsart Proben anzugeben; diese Sitte ist historisch weit zurückzuführen. Bei dem Ziffernrechnen der Inder wurden die im Laufe der Rechnung überflüssigen Ziffern auf dem Sandbrett weggelöscht und durch die neuen verbesserten Werte ersetzt (vgl. S. 77); es erscheint oft nach Verschwinden aller Zwischenrechnungen das Ergebnis unmittelbar unter der Aufgabe. Ein Nachrechnen kann nur durch Wiederholung der ganzen Rechnung vorgenommen werden. Zur Vermeidung dieser Arbeit griff der Rechner zur sogenannten Neunerprobe. Wie man zu dieser gekommen ist, kann noch nicht aufgeklärt werden. AVICENNA (IBN SĪNĀ, 980 bis 1037; arabischer Arzt und Philosoph), der gelegentlich bei Potenzerhebungen von ihr Gebrauch macht, bezeichnet sie als indisch,

J. A. SERRET et G. DARBOUX, Paris 1867—92, Bd. 7, Paris 1877; LAGRANGES *Mathematische Elementarvorlesungen*, deutsch von NIEDERMÜLLER, Leipzig 1880. — 421 Deutsche Arithmetica, Nürnberg 1545. — 421a Rechenung nach der lenge / auff den Linihen vnd Feder, Leipzig 1550, S. 193, 194. — 422 Bl. F (6) v° [58a]. — 423 Ein künstlich rechenbuch auff Zyffern / Lini vnd Wälschen Practica, Augsburg 1538. — 424 J. B. REIHER, *Die Selbstlehrende Rechenschule*, Augsburg 1692, nach STERNER[358], S. 281.

sie ist aber nicht vor Mitte des 10. Jahrhunderts in indischen Schriften nachweisbar.[425] Indes sind schon im 3. Jahrhundert n. Chr. Spuren ihrer Kenntnis bei einem griechischen Schriftsteller HIPPOLYTOS nachzuweisen. Dieser untersucht die Reste, die bei Division der Summe der *πυθμένες* (vgl. S. 98) durch 9 oder 7 auftreten, allerdings nicht zu Rechenzwecken, sondern in Verbindung mit mystischen Zahlendeutungen.[426] Die Araber kannten die Eigenschaft der Neunerreste danach, soweit bis jetzt bekannt ist, früher als die Inder, sogar in ihrer Verwendung beim Rechnen. Wirklich als ständige Rechenprobe, allerdings nur bei der Multiplikation, benutzt sie bereits ALḪWĀRAZMĪ (Anfang 9. Jahrh.),[427] dann ALKARḪĪ (um 1010; Bagdad),[428] dieser kennt auch die Elferprobe.[429] Nur mit 9 probiert JOHANNES von Sevilla (um 1140).[430] IBN ALBANNĀ' (um 1300) berichtet von Rechenproben mit 7, 8, 9, 11 und anderen Zahlen.[431] Von den Arabern gelangten die Proben zu den jüdischen Gelehrten, wie KŪSHYĀR IBN LEBBĀN (um 1000), RABBI IBN ESRA (um 1140).[432] Im Abendland taucht die Neunerprobe nicht vor dem 12. Jahrhundert auf. In Wien[433] und München[434] werden Algorismushandschriften aus dieser Zeit aufbewahrt, die die Neunerprobe andeuten. Aber erst LEONARDO von Pisa (1228) spricht sich über sie klar aus und zeigt ihren Nutzen bei allen vier Rechnungsarten,[435] ja er bringt sogar einen Beweis,[436] erweitert sie für alle Primzahlen, von denen er besonders 7, 11, 13 heranzieht.[437] In den eben angeführten abendländischen Schriften wird neben der Neunerprobe die Nachprüfung mit der entgegengesetzten Rechenart empfohlen, beim Subtrahieren durch Addition, beim Dividieren durch Multiplikation,

425 Bei ĀRYABHAṬA dem Jüngeren (um 950 n. Chr.). Vgl. B. DATTA, *The Hindu Method of testing Arithmetical Operations.* Journ. and Proceedings Asiat. Soc. of Bengal 23_2, 1927, No. 3, S. 261 f. Gegen G. R. KAYE, *Indian Mathematics*[122], S. 34. — 426 HIPPOLYTUS' Werke 3, ed. WENDLAND, Leipzig 1916, ELENCHOS IV, 14 f., S. 45, Z. 7. HIPPOLYTUS führt die Benutzung der Neunerreste auf die Pythagoreer zurück, meint dabei aber wohl die Neupythagoreer. Vgl. P. TANNERY, *Notices et extraits des Manuscrits de la Bibliothèque Nationale* 1885, 31, 2. — 427 BONCOMPAGNI, *Trattati* I[35], S. 12, Z. 24 ff. — 428 Rechenbuch *Al kâfî fîl Hisâb*, cap. IX, deutsch v. HOCHHEIM[131], I, S. 8—9. — 429 S. 9[131]. — 430 BONCOMPAGNI, *Trattati* II[35], S. 32, 35, 36, 41, 49. — 431 HOCHHEIM[131], S. 9, Anm. 1. — 432 *Abraham ibn Esra, Sefer Ha-Mispar, Das Buch der Zahl, ein hebräisch-arithmetisches Werk* (XII. Jahrh.), ed. M. SILBERBERG, Frankf. a. M. 1895, S. 10 f., 23 f., 26, 29, 94, Anm. 18. — 433 Sammelband 275, Wiener Hofbibliothek (Handschrift vom Jahre 1143). Vgl. A. NAGL, Z. Math. Phys. 34, 1889. Hist.-lit. Abt. S. 139 (Anhang, Tafel VII). — 434 Clm 13021 (vor 1168)[37], S. 11. — 435 *Liber abbaci*[30] I, S. 8 ff. — 436 Daselbst S. 20[30]. — 437 Daselbst S. 34[30].

ein Rechenvorteil, der sicherlich auch sehr alt ist und nur zufällig in älterer Zeit als selbstverständlich nicht erwähnt sein wird. Radulph, Lehrer an der Klosterschule zu Laon († 1133), prüft in seinem uns erhaltenen *Arithmetischen Traktat*[438] eine Divisionsaufgabe nur mit Multiplikation, ohne Neunerprobe, die ihm daher wohl unbekannt ist. Auch bei anderen Vertretern der Klostergelehrsamkeit erscheint die Neunerprobe nicht, wie in den Schriften des Jordanus Nemorarius († 1237, deutscher Ordensgeneral?),[439] im *Algorithmus* des Meisters Gernardus;[440] sie fehlt in dem so überaus verbreiteten Rechenbuch des Sacrobosco († 1256?; Oxford, Paris). Überall werden nur die entgegengesetzten Rechnungsarten zu Rate gezogen. Der Kommentator des Sacrobosco, Petrus de Dacia[31], macht aber wieder ausgiebigen Gebrauch von der Neunerprobe, sogar — was als Neuerung anzusehen ist — beim Radizieren.[441] Breiter Spielraum wird ihr im Rechenbuch *Ψηφοφορία κατ' Ἰνδούς*[404] des Maximus Planudes († 1310; Byzanz) gewährt, in dem das reinindische Rechnen dargestellt wird. Prosdocimo de' Beldomandi, *Algorismi tractatus*,[405] 1410 verfaßt, bringt beide Prüfungsverfahren; die Anwendung der Neunerprobe bei der Summierung arithmetischer Reihen ist wiederum ein kleiner Fortschritt.[442] In dem so bedeutenden Rechenlehrbuch des Italieners Pacioli (*Summa* 1494)[18] werden die Restproben wieder, wie bei Leonardo von Pisa, in voller Allgemeinheit behandelt; alle Primzahlen werden zugelassen. Wie schon der Franzose N. Chuquet (Lyon, Paris; † um 1500) im *Triparty*[19] von 1484,[443] setzt Pacioli die Nachteile der Neunerprobe, ihr Versagen in besonderen Fällen, auseinander:[444] der gelehrte Rechner prüfe deshalb lieber mit 7 als mit 9, während die praktischen Kaufleute sich beim Addieren des Hinauf- und Herunteraddierens, im übrigen der entgegengesetzten Rechnungsarten bedienten. Die Rechenbücher des 16. Jahrhunderts suchen oft durch Zusammentragen recht vieler Probenarten zu glänzen. Chr. Rudolff (1526)[445] und P. Apian (1527)[446] prüfen mit 6, 7 und 8, Joh. Fischer (1559) sogar mit 5, 6, 7, 8, 9, 11.[447] Sehr klar ist die Darstellung der Probe bei Clavius in seiner *Epitome* von 1583.[448]

438 A. Nagl[273], S. 117, Z. 4. — 439 G. Eneström[36], Bibl. math. 7_3, 1906/7, S. 30f. — 440 G. Eneström[179], Bibl. math. 13_3, 1913/14, S. 330. Vgl. auch *Algorithmus demonstratus*[38], I, cap. 12 u. 13. — 441 Ed. Curtze[31], S. 83, 87. — 442 Bl. C (5)[264a] — 443 *Le Triparty*[19], S. 603. — 444 *Summa*[18], S. 22[a]. — 445 Kunstliche rechnung[15], Biiij v°: Ain gemaine vnterricht von der prob. — 446 Eyn Newe Vnnd wolgegründte vnderweysung aller Kauffmannß Rechnung, Ingolstadt 1527. — 447 Ein künstlich Rechenbüchlein (Wittenberg 1559). Vgl. Unger[199], S. 83. — 448 (Romae 1583), Ausg. Romae 1585, S. 16—25, 34—35, 45—47, 74—77.

Der Begriff der **Quersumme** stellt sich bei der Neunerprobe sofort ein. Klar tritt er erst bei LEONARDO von Pisa (1228 *Liber abbaci*) hervor;[449] zuweilen wird *proba*, viel häufiger *pensa* (das Gewicht) als Fachwort für die um Vielfache von 9 gekürzte Quersumme gebraucht. Ähnlich bestimmt wie LEONARDO drückt sich MAXIMUS PLANUDES († 1310) griechisch aus;[450] für *proba* tritt *δοκιμή* ein. Als Fachwort behalten die späteren Mathematiker *proba* (deutsch: Bewerung) für den Neunerrest der Quersumme bei, während *pensa* verschwindet; so PETRUS DE DACIA (um 1326),[451] GEORG VON PEURBACH (1423—1461, Wien)[452] u. a.

Das Wort **Quersumme** ist eine Bildung des 19. Jahrhunderts. Bei A. TELLKAMPF, 1829, ist es schon ganz gebräuchlich,[453] E. G. FISCHER, 1822,[454] kennt es anscheinend noch nicht. Es erscheint dann 1836 in G. C. J. ULRICHS Lehrbuch,[455] 1838 bei J. H. TH. MÜLLER,[456] 1851 bei L. KAMBLY.[457] Die Wörter **Probe**, **proben** dringen schon im 15. Jahrhundert in die deutsche Sprache, ein, so 1445 im clevischen Algorithmus: Die ſubtracion prouet die addicion,[458] 1483 im Bamberger Rechenbuch.[459]

Einige **allgemeine Rechenfachwörter** sollen hier noch besprochen werden.

Trotz des guten deutschen Wortes **Aufgabe**, das die Rechenbücher des 16. Jahrhunderts bringen, z. B. CHR. RUDOLFF 1525: fragen vnd auffgaben,[460] trifft man **Exempel** zuweilen noch heute im Rechenunterricht an. In deutschem Text kommt es schon als mathematisches Wort in der *Geometria Culmensis* um 1400 als

449 *Liber abbaci*[30], S. 8: *residuum, quod remanet ex quovis numero diviso per 9, est summa, que ponitur ex additione omnium figurarum facientium ipsum numerum* (der Rest, der bei der Division einer Zahl durch 9 bleibt, ist die Summe, die aus der Addition aller Ziffern, die die Zahl enthält, entsteht). — 450 *Ψηφοφορία*[404], S. 4, Z. 6 v. u. — 451 Ed. CURTZE[31], z. B. S. 43, Z. 31 f., S. 83, Z. 26, S. 87, Z. 30 u. ö. — 452 *Algorithmus*, ed. JOH. VÖGELIN, Wittenberg 1536: *cuiuslibet ordinis addendi figuras collige proiciendo nouem quotiens poteris, residuum uocabis probam* (ziehe die Ziffern eines jeden Addenden zusammen. Nach Fortlassen möglichst vieler Neunen nenne den Rest proba.) — 453 *Vorschule der Mathematik*, Berlin 1829, S. 170, § 212. — 454 E. GOTTFR. FISCHER, *Lehrbuch der Elementarmathematik*, Berlin 1820—1834, I, S. 149. — 455 *Lehrbuch der reinen Mathematik*, Göttingen 1836, § 46: „Die sogenannte Quersumme“. — 456 *Lehrbuch der Mathematik*, Halle 1838—1851, I, VII, § 27, S. 235—236. — 457 *Elementar-Mathematik*, Breslau 1851—1855, I, *Algebra* S. 124, § XXXII. — 458 Z. Math. Phys. 33, 1888, S. 128, Z. 11[87]. — 459 Kopftitel Bl. (7) v°[407]: So nim die Prob. — 460 Behend vnnd Hubſch Rechnung durch die kunſtreichen regeln Algebre ſo gemeinicklich die Coß genent werden, Straßburg 1525, Aiiij r°.

Exempil vor;[461] im Bamberger Rechenbuch von 1483[407] heißt es z. B.: das drit capitel von Subtrahiren ... mit seynen exempeln vn probn usf.

Das ebenfalls heute noch bekannte Wort Fazit (3. Pers. Sing. Praes. = es macht, es ergibt sich), das schon der Feldmesser Balbus (um 100 n. Chr.) so verwertete,[462] ist im 15. Jahrhundert auch in deutschen Texten ein weit verbreitetes Behelfswort, so in einer Schrift aus der Zeit 1455—1464:[463] Addir 4 vnd 10, facit 14. Widmann 1489 kennt es bereits als reines Substantivum: Machs nach der Regel so kumpt das facit.[464] Resultat ist, wie die Betonung, aber auch der Vergleich mit anderen Sprachen (ital. *il resultato*, span. *el resultado*) ergibt, nicht 3. Pers. Praes., sondern das Partizipium *resultatum* von dem klassischen Verbum *resultare* = zurückspringen, (als Echo) erschallen lassen, das im Mittelalter die Bedeutung „entspringen (aus der Aufgabe), sich ergeben" annimmt. So ist es schon festes Fachwort bei Petrus de Dacia 1291,[465] bei Levi Ben Gerson (1288—1344 Avignon),[466] in Briefen Regiomontans (1464).[467] In der substantivischen Partizipialform *resultatum* hat es Prosdocimo de' Beldomandi 1410;[468] üblich wird diese Wendung aber schon lange vor ihm gewesen sein.

In ganz allgemeinem Sinne von Ergebnis war *summa* früher üblich. Im klassischen Altertum ist *summa* die oberste Reihe beim Rechnen, da entgegengesetzt unserem jetzigen Gebrauch im Altertum die Lösung, etwa einer Additionsaufgabe, oberhalb derselben hingeschrieben wurde.[469] Schon Herodot (um 440 n. Chr.) spricht beim Zusammenzählen verschiedener Zahlen von dem Schlußwert als „Kopfende" (κεφαλαίωμα).[470] Cicero (106—43 v. Chr.) gibt Differenz

461 Z. B. S. 25[319]. — 462 *Die Schriften der römischen Feldmesser*, ed. Blume, Lachmann, Rudorff, Berlin 1848/1852, I, S. 96, Z. 9. — 463 Münchener Manuskriptenband 14908 (zw. 1455 und 1464 von einem Frater Fridericus geschrieben), M. Curtze, *Ein Beitrag zur Geschichte der Algebra in Deutschland im 15. Jahrhundert*, Abh. Gesch. Math. 7, 1895, S. 40, Z. 4. — 464 Rechenbuch[200], Bl. m (3) v°, Z. 7. — 465 Ed. M. Curtze[31], S. 67, Z. 30, S. 68, Z. 1, 4, 19 u. ö. — 466 M. Curtze, *Urkunden zur Geschichte der Trigonometrie im christlichen Mittelalter*, Bibl. math. 1_3, 1900, S. 373, Z. 19. — 467 *Der Briefwechsel Regiomontans mit Giovanni Bianchini, Jacob von Speier und Christian Roeder*, ed. M. Curtze, Abh. Gesch. Math. 12, 1902, S. 254, Z. 6. — 468 Ausgabe Venet. 1540[405], Bl. A (5) v°, Z. 17: *totum resultatum.* — 469 Max C. P. Schmidt[815], S. 145—150. — 470 Herodot[151] III, 159: *ἐπίταξε (Δαρεῖος) τοῖσι περιοίκοισι ἔθνεσι γυναῖκας Βαβυλῶνα κατιστάναι ὅσας δὴ ἑκάστοισι ἐπιτάσσων, ὥστε πέντε μυριάδων τὸ κεφαλαίωμα τῶν γυναικῶν συνῆλθε* (Darius befahl den Nachbarstämmen, Weiber nach Babylon zu schaffen, jedem eine bestimmte Zahl auflegend, so daß eine Summe von 50000 Weibern zusammenkam). Weitere Belegstellen bei Max C. P. Schmidt[815], S. 188.

durch *summa reliqui*[471] wieder, Columella (um 62 n. Chr.).[472] Produkt durch *summa ex multiplicatione effecta.* Auch im Mittelalter ist summa noch nicht auf das Ergebnis einer Addition beschränkt. Leonardo von Pisa (1228) sagt z. B. statt Produkt *summa multiplicationis,*[473] statt Quotient *summa divisionis.*[474] Noch Beldomandi bezeichnet in seinem *Algorithmi tractatus*, 1410 (gedruckt 1540) das Produkt ebenso mit *summa multiplicationis.*[475] Auch in deutschen Texten des 15. Jahrhunderts[476] hat es den allgemeinen Sinn bewahrt. L. Lossius hat in seinem Rechenbuch von 1559 *summa* neben *productum,*[477] H. Glareanus (1488—1563, Freiburg) in dem seinen von 1539[478] *summa producta.* Allmählich trat aber die Spezialisierung ein, und es dürfte bewußtes Zurückgreifen auf alte Ausdrücke sein, wenn Kaspar Schott noch 1674 (Frankf.) im *Cursus mathematicus* für Produkt *summa producta* benutzt.[479]

Die Verallgemeinerung, die wir in unserem Wort Geldsumme kennen, ist auch recht alt. Sie tritt uns schon bei Leonardo von Pisa (1228) entgegen.[480] Ja, Boëtius (480 Rom — 524 Pavia) bezeichnet mit *summa* jede Zahl,[481] bildet auch *summula* in diesem Sinne.

Daß das Wort *summa* schon im 15. Jahrhundert hauptsächlich von der Addition in Beschlag genommen war, geht daraus hervor, daß sich das Wort Summieren für Addieren einstellt; es ist bei Widmann aus Eger im Rechenbuch von 1489[200] ganz gebräuchlich.[482] Im 19. Jahrhundert wird Summieren auf die Zusammenziehung von Reihen weiter beschränkt.

---

471 *De off.* I, cap. 18, § 59, ed. Müller IV, 3, Leipzig 1894, S. 21, Z. 58—59. — 472 *De re rustica* V, 2, § 1, ed. Gessner, Flensburg 1795, S. 364. — 473 *Liber abbaci*[30], S. 12, Z. 17, 24 u. ö. — 474 Daselbst S. 27. — 475 Bl. B (8) v°, Z. 7[405]. Auch Descartes 1637 sagt noch *la somme qui se produit, lorsqu'on multiplie . . . Œuvres*, éd. Adam et Tannery 6, Paris 1903, S. 420, Z. 7. — 476 Handschrift 14908 München, aus 1455—1464[463]: vnd daſſelbig halbtayl ſchol man furpas in ſich machen, vnd was es dann trift, auf dy ſelbig ſumma ſoltu darnach dy zal darzuthun . . ., Abh. Gesch. Math. 7, 1895, S. 51, Z. 16. Vgl. auch M. Curtze, Bibl. math. 9_2, 1895, S. 110: darnach hayß dy drey ſumen zeſamthun . . . — 477 Lycas Lossius, *Arithmetices erotemeta puerilia*, Franc. 1559, S. 11. — 478 H. Glareanus, *De VI. arithmeticae practicae speciebus* (1. Aufl., Freiburg 1539), Freiburg 1550, S. 44. — 479 *Cursus mathematicus seu absoluta omnium mathematicarum disciplinarum encyclopaedia* (1. Aufl. Herbipoli 1661), 2. Aufl., Frankf. 1674, S. 534 unten links. — 480 *Liber abbaci*[30], S. 181. — 481 *De institutione arithmetica libri* II etc.[73], S. 19, Z. 14. — 482 Bl. b (2) r°, Z. 7, 11 u. ö.[200]; schon in einem Dresdener Manuskript von 1481, C 80, *Deutsche Algebra*, die im Besitze Widmanns war. Vgl. E. Wappler, *Zur Geschichte der deutschen Algebra*, Abh. Gesch. Math. 9, 1899, S. 539; dann in einer Stuttgarter Handschrift von 1488[56], Bibl. math. 14_3, 1914, S. 245.

Dem deutschen Wort herauskommen (schon 1400)[483] geht das lateinische *evenire* und *provenire* voraus.[484]

Im Anschluß an die vier Rechnungsarten werden wir in den folgenden Abschnitten ihre besonderen Fachwörter betrachten. Für die Geometrie hatte sich bereits im Altertum, besonders durch EUKLIDs Elemente, ein fester Wortschatz eingestellt. Er fließt dem Mittelalter fast unverändert zu, entweder durch das unmittelbare Studium der griechischen Schriften oder noch öfter durch Vermittlung lateinischer Übersetzungen, die fast stets die griechische Form beibehielten und nur in seltenen Fällen umformten, noch seltener durch echt lateinische Worte ersetzten. Die Zusammenstellung der griechischen Rechenbezeichnungen auf S. 71—72 zeigt durch ihre Mannigfaltigkeit, daß die verwendeten Wörter noch nicht in einheitlichem Gebrauche erstarrt sind. Die Römer, deren Veranlagung der Praxis des täglichen Rechnens näher stand als der geometrischen Theorie, hatten sich für ihre Zwecke bald eigene Ausdrücke gebildet. Ihre Sprache behielt die Flüssigkeit zu Neubildungen noch lange bei. Nur selten werden Anlehnungen an das Griechische durch tatsächliche Übersetzungen, wie mit *subtrahere* für *ὑφαιρεῖν*, gesucht. So stand am Eingang des Mittelalters eine Fülle von Wörtern lateinischen Stammes zur Verfügung. Überblicken wir z. B. die Mannigfaltigkeit der Ausdrücke nur für den Begriff Addieren. Wir finden bei BOËTIUS[23] (480—524 n. Chr.) *in unum colligere, jungere, adjungere, congregare, aggregare, adjicere, superponere, addere.* Darüber hinaus benutzt PLATO von Tivoli (um 1145, Übersetzung des *Liber embadorum* von SAVASORDA,[485]) noch: *supraadjungere, supraadjicere, superaddere, addiscere, assumere, coadunare* (von *unus*, wörtlich: vereinigen). Man erkennt, wie die Fachsprache noch in Gärung ist, wahllos zu Worten greift, die irgendwie mit der gewollten Bedeutung zusammenfallen. Es bietet größtes Interesse zu verfolgen, wie in den folgenden Jahrhunderten die Sprache sich selbst Zügel anlegt, diese oder jene Wörter ohne sichtbaren Grund verschwinden läßt, gelegentlich aber auch wieder abgelegten Termini mit einemmal neuen Atem einhaucht (vgl. multiplicator), bis sie das System unseres modernen Sprach-

483 *Geometria Culmensis*[319], S. 68: vnde was dorus kumpt. Auch einfach kommen: S. 23 daz davon bekumpt, S. 24 zo kommen 384. — Merkwürdig klingt S. 33: Mere (= multipliziere) 21 in sych, so entsprissen es 441. — 484 BOËTIUS (um 500)[73]: *evenit, existit, facit;* LEONARDO von Pisa (1228): *euenit, prouenit*[80]; JOHANNES DE MURIS (Mitte des 14. Jahrhunderts), *Arithmetica communis*, Wien 1515, *exibunt, provenit, veniunt.* — 485 *Der Liber embadorum des Savasorda in der Übersetzung des Plato von Tivoli* (um 1145 übersetzt), ed. M. CURTZE, Abh. Gesch. Math. 12, 1902, S. 1—183; Auszüge, Bibl. math. 1_3, 1900, S. 321—337.

handwerkszeugs, das zum größten Teil in bestimmten Einzelwörtern jetzt gefestigt erscheint, erreicht. Aber noch bis in die neueste Zeit hat sie ihre Zeugungskraft bewahrt. Summand, Minuend und Faktor sind Kinder der jüngsten Zeit, und die höhere Mathematik ist geradezu ein Treibhaus höchster Fruchtbarkeit; die Sprache kann und darf es sich indes jetzt nicht mehr gestatten, bei dem unendlichen Anwachsen der Zahl der Begriffe in der Neuzeit, jedem Begriff mehr als ein Sprachbild zuzuteilen.

Bei dem Umfange des Stoffes müssen wir uns in den Anhängen der folgenden Abschnitte auf die Geschichte derjenigen Fachwörter beschränken, die das heutige System ausmachen.

Für die moderne pädagogische Ausbildung des Rechenunterrichts sei verwiesen auf Fr. Unger, *Die Methodik der praktischen Arithmetik in historischer Entwicklung vom Ausgange des Mittelalters bis auf die Gegenwart,* Leipzig 1888[199], und K. Kehr, *Geschichte der Methodik des deutschen Volksunterrichtes,* III, 1, Gotha 1868, I, E. Jaenicke, *Die Geschichte des Rechenunterrichtes.* 2. Aufl. III, 1, Gotha 1888.

b) Die einzelnen Rechnungsarten.

α) Addition.

Die Entstehung der Addition ist mit der Bildung der Zahlwörter auf das engste verbunden, demnach mit dieser von gleichem Alter. Die einfachsten Additionsaufgaben erledigen sich durch Aufwärtssteigen in der Zahlenreihe; sie haben zum weiteren Ausbau der Zahlenreihe und zur Bildung neuer Zahlwörter beigetragen.

Unsere moderne Additionsmethode nahm ihren Ursprung da, wo unsere Zahlenschreibart entstand, soweit bis jetzt feststeht (vgl. S. 21—26), in Indien. Abweichungen von der indischen Art zu addieren, sind nur äußerlicher Natur, so z. B., daß die Addition von links nach rechts vorgenommen wurde.[486] Diese Gewohnheit bereitete dem indischen Rechner keine Schwierigkeit, weil die Ziffern in leicht zu verwischenden Staub geschrieben wurden, in dem Falle also, daß die rechts benachbarte Kolonne bei der Addition Zehner lieferte, die eben hingeschriebene Ergebnisziffer einfach ausgelöscht

486 Gauss bevorzugte das Addieren und Subtrahieren von links nach rechts. Vgl. A. Gale, *Gauss als Zahlenrechner. Materialien für eine wiss. Biographie von Gauss,* gesammelt von F. Klein, M. Brendel und L. Schlesinger, Heft IV, Leipzig 1918, S. 10.

und durch die neue richtige Ziffer ersetzt werden konnte. Eine andere unwesentliche Abweichung von dem modernen Verfahren bestand ferner darin, daß das Resultat nicht unter die Summanden, sondern über sie geschrieben wurde, eine Anordnung, die sich schon bei Griechen und Römern findet (vgl. S. 85; *summa*).

Am klarsten in der erhaltenen Literatur wird das indische Rechnen im Rechenbuch des Muḥammad ibn Mūsā Alḫwārazmī (Anfang des 9. Jahrhunderts; Perser, Astronom in Bagdad)[487] gelehrt. Die Araber übernahmen mit den indischen Ziffern die indischen Methoden und wurden selbst wieder die Vermittler für das Abendland.

Allmählich verlieren sich auch die Abweichungen von der modernen Methode. Bei Johannes de Sacrobosco († 1256? in Paris; daselbst Lehrer der Mathematik und Astronomie; *Tractatus de arte numerandi*) finden wir bereits, neben dem älteren umgekehrten Verfahren, die Vorschrift, von rechts nach links zu addieren.[488] Mit dem 15. Jahrhundert haben die Additionsaufgaben genau dasselbe Aussehen wie heute.

Von den technischen Bezeichnungen ist Addieren die älteste. *Addere* wird schon im klassischen Latein benutzt. Es hat im Laufe der Jahrhunderte an Festigkeit gewonnen und Nebenbuhler verdrängt; fast unverändert dringt es im 15. Jahrhundert in die deutsche Sprache ein.[489] Sehr früh[490] und später oft sich einstellende Verdeutschungen schlugen nicht durch (außer Zusammenzählen[491] für den Anfangsunterricht). Addition ist ebenso alt und tritt sofort (1445) in die deutsche Sprache ein.[492] Addend ist zunächst nur Verbalform, nimmt aber seit Sacroboscos Rechenbuch[31] (vgl. oben) Fachwortcharakter an. In diesem kommt auch *numerus aggregatus* vor, woraus nach und nach unser Aggregat[493] wird. Auf Summe

[487] Vgl. Anm. 35. — [488] Halliwell[31], S. 8, Z. 19, vgl. auch den Merkvers daselbst S. 11. — [489] Hildesheimer Rechenbuch (Clevischer Algorithmus)[87] 1445, S. 127, Z. 13 (niederdeutsch): wänner ghy wilt adderen enen numer tot enen anderen. — Handschrift aus der Mitte des 15. Jahrh. (München Nr. 14908)[463], S. 40, Z. 4: Addir 4 vnd 10 facit 14 ellen. — [490] 1400 *Geometria Culmensis*[319], S. 54: so lege dorczu. — [491] Andr. Reyher, *Arithmetica*, Gotha 1653, 4. Aufl. 1657, S. 12. — [492] Hildesheimer Rechenbuch[87], S. 127, Z. 6, 12, S. 128, Z. 1, 2. — [493] Widmann v. Eger, Rechenbuch[200], Bl. b (3) v°, Z. 4 v. u., f (8) v°, Z. 3 v. u.: das agregat, S. q (4) r°, Z. 9: aggregat. — Leonardo von Pisa (1228, *Liber abbaci*[30]) verwendet *aggregatum* hauptsächlich bei algebraischen Ausdrücken, z. B. I, S. 445, Z. 9 v. u. Das Wort aggregare kommt schon in den ersten Algorismushandschriften vor, so bei Johannes von Sevilla (um 1140): „*Agregare est quoslibet duos numeros vel plures in unum colligere*“, B. Boncompagni, *Trattati* II[35], S. 30, Z. 1—2.

und summieren wurde schon S. 86 hingewiesen. Summand ist eine Neuprägung, die sich 1713 in den *Elementa* des Freiherrn CHR. VON WOLFF findet,[494] mit dem Ende des 18. Jahrhunderts allgemein wird, so bei J. H. VOIGT 1791,[495] M. OHM 1819,[496] E. G. FISCHER 1822.[497] Gleichzeitig wird Posten (aus lat. *posita*, vgl. BOËTIUS: superponere[497a]) deutsches Rechenwort, besonders im kaufmännischen Rechnen.

β) Subtraktion.

Größere Mannigfaltigkeit in der Methode finden wir bei der Subtraktion. Bekanntlich gibt es zwei Hauptarten, von denen die eine (I.) durch wirkliches Subtrahieren der Subtrahendusziffer von der Minuendusziffer das Ergebnis feststellt, die andere (II.) in Anlehnung an die Addition diejenige Zahl zu bestimmen sucht, welche, zur Subtrahendusziffer hinzugezählt, die Minuendusziffer ergibt. In dem Falle, daß die Subtrahendusziffer die größere ist, ergeben sich wiederum zwei Wege; bei dem einen (a) wird die zu Hilfe genommene 10 von der nächst höheren Ziffer des Minuendus durch Verminderung um eine Einheit, beim zweiten (b) durch eine Vermehrung der nächst höheren Subtrahendusziffer um eine Einheit erhalten. Die unten folgende[498] Zusammenstellung beliebig heraus-

494 *Elementa matheseos universae*, Halle 1713, I, § 55 (zuerst 2 Bände, Halle 1713; dann 5 Bände, Halle 1713—1741). — 495 J. H. VOIGT, *Grundlehren der reinen Mathematik*, Jena 1791, S. 33. — 496 MARTIN OHM, *Reine Mathematik*, Berlin 1819, II, § 9. — 497 E. G. FISCHER, *Lehrb. d. Elementarmath.*, 1822[454]. — 497a BOËTIUS[73], S. 64, Z. 1. — 498 Die Methode I^a findet sich bei JORDANUS NEMORARIUS († 1237)[36], Bibl. math. 7_3, 1906—1907, S. 30, *Algorithmus demonstratus*[38], Teil I, cap. 9; JOHANNES DE SACROBOSCO († 1257?)[31], S. 4—5; MAXIMUS PLANUDES (um 1330; byzantin. Math. u. Staatsmann), Rechenbuch *Ψηφοφορία κατ' Ἰνδούς*[404], S. 8, Z. 8; PAOLO DAGOMARI (um 1350, Florenz), *Regoluzze*, CANTOR, 2², S. 165; Rechenbuch des Hildesheimer Stiftsschülers BERNHARD, 1445[87], CANTOR, 2², S. 174; GEORG v. PEURBACH (1423—1461, Prof. in Wien), *Opus algorithmi*[452], Aufl. v. 1522, Signatur 𝔄iij v⁰; H. GLAREANUS, *Arithmetica*, Freiburg (1539) 1550[478], S. 39; M. STIFEL, *Arithmetica integra*, Nürnberg 1544[23], S. 2; ADAM LONICERUS, *Arithmeticae brevis introductio*, Frankfurt 1551; N. TARTAGLIA, *General trattato*, 1556[59], Parte I, lib. I, S. 14; JOH. BUTEO, *Logistica*[75], 1559, S. 18—19; SIMON STEVIN, *L'arithmétique*, Lugd. 1585, lib. II, probl. II, ed. GIRARD[23], S. 20; P. RAMUS, *Arithmetices libri duo et Algebrae totidem*, Frankfurt 1592[339], cap. III, § 3, S. 8; J. NEWTONS Vorlesungen, Cantabrigiae 1707 durch W. WHISTON veröffentlicht unter dem Titel *Arithmetica universalis*, S. 15; CHR. L. REINHOLD, *Arithmetica forensis*, Münster 1785; A. BÜRJA, *Bürgerliche Rechenkunst*, Berlin 1808 (zieht I^b vor). — Die Methode I^b bei: LEONARDO von Pisa, 1228, *Liber abbaci*[80], cap. IV, Bd. I, S. 22; BELDOMANDI († 1428, Prof. i. Padua), *Algorismi tractatus*[405] (1410), Venet. 1540, S. 𝔄 (8) v⁰; ALQALAṢĀDI (geb. 1486 od. 1477 in Andalusien), CANTOR, 2², S. 81; N. CHUQUET, 1484,

gegriffener Lehrbücher zeigt, daß Methode I^b, die jetzt gar nicht mehr üblich ist, früher mit I^a ziemlich gleichmäßig abwechselte. Methode II^a ist niemals gebräuchlich gewesen, II^b hat in moderner Zeit unter dem Namen der österreichischen Subtraktion größere Verbreitung gefunden. An vielen Lehranstalten, auch in Deutschland, ist sie herrschend geworden. Ebenso wie ihre Vorzüge von ihren Verteidigern in gebührendes Licht gesetzt wurden, ist sie Gegenstand heftiger Angriffe neuerer Methodiker geworden.[499] Ihr Auftreten in Österreich datiert aus der ersten Hälfte des 19. Jahrhunderts. Sie wird im *Handbuch* von ADAM BITTNER (1821)[500] gelegentlich erwähnt, ohne aber weiter benutzt oder auf die Division übertragen zu werden. In den verbreiteten, durch ihre Methodik ausgezeichneten Rechenbüchern von FRANZ MOČENIK ist sie bis zum Jahre 1848 noch nicht enthalten,[501] während sie im *Lehrbuch der Arithmetik und Algebra* von Dr. JOSEF SALOMON 1849,[502] vorgeführt und mit der Bemerkung: *Diese Methode ist vorzüglich bei der Division und dann vorteilhaft, wenn von einer Zahl mehrere gegebene Zahlen abzuziehen sind* angelegentlichst empfohlen wird. In Deutschland wurde sie durch ALB. KUCKUCK (KALLIUS)[503] 1872 bekannt.[504]

Die Subtraktionsarten I^a und I^b sind ältesten Ursprunges, ebenso alt, wie indisches Stellenwertsystem überhaupt. Beide sind bereits bei den Indern in Übung gewesen[505] und durch arabische Vermittlung vom Abendland übernommen worden. Indisch ist die Gewohnheit, von links nach rechts zu subtrahieren, ermöglicht durch das leichte Weglöschen der zu verbessernden Ziffern (vgl. *Addition*, S. 88—89). Getreulich ahmten die Araber hierin den Indern nach,

Le Triparty[19], S. 596, Z. 1; JOH. BÖSCHENSTEYN, Rechenbuch von 1514[201]; H. CARDANO, *Practica Arithmeticae generalis & Mensurandi singularis*, Mediol. 1539; Opera IV, Lugd. 1663, S. 18; M. STIFEL, *Welsche und Deutsche Praktick*[87], 1546, S. 6—7; TARTAGLIA, 1556 (vgl. oben); L. WENTZ, *Kurze, doch vollständige Einleitung zur gemeinen praktischen Rechenkunst*, Basel 1748; CHR. VON CLAUSBERG, *Demonstrative Rechenkunst*[416], Leipzig 1732, 5. Aufl. 1795, S. 63; REINHOLD, *Arithmetica forensis*, Münster 1785 (vgl. oben, zieht I^a vor); J. B. LECHNER, *Rechenkunst*, Liegnitz-Leipzig 1800; A. BÜRJA, *Bürgerliche Rechenkunst*, Berlin 1808. — **499** UNGER[199], S. 213. — **500** ADAM BITTNER, *Handbuch der Mathematik*, 3. Aufl., Prag 1821, S. 26, 3. Anm. — **501** *Anleitung zum Rechnen f. d. 2. u. 3. Klasse der Pfarr- und Hauptschule*, verfaßt von Dr. FRANZ MOČNIK, Lehrer an der 4. Klasse der Hauptschule zu Görz 1848. — **502** Prof. d. Elementar- und höheren Mathematik am K. K. polytechn. Institute zu Wien; (Verlag v. Herold), S. 26. — **503** *Rechnen mit dezimalen Zahlen, mit besonderer Berücksichtigung des abgekürzten Rechnens*, Berlin 1872. — **504** D. E. SMITH, *History* I[16], S. 101, Z. 9 sagt: „*The method was suggested by Buteo (1559).*" BUTEO bringt aber *Logistica*, Lugd. 1559, S. 19—20 nur die Methode Nr. 5 mit der dekadischen Ergänzung (vgl. S. 93). — **505** CANTOR, 1[3], S. 610.

mußten aber das Auslöschen durch das schwerfälligere Ausstreichen ersetzen. So verfährt MUḤAMMAD IBN MŪSĀ ALḪWĀRAZMĪ (Anfang des 9. Jahrhunderts, Bagdad) laut einer alten lateinischen Übersetzung,[506] ebenso der unbekannte Verfasser einer Bearbeitung[507] dieses Rechenbuches, die nach ihrem vermutlichen Übersetzer unter dem Namen „*Rechenbuch des* JOHANNES VON SEVILLA“ bekannt ist.[508] In den einzelnen Stufen der Rechnung sieht bei dem letzteren die Ausführung einer Subtraktionsaufgabe folgendermaßen aus:

			8		8
	9		~~9~~4		~~9~~4 1
1.	~~1~~~~2~~025	2.	~~1~~~~2~~~~0~~25	3.	~~1~~~~2~~~~0~~2~~5~~
	~~3~~604		~~3~~~~6~~04		~~3~~~~6~~~~0~~~~4~~

Nr. 3 ist das schließlich allein dastehende Schema; das Resultat 8421 erscheint über dem Minuendus. Nur wenige spätere Westaraber durchbrechen die alte Gewohnheit und fangen wie wir das Rechnen rechts an, so IBN ALBANNĀ' (1252? in Marokko geboren) und ALQALAṢĀDĪ († 1486 oder 1477).[509] Noch im Mittelalter wird die in der Schreibweise durchaus nicht begründete Vorschrift, links beim Subtrahieren zu beginnen, häufig dem Leser eingeschärft.[510]

Methode I^b hat im 18. Jahrhundert bei ihrer Verwendung in der Division eine interessante Weiterbildung erfahren. Um das Hinschreiben der Teilprodukte zu vermeiden, wird bei jedem Einzelprodukt sofort subtrahiert. Ist die Dividendusziffer kleiner als die Subtrahendusziffer, so werden zur ersteren so viel Zehner hinzugefügt, bis sie größer ist als das zugehörige Einzelprodukt. Das nächst höhere Einzelprodukt wird alsdann um die Anzahl der notwendig gewesenen Zehner vermehrt, und nun wird in der angegebenen Weise weiter subtrahiert. Das Beispiel

$$2622 : 527 = 4$$
$$\text{Rest } 514$$

wird demnach folgendermaßen gesprochen: $4 \cdot 7 = 28$, $32 - 28 = \mathbf{4}$; $4 \cdot 2 = 8$, $8 + 3 = 11$, $12 - 11 = \mathbf{1}$; $4 \cdot 5 = 20$, $20 + 1 = 21$, $26 - 21 = \mathbf{5}$. L. WENTZ[511] (1748) bezeichnet diese Methode, die er die toskanische nennt, als die vollkommenste der ihm bekannten. Sie unterscheidet sich von der heute üblichen österreichischen

---

506 *Trattati d'Arithmetica* I^{35}, S. 8, Z. 6—7. — **507** *Trattati* II^{35}, Rom 1858, S. 33. — **508** CANTOR, 1^3, S. 800—801. — **509** SUTER, Bibl. math. 2_3, 1901, S. 15. — **510** So bei RAMUS, *Arithmetices libri duo et Algebrae totidem*, Frankfurt 1592[498], cap. III, § 3, S. 8. — **511** *Kurze Einleitung* [573a], S. 65—66.

Divisionsmethode nur durch das fehlende Additionsprinzip; es ist nicht unwahrscheinlich, daß zwischen beiden Verfahren auch ein historischer Zusammenhang besteht.

Es ist ferner auf eine fünfte Subtraktionsmethode aufmerksam zu machen, die im 16. Jahrhundert ziemlich verbreitet war. In RUDOLFFS *Coß*, 1525, einem Lehrbuch des Rechnens mit Zahlen und algebraischen Größen, heißt es[512] für den Fall, daß die Subtrahendusziffer größer als diejenige im Minuendus ist: „Magstu aber die vnter figur von der obern nit nemen so zeüch sie ab von 10 / zum pleibenden gib die ober so zů klein war / setz dz collect vnter die linien. Wie offt sich dañ begibt / sölchs abziehē von 10 / addir allweg 1 zů der nagst gegen der lincken handt nachuolgenden vntern figur /." Heißt also die Aufgabe

$$\begin{array}{r} 84 \\ -\,27 \\ \hline 57, \end{array}$$

so soll man die dekadische Ergänzung von 7, d. i. 3, zu 4 hinzuzählen; so oft die einfache Subtraktion nicht möglich ist und zu dieser Ergänzung gegriffen werden muß, erhöhe man aber die nächst höhere Subtrahendusziffer um 1, rechne hier mithin: $8 - 3 = 5$. Den gleichen Weg schlagen unter anderen ein:[513]

Das Rechenbuch des MAXIMUS PLANUDES († um 1310)[404]; ed. GERHARDT, Halle 1865, S. VI.

Das Rechenbuch von Treviso (1478).[514]

Das Bamberger Rechenbuch von 1483, unbekannten Verfassers[407]; Bl. (7) r⁰.

LUCA PACIOLI, in der *Summa*[18], 1494, Erste Methode.

Das Rechenbuch des JOHANN WIDMANN aus Eger 1489[200], Bl. b (3) v⁰.

Das Rechenbuch von JOH. HUSWIRT 1501 (*Enchiridion*[91]), „De subtractione" capitulum tercium (Ausgabe von 1504, Cöln, Bl. Aiiijr⁰).

Das Rechenbuch des H. GRAMMATEUS 1518[58a], unter „Die drit Regel" in der Subtractio; auch im *Algorithmus de integris* von 1523.

Das Rechenbuch von A. RIESE (1. Aufl. Erfurt 1522),[408] Erfurt 1525, Rechenung auf der linihen und federn in zal, maß und gewicht auf allerley handierung.

Das Rechenbuch von CHR. RUDOLFF[15], Wien 1526; Nürnberg 1532, Bl. aiiij r⁰.

512 Teil 1, Kap. 1, Bl. A (5) r⁰.[460] — 513 Vgl. auch D. E. SMITH, *History of Math.* II[16], S. 98—99. — 514 D. E. SMITH, Isis VI₃[54], 1924, S. 321.

Das Rechenbuch von P. APIAN 1527[446], Bl. a (8) v⁰.
ORONTIUS FINAEUS, *Arithmetica practica*[334] 1535, Bl. 6 v⁰.
N. TARTAGLIA, *General trattato*[59], 1556, I, Bl. 15 v⁰.
J. BUTEO[75], *Logistica*, Lugduni 1559, S. 19—20.
Das Rechenbuch des SIMON JACOB[1186], 1565 Frankf. a. M., S. 11.

Man pflegt diese dekadische Ergänzungsmethode als italienisch-kaufmännisches Verfahren zu bezeichnen.[515] Sie läßt sich aber auf arabische Quellen, durch diese vielleicht auf indische Originale zurückführen. In ALḪWĀRAZMĪs Rechenbuch[516] heißt es: „Wenn nun in der oberen Zahl (Minuendus) nicht eine so hohe Ziffer steht, daß man davon die Ziffer der unteren Stelle (Subtrahendus) abziehen kann, d. h. wenn sie kleiner oder Null ist, so nimm von der nächsten Stelle, die jener oberen Ziffer übergeordnet ist, eine Einheit und mache aus ihr 10, von der letzteren ziehe so viel ab, wie du sollst, und was übrig bleibt, setze zu jener oberen Zifferstelle.“ Noch deutlicher heißt es zuletzt im sog. Rechenbuch des JOHANNES von Sevilla:[517] Von der 10 ziehe die untere Ziffer ab, den Rest setze an die Stelle der 0 (vgl. S. 92 die Subtraktionsaufgabe 3, wo die 0 durch die darübergeschriebene 4 ersetzt wird) oder, falls hier eine wirkliche Ziffer sich befindet, von der du nicht, wie du solltest, abziehen konntest, addiere ihn zu dieser.“ Die Benutzung der dekadischen Ergänzung liegt auf der Hand; ein Unterschied ist nur darin zu finden, daß hier die Methode a), oben Methode b) verwendet wird. Beide sind indisch; nach indischen Quellen arbeitet ALḪWĀRAZMĪ, vielleicht ist dieses Verfahren danach bei indischen Mathematikern nachzuweisen.[518] — In der Neuzeit ist es von LAGRANGE (1736 Turin — 1813 Paris; Turin, Berlin, Paris) in seinen *Elementarvorlesungen*[519] (1794) wieder aufgenommen worden; seine Rechenart ist die, daß er bei der ersten Subtrahendusziffer die dekadische Ergänzung nimmt und sie der entsprechenden Minuendusziffer hinzu-

515 CANTOR, 2², S. 229. — 516 *Trattati* I[85], S. 8: „*Quod si non fuerit in superiori differentia tantus numerus, de quo possis minuere numerum inferioris differentie, id est si fuerit minus, uel nichil ibi fuerit, accipies de secunda differentia que est alcior illo superiori unum et de eo facies decem; minuesque de eo quod debueris, et quod remanserit dimittes in eadem superiori differentia.*“ — 517 *Trattati* II[85], S. 33: *Ex quo denario minues inferiorem, et quod remanserit dimites in loco circuli, uel etiam numero ibidem inuento, ex quo diminuere quod debueras non potuisti, agregabis.* — 518 Nach D. E. SMITH, *History of Math.* II[16], S. 98 bei BHĀSKARA (um 1150) benutzt, also lange nach ALḪWĀRAZMĪ. Frühere Quellen sind noch nicht angebbar. — 519 Zuerst veröffentlicht in *Séances des Écoles normales* an III (1794—1795)[420]; LAGRANGES Werke, éd. SERRET, Bd. VII, Paris 1877, S. 182ff.; LAGRANGES *Elementarvorlesungen*, deutsch von NIEDERMÜLLER, Leipzig 1880, Vorl. II, S. 21.

fügt, dann aber bei den übrigen Subtrahendusziffern stets nur die Ergänzung zu 9 nimmt und diese zur Minuendusziffer addiert; überschreitet diese Summe 10, so wird zur nächsten Minuendusziffer eine Einheit zugelegt. Eine zuletzt auftretende 10 wird vernachlässigt.

Nebenbei mag erwähnt sein, daß APIAN in seinem Rechenbuch (1527)[446] bei Gelegenheit der geschilderten Subtraktionsmethode die benutzte 10 durch das Beisetzen eines Punktes an die nächst höhere Subtrahendusziffer kennzeichnet, so daß die letztere um 1 größer zu nehmen ist, ähnlich wie wir einen Subtraktionspunkt oder ein Strichlein an die Minuendusziffer setzen. Es ist dies wohl das älteste Auftreten eines solchen Hilfszeichens.

Von den heutigen Fachwörtern geht keines auf altklassische Rechenbezeichnungen zurück. Überliefert sind uns *deducere* (LIVIUS), *detrahere* und *subducere* (CICERO), *deminuere* (PLAUTUS), *demere* (VARRO) für subtrahieren, *reliquum* und *summa reliqui* (CICERO) für Rest. Reichere Auswahl bieten die Schriften des Feldmessers FRONTINUS (40—103 n. Chr.)[520] mit *deprehendere*, *detrahere*, *minuere*, *subtrahere*, *deducere*. Da subtrahere im klassischen Latein eine ganz andere Bedeutung hat (= heimlich entziehen), muß für dieses Rechenfachwort bewußte Anlehnung an das griechische Fachwort ὑφαιρεῖν angenommen werden. Jedenfalls gefällt der neue Terminus technicus; ihn übernehmen BOËTIUS (480—524),[521] ABBO VON FLEURY (945 bis 1003),[522] JORDANUS NEMORARIUS († 1237),[523] SACROBOSCO[31] († 1256?); durch das Rechenbuch des letzteren wird er nun Allgemeingut, so daß ihn schließlich auch die deutsche Sprache in der Mitte des 15. Jahrhunderts anerkennt.[524] Das deutsche abziehen erscheint gleichzeitig.[525] Seit SACROBOSCO wird[31] auch Subtrahendus üblich. Subtractio ist bei BOËTIUS[526] und dann oft nachweisbar. Ganz anders Minuendus. Wenn auch *minuere* sicher im klassischen Latein als Rechenwort Verwendung fand (siehe oben FRONTINUS), so sucht man es vergeblich in der Form *minuendus* bis zum Beginn des 18. Jahrhunderts.[527] Erst im *Mathematischen Lexikon* von

520 Vgl. die Auszüge bei MAX C. P. SCHMIDT, *Kulturhist. Beiträge* I[315], S. 253 bis 254. — 521 *Musica* II, 7, ed. FRIEDLEIN[73], S. 232, Z. 17 u. ö. — 522 *Opera Gerberti*, ed. BUBNOW[72], S. 199, Z. 15. — 523 G. ENESTRÖM, *Das Bruchrechnen des Jordanus Nemorarius*, Bibl. math. 14_3, 1914, S. 47. — 524 Schriften aus der Mitte des 15. Jahrhunderts[463], Abh. Gesch. Math. 7, 1895, S. 40, Z. 5: 42, davon subtrahir 4, pleibt 38. — 525 Um 1400, *Geom. Culmensis*[319], S. 42: So sal man . . . abeczyhen. 1483 Bamberger Rechenbuch[407]: Subtrahiren das heist abziehen. — 526 ed. FRIEDLEIN[72], S. 38, Z. 5. — 527 Gelegentlich, aber nicht als Rechenfachwort, tritt Minuendus (ebenso wie Subtrahendus, S. 33,

von Wolff 1716[528] ist *numerus minuendus* verzeichnet; es scheint sich um einen der vielen neuen Ausdrücke zu handeln, die man diesem verdankt und die schnell auch in deutschen Schriften angenommen wurden. Für Rest wird im mittelalterlichen Latein *reliquum* (klass.), *residuum* (seit Gerbert), *superfluum* (Leonardo von Pisa) gesagt. In der Wendung *numerus qui restat* (1410, Beldomandi) klingt unser Wort Rest an. Die Entlehnung aus dem Lateinischen findet aber erst über das Italienische statt. In kaufmännischen Abrechnungen hatte sich der Vermerk *pro resto* eingebürgert.[529] Da man daraus *restum* bildet, schwankt der Sprachgebrauch anfangs zwischen das Reſt (1525 Chr. Rudolf,[530] 1527 Apianus[531]) und der Reſt (1538 Eysenhut[532] u. ö.).

Das Wort Differenz erhält den modernen Sinn im 12. Jahrhundert. Bis dahin bedeutet *differentia* die „Stelle" in einer Zahl (S. 14); beide Bedeutungen treffen sich in einer Wiener Handschrift aus dem Jahre 1143, in der übrigens das seltenere *minuere* in einer Überschrift *De diminutione* durchsieht.[533] Bei den komplementären Rechnungsarten (vgl. S. 100 f.) ist *differentia* immer die dekadische Ergänzung. Von Leonardo von Pisa (1228 *Liber abbaci*) wird *differentia*, besonders in algebraischen Ausdrücken, zuweilen benutzt,[534] bei Jordanus öfter.[535] Widmann aus Eger erklärt in seinem Rechenbuch in deutscher Sprache:[536] differentiā das iſt vnterſcheyd der erſten zweyen zal. Grammateus[537] 1518 verdeutscht in die differentz.

Das Wort borgen (1695, Joh. Ulr. Müller)[538] ist Übersetzung von *mutuare*, das seit Sacrobosco († 1256?)[539] bekannt ist. Es tritt erst mit Beginn des 18. Jahrh.[540] für das ältere *leihen, entleihen* auf.[541]

Z. 12) bei Johannes von Sevilla (um 1140) auf, Boncompagni, *Trattati* II[35], S. 32, 33. — Bei Leonardo von Pisa kommt es als Rechenwort im *Liber abbaci*[30] nicht vor, wie G. Friedlein, *Die Zahlzeichen und das elementare Rechnen der Griechen und Römer und des christlichen Abendlandes vom 7.—13. Jahrhundert*, Erlangen 1869, S. 130 behauptet. — **528** S. 953 unter *numerus*[64]. — **529** Vgl. Schirmer, *Wortschatz der Mathematik*[61], S. 63. — **530** Die *Coß*[460], A (6) r°, Z. 20. — **531** Kauffmanß Rechnung[446], Bl. B das reſto, Bij v°, Z. 12 dz reſt. — **532** Rechenbuch[423], Bl. D (5) v°, Z. 7, S. X (8) r°, Z. 12. — **533** A. Nagl[438], Anhang Tafel VII. — **534** Ed. Boncompagni[30], S. 416, Z. 22, S. 419, Z. 14 u. ö. — **535** *Der Traktat des Jordanus Nemorarius De numeris datis*, ed. P. Treutlein, Abh. Gesch. Math. 2, 1879, S. 127—166; ed. Deublewsky, Monatsschr. Math. Phys. 7, 1896, S. 165 f., ed. M. Curtze, Z. Math. Phys. 36, 1891, Hist. lit. Abt. S. 1—23, 41—63, 81—95, 121—138. — **536** Bl. i (4) v°, Z. 6[200]. — **537** Rechenbuch[58a] A (6) r°, Z. 5. — **538** Ulm 1695[23], S. 5. — **539** Ed. Curtze[31], S. 4, Z. 31. — **540** L. Chr. Sturm, *Kurtzer Begriff*[413], 1707, II, 1, § 4, S. 10 unten; J. Fr. Haeseler, *Anfangsgründe der reinen Mathematik*, Lemgo 1776—1790, I, S. 517. — **541** So schon im Bamberger Rechenbuch[407] 1483, Kap. 3.

γ) Multiplikation.

Ähnlich wie die Addition wird auch die Multiplikation bei der Bildung der Zahlwörter benutzt, im Gegensatz zu der Subtraktion, deren Verwendung zu diesem Zwecke, wie im lateinischen *duodeviginti,* spätere Neubildung schon in anderer Form vorhandener Zahlwörter verrät.

Wirkliche Rechenverfahren für die Multiplikation wurden erst spät erdacht. Die Ägypter kannten, wie AHMES[381] lehrt, noch keine Multiplikation mit Hilfe des Einmaleins[541a], man behalf sich mit Verdoppelungen, deren Teilresultate in entsprechender Weise zum verlangten Ergebnis zusammengezogen wurden (vgl. S. 73). Höher ausgebildet war das multiplikative Rechnen bei den Babyloniern, ihr sexagesimales Zahlensystem mußte sich dabei stark auf Benutzung der Tabellen stützen (vgl. S. 140f.). Ein bedeutender Fortschritt gelang den Griechen, so unbequem ihre Art und Weise, die Zahlen durch die fortlaufende Reihe der Buchstaben zu bezeichnen, für diesen Zweck auch war. In einem Kommentar zur Kreismessung des ARCHIMEDES, verfaßt von EUTOKIOS (geb. 480 n. Chr., Askalon), sind uns mehrere Multiplikationen erhalten.[542] Sie zeigen, daß die Griechen wie wir bei Multiplikationen großer Zahlen Teilprodukte der Zehner-, Hunderterzahlen usw. bildeten, die sodann zum Gesamtergebnis zusammengezogen wurden, nur daß mit dem Berechnen der höchsten Teilprodukte begonnen wurde. Kleine Beispiele mit Brüchen können auch aus HERON (um 100 v. Chr.) entnommen werden, wie $6\frac{1}{2} \cdot 12\frac{12}{13}$, das folgendermaßen vorgerechnet wird: $6 \cdot 12 = 72$ und $6 \cdot \frac{12}{13} = \frac{72}{13}$ und $12\frac{12}{13} \cdot \frac{1}{2} = 6\frac{6}{13}$, zusammen $78\frac{78}{13} = 84$.[543] Ein zweites Beispiel $3\frac{63}{64} \cdot 7\frac{2}{64} = 28\frac{62}{4096}$ wird gelöst mit Hilfe von

$$3 \cdot 7 = 21; \quad 3 \cdot \frac{2}{64} = \frac{6}{64}; \quad \frac{63}{64} \cdot 7 = \frac{441}{64};$$

541a H. WIELEITNER[382], Zeitschr. f. math. u. nat. Unterr. 56 (1925), S. 129—137. — 542 ARCHIMEDES, *Eutocii comm. in dimensionem circuli*, Opera Archimedis, ed. HEIBERG[11], 3^2, Leipzig 1915, S. 234ff.; NIZZE, S. 278ff.; ein Multiplikationsbeispiel in Sexagesimalbrüchen findet sich bei THEON von Alexandrien (um 365 n. Chr.), *Commentaire de Théon*[282], ed. HALMA, I, S. 111—118. Vgl. noch FR. HULTSCH, *Die Sexagesimalrechnungen in den Scholien zu Euklids Elementen*, Bibl. math. 5_3, 1904, S. 229—229[620]. — 543 *Heronis Alexandrini quae supersunt omnia*, ed. HEIBERG, 4, *Definitiones cum variis collectionibus Heronis, quae feruntur geometrica*, Leipzig 1912, ed. J. L. HEIBERB, S. 238, Nr. 7, 8.

$$\frac{63}{64} \cdot \frac{2}{64} = \frac{126}{64} : 64 = \frac{1}{64} + \frac{62}{4096}, \quad \text{zusammen } 21\frac{448}{64} + \frac{62}{4096}$$

$$\text{oder} \quad 21 + 7 + \frac{62}{4096} \quad \text{oder das Ganze} \quad 28\frac{62}{4096}.$$ [544]

Eine erhebliche Erleichterung in diesem Verfahren wird auf APOLLONIOS (zw. 250 u. 200 v. Chr. in Alexandria, dann in Pergamum, Ephesus) zurückgeführt.[545] Den Zusammenhang zwischen 3, 30, 300 usw., den unser Stellenwertsystem ohne weiteres hervortreten läßt, konnten die Griechen in ihren Zahlzeichen γ', λ', τ' usw. nicht ablesen, wenngleich die Sprache in *τρεῖς*, *τριάκοντα*, *τριακόσιοι* usw. sie darauf leitete. APOLLONIOS nannte nun *πυθμήν*[546] die Anzahl der Einer, Zehner, Hunderter — in diesem Falle 3 — und lehrte, wie man mit Hilfe dieser *πυθμένες* die Multiplikation vollziehen kann, indem er den dekadischen Wert des Teilproduktes zweier *πυθμένες* aus ihrem eigenen dekadischen Wert ableitete, eine Rechenmethode, die der indischen und damit der modernen gleichartig wäre, wenn die Griechen in der Wahl ihrer Zahlzeichen denselben glücklichen Griff getan hätten, wie man ihn den Indern zuschreibt.

Den Indern, oder wer vor ihnen auf das Stellenwertsystem gekommen war (vgl. S. 25f.), ergab sich ihre Methode aus diesem von selbst; ihr Erfindungsgeist konnte darüber hinaus nur in Äußerlichkeiten, Vorteilen, geschickter Anordnung und Zusammenfügung der Teilprodukte tätig sein. Eine hohe rechnerische Gewandtheit, besonders im Kopfrechnen, wie die Möglichkeit, bereits erhaltene Teilresultate durch Auslöschen der auf einem Staubbrett geschriebenen Ziffern leicht zu verbessern, lassen ihre Multiplikationsausführung in so stark verkürzter Form auftreten, daß das Resultat sofort oberhalb des Multiplikandus in dem fertig gerechneten Schema, ja zuweilen statt des im Laufe der Rechnung von Ziffer zu Ziffer entbehrlich werdenden Multiplikandus erscheint, indem alle Zwischenrechnungen im Kopfe ausgeführt werden. Erklärlich ist uns auch aus ihrer Schreibart, daß sie vielfach die Rechnung mit der höchsten Stelle des Multiplikators beginnen konnten. Ausführlich hingeschriebene Ausrechnungen müssen die uns geläufige Form besessen haben, allenfalls mit Ausrücken nach rechts, wenn mit der höchsten Multiplikatorziffer angefangen wird. Eins ihrer Schemata[547] ordnet die Teilproduktreihen, die wir nach rechts, bzw. links von Reihe zu

544 Daselbst[543], S. 268, Nr. 70. — 545 Nach PAPPUS, *Collectiones*[13], lib. II, § 1—27, Bd. I, S. 2—29. — 546 Bei IAMBLICHUS (um 325 n. Chr.), „*μονάδες*", *Iamblichi in Nicomachi Geraseni arithmeticam introductionem liber*, ed. PISTELLI, Leipzig 1894, S. 103. — 547 *Bhāskara*, ed. COLEBROOKE[111], *Līlāvatī* I, 2, § 16, S. 7.

Reihe um eine Stelle verschieben, senkrecht untereinander an, nimmt dann aber die Addition zum Schlußergebnis in schräger Richtung von oben nach unten vor. Eine andere[548] hervorzuhebende Methode ist die, welche man unter dem Namen der *blitzbildenden* kannte, die auch heutzutage noch von Kopfrechenkünstlern benutzt wird, um unter die Faktoren sofort ohne schriftliche Zwischenrechnung das Resultat setzen zu können. Folgendes Beispiel macht das Verfahren klar:

$$\begin{array}{r} 9576 \\ \cdot 4213 \\ \hline 40343688 \end{array} \qquad \begin{array}{r} 3 \cdot 6 = \mathbf{18} \\ 1 + 7 \cdot 3 + 6 \cdot 1 = \mathbf{28} \\ 2 + 5 \cdot 3 + 7 \cdot 1 + 6 \cdot 2 = \mathbf{36} \\ 3 + 9 \cdot 3 + 5 \cdot 1 + 7 \cdot 2 + 6 \cdot 4 = \mathbf{73} \\ 7 + 9 \cdot 1 + 5 \cdot 2 + 7 \cdot 4 = \mathbf{54} \\ 5 + 9 \cdot 2 + 5 \cdot 4 = \mathbf{43} \\ 4 + 9 \cdot 4 = \mathbf{40} \end{array}$$

Die fettgedruckten Ziffern sind die des gesuchten Ergebnisses.[549] Indisch ist wohl auch die Erleichterung der Multiplikation durch Zerlegung des Multiplikators in Faktoren.[550]

Die indischen Methoden finden wir bei den Arabern wieder, wie im Rechenbuch des ALḪWĀRAZMĪ (vgl. S. 27), nur daß bei ihnen das Auslöschen und Verbessern schon geschriebener Zahlen durch Ausstreichen und Darüberschreiben ersetzt werden muß; wir finden sie im Abendlande wieder, zum Teil mit Hinzufügung neuer Anordnungsarten der Teilprodukte. In den meisten Lehrbüchern des 15. und 16. Jahrhunderts werden mehrere Arten, oft 6 bis 8, vorgeführt, nicht etwa in dem Sinne, daß alle üblich gewesen wären, sondern nur, um das Thema möglichst vielseitig und erschöpfend zu behandeln. Das *Bamberger Rechenbuch* von 1483,[551] das älteste der in Deutschland im Druck erschienenen und vollständig erhaltenen (vgl. S. 78), gibt schon unsere moderne Art, deren schräg nach links eingerückten Teilreihen die entsprechenden Ziffern des Multiplikators wie zur Erläuterung beigefügt sind. Letztere Merkziffern sind im Rechenbuch des JOHANN WIDMANN aus Eger (1489)[552] weggelassen. Unsere Rechnungsanordnung ist aber nicht deutschen Ursprungs, sie stammt wieder einmal aus Italien, wo sie PROSDOCIMO DE'

548 Daselbst[111], S. 6 Anm. — 549 Vgl. J. B. FOURIER, *Analyse des équat. déterminées*, Paris 1831, in OSTWALDS Klassikern, Nr. 127, S. 182 u. und S. 183 o., S. 262. — 550 *Bhāskara*[111], S. 8, § 17, letzter Absatz. Schon bei BRAHMAGUPTA (628), vgl. B. DATTA, *The Jaina School of Mathematics*, Bull. Calcutta Math. Soc. 21, 1929, S. 125. — 551 Bl. (11) r°[407]. — 552 Daselbst[200], Bl. c 4 v°.

Beldomandi 1410 im *Algorithmi tractatus*[553] lehrt; im Grunde genommen liegt ihr Ursprung eben wohl im alten Abakusrechnen.[554] Wir treffen sie in der *Summa* (1494) des Luca Pacioli an,[555] beiläufig neben sieben anderen, deren jede einen besonderen Namen führt. Pacioli lehrt auch das Ausrücken nach rechts; die rechts vorhandenen leeren Stellen werden durch Nullen ausgefüllt. Der *General trattato* des N. Tartaglia (1556)[556] enthält sieben Abarten. Die gleichzeitig und später erschienenen deutschen Rechenbücher bleiben in der Fülle der mitgeteilten Arten wenig zurück. Nichtsdestoweniger scheint unsere moderne Methode mit dem Ausrücken nach links schon damals in der Praxis die vorherrschende gewesen zu sein. Es liegen uns Rechnungen Regiomontans (1436—1476) vor, die nur nach diesem Verfahren vorgenommen sind.[557] Ferner gibt es Schriftsteller, wie Borghi (1484)[17] und Cardano (*Arithmetica* 1539),[558] die dieses allein lehren. Sie würden das nicht getan haben, wenn die Praxis in anderer Weise zu rechnen sich gewöhnt hätte.

In neuester Zeit gibt man auf Vorschlag Alb. Kuckucks (Kallius, Gymnasialprofessor in Berlin)[559] vielfach dem Ausrücken nach rechts den Vorzug, indem man mit der höchsten Ziffer des Multiplikators zu rechnen beginnt, hauptsächlich deshalb, um beim Ableiten und Einüben der sog. abgekürzten Multiplikation nicht ein Umlernen von den Schülern verlangen zu müssen. Übrigens war dieser Vorschlag Kuckucks schon einmal im 18. Jahrhundert durch W. J. G. Karsten, den Verfasser des bekannten enzyklopädischen Lehrbuches,[560] gemacht worden. Auch in Lehrbüchern des kaufmännischen Rechnens wird das Ausrücken nach rechts lange vor Kuckuck geübt.

Von mehr historischem Interesse ist eine komplementäre Multiplikation, die die dekadische Ergänzung der Faktoren benutzt. Vielleicht ist sie römischen Ursprunges und durch die Schreibweise IX, IIX statt VIIII, VIII entstanden.[561] Eine komplementäre Divisionsmethode ist in einer Handschrift des 11. Jahrhunderts (Gefälschte Geometrie des Boëtius) nachweisbar,[562] eine solche für

553 Ausg. Venet. 1540[405], Bl. 𝔅 (8). — 554 D. E. Smith, *History* II[16] S. 109, druckt ein Beispiel aus dem Abakusrechnen ab. — 555 *Summa*[18], Bl. 26 r⁰. — 556 Parte I[a 59], S. 21 r⁰—26 v⁰. — 557 Vgl. die Streitschrift gegen Cusanus vom 27. Juni 1464; Anhang zu seinem Hauptwerke *De triangulis omnimodis libri quinque*, Nürnberg 1533, S. 46—49 u. ö. — 558 *Arithmetica*[498], cap. XV; Opera 4, Lugd. 1663, S. 20—21. — 559 Z. math.-naturw. Unterr. Bd. 2, 1871, S. 418. — 560 Karsten[313], *Lehrbegriff* 1767, Bd. I, S. 129. — 561 Cantor, 1[3], S. 528. — 562 Boëtius[73], S. 399—400.

die Multiplikation erst in einem Codex aus dem 12.(?) Jahrhundert (Heidelberger Handschrift).[563] Weder bei den Indern noch bei den Arabern sind bisher irgendwelche Spuren dieser komplementären Methoden gefunden worden. In der Hauptsache sind es 3 Formeln, nach denen in der Multiplikation gerechnet wird

1. $a \cdot b = 10a - a(10 - b)$
2. $a \cdot b = 10 \cdot [a - (10 - b)] + (10 - a) \cdot (10 - b)$
3. $a \cdot b = (10 - a) \cdot (10 - b) + 10(a + b) - 100.$

Ihre Anwendung ist im 16. Jahrhundert sehr verbreitet. Regeln, denen sie zugrunde liegen, gibt WIDMANN[200] (1489), GRAMMATEUS[58a] (1518), RUDOLFF[15] (1526), GLAREANUS[478] (1539), STIFEL[23] (1544), RIESE[421a] (1550), LONICERUS[498] (1570), BEHĀ EDDĪN (1547—1622, Perser)[564] u. a. Formel 1 tritt schon in einer von M. CURTZE 1898[565] herausgegebenen Algorithmushandschrift aus dem 12. Jahrh. (vor 1168) auf, dann im *Algorithmus demonstratus*,[566] einer anonymen Handschrift (Meister GERNARDUS?) aus dem 13. Jahrhundert, im Rechenbuche des SACROBOSCO[31] († 1256?, Paris) und bei seinem Kommentator PETRUS DE DACIA,[567] im Hildesheimer Rechenbuch des Stiftschülers BERNHARD (1445),[568] Formel 2 in der oben erwähnten Heidelberger Handschrift. Alle diese Formeln dienen dazu, bei fehlender Kenntnis des vollständigen Einmaleins Multiplikationen der Einer über 5 miteinander durch die der Einer unter 5 zu ersetzen. Bemerkenswert ist die schriftliche Anordnung beim Rechnen nach Formel 2. GRAMMATEUS (1518)[569] rechnet z. B. $6 \cdot 8 = 48$, bzw. $6 \cdot 9 = 54$ folgendermaßen vor:

6.	4.	6.	4.		9 ╲╱ 1
mal		mal			
8.	2.	9.	1.	andere Verfasser schreiben auch	6 ╱╲ 4
4	8	5	4		5 4.

Rechts stehen die dekadischen Ergänzungen (z. B. zuletzt 1 und 4), die, miteinander multipliziert, die Einerstelle des gesuchten Produktes liefern. Um die Zehner zu finden, subtrahiere man in dem Schema *übers Kreuz* $(9 - 4 = 5$ oder $6 - 1 = 5)$. Man hat vermutet, daß aus diesem Kreuzschema unser Multiplikationskreuz entstanden sei.[570]

563 Z. Math. Phys. 10, S. 5[29]. — 564 BEHĀ EDDĪN's *Essenz der Rechenkunst*, arabisch und deutsch herausg. von G. H. F. NESSELMANN, Berlin 1843. — 565 Münchener Handschrift, Clm 13021[37], ed. M. CURTZE, S. 10. — 566 Ed. SCHÖNER[38], Teil I, cap. 13; vgl. G. ENESTRÖM[179], Bibl. math. 13_3, 1913—1914, S. 329. — 567 Ed. M. CURTZE[31], S. XIV. — 568 S. 132.[87] — 569 Blatt 𝔄 (6) v[0 58a]. — 570 Vgl. N. L. W. A. GRAVELAAR, *Over den oorsprong van ons maaltecken* (×), Wiskundig Tijdschrift, 6.

Wirkliches Multiplizieren mit der Null findet sich selten. In einem anonymen Algorithmus aus der Mitte des 12. Jahrhunderts wird die Aufgabe 40·300 vorgerechnet und dabei angeführt: *ter nihil nihil est* (dreimal null ist null).[571]

Klare Erkenntnis, daß die Multiplikation nur ein Sonderfall der Addition ist, findet sich selten ausgedrückt.[572]

Multiplicare ist das einzige Fachwort, das seit ältester Zeit gleichmäßig bis heute in Übung war. Im allgemeinen Sinne von Vervielfältigen begegnet man ihm häufig im klassischen Latein; es ist mehr Zufall, daß es beim Rechnen nicht vor Vitruv (um 15 n. Chr., Baumeister in Rom)[573] anzutreffen ist. Auch das Substantivum *Multiplicatio* bringt Vitruv. Erst ein Menschenalter später (um 62 n. Chr.) gibt Columella[574] wiederum Hinweise auf Multiplikationen unter Verwendung des Wortes; das Produkt heißt bei ihm *summa ex multiplicatione*,[575] quadrieren *multiplicare in se*. Eine Form wie *multiplicandus* und *multiplicator* findet sich nirgends in der klassischen Latinität; für solche ganz besonderen Ausdrücke war die Entwicklung des Rechnens damals auch noch lange nicht weit genug vorgeschritten. Aus einem Brief des Bischofs Paulinus von Nola (um 400 n. Chr.) bringen die Wörterbücher einmal *Multiplicator*. Eine rechnerische Wendung liegt in der Stelle aus der *Musik* des Boëtius (480—524):[576] ... *antequam his ternarius multiplicator accederet* (mit dem Sinne: ... Zahlen mit 3 multipliziert haben dasselbe Verhältnis, bevor der Multiplikator 3 hinzutritt). Verschiedene Stellen für *Multiplicator* aus der sog. *Geometrie* des Boëtius[577] sind erst für das 11. Jahrhundert belegkräftig, da sich der betreffende Teil der Handschrift als eine Fälschung aus jener Zeit herausgestellt hat; für *multiplicare* selbst kann man indes weitere echte Zitate aus Boëtius beibringen.[578] *Multiplicare* hält sich durch die Jahrhunderte, höchstens daß die mit ihm verwendeten Präpositionen schwanken; Leonardo von Pisa (1228, Liber abbaci) hat *multiplicare*

---

571 Münchener Handschrift 13021[37], M. Curtze, Abh. Gesch. Math. 8, 1898, S. 10. Auch S. 19, Z. 11 u. 14. — 572 P. Ramus, *Arithmetices libri duo et algebrae totidem*, a Lazaro Schonero emendati et explicati (1. Aufl. 1586), 2. Aufl. Frankofurti 1592[498], cap. III, Nr. 3, S. 12: ‚*Multiplicatio est additio, sed ejusdem numeri secum non diversorum.*‘ — 573 *De Architectura* IX, praef. 4, X, 11, 1; ed. Krohn, Lips. 1912, S. 196, Z. 14, 22, S. 247, Z. 18. — 574 Columella, *De re rustica* V, 1, § 4f., ed. Gessner[472], S. 360f. — 575 Columella, *De re rustica* V, 2, § 1.[472] — 576 Boëtius, *Instit. mus.* II, 28, ed. Friedlein, S. 261, 16. — 577 Ed. Friedlein[73], S. 395, Z. 5, 17, 19; S. 398, Z. 12; *Gerberti Opera*, ed. Bubnow[72], S. 156, 159. — 578 Boëtius, *Arithm.* I, 10, ed. Friedlein[73], S. 22, Z. 26 u. ö. *Mus.* V, 2: *multiplicantur in summam* u. ö.

per, in und *contra.* In Wettbewerb mit *multiplicare* tritt frühzeitig *facere,* seit den römischen Feldmessern (erste Jahrhunderte n. Chr.) nachweisbar,[579] und *ducere* (seit Boëtius).[580] Aus dem letzteren bildet sich *producere,* das im 13. Jahrhundert ganz geläufig ist.[581] Sofort stellt sich für das Ergebnis der Multiplikation *productum* ein,[582] es wird durch Sacroboscos († 1256?) Rechenbuch[583] Allgemeingut. Zuweilen hat aber *numerus productus* noch die allgemeine Bedeutung von Resultat, ähnlich wie *summa,* vgl. S. 86.[584] Grammateus 1518 sagt der[585] und das product.[586] Multiplikator hatte sich aus Boëtius in die Klostergelehrsamkeit, die seine Schriften emsig studierte, geflüchtet. Bei Gerbert (Auvergne 940 — Rom 1003) ist sein Fehlen in der erhaltenen Literatur mehr Zufall, aber dessen Zeitgenosse Heriger von Lobbes[587] kennt es, ebenso Abbo von Fleury (Mitte des 10. Jahrhunderts) in seinem Kommentar zu den Rechentafeln des Victorius,[588] ferner der Klosterschullehrer Radulph von Laon († 1131),[589] dann der Meister Gernardus aus dem 13. Jahrhundert.[590] Trotz dieser Verbreitung ließen die späteren Mathematiker auch dieses Wort wieder fallen. Sacrobosco († 1256?) wählte den Gegensatz *multiplicans* und *multiplicandus* — letzteres zuerst bei Radulph von Laon (vgl. oben) —, der auch schon in einem *Algorithmus* unbekannten Verfassers von 1168[591] vorkommt, und die Nachwelt folgte ihm. Multiplikator bleibt ganz im Hinter-

579 *Röm. Feldmesser*[462], ed. Blume, Lachmann u. Rudorff, z. B. I, S. 298, Z. 5—6, *facere in se* = quadrieren, dann im *Codex Arcerianus,* Feldmesserhandschrift aus dem 6. Jahrhundert n. Chr.: M. Cantor, *Agrimensoren*[268], S. 208ff., z. B. quadriert werden *in se fieri* S. 208, § 1, woraus kurz der Zusatz „*in se*", gleichwertig unserem „zum Quadrat", wird; auch Gerbert, z. B. ed. Bubnow[72], S. 45, Z. 2. — 580 *Inst. arithm.,* ed. Friedlein[78], S. 21, Z. 4, S. 24, Z. 14, 17 u. ö. — 581 Jordanus Nemorarius († 1237), *De numeris datis*[535] (auch *productum*), Abh. Gesch. Math. 2, Leipzig 1879, S. 140, Z. 33 u. ö. Anonyme Abhandlung aus dem Ende des 13. Jahrhunderts, M. Curtze, Zentralbl. f. Bibliothekswesen 16, 1899, S. 300, Z. 138: *ex ductu o in hoc productum fit solidum y.* Johannes de Muris (Mitte d. 14. Jahrh.), Z. Math. Phys. 34, Suppl. 1890, S. 145, Z. 2: *productum.* Hier neu: *ampliare* S. 143, Z. 7. — 582 *Productum multiplicationis* schon bei Robertus Castrensis (R. von Chester; 1145). Vgl. L. Ch. Karpinski, *Robert of Chester's Latin Translation of the Algebra of Al-Schowarizmi,* New York 1915, S. 80, Z. 3. — 583 Ed. Curtze[31], S. 9, Z. 6. — 584 So in der *Margarita phylosophica* von Gregor Reysch von 1503[207], nach D. E. Smith, *History* II[16], S. 90 in einem abgedruckten Beispiel. — 585 Rechenbuch[58a], Bl. 𝔄 (7) v⁰, Z. 1 v. u. — 586 Bl. 𝔥 (6) v⁰, Z. 2 v. u.[58a] — 587 In den *Regulae de numerorum abaci rationibus; Opera Gerberti,* ed. Bubnow[32], S. 208. — 588 *Gerberti opera,* ed. Bubnow, S. 200. — 589 *Arithmet. Traktat,*[273] A. Nagl, S. 104, Z. 11 v. u. — 590 Ed. G. Eneström[179], Bibl. math. 13_3, 1912—13, S. 307, Z. 19, 21. — 591 M. Curtze[37], Abh. Gesch. Math. 8, 1898, S. 19 (auch *multiplicator*).

grund; nur vereinzelte Liebhaber späterer Zeit ziehen es wieder hervor, so 1523 GRAMMATEUS[592] und GLAREANUS 1539,[593] wenn sie auch beide an der Hauptstelle treulich *multiplicans* und *multiplicandus* nennen. In der *Arithmetica* des LONICERUS (1551),[594] in J. H. ALSTEDS *Elementale mathematicum*[345] 1611, in KASPAR SCHOTTS *Cursus mathematicus* von 1674[479] tritt aber das Wortpaar *multiplicator* und *multiplicandus* wieder in den Vordergrund; vom 18. Jahrhundert ab setzt es sich rasch durch.

Multiplicare und *ducere* werden zunächst wahllos verwendet. N. TARTAGLIA (1499?—1557) konstruiert einen Gegensatz und benutzt *multiplicare* nur bei Zahlengrößen, *ducere* bei Liniengrößen; ebenso unterscheidet er bei der Division zwischen *partire* und *misurare*.[595]

Aus *facere* wurde *factum* abgeleitet, das früher, noch im 18. Jahrhundert,[596] für Produkt sehr gebräuchlich war, erst später *factor*, das natürlich mit dem gleichen klassischen Wort nur die äußere Buchstabenfolge gemeinsam hat. Es findet sich — ist aber wohl etwas älter — 1603 in der *Logistica decimalis* von J. H. BEYER,[597] dann 1609 in einem Rechenbuch von PH. GEYGER.[598] Zur Anerkennung verhilft ihm wieder CHR. v. WOLFF durch die *Anfangsgründe* von 1710[599] und die *Elementa* von 1717,[600] denen sich die anderen großen Lehrwerke des 18. Jahrhunderts von J. A. SEGNER (1747)[414], A. G. KÄSTNER (1764),[396] W. J. G. KARSTEN (1767)[313] usf. anschließen.

Wir verfolgen noch das Eindringen der aufgezählten Ausdrücke als Fremdwörter in die deutsche Sprache; es vollzieht sich ziemlich glatt.

Hildesheimer Rechenbuch[87] (1445; niederdeutsch): multpliceren[601] produktum,[602] Münchner Handschrift, Nr. 14908[463] aus der Mitte des 15. Jahrhunderts: Nu multiplicir 14 mit 3, sunt 42.[603]

592 *Algorismus de integris*, Erfurt 1523, Abdruck v. CHR. F. MÜLLER, Programm 1896, Gymn. Zwickau, S. 32. — 593 *De sex arithmeticae practicae speciebus*, Freiburg, 1. Ausg. 1539 (Vorwort 1539); Ausg. 1550, S. 67, 52.[478] — 594 *Arithmetices brevis introductio*[498], Bl. Bi r°. — 595 *General trattato*[59], Venet. 1556, II, 17. Vgl. G. ENESTRÖM, Bibl. math. 13_3, 1912—1913, S. 156—157. — 596 CHR. v. WOLFF, *Anfangsgründe*[24], Aufl. v. 1750, S. 43. — 597 Ausgabe von 1619[77], Frankfurt, S. 14: *factores numeri*, zwo Zahlen/deren Multiplication die dritte Zahl produzirt. — 598 Gründtliche vnd ordentliche Erklerung deß newen vnd kunstreychen Rechentisches . . ., Zürich 1609, S. 2, Z. 17. — 599 Daselbst[24] I, 39 (vgl. SCHIRMER[61], S. 22); Ausg. 3 (1725), I, S. 43. — 600 I, Halle 1717[494], § 55—63. — 601 Z. Math. Phys. 33[87], 1888, S. 132, Z. 18, 20. — 602 Daselbst S. 141, Z. 10. — 603 Abh. Gesch. Math. 7, 1895, S. 40, Z. 4—5[463].

J. Widmann aus Eger, *Rechenbuch* 1489[200]: der selbigen multiplication,[604] das Product.[605]

H. Grammateus (Schreyber), Rechenbuch von 1518[58a]: Multiplikatio oder merung.[606]

Mich. Stifel, *Deutsche Arithmetica*, 1545[421]: der Multiplikand.[607]

Chr. v. Wolff, *Anfangsgründe*, 1710[24]: die Faktores; *Mathem. Lexikon*, 1716[64]: Multiplikator ist die Zahl ...[608]

J. A. Segner, *Vorlesungen*[414], 1747: die Faktoren.[609]

Die Verdeutschung vervielfältigen, die einzige, die sich gehalten hat, bereitet A. Riese (1522)[203] durch vilfeltigen vor.[610] Joh. Christ. Sturm hat dann in seiner Archimedesübersetzung von 1670: Vervielfältigen (multiplicirn).[611]

Das Verbindungswort mal ist uralt, z. B. ahd. ze drin mâlen (dreimal). In der deutschen *Geometria Culmensis*[319] (um 1400) heißt es schon: wunfczen molen wunfczen, das machen 225[612] (d. i. $15 \cdot 15 = 225$).

Im Mittelhochdeutschen hat ‚stund' die Bedeutung mal. So heißt es in der *Geometria Culmensis*[613] (um 1400) „dristunt also lang onde eyn sebenteyl" für ‚dreimal so lang und ein Siebentel'. Und Walther von der Vogelweide (um 1200)[614] singt: „Kuster mich wol tusendstunt" (küßt er mich wohl tausendmal). Denselben Ursprung hat das englische *times* für mal.

δ) Division.

Die Definition der Division, eine Zahl zu suchen, die so oft im Dividendus enthalten ist, wie der Divisor Einheiten enthält, liegt bereits den ältesten ägyptischen Rechnungen zugrunde (vgl. S. 74). Sie wird ausgesprochen von Maximus Planudes (um 1340)[404] und im Rechenbuch von Treviso (1478).[615] Die Erklärung mit Hilfe des Proportionsbegriffes gibt Huswirt (1501) zuerst.[616]

Die doppelte Erklärung der Division als Teilen und Enthaltensein bringt nebeneinander zuerst Rudolff in seinem Rechenbuch von 1526.[617]

---

604 Bl. i (4) r°[200]. — **605** Daselbst Bl. g (4) v°. — **606** Bl. A (5) r°[58a]. — **607** Bl. 10 v°, Z. 13[421]. — **608** Daselbst[64] S. 923 unten. — **609** I, § 88, S. 33[414]. Vgl. § 96: *Die Ordnung der Faktoren läßt sich verändern.* — **610** Ausgabe Nürnberg 1527[203], Bl. Aiiij v°, auch vil machen. — **611** Des Unvergleichlichen Archimedis Kunst-Bücher ... aus dem Griechischen in das Hochdeutsche übersetzt und mit nothwendigen Anmerkungen durch und durch erläutert, Nürnberg 1670 (*Sandrechnung* schon 1667 Nürnberg), S. 45, Z. 50. — **612** Ed. Mendthal[319], S. 40, Z. 3 v. u. — **613** Ed. Mendthal[319], S. 67. — **614** Ed. Lachmann, 7. Aufl., besorgt von C. von Kraus, Berlin 1907, II, 39, 26. — **615** Vgl.[54] D. E. Smith, Isis 6_3, 1924, S. 324 o. — **616** *Enchiridion*[91], ed. Wildermuth, S. 14, Z. 24f. — **617** Kunstliche Rechnung[15], fol. $\mathfrak{A}_{\text{VIII}}$, Z. 6: Lernnt ain zal in dye ander tailē/auf das man sehe

Ebenso unvollkommen wie die Multiplikation, vielleicht in noch höherem Grade, war die Division zur Zeit der Ägypter und Griechen. Zwar kann man auch hier zwei Methoden erkennen, eine ägyptische[618] und eine griechische.[619] Beide sind indes nur Umkehrungen der Multiplikation; die erstere, im Grunde genommen rein additiv, ist aus den Beispielen auf S. 74 klar. Auf etwas höherer Stufe scheint die griechische Division zu stehen, für die uns in der gesamten Literatur leider nur ein Beispiel erhalten ist, und noch dazu nur ein solches mit Sexagesimalbrüchen.[620]

Eine bequeme Rechenmethode für die Division schuf erst das indische Stellenwertsystem. Diese beherrschte, auch in getreuer Nachbildung ihres Schemas, das Rechnen bis zum 18. Jahrhundert, um dann erst durch die moderne Art abgelöst zu werden. Wir übergehen dabei die immerhin nur wenig verbreiteten komplementären Methoden, die beim Rechnen mit dem Abakus bis zum 13. Jahrhundert hinein benutzt wurden (vgl. S. 100—101).

Die Zerlegung des Divisors in Faktoren und Verwendung von Einzeldivisionen, die PACIOLI (1494)[621] gibt, ist auch schon indisch.[621a]

Die indische Überlieferung ist für die Division sehr mangelhaft.[622] Doch wie wir die übrigen Rechenoperationen bei den Arabern getreu nachgeahmt finden, so wird wohl auch die arabische Art zu dividieren, etwa die im Rechenbuche des MUḤAMMAD IBN MŪSĀ ALḪWĀRAZMĪ (Anfang des 9. Jahrhunderts, Perser; Astronom, Bagdad)[623] mit der indischen übereinstimmen, nur insoweit verändert, als die Araber die Ziffern, die die Inder auf ihrem Sandbrett sehr leicht vertilgen und durch neue ersetzen konnten, ausstreichen und durch Herüberschreiben verbessern mußten. Hier finden wir nun das sogenannte *Überwärtsdividieren*, eine in der arabischen und mittelalterlichen Form so schwülstige und unüber-

vie oft aine in der anderen beschlossen werde / oder wie vil auf ainen tail kome. Noch klarer in M. STIFELS *Deutscher Arithmetica*, Nürnberg 1545[421], S. 1 r: „Diuidiren heysset das / so man zwo zalen hat / vnd eine vnter jnen so in vil gleicher stuck teylet / so vil die ander zal stuck anzeyge durch jr selbs grösse. Oder so man zwo zalen hat / vnd sucht wie offt eine in der andern sey zu findē / als 3 in 12 finde ich 4 mal.“ — **618** Vgl. CANTOR, 1[3], S. 72, die Erläuterung zu Nr. 13 des Rechenbuches von AHMES[381]. — **619** Bei THEON von Alexandrien (um 365 n. Chr.)[542], S. 118—119. — **620** Neben dem THEONschen Beispiel[619] ist noch auf spätere Euklidscholien hinzuweisen; vgl. FR. HULTSCH[542], Bibl. math. 5_3, 1904, S. 229—230. — **621** *Summa*[18], fol. 33 r⁰. — **621a** In der *Triśatikā* des ŚRIDHARA (um 750 n. Chr.), Regel 9. Vgl. B. DATTA, *The Jaina School*[550], S. 125 u. — **622** C. I. GERHARDT, *Études*[143], S. 7. — **623** Ed. BONCOMPAGNI, *Trattati*[35], I, S. 14 ff.

sichtliche Anhäufung von Ziffern, daß man sich nicht wundern kann, wenn der für einen besonders guten Rechner galt, der sie beherrschte.

Der Divisor wurde unter die Dividendusziffern geschrieben, in die zuerst dividiert wurde, und bei jeder neuen Teildivision darunter wiederholt, aber um eine Stelle nach rechts gerückt. Die Teilprodukte begannen mit den höchsten Ziffern, und zwar zog man jedes Produkt, sobald es genommen war, sofort von dem Dividendus ab und setzte die Restziffern über ihn; die nicht gültigen Dividendusziffern, wie die benutzten Divisorziffern, wurden ausgestrichen. Die Aufgabe 7985941 : 3762 = 2122 Rest 2977 sah in den fortschreitenden Stadien der Rechnung folgendermaßen aus:

Ia.
1
~~7~~985941 | 2
~~3~~762

Ib. 0
~~1~~5
~~79~~85941 | 2
~~37~~62

Ic. 04
~~15~~6
~~798~~5941 | 2
~~376~~2

Id. 04
~~15~~61
~~7985~~941 | 2
~~3762~~

II.
0
~~1~~8
~~049~~5
~~1561~~7
~~79859~~41 | 21
~~37622~~
~~376~~

III.
1
~~02~~0
~~181~~
~~0495~~5
~~15617~~0
~~798594~~1 | 212
~~376222~~
~~3766~~
~~37~~

IV. 2
~~03~~
~~14~~
~~020~~9
~~1811~~7
~~049558~~
~~156170~~7
~~7985941~~ | 2122
~~3762222~~
~~37666~~
~~377~~
~~3~~

Es fällt schon bei I auf, daß der Rest 461 infolge des Ausstreichens und Verbesserns in zwei verschiedenen Zeilen, der Rest 857 bei Stufe II sogar in drei solchen, der neue Divisor 3762 in zwei Zeilen steht usw. Diese getrennt angeordneten Ziffern erschweren die Rechnung ungeheuer und machen ein Nachrechnen unmöglich. So unübersichtlich das schließlich vorhandene Schema IV hier ist, so raumsparend war es bei den Indern infolge des Auslöschens falscher oder schon gebrauchter Ziffern. Bei diesen blieb zuletzt nichts übrig außer

2977 | 2122,

so daß sogar Dividendus und Divisor verschwanden. An Stelle des Nachrechnens traten Proben, wie die Neunerprobe (S. 81—84), in ihr Recht.

Man muß sich in der Tat fast wundern, daß eine so umständliche Divisionsausführung, deren einziger Vorzug etwas Raumersparnis ist, sich an anderthalb Jahrtausend gehalten hat, daß sie sich noch hielt, als das moderne Unterwärtsdividieren längst in Lehrbüchern vorgeführt wurde, daß die neue Art in diesen Lehrbüchern anfangs nur wie eine Zugabe gezeigt wird, während etwaige, in weiteren Kapiteln vorkommende Divisionen ohne Bedenken nach der alten Methode durchgeführt werden.

Unser modernes Dividieren erscheint — wenn wir den Hauptfortschritt darin sehen, daß die Teilprodukte, ausgerechnet und zum Subtrahieren bereit, unter den Dividendus geschrieben werden — zum erstenmal in einem italienischen Manuskript von 1460,[624] allerdings von Subtraktionsstrich zu Subtraktionsstrich dreizeilig, da der gewonnene Rest noch einmal mit der neuen, heruntergezogenen Ziffer des Dividendus hingeschrieben wird. Ganz modern ist die Anordnung in Calandris Rechenbuch, Druck von 1491,[625] ebenso in der schon oft erwähnten *Summa* (1494) des Luca Pacioli unter dem Namen der *Divisio danda.*[626] Ein Unterwärtsschreiben, das bloß auf Vertauschung von oben und unten in der alten Art hinauskommt, so daß also die Teilprodukte von der höchsten Stelle an getrennt unterwärts hingeschrieben und jedes für sich abgezogen wurden, kannten wahrscheinlich bereits die Araber.[627] In Deutschland tritt der neue Algorithmus zuerst im Rechenbuch des P. Apian von 1527 (1495—1552, Prof. in Ingolstadt) auf.[628] Apian nennt sie „einen besunderen Brauch, wie wol darinne gar keine andere Geschwindigkeit gespüret wird"; doch hat seine geringe Achtung darin ihren Grund, daß er sie falsch oder wenigstens unpraktisch darstellt, da er die Teilprodukte nicht wie Luca Pacioli der Rangordnung der Einzelziffer entsprechend nach rechts ausrückt, sondern senkrecht untereinander hinschreibt, den Divisor auch der alten Gewohnheit gemäß nicht rechts, sondern unter den Dividendus, also über das erste Teilprodukt stellt (vgl. das folgende Beispiel).

624 D. E. Smith, *History* II[16] druckt S. 141 zwei Beispiele ab. — 625 *De arimetrica opusculum*[42], Bl. 33 r° (Eneström brieflich). Auch hieraus gibt D. E. Smith, *History* II[16] S. 142 abgedruckte Beispiele. — 626 *Summa*[18], Bl. 34 r°. — 627 Sterner[358], S. 97, 233. — 628 Apians Rechenbuch[446], Buch III bei der Überschrift „Diuisio" Bl. O (7) r°.

LUCA PACIOLI	APIAN	
	abcd	
7985941 : 3762 = 2122	98765432	der quotient
7524	2345	(42117
4619	9380	
3762	4065 a	
8574	4690	
7524	2754 b	
10501	2345	
7524	4093 c	
2977	2345	
	17482 d	
	16415	
	1067 resto	

Die Buchstaben bei APIAN sollen dabei auf die richtig herunterzuziehenden Dividendusziffern aufmerksam machen. Bei den späteren deutschen Rechenmeistern wird nun das Unterwärtsdividieren immer häufiger vorgeführt, manchmal, wie bei A. RIESE (1550)[421a], JAK. FREY (1569),[629] auch ohne Hinschreiben der Produkte, so daß bei den genannten das Schema der österreichischen Divisionsart erscheint. Manchmal wird auch die Berechnung der Produkte beigefügt, wie bei RAMUS (1569)[636] und CLAVIUS (1583).[630] Während G. CARDANO (1539)[631] nur die alte Methode benutzt, unterrichtet N. TARTAGLIA (1556)[632] im *General trattato* seine Leser auch im Unterwärtsdividieren, benutzt aber bei eigenen Rechnungen nur die alte Art. Noch im 18. Jahrhundert werden beide Divisionsarten geübt, wie man aus den *Elementa matheseos universae* des Freiherrn v. WOLFF (Halle 1713)[633] erkennt. KARSTENS *Lehrbegriff* 1767[634] macht dem alten Verfahren noch das Zugeständnis, daß der Divisor unter jedem Rest wiederholt wird. Schließlich beschränkt sich das Überwärtsdividieren nur noch auf Beispiele mit kleinen Divisoren, um mit dem 19. Jahrhundert gänzlich zu verschwinden. Das letzte Rechenwerk, das ausschließlich das Überwärtsdividieren lehrt, dürfte die *Rechenkunst* von J. B. LECHNER (1800)[498] sein, die

Beispiel b. KARSTEN:

78934	283
278	
556	
2333	
278	
2224	
1094	
278	
834	
R. 260	

629 JAKOB FREY, Exempelbüchlein, Nürnberg 1569. — 630 CLAVIUS, *Epitome*[22], Rom 1583; Ausg. v. 1584, S. 72. Vgl. auch *Christophori Clavii Opera mathematica*, Moguntiae 1612, Bd. II, *Arithmetica practica*, S. 19 ff. — 631 G. CARDANO, *Practica Arithmetica*[498], cap. XIX, *Opera*, Lugd. 1663, 4, S. 25. — 632 *General trattato*[59], 1556, I, Bl. 35. — 633 I[494], § 107 ff. — 634 I[313], S. 67.

sich übrigens auch noch den Rückschritt erlaubt, das Mediieren getrennt zu behandeln und das Numerieren als besondere Rechnungsart aufzufassen.

Die beste Methodik der schriftlichen Division gab unter den älteren Verfassern CHR. CLAVIUS (1583).[635] Bei ihm finden sich Vorschriften und Winke für die Abschätzung der Ziffern des Resultats, die Größe des Restes und das Auftreten der Nullen im Quotienten; er zeigt auch, wie man durch Probieren mit der Anfangsziffer des Divisors die Quotientenziffer erschließen kann. Nach dem Vorgang von P. DE LA RAMÉE (RAMUS)[636] empfiehlt er auch, im voraus eine Tafel der ersten neun Vielfachen des Divisors zu berechnen.[637] N. TARTAGLIAS Verdienste beruhen mehr in einer methodischen Vorbereitung des Unterrichts in der Division durch eine Art Einsineins (vgl. S. 79), ferner im Erledigen prinzipieller Fragen, wie über den Unterschied zwischen Teilen und Enthaltensein usw.

Ein Herunterziehen von Nullen nach Erschöpfung der vorhandenen Dividendusziffern wird vielfach in den Rechenbüchern benutzt, um das Resultat möglichst genau zu finden (siehe Dezimalbruchrechnung). Es ist dies ein Rechenvorteil, den wahrscheinlich schon die Araber kannten; wenigstens ist uns ein solches Verfahren für das Wurzelziehen von ihnen überliefert (siehe Algebra).

Die unter dem Namen „österreichische Divisionsmethode" bekannte Art des Dividierens tritt erst im 19. Jahrhundert auf und hat sich ziemliche Verbreitung erworben (vgl. Subtraktion, S. 91).

Die Auffassung der Division als besonderer Rechnungsart ist in die klassische lateinische Sprache kaum eingedrungen, geschweige denn, daß sich in ihr Fachwörter für sie vorfinden. *Dividere* und *divisio*, so oft sie auch gebraucht werden, bedeuten mehr *einteilen, zerlegen* als unser Dividieren. VITRUV (um 15 v. Chr.) teilt einmal eine Länge in 5 Teile ein (*dividatur in partes quinque*),[638] BOËTIUS (480—524 n. Chr.) spricht von der Teilung in zwei gleiche Teile (*in aequalia duo dividere*),[639] ebenso MARTIANUS CAPELLA (um 470 n. Chr.; Carthago) *in duas aliquas partes dividere.*[640] Dieser gebraucht aber *dividere* auch bei der Zerlegung der Zahl 9 in 4 und 5 (*dividantur*

635 *Epitome*[22] (1583), 2. Aufl. v. 1584, S. 54ff. — **636** *Scholarum mathematicarum libri unus et triginta*, Basel 1569, S. 127—128. Vgl. G. ENESTRÖM, Bibl. math. 10_3, 1909/10, S. 180. — **637** *Epitome*[22], 1584, S. 71—72. — **638** *Architectura*[573] X, 11, 7, ed. KROHN, S. 249, Z. 12. — **639** *Inst. Arithm.*[73] I, 3, ed. FRIEDLEIN, S. 13, Z. 14. — **640** MARTIANUS CAPELLA, *De nuptiis Philologiae et Mercurii et de septem artibus liberalibus*, ed. KOPP, 1836 Frankf. a. M., VII, 748.

novem in quatuor et quinque)[641] — keine dieser Stellen verrät eine wirkliche Fachbedeutung des Wortes. In feldmesserischen Schriften findet sich einmal *partiri a* für „teilen durch".[642] Erst bei Gerbert (940—1003) fängt die Geschichte unseres Wortes an, und zwar tritt es bei ihm gleich mit allen Ableitungen auf, *dividere per*, *divisio*, *divisor*, *dividendus*;[643] daneben erscheint *metiri*. Noch fehlt ein Sonderwort für das Ergebnis einer Division. Eine Wiener Handschrift von 1143 n. Chr. sagt hierfür *denominatio*;[644] eine etwas jüngere Münchener Handschrift (vor 1168) behilft sich mit: *id quod de divisione evenerit*;[645] Leonardo von Pisa (1228 *Liber abbaci*) greift zu *summa divisionis*,[646] wie bei den anderen Rechnungsarten, oder er erklärt *numerus qui prouenit ex diuisione uocatür procedens uel exiens* (also einfach: Resultat). Im 13. Jahrhundert stellt sich plötzlich die Wendung *numerus notans quotiens* (= die Zahl, die angibt, wie oft) ein; so im *Algorithmus de integris* des Meisters Gernardus.[647] In der Schrift *De numeris datis* benutzt auch Jordanus Nemorarius († 1237)[648] *quotiens*, nicht aber in der *Demonstratio de algorismo*.[649] Sacrobosco († 1256?) übernimmt in seinem Rechenbuch das Wort mit der gefährlichen Endung grammatisch richtig, doch immer vorsichtig in der Phrase *numerus denotans quotiens*; auch im Genitiv *numeri denotantis quotiens*.[650] Sein Kommentator Petrus de Dacia (1291) spielt schon mit dem Feuer, indem er das *denotans* wegläßt;[651] noch achtet Johannes de Muris (Mitte des 14. Jahrhunderts) auf die Unbeugbarkeit des *quotiens*.[652] Levi ben Gerson († 1344 Avignon) sieht es aber schon als Substantivum an: *divisionis quotiens*.[653] Aber nun ist auch das Unglück da! Der Italiener Prosdocimo de' Beldomandi († 1428, Padua) dekliniert es und bildet 1410 im *Algorismi tractatus*: *numerum quotientem*.[654] In der Abhandlung des Johannes de Lineriis (um 1322, Paris) *Algorithmus de minutiis* (Bruchrechnung), die der Schrift des Beldomandi im Druck von 1540 an-

641 *De nuptiis*[640] VII, 780. — **642** *Röm. Feldmesser*[462] I, S. 297, Z. 10. — **643** *Opera* ed. Bubnow[72], S. 13, 15, 16. — **644** A. Nagl[438], S. 129ff., Anhang, Tafel VII: „*Si diuisionem probare uolueris, denominationem per diuisorem multiplica*" (wenn du die Division prüfen willst, multipliziere den Quotienten mit dem Divisor). — **645** Ed. M. Curtze[37], S. 21, Z. 1. — **646** Ed. Boncompagni[30], I, S. 27. — **647** Ed. G. Eneström[179], Bibl. math. 13_3, 1912—1913, S. 314, letzte Zeile. — **648** Ed. P. Treutlein[535], S. 162, S. 28. — **649** G. Eneström[36], Bibl. math. 7_3, 1906/7, S. 31. — **650** Ed. M. Curtze[31], S. 12, Z. 11. — **651** Ed. M. Curtze[31], S. 64, Z. 22: *invenienda sit figura quotiens*, Z. 24 *ponere quotiens numerum*; S. 65, Z. 26 *in numero quotiens*. — **652** Z. Math. Phys. 34, 1890 Suppl., S. 145, Z. 6 v. u.: *numerum quociens*. — **653** M. Curtze[466], S. 373, letzte Zeile: *divisionis quotiens erit sagitta*. — **654** Venet. 1540[405], Bl. C II v°, Z. 11.

gehängt ist, wird der verführerische Fehler sofort mitgemacht,[655] und keine Macht in der Welt geschultester Grammatik kann ihn wieder gut machen: *quotiens* ist deklinabel geworden und bleibt es auf immer. Regiomontanus (1436—1476), gewiß ein sprachenkundiger Kopf, redet ganz ruhig von *numeri quotientes,* obgleich er an anderer Stelle *numeri quotiens* setzt.[656] Glatt geht das Wort in die deutsche Sprache ein; die *Geometria Culmensis* (um 1400) sagt: dy czal quociens,[657] das Bamberger Rechenbuch[407] spricht vom quotient,[658] J. Widmann lehrt 1489 in seinem Rechenbuch: den quotient das ist die zal die auß der teylūg kūmen ist.[659] — Dividieren geht übrigens ebenso schnell in die Volkssprache über. Im Hildesheimer Rechenbuch[87] (1445; niederdeutsch) heißt es „enen numerus diuideren",[660] im Bamberger Rechenbuch[407], Kap. 9[661] „diuidirn das ist teylē ī gebrochē". Im ersten werden auch Division, Divisor und Dividendus fast unverändert gebraucht;[662] das deutsche teilen bringt um 1400 die *Geometria Culmensis* in mathematischem Sinne.[663]

Ist der letzte Rest einer Division Null, so sagen wir noch heute, wie H. Grammateus 1518, die Rechnung geht auf.[664]

Bei „Teilen in" setzt das 15. und 16. Jahrhundert den Dividendus vorauf. Bei „tail 6 in $\frac{25}{144}$" (Frater Fridericus, 1455 bis 1464)[665] ist $\frac{25}{144}$ der Divisor. Im Rechenbuch von Treviso (1478) wird *in* gebraucht, aber der Divisor vorangesetzt.[666] Noch P. Apian (1495—1552, Ingolstadt) meint mit „diuidir 3456 in 8" unser „3456 durch 8".[667] Gleichzeitig wurde aber auch unser „durch" benutzt, so von J. Widmann 1489:[668] „$14\frac{1}{4}$ durch $\frac{3}{4}$ kumpt 19"; ferner „in" in unserem Sinne, wie im Bamberger Rechenbuch[407] Kap. 5 „wy oft mag ich 19 in 46 gehaben, das ist 2 mal", so daß oft leicht Verwirrung eintreten konnte. Die Wahl zwischen „Dividieren *mit* einer Zahl" und „Dividieren *durch* eine Zahl", von denen das erstere Kästner (1764)[396], das letztere Wolff (1710)[24] in den *Anfangsgründen* benutzte, ist auch heute noch nicht entschieden. — Das fremdwort-

655 Wohl von dem Herausgeber; *Joannis de Liueriis Siculi Algorismus de minutiis,* Ven. 1540, Bl. D (7), Z. 12 v. u. — 656 Briefwechsel, ed. Curtze[467], S. 194, Z. 18, S. 234, Z. 7; aber undekliniert S. 232, Z. 22. — 657 Ed. Mendthal[319], S. 67[461]. — 658 Bl. (13) r⁰ [407]. — 659 Bl. d (2) v⁰ [200]. — 660 Z. Math. Phys. 33[87], 1888, Hist.-lit. Abt. S. 134, Z. 17. — 661 B.[407] (17) r⁰, auch Kopftitel Bl. (13) r⁰. — 662 Daselbst[87] S. 136. — 663 Ed. Mendthal[319], S. 67, Z. 11—15: mere (= multipliziere) dy lenge des Dyameter mit 22, vnde was davon kumpt, das teyle mit seben, so wird dy czal quociens dy lenge des ummecreyses. — 664 Rechenbuch v. 1518[58a], Bl. H (6) r⁰, Z. 13: . . . so geht es alles auff. — 665 M. Curtze[463], S. 33 letzte Zeile. — 666 D. E. Smith, Isis, 6, 1924, S. 316[54]. — 667 Vnderweisung 1527[446], Bl. B (5) v⁰. — 668 Rechenbuch[200], Bl. g (5) v⁰ letzte Zeilen.

artige Halbieren, das heute noch neben *hälften* seinen Platz behauptet, ist schon bei J. WIDMAN (1489) im allgemeinen Gebrauch.[669] *Halbmachen* (1514, J. BÖSCHENSTEYN)[670] und *halbteilen* (J. C. STURM 1670)[671] hielten sich nicht. Das Hauptwort Hälfte im mathematischen Sinne bietet schon die *Geometria Culmensis* (um 1400).[672]

c) Das abgekürzte Rechnen.[673]

Mit der ausgiebigen Benutzung der Dezimalbrüche geht Hand in Hand die Erfindung von Methoden, auch mit ungenauen Dezimalbrüchen möglichst genau die vier Rechnungsoperationen zu vollführen. Addition und Subtraktion sind infolge ihrer leichten Übersichtlichkeit weniger davon berührt als Multiplikation und Division. Für diese finden wir demgemäß am frühesten abgekürzte Methoden. Der Schöpfer so vieler Neuerungen, besonders auf rechnerischem Gebiet, der Schweizer JOST BÜRGI (1552—1632/33; Mechaniker, Astronom; Prag, Kassel), der treue Gehilfe des für die Astronomie eifrig bemühten Landgrafen Wilhelm IV. in Kassel, scheint zum erstenmal ein derartiges Verfahren angewandt zu haben. In seiner nur handschriftlich erhaltenen *Arithmetica*, die etwa um 1592 verfaßt sein muß,[674] findet sich ein Multiplikationsbeispiel in fast der-

BÜRGI		heute
01234		0,1234
12358		1,2358
01234		1234
0246	8	247
037	0	37
06	1	6
0	9	1
01525		0,1525

selben Art, in der es in den heutigen Schulen gelehrt wird. Die Erhöhung der letzten Ziffer in dem Falle, daß die nächstfolgende größer als 4 ist, ist nicht jedesmal streng durchgeführt, da BÜRGI 061 und 09 bei 0615 und 098 schreibt. Übrigens bleibt dies hier für die letzte Ziffer des Ergebnisses ohne Einfluß.

Ähnlich erleichtert sich LUDOLPH VAN CEULEN in einer Schrift von 1596 *Van den Circkel* (Delft) eine Divisionsaufgabe. Er hat

669 Bl. b (6) r°[200], Z. 13 v. u.: Mediren das heyſt halbiren. — 670 Rechen biechlin[201], Bl. A 4 r°, Z. 4 v. u. — 671 Archimedesübersetzung[611], Vorbericht. — 672 Ed. MENDTHAL[319], S. 23. — 673 Vgl. E. KULLRICH, *Die abgekürzte Dezimalbruchrechnung*, Programm Nr. 136, Schöneberg (Realschule) 1898. A. WITTING, *Abgekürzte Rechnung*, Leipzig 1922 (Math. Phys. Bibl. Nr. 47). — 674 CANTOR, 2^2, S. 618.

zwei 22-stellige Zahlen durcheinander zu teilen. Dabei stellt er zunächst die Vielfachen des Divisors für $n = 1, 2 \ldots 9$ in einer Nebenrechnung zusammen (vgl. S. 110[636]). Bei der Ausführung der Division selbst läßt er von Subtraktion zu Subtraktion je eine Stelle des entsprechenden Vielfachen von rechts anfangend fort, so daß er schließlich nur noch die fünf obersten Stellen verwertet. Bei einer anderen Aufgabe kürzt er auch gelegentlich den Dividendus.[675] Auch in der etwa gleichzeitig verfaßten *Ars logistica* von JOHN NEPER (1550—1617, Gutsherr von Merchiston) wird eine abgekürzte Multiplikationsaufgabe vorgeführt;[676] wenn diese Schrift auch den Zeitgenossen nicht bekannt wurde — sie wurde erst 1839 gedruckt — und daher ohne Einfluß blieb, ist es doch interessant, nachträglich zu sehen, wie NEPER bei der Berechnung seiner großen Logarithmentafeln sich des Kunstgriffs der abgekürzten Rechnungen bedient hat.[677]

Eine handschriftliche Aufzeichnung vom Jahre 1599 enthält genauere und eingehendere Rechenvorschriften für das abgekürzte Multiplizieren. Sie ist verfaßt von JOHANNES RICHTER, einem unter dem wissenschaftlichen Namen PRAETORIUS bekannten gelehrten Mechaniker (1537—1616, Prof. d. Math. in Wittenberg und Altdorf).[678] Auf ihn beruft sich J. KEPLER (1571 Württemberg — 1630 Regensburg; Graz, Prag, Linz, Sagan) in einem Brief an den Landgrafen Philipp von Hessen vom Dezember 1623,[679] in dem er auch Beispiele für die abgekürzte Division neben solchen für die Multiplikation mitteilt; beide Rechnungsarten sind in der noch heute üblichen Weise durchgeführt. KEPLER ist der erste, der von dem neuen Verfahren weitgehenden Gebrauch bei der Berechnung seiner Tafeln machte; er wußte sogar die Genauigkeit der letzten Ziffern abzuschätzen, allerdings ohne Benutzung methodischer Regeln.

Wenn auch in den besseren Lehrbüchern der nächsten Zeit zuweilen die abgekürzten Rechenmethoden gelehrt werden, wie in W. OUGHTREDS *Clavis mathematicae*[680] von 1631[681] und J. WALLIS'

---

675 H. BOSMANS, *Un émule de Viète: Ludolphe von Ceulen*, Annales de la soc. sc. d. Bruxelles 34 : 2, 1910, S. 88 f.; vgl. G. ENESTRÖM, Bibl. math. 11_3, 1910/11, S. 9. — 676 MARK NAPIER[403], S. 64. — 677 Daselbst S. 65, Z. 7: *in maximis itaque numeris, maxima laude dignum est hoc compendium* (bei sehr großen Zahlen ist diese Abkürzung des höchsten Lobes würdig). — 678 M. CURTZE, *Die abgekürzte Multiplikation*, Z. Math. Phys., Bd. 40, Hist. lit. Abt., S. 7—11. — 679 KEPLERI *Opera omnia*, ed. FRISCH, 7, Frankf. 1868, S. 306. — 680 W. OUGHTRED, *Arithmeticae in numeris et speciebvs institvtio qvae tvm logisticae, tvm analyticae, atqve adeo totivs mathematicae qvasi clavis est*, Londini 1631; 2. Aufl. engl., *The Key of the Mathematicks*, London 1647; 3. Aufl., London 1648: *Clavis mathematica denuò limata sive potius fabricata . . .*;

Algebra von 1685,[682] die auch das abgekürzte Radizieren hinzufügt,[683] so stammen doch methodische Behandlungen erst aus dem 19. Jahrhundert. So gibt M. Ohm[684] besondere Regeln über die Stellung des Kommas im Resultat. Von F. Wolff (1828)[685] rührt die Regel her, das Komma der beiden Faktoren eines zu berechnenden Produktes im entgegengesetzten Sinne zu verschieben, bis im Multiplikator nur eine wirkliche Ziffer vor dem Komma steht, und dann dem Resultat ebensoviel Dezimalstellen zu geben, wie der Multiplikator besitzt; von demselben wird auch die Frage aufgeworfen, auf wieviel Stellen man die ungenauen Dezimalbrüche kennen müsse, um durch das abgekürzte Verfahren Resultate von vorgeschriebener Genauigkeit zu erhalten, eine Frage, deren endgültige Lösung in der anfangs angeführten Arbeit von Kullrich[673] gegeben ist. Erst nach der Einführung des dezimalen Systems für Münze, Maß und Gewicht wird zugleich mit der Anerkennung der Dezimalbruchrechnung als Schullehrstoff dem abgekürzten Verfahren zu größerer Verbreitung verholfen und seine Methode mit aller Schärfe durchgearbeitet.[686]

3. Das Rechnen mit benannten Zahlen.

Das älteste Rechnen war ein Operieren mit benannten Zahlen gewesen. Wie sich in der geistigen Entwicklung des einzelnen Menschen der Zahlbegriff nur allmählich von konkreten Zahlenmengen abhebt, so wird im Geistesleben der Völker die abstrakte Behandlung der Zahlen erst auf einer höheren Bildungsstufe erworben. Tausch, Kauf und Verkauf, der Verkehr der Völker untereinander muß zu Maßvergleichungen und Maßumrechnungen führen, die nun erst sehr langsam das reine Rechnen entstehen lassen.

Aus dieser ältesten Zeit liegt dem Historiker keine Überlieferung vor. In dem altägyptischen Rechenbuche des Ahmes (aus dem 20. bis 17. Jahrhundert v. Chr., vgl. S. 72), steht abstraktes

4. Aufl., Oxford 1652, *Clavis mathematicae* . . ., erweitert, mit Zusätzen; 5. Aufl. 1667 genauer Abdruck von 4; ferner 1693, 1694 (engl.), 1698, 1702 (engl.). Auch enthalten in *Opuscula mathematica*, Oxford 1676. — **681** *Clavis math.*, 1631, cap. IV, § 5, S. 6, cap. VI, § 13, S. 14. Vgl. A. Loewy, Arch. Math. Phys. 3_3, 1902, S. 321. — **682** Engl. *Treatise of algebra, both historical and practical*, London 1685, S. 29—30 (handschriftlich schon 1676); lat. *Tractatus de algebra historicus et practicus*, Oxford 1693 in den *Opera omnia*, Oxoniae 1693—99, Bd. II, 1693—95, S. 32 ff. — **683** Ebenda Ausg. v. 1685, S. 29—30, *Opera* II, S. 36. — **684** M. Ohm, *Versuch eines vollkommen consequenten Systems der Mathematik*, 3 Bde., I (1. Aufl., Berlin 1822) Berlin 1828, Kap. 8, § 11 und 12, S. 233 ff. — **685** F. Wolff, *Theoretische und praktische Zahlenlehre*, Berlin 1828. — **686** Alb. Kuckuck[503], S. V. Vgl. Jak. Lüroth, *Vorlesungen über das numerische Rechnen*, Leipzig 1900.

Rechnen bereits auf einer Höhe, die man vor Auffindung des Papyrus nicht hatte ahnen können. Das Rechnen mit benannten Zahlen steht schon im Hintergrund. Selbstverständlich sind immer noch eine große Anzahl von Aufgaben vorhanden, die uns Kenntnis über die damaligen Maße geben; zwei Abschnitte enthalten sogar nur Vorschriften über Umwandlung aus einem Maßsystem in ein anderes.[687] — Das 1. Jahrhundert v. Chr. läßt uns erst wieder ein Buch antreffen, das für konkretes Rechnen Wichtigkeit hat; es ist das Lehrbuch für Feldmesser von HERON von Alexandria. Bedeutsam für die rechnende und messende Mathematik, gibt es uns zugleich durch seine Maßtabellen wertvollen Einblick in die damalige Metrologie.[688] Über ein Jahrtausend hinweg ist sein Einfluß auf die späteren Geometer maßgebend. Mittelbar oder unmittelbar schöpfen aus HERON die römischen Agrimensoren COLUMELLA (aus Gades) und FRONTINUS im 1. Jahrhundert unserer Zeitrechnung, BALBUS, HYGINUS am Beginn des neuen, MARCUS JUNIUS NIPSUS, EPAPHRODITUS, VITRUVIUS RUFUS im 2. Jahrhundert;[689] in den *Origines* des Bischofs ISIDORUS von Sevilla[690] (570 Cartagena — 636 Sevilla), wie in der Geometrie GERBERTS[691] (um 940 Auvergne — 1001 Rom; Papst SILVESTER II.) ist Heronische Wissenschaft unverkennbar. Feldmesserische Vorschriften, Maßvergleichungen bilden den Faden, der von dem einen zum anderen führt.

Inhaltlich wurde das Rechnen mit benannten Zahlen — wenn es sich auch hierbei in der Tat um abstrakte Zahlen handelt — bei den Sexagesimalbrüchen geübt. Ihre Verwendung lernten die Griechen im zweiten vorchristlichen Jahrhundert von Babylon (vgl. S. 57); sie beschränkte sich auf die Astronomie, hielt hier aber zähe stand selbst bis über das Mittelalter hinweg, um erst den Dezimalbrüchen allmählich zu weichen (vgl. diese). Zur Ausführung der Multiplikationen und Divisionen hatten die Babylonier umfassende Tabellen zusammengestellt (vgl. S. 141 f.). Wie im klassischen Altertum mit Sexagesimalbrüchen gerechnet wurde, lehrt uns THEON von Alexandria (zweite Hälfte des 4. Jahrhunderts n. Chr.). Besondere Schwierigkeiten bereitete das Multiplizieren und Dividieren mit ihnen und das Bestimmen der Sexagesimalbenennungen im Resultat. „Die

687 EISENLOHR[381], Tafel XXII, S. 204—211. — 688 HERON, *Definitiones* 131, *Opera* 4[543], ed. J. L. HEIBERG, Leipzig 1912, S. 86; *Geometrica* 4, S. 182 ff. usw. Interessant ist bei HERON die Bezeichnung für Fuß, Quadratfuß und Kubikfuß: *ὁ πούς ὁ εὐθυμετρικός* (längemessender F.), *ὁ π. ὁ ἐπίπεδος* (Flächenfuß) und *ὁ π. ὁ στερεός* (fester F.). — 689 Vgl. M. CANTOR, *Die römischen Agrimensoren*[268]. — 690 CANTOR, 1[3], S. 823. — 691 CANTOR, 1[3], S. 861 f.

Bezeichnung Grad", setzt Theon auseinander,[692] „läßt die Gattung der Zahl, mit der er multipliziert wird, unverändert." Mit umständlichen geometrischen Betrachtungen sucht er nachzuweisen, daß die ersten Sechzigstel mit einer anderen Gattung multipliziert diese um eine Stufe herabsetzen, zweite Sechzigstel um deren zwei usf.; umgekehrt beim Dividieren. Eine allgemeine Regel spricht Theon aber nicht aus, sondern zeigt das Verfahren nur an Beispielen.[692a] Auch das Wurzelziehen lehrt er.

Ähnlich verfährt Maximus Planudes († um 1310; Byzanz); er rechnet z. B. $14^0 23' \times 8^0 16'$ vor. Bei dem Beispiel $3^0 23' 54'' : 2^0 34' 24''$ bringt er erst Dividendus und Divisor auf gemeinsamen Nenner.[693]

In den arabischen und mittelalterlichen Schriften nahm das Rechnen mit Sexagesimalbrüchen innerhalb der vier Spezies einen breiten Raum ein, selbst noch in den älteren gedruckten Lehrbüchern, sogar bis zum Ende des 16. Jahrhunderts. Vielfach werden Hilfstafeln beigefügt, aus denen man den Rang des Produktes, bzw. des Quotienten zweier beliebigen sexagesimalen Unterabteilungen entnehmen konnte.

Ähnliche Schwierigkeiten bereitete natürlich auch das römische Duodezimalbruchrechnen mit den unciae (vgl. S. 157), das schließlich bei der geringen mathematischen Allgemeinbegabung der Römer tabellarisch im Gebrauch erstarrte.

Im Mittelalter erscheint das Rechnen mit echten benannten Zahlen erst in zweiter und dritter Reihe. Etwas ausführlicher ist Leonardo von Pisa in seiner *Practica geometriae* von 1220 bei der Einführung der Flächenberechnung.[694] Aufgaben aus der Praxis, insbesondere aus der Regeldetri mit ihren zahlreichen Anwendungen finden wir fast bei jedem Schriftsteller des 15. und des 16. Jahrhunderts, aber fast nirgends wird in den Rechenbüchern eine Behandlung der Rechnungsarten mit benannten Zahlen gesondert vorgenommen; solche Aufgaben werden höchstens als Übungsbeispiele dem Rechnen mit unbenannten Zahlen angefügt, wie in dem Rechenbuch[200] des Johannes Widman aus Eger (1489). Eine rühmliche Ausnahme bilden die auf dem Höhepunkt ihrer Zeit stehenden

692 Ed. Halma[282], S. 111, Z. 11 v. u.: *ἡ μοῖρα, ἐφ᾽ ὃ ἂν εἶδος πολλαπλασιασθῇ, αὐτὸ τὸ εἶδος φυλάττει.* Theon rechnet das Beispiel vor 1515 20′ 15″ durch 25 12′ 10″, ohne die Brüche auf gemeinsamen Nenner zu bringen. — 692a Vgl. hierzu G. H. F. Nesselmann, *Die Algebra der Griechen*[316], S. 138 ff. Fr. Hultsch, *Die Sexagesimalrechnungen in den Scholien zu Euklids Elementen*[542], S. 225—233. — 693 Übersetzung v. H. Waeschke[404], Halle 1878, S. 35. — 694 *Scritti di Leonardo Pisano matematico*, pubbl. da Bald. Boncompagni, II, *Practica geometriae*, Rom 1862, S. 5 ff.

Lehrbücher des Italieners N. Tartaglia (1499? Brescia — 1557 Venedig)[695] und seines deutschen Zeitgenossen Chr. Rudolff (Rechenbuch von 1526)[15], in denen besondere Abschnitte den Rechnungsarten mit benannten Zahlen gewidmet sind. In Tartaglias *General trattato* finden wir schon Aufgaben aus der Zeitrechnung in demselben Schema ausgeführt, wie wir es heute gewöhnt sind.[696] Das 17. Jahrhundert hat diese Höhe wieder verloren. Reines und angewandtes Rechnen wird vermischt gelehrt. Nachdem anfangs bei irgendeiner Gelegenheit das Addieren und Subtrahieren mehrfach benannter Zahlen geübt wurde, wird in der Regel dem numerischen Multiplizieren das Resolvieren, der Division das Reduzieren angeschlossen.[697] Erst im 18. Jahrhundert ist ein endgültiger Übergang zur getrennten Behandlung beider Rechenstoffe wahrzunehmen. In dem Rechenbuch von Paricius (Regensburg 1706)[697] — und so in vielen anderen — werden nach Abschluß des gewöhnlichen Rechnens, gleichsam als Einleitung, die üblichen Münz-, Maß- und Gewichtssysteme, deren außerordentlich große Zahl den Rechenunterricht erheblich erschwerte, dann das Addieren und Subtrahieren benannter Zahlen gelehrt; vor der Multiplikation wird das Resolvieren, vor der Division das Reduzieren gezeigt. Multiplikation und Division werden sowohl nach Zurückführung auf das kleinste Maß vorgenommen, als auch an den mehrfach benannten Zahlen selbst, indem man beim Dividieren mit der höchsten Sorte, beim Multiplizieren mit der niedrigsten beginnt.

Statt der lateinischen Namen *numeri abstracti* und *concreti*, die Stifel 1544 als übliche Bezeichnungen angibt,[698] benutzt W. Holtzmann (Xylander; 1532 Augsburg — 1576 Heidelberg) die Verdeutschungen ledige und benannte Zahlen,[699] von denen nur die letztere Bürgerrecht erhalten hat.

Die Ausdrücke resolvieren und reduzieren stammen aus

695 *General trattato*[59], Parte I, lib. III, Bl. 36 v° ff. — 696 So wird im *General trattato*, Bl. 182 v° die Zeit zwischen dem 19. August 1552 nachm. 9 Uhr bis zum 6. April 1558 früh 7 Uhr folgendermaßen berechnet:

	hore	7	giorni	6	mesi	4	anno	1558
	hore	21	giorni	19	mesi	8	anno	1552
Differentia:	hore	10	giorni	16	mesi	7	anni	5.

697 Sterner[358], S. 334. — 698 *Arithmetica integra*[23], cap. II, Z. 1—2, fol. 7 v°: „*numeri abstracti proprie dicuntur, qui nullam prorsus denominationem habent.*" (Als abstrakte Zahlen werden diejenigen bezeichnet, die keine Benennung weiter haben.) — 699 Die Sechs Erste Bücher Euclidis[63], Basel 1562, S. 121, Z. 34, 38. Das Wort *Benennen*, *Benennung* war aber schon vorher üblich geworden, so bei Mich. Stifel, Deutsche Arithmetica von 1545[421], z. B. Bl. 18 r°, Z. 23.

dem sogenannten Linienrechnen mit Rechenpfennigen, das im 15. Jahrhundert und selbst noch im Anfang des 16. Jahrhunderts die volkstümliche Rechenmethode in Deutschland war. Auf einer hierfür bestimmten Tafel (Rechenbank oder Banckir) waren wagerechte Linien gezogen; die auf der untersten Linie liegenden Rechenmarken galten als Einer, die auf der nächsten als Zehner usw. Ein Rechenpfennig zwischen zwei Linien hatte den 5-fachen Wert von dem, den ihm die darunter befindliche Linie, also den halben Wert von dem, den ihm die nächstobere zuwies. Unter *Elevieren* verstand man nun, soviel Rechenpfennige wegnehmen (*aufheben*), daß eine gegebene Zahl durch möglichst wenige Rechenpfennige ausgedrückt wurde, indem jedesmal fünf auf einer Linie befindliche Marken durch eine solche im nächsthöheren Zwischenraum, beziehentlich zwei in einem Zwischenraum durch eine auf der benachbarten höheren Linie ersetzt werden. Das Umgekehrte, also das Verfahren, eine höhere Einheit in niedrigere aufzulösen, heißt *Resolvieren*, gerade so wie wir heute noch sagen. Für beide Operationen war auch das Wort *Reduzieren*, das sich später nur auf die erstere beschränkte, in Übung, wie im *Algorithmus de minutiis*[655] des JOHANNES DE LINERIIS (um 1322; Paris)[700] und im *Algorithmus linealis* von HEINRICH STROMER (Prof. in Leipzig) aus dem Jahre 1504.[701] Das Elevieren wird in den deutschen Rechenbüchern[702] durch *Aufheben* übersetzt und ist so allmählich zu dem modernen terminus *Heben* in der Bruchrechnung geworden.

Im eigentlichen Sinne werden für Resolvieren die Verdeutschungen gewählt: *Aus großen Sorten kleine machen* oder kurz *Auflösen* (SIMON JACOB, Frankfurt a. M. 1565, Rechenbuch auff den Linien vnd mit ziffern)[1186], für Reduzieren: *Aus kleinen Sorten große machen*, bzw. *Aufgelöstes zu Ganzen machen.*[703]

II. Eigenschaften der ganzen Zahlen.

Die Lehre von den Eigenschaften der ganzen Zahlen ist von kleinsten Anfängen, nachdem sie sich aus einer Art Zahlenmystik herausgearbeitet hatte, besonders durch Mathematiker der Neuzeit, wie P. FERMAT, L. EULER, A. M. LEGENDRE, K. F. GAUSS u. a. zu einer umfassenden Theorie, der sogenannten Zahlentheorie, ausgewachsen. Sie wurde eine Wissenschaft, mit der sich, was Reichtum und Tiefe

700 So bei den Sexagesimalbrüchen *reducere ad integra* und umgekehrt: *reducere ad secunda.*[655] — **701** (1. Ausg., Leipzig 1504) Ausg. 1517, Bl. Aiij r⁰ u. v⁰. — **702** Z. B. J. KOEBEL, *Rechenbuch*, Oppenheim, 1514[93], Bl. Biij r⁰ u. v⁰. — **703** FEL. MÜLLER[57], S. 320; so GRAMMATEUS 1518[58a], Bl. Cij v⁰, Z. 16: „auß klainer ding groffers machen", 2 Seiten vorher: „auß grosem ding klayners suchen."

der Probleme, Vielseitigkeit der Beweise, vor allem Schwierigkeit der Behandlung betrifft, kaum ein anderer Sonderzweig der Mathematik messen kann. Aus diesem Grunde haben sie die führenden Mathematiker jederzeit als ihr Lieblingsgebiet betrachtet und ihre Kräfte an der Auffindung von Beweisen für Sätze, die sich induktiv oft leicht ergeben, erprobt, häufig genug, ohne daß sie die sich entgegenstellenden, nicht geahnten Schwierigkeiten überwinden konnten.[704]

Es kann nicht Aufgabe der folgenden Ausführungen sein, eine Geschichte der Zahlentheorie, die zugleich mit derjenigen der höchsten Fachgebiete verknüpft sein müßte, zu geben; in Beschränkung auf den Lehrstoff der Schule genügt es, die Geschichte der Hauptzahlengruppen, der Teilbarkeit der Zahlen, besonders die Geschichte der Primzahlen zu behandeln, gerade Kapitel, die auch historisch am ältesten sind. Weitere Abschnitte über diophantische Gleichungen, pythagoreische Dreieckszahlen und figurierte Zahlen werden ihre besondere Stelle finden.

Die Einteilung in Kardinal- und Ordinalzahlen ist ziemlich ursprünglich. Schon in ganz alten ägyptischen und sumerischen Inschriften kommen Zahlwörter beider Art vor.[705] Der Grammatiker Dionysios Thrax (170—90 v. Chr., Schüler des alexandrinischen Bibliothekars Aristarch) nennt die ersteren *ὀνόματα ἀριθμητικά*, die letzteren *ὀ. τακτικά*. Die Zahladverbia (einmal, zweimal ... *ἅπαξ*, *δίς* ...) heißen bei ihm *ἐπιρρήματα ἀριθμοῦ δηλωτικά*.[706] Besondere Distributivzahlen, wie die Römer in singuli, bini ... je einer, je zwei ..., besitzen die Griechen nicht; von späteren Grammatikern werden sie *ἐπιμεριζόμενα* genannt. Die lateinischen Fachwörter cardinalia (von cardo Angelpunkt, also soviel wie Hauptzahlen), ordinalia, adverbia numeralia, dispertitiva finden sich zuerst bei dem römischen Grammatiker Priscianus (491—518 n. Chr.).[707]

Eine weitere Einteilung der ganzen Zahlen ist die in gerade und ungerade Zahlen. Die Kenntnis, ob eine Zahl durch 2 teilbar ist, haben schon die alten Ägypter besessen. Das zwischen

704 Vgl. Gauss, Göttinger Nachrichten, 12. Mai 1808, S. 754. — 705 Vgl. K. Sethe, *Von Zahlen und Zahlenwerten*[101], Kardinalzahlen S. 11ff., Ordinalzahlen S. 109f. Ebenso in altsumerischen Texten, vgl. F. Delitsch, *Kleine sumerische Sprachlehre*, Leipzig 1914, S. 44, 45. — A. Poebel[96], *Grundzüge der sumerischen Grammatik*, Rostock 1923, S. 116f. — 706 R. Kühner, *Ausführliche Grammatik der griechischen Sprache*, Teil I: *Elementar- und Formenlehre*, 3. Aufl., besorgt v. Fr. Blass, Bd. I, Hannover 1890, S. 621, 622, 623. — 707 *Grammatici latini*, rec. H. Keil. Vol. III. *Prisciani institutionum grammaticarum*, lib. 13 bis 18, rec. M. Hertz, II, Leipzig 1859, S. 412, 413, 415. Vgl. auch Vol. I, S. 62, Z. 3: „*Ordinale est, quod ordinem significat, ut ‚primus', ‚secundus', tertius'.*“

1850 und 1580 v. Chr. verfaßte Rechenbuch des AHMES (*Papyrus Rhind*) enthält in der Lehre von den Brüchen (siehe S. 150f.) eine Tabelle von Zerlegungen der Brüche

$$\frac{2}{3}, \frac{2}{5}, \frac{2}{7} \cdots \frac{2}{2n+1} \quad (n = 1, 2, \ldots 49)$$

in Stammbrüche, wie sie der Ägypter in seinen Rechnungen brauchte.[708] Brüche mit geradem Nenner sind nicht aufgeführt, offenbar aus dem Grunde, weil sie sich durch Heben sofort auf Stammbrüche zurückführen lassen; es müssen demnach Regeln bekannt gewesen sein, durch die man in einem gegebenen Falle die Teilbarkeit einer Zahl durch 2 feststellen konnte. Ob Bezeichnungen wie *gerade* und *ungerade* bereits im Gebrauch waren, läßt sich aus den bisher gefundenen Überlieferungen nicht ersehen. Sichere Nachricht über das Bestehen und die theoretische Aufstellung dieser Gegensätze haben wir erst für die Schule des PYTHAGORAS (6. bis 5. Jahrhundert v. Chr.). Zahlenmystische Betrachtungen, deren Anfänge dem Stifter der Schule wahrscheinlich aus Babylon, dem Vorort der Zahlendeuter und Astrologen im Altertum, zuflossen, haben PYTHAGORAS und seine Schüler veranlaßt, der Reihe der ganzen Zahlen besondere Aufmerksamkeit zu widmen, ihre Eigenschaften zu studieren und auf Grund derselben jenes bekannte philosophische System zu entwickeln, dessen Leitmotiv darin ausklingt, daß das Wesen aller Dinge Zahlen seien. Eine Reihe von grundlegenden Gegensätzen, in denen die Pythagoreer ihr mathematisch-philosophisches Glaubensbekenntnis ablegten, die sogenannte pythagoreische Kategorientafel, ist uns von ARISTOTELES überliefert worden; es sind die zehn folgenden — 10 ist die heiligste Zahl, da sie aus der Addition der ersten 4 Zahlen enstanden ist[709] —: 1) Begrenztes und Unbegrenztes; 2) Ungerades und Gerades (*περιττὸν καὶ ἄρτιον*); 3) Eines und Vieles; 4) Rechtes und Linkes; 5) Männliches und Weibliches; 6) Ruhendes und Bewegtes; 7) Gerades und Krummes; 8) Helles und Dunkles; 9) Gutes und Böses; 10) Quadrat und Rechteck.[710] — Hier finden wir in 2) den in Rede stehenden Gegensatz. Dieser muß bald Allgemeingut geworden sein, da zur Zeit PLATONS (429—348 v. Chr., Athen) das noch jetzt bekannte Spiel *Gerad oder Ungerad* verbreitet war.[711]

708 EISENLOHR[381], S. 46—48. — **709** Die Zahl 10 wird schon im Papyrus Rhind bevorzugt (zwischen 1850 und 1580 v. Chr.). — **710** ARISTOTELES, *Τῶν μετὰ τὰ φυσικὰ α'*, cap. 5, Berl. Akademie-Ausgabe 1831[6], S. 986, Z. 23—26 links: *πέρας καὶ ἄπειρον, περιττὸν καὶ ἄρτιον, ἓν καὶ πλῆθος, δεξιὸν καὶ ἀριστερόν, ἄρρεν καὶ θῆλυν, ἠρεμοῦν καὶ κινούμενον, εὐθὺ καὶ καμπύλον, φῶς καὶ σκότος, ἀγαθὸν καὶ κακόν, τετράγωνον καὶ ἑτερόμηκες.* — **711** PLATON, *Lysis* 206 E, ed. HERMANN, III[379],

Eine ausdrückliche Definition einer geraden Zahl findet sich bei PLATON als der Zahl, die in zwei gleiche, ganzzahlige Teile zerlegt werden kann;[712] an anderer Stelle[713] hebt er hervor, daß gerade und ungerade Zahlen in gleicher Anzahl vorkommen. Für die ungerade Zahl bringt EUKLID (um 325 v. Chr.) zwei Definitionen: „Ungerad ist die Zahl, die nicht in zwei gleiche Teile geteilt werden kann, oder, die von einer geraden Zahl um eine Einheit abweicht.“[714] Die zweite ist die ältere, sie wird auch von ARISTOTELES erwähnt;[715] die erste geht sicher auf PLATON zurück.

Die griechischen Fachwörter *ἄρτιος* und *περιττός* werden im Lateinischen durch *par* und *impar* wiedergegeben. *Par* bedeutet schon in klassischer Zeit ein Paar (CICERO; vgl. HORAZ: *par nobile fratrum*); aber schon bei CICERO tritt die abgeleitete Bedeutung *par* = gerade und *impar* = ungerade auf.[716] Von der Folgezeit werden sie stets als feste Fachwörter benutzt, so bei MARTIANUS CAPELLA (um 470 n. Chr.),[717] BOËTIUS (Rom 480 — Pavia 524).[718] CASSIODORUS (475—570 n. Chr.) bildet schon *parilitas* und *imparilitas*.[719]

Das deutsche Wort **gerade** für gleichpaarig ist schon im althochdeutschen *girad* enthalten (mhd. *gerat*; zu ahd. *redia* = Rechnung gehörig).[720] Zuweilen tritt der Gegensatz eben-uneben ein, so im Rechenbuch des Hildesheimer Stiftschülers BERNHARD (um 1445) (niederdeutsch: effen-oneffen; vgl. englisch: even)[721] oder, in enger Anlehnung an die altklassische Bedeutung von par-impar, gleich-ungleich[722] (1461). Gegen Ausgang des 15. Jahrhunderts wird ge-

Leipzig 1906, S. 68, Z. 9, *ἀρτιάζειν*; vgl. auch HORAZ, *Sat.* lib. II, 3, 248: *Ludere par, impar.* — 712 *Gesetze* 895 E, *Dialogi* V[365], S. 328, Z. 20f.; EUKLID VII, def. 6, *Opera omnia*, ed. J. L. HEIBERG und H. MENGE, Leipzig 1883—1888, 2, S. 185: Ἄρτιος ἀριθμός ἐστιν ὁ δίχα διαιρούμενος. — 713 POLITICUS 262 E, *Dialogi* I[379], S. 475, Z. 1. Andere Stellen, an denen PLATON von Gerade und Ungerade spricht: *Theaetetus* 198 A, Dial. I, ed. WOHLRAB 1887, S. 354, Z. 3, 4 v. u. — *Gorgias* 451 B u. 453 E, Dial. III, ed. HERMANN, 1906, S. 205, Z. 7 und S. 209, Z. 9 v. u. — *Respublica* 510 C, Dial. IV, ed. HERMANN, 1907, S. 200, Z. 2. — *Hippias major* 303 B, *Dial.* III, S. 396, Z. 23ff. — *Phaedon* 103 E, *Dial.* I, ed. WOHLRAB, S. 153, Z. 8ff. — 714 VII, def. 7, ed. HEIBERG 2[712], S. 185. — 715 ARISTOTELES, Akademie-Ausgabe[6], S. 142 rechts Z. 8. Vgl. J. L. HEIBERG, *Mathematisches zu Aristoteles*, Abh. Gesch. Math. 18, 1904, S. 10, Z. 6f. — 716 Cic. *Acad. pr.* II, cap. 16, § 32, ed. MÜLLER IV[1], Leipzig 1890, S. 36, Z. 24: *stellarum numerus par an impar sit* . . . (ob die Zahl der Sterne gerade oder ungerade ist, weiß man nicht). Vgl. auch HORAZ[711]. — 717 *De nuptiis*[640] VII, 744, 772. — 718 *Instit. arithm.*, ed. FRIEDLEIN[73], S. 13. — 719 *De artibus et disciplinis liberalium litterarum*, cap. IV, ed. MIGNE, Patrologiae latinae tomus 70, 1865 Paris, S. 1204, Z. 51. — 720 Vgl. M. HEYNE, *Wörterbuch*[3], S. 1110. — 721 Hildesheimer Rechenbuch[87], S. 127, Z. 5, 6. — 722 Frater FRIDERICUS,

rade-ungerade Allgemeingut, so 1483 Bamberger Rechenbuch,[723] 1489 Rechenbuch des Widman von Eger.[724]

Auch der dritte Gegensatz der Kategorientafel des Aristoteles (vgl. S. 121) kann vielleicht zahlentheoretisch aufzufassen sein und auf den Gegensatz zwischen Primzahlen und zusammengesetzten Zahlen hindeuten. Der Begriff der Primzahl ist in Ägypten kaum bekannt,[725] jedenfalls erst in der pythagoreischen Schule festgelegt worden. Mit den Untersuchungen der Pythagoreer beginnt die lange Reihe der Arbeiten über Primzahlen, ihre Anzahl, ihr Auftreten und ihre Bildung, Arbeiten, die auch heutzutage noch keinem befriedigenden Abschluß nahe gebracht sind.

Die griechischen Fachwörter für Primzahl und Nichtprimzahl *πρῶτος* und *σύνθετος ἀριθμός* dürften pythagoreisch sein, wenn sie auch Platon[726] nirgends erwähnt. Sie finden sich vor Euklid schon bei Speusippos (um 350 v. Chr., Nachfolger Platons), von dessen Schrift über die pythagoreischen Zahlen Bruchstücke erhalten sind,[727] und nach ihm bei Aristoteles. Nikomachos (um 100 n. Chr.) gebraucht stets die Doppelbezeichnung: *πρῶτοι καὶ ἀσύνθετοι* und *δεύτεροι καὶ σύνθετοι*.[728] Euklid definiert[736] (VII def. 11, 13): *πρῶτος ἀριθμός ἐστιν ὁ μονάδι μόνῃ μετρούμενος* (Primzahl ist die, die nur durch die Einheit gemessen wird), *σύνθετος ἀριθμός ἐστιν ὁ ἀριθμῷ τινι μετρούμενος* (zusammengesetzt ist die Zahl, die durch irgendeine Zahl gemessen wird), und bringt damit wohl die pythagoreischen Fassungen. Die Zahl 2 wurde bei den Pythagoreern nicht als Primzahl angesehen,[729] wohl aber bei Platon und Aristoteles,[730] während sie Iamblichos (um 330 n. Chr.) wieder nicht dazu rechnet.[731] Im Lateinischen stellt sich natürlich das Wort *primus*

Münchener Sammelband 14908[463], ed. M. Curtze, *Mathematisch-historische Miszellen*, Nr. IV, Bibl. math. 9_2, 1895, S. 40: Ain yede zal ist gelich oder ungelich, so auch Apian, *Rechenbuch* 1527[446] und L. Chr. Sturm, Kurtzer Begriff[413], 1707. — 723 Kap. 8[407], Bl. (16) v°, (17) r°. — 724 Bl. b (6) r°[200]. — 725 Vgl. O. Neugebauer, *Die Grundlagen der ägyptischen Bruchrechnung*, Berlin 1926, S. 23, Anm. 4. — 726 Platon erwähnt nur die körperlichen Zahlen (στερεοί) und die ebenen (ἐπίπεδοι) mit den drei Abarten quadratisch (ἴσον ἰσάκις), kubisch (κύβος) und rechteckig (προμήκης). Vgl. *Respublica* 546 C, Dial. IV, ed. Hermann, 1907, S. 236, Z. 7, 8, 10. — *Theaetetus* 147 E f., *Dialogi* I[379], S. 273, Z. 11 ff. — 727 In französischer Übersetzung bei P. Tannery, *Pour l'histoire de la science hellénique*, 1887, Appendice, II, Nr. 14, S. 386—390. — 728 *Εἰσαγωγὴ ἀριθμητική*, *Nicomachi Geraseni introductionis arithm. libri* II, ed. R. Hoche, Leipzig 1866, I, 11, 1, S. 26, Z. 4—5. *Nicomachus of Gerasa*, translated by M. L. d'Ooge, 1926[151], S. 202. — 729 Ed. R. Hoche[728], I, 11, 2, S. 26, Z. 13. — 730 Akademie-Ausgabe[6] I, S. 159 links, Z. 39 f.: „ἡ δυὰς τῶν ἀρτίων μόνος ἀριθμὸς πρῶτος". Vgl. ferner I, S. 73 links, Z. 40; II, S. 1020 rechts, Z. 4. — 731 *Iambl. in*

für *πρῶτος* ein, wenn es auch im älteren Latein nicht nachzuweisen ist. MARTIANUS CAPELLA (um 470 n. Chr.),[732] BOËTIUS (Rom 480 — Pavia 524)[733] und CASSIODORUS (475—570 n. Chr.)[734] verwendeten gleichmäßig *numerus primus et incompositus, n. secundus et compositus.* Das Wort *primus* setzt sich so fest, daß es unverändert in die deutsche Sprache übernommen wird, so in SCHEYBLS Euklidübersetzung von 1555.[735]

Nach Aufstellung der Definition (VII, def. 11)[736] ergibt sich in EUKLIDS Elementen zunächst die Frage, wie groß die Menge der Primzahlen ist,[737] sie wird durch den bekannten Euklidischen Beweis mit dem Resultat erledigt, daß ihre Anzahl größer als jede gegebene Zahl[738] oder, wie wir heute sagen, unendlich ist. Der Erfinder dieses Beweises — EUKLID (um 325 v. Chr., Alexandria) ist nur der Überlieferer; PLATON (429—348 v. Chr., Athen) kannte bereits ihre unendliche Anzahl[739] — geht von der Überlegung aus, daß, wenn 2, 3, 5, ... bis p die bekannten Primzahlen sind, dann sich immer eine weitere finden läßt, die in dieser Reihe nicht auftritt, da der Ausdruck

$$N = 2 \cdot 3 \cdot 5 \ldots p + 1$$

durch keine dieser Primzahlen teilbar ist, also entweder selbst eine neue Primzahl darstellt oder eine solche als Faktor enthält. Für $p = 2, 3, 5, 7, 11$ ergibt N in der Tat neue Primzahlen, nämlich 3, 7, 31, 211, 2311, während $p = 13$ ein Beispiel der zweiten Möglichkeit liefert, da

$$2 \cdot 3 \cdot 5 \cdot 7 \cdot 11 \cdot 13 + 1 = 30031$$

in das Produkt 59·509 zerfällt werden kann.[740]

Als Ergänzung des euklidischen Satzes wird von EULER[741] streng gezeigt, daß im Intervall $p \ldots N$ notwendig eine Primzahl

---

Nicomachi Arithm. introd.[546], S. 30. Vgl. E. HOPPE, *Mathm. u. Astron. im klass. Altertum*[283], S. 284. — 732 *De nuptiis*[640] VII, 772. — 733 Ed. FRIEDLEIN[73], S. 30, Z. 9, 10. — 734 Ed. MIGNE[719], S. 1204: *primus et simplex, secundus et compositus.* — 735 JOH. SCHEYBL, Das sibend/acht vnd neunt buch des hochberümbten Mathematici Euclidis Megarensis, Augsburg 1555, S. VI, Z. 1 v. u.: Ain prim oder erste zal ist ...— 736 EUKLID, ed. HEIBERG[712], 2, S. 186. — 737 Über die Geschichte der Theorie der Primzahlen vgl. am besten: L. E. DICKSON, *History of the Theory of Numbers* I, Divisibility and primality, Washington 1919, S. 413 ff. — 738 EUKLID, *Elemente*, IX, 20, ed. HEIBERG[712], 2, S. 388: *Οἱ πρῶτοι ἀριθμοὶ πλείους εἰσὶ παντὸς τοῦ προτεθέντος πλήθους πρώτων ἀριθμῶν* (Primzahlen gibt es mehr als jede festgesetzte Anzahl von Primzahlen). — 739 E. HOPPE, *Math. u. Astron. im klass. Altertum*[283], S. 284. Vgl. V. BRUN, Jahresb. DMV 33, 1925, S. 81. — 740 A. M. LEGENDRE, *Essai sur la théorie des nombres*, Paris 1798, Einl. Nr. XXI, Anm., übers. von H. MASER, 2 Bände, Leipzig 1893, Bd. I, S. 15. — 741 *Opera postuma mathematica et physica* I, Petrop. 1862, S. 18.

vorhanden ist. Die erhebliche Größe des Intervalles von der letzten bekannten Primzahl p bis zu der Zahl N (N eingeschlossen), innerhalb dessen sicher eine Primzahl liegen muß, ist die schwache Seite dieses Theorems. Man ist bestrebt gewesen, es möglichst klein zu machen. So behauptet J. BERTRAND[742] (1822—1900, Prof. am Collège de France), und P. TSCHEBYSCHEW (1821—1894, Petersburg) führt einen strengen Beweis dafür,[743] daß zwischen a und $2a$, letzteres eingeschlossen, stets eine Primzahl liegt, wenn $a \geqq 1$. Eine weitere Verengerung der Grenzen auf $a < p \leqq a + 2\sqrt{a}$ war schon LEGENDRE[744] (1752 Toulouse — 1833, Prof. an der École normale in Paris) geglückt. Der Abstand ist freilich bei großem a immer noch sehr bedeutend; er beträgt z. B. für $a = 10000$ noch 200.

Ein anderer, sehr interessanter Beweis für die unendliche Anzahl der Primzahlen beruht auf der EULERschen Formel[745]

$$\prod_p \frac{1}{1 - \frac{1}{p^z}} = \sum_n \frac{1}{n^z},$$

in der das linke Produkt über alle Primzahlen p, die Summe rechts über die natürliche Reihe der ganzen Zahlen zu erstrecken ist. EULER schließt aus dieser Formel,[746] daß die Anzahl der Primzahlen größer ist als die Anzahl der Quadratzahlen. L. KRONECKER verbessert die EULERschen Darlegungen durch strenge Konvergenzbetrachtung.[747] Wird $z = 2$ genommen, so geht — ebenfalls nach EULER[746] — die rechte Summe in $\frac{\pi^2}{6}$ über, so daß man erhält

$$\prod_p \frac{1}{1 - \frac{1}{p^2}} = \frac{\pi^2}{6}.$$

J. HACKS[748] macht auf die dadurch sich ergebende Transzendenz des Produktes aufmerksam und folgert hieraus die Unendlichkeit des links stehenden Produktes, damit aber die unendliche Anzahl der Primzahlen, weil eine endliche Anzahl ein rationales Produkt geben müsse. In ähnlicher Weise hatte übrigens EULER selbst

742 J. Éc. Polyt. 30, tome 18, 1845, S. 129. — 743 J. math. p. appl. Paris 17, 1852, S. 366ff. — 744 *Théorie des nombres*[740], Bd. II, Teil IV, § 9; Übers. v. MASER, § 414, S. 78ff.; *Œuvres*, I, S. 51ff. — 745 Vgl. B. RIEMANN, *Über die Anzahl der Primzahlen unter einer gegebenen Größe*, Berl. Akademie, Nov. 1859. — *Gesammelte Werke*, herausg. von R. DEDEKIND u. H. WEBER, Leipzig 1876, S. 136. — 746 *Introductio*[259] 1748, I, cap. XV, S. 235. — 747 L. KRONECKER, *Vorlesungen über Mathematik* II. 1. *Vorlesungen über Zahlentheorie*, herausg. v. K. HENSEL, Leipzig 1901, S. 269—270. — 748 Act. math. 14, 1890—91, S. 329—336.

ein gleiches Resultat gefolgert, wenn er bewies, daß die Summe $\frac{1}{1} + \frac{1}{2} + \frac{1}{3} + \frac{1}{5} + \ldots \frac{1}{p}$, über alle Primzahlen erstreckt, einen unendlichen Wert ergibt, was wiederum nur der Fall sein kann, wenn es unendlich viele solcher Primzahlen gibt.[749]

Eine Verallgemeinerung des Mengenbeweises für die Primzahlen ist der Satz LEGENDRES,[750] daß auch in jeder unbegrenzten arithmetischen Reihe mit dem allgemeinen Glied $kx + m$ (k und m relativ prim) unendlich viel Primzahlen auftreten, ein Satz, den man auch EULER zugeschrieben hat,[751] für den indes erst L. DIRICHLET (1805 bis 1859, Berlin, Nachfolger von GAUSS in Göttingen) einen völlig strengen Beweis lieferte.[752]

Ganz bedeutend schwieriger war die Aufgabe, die **Primzahlen unter einer gegebenen Grenze zu zählen**; Untersuchungen dieser Art gehören ganz der Neuzeit an. LEGENDRE gibt in seiner Zahlentheorie (1. Aufl. 1798)[740] ihre Anzahl zwischen 1 und x durch die Näherungsformel

$$n = \frac{x}{\log \operatorname{nat} x - 1{,}08366}$$

wieder,[753] worin TSCHEBYSCHEW[754] für sehr große Zahlenbereiche die Konstante durch 1 ersetzt. 1896 und 1900 gelangen CH. DE LA VALLÉE POUSSIN weitere Verbesserungen.[755] K. F. GAUSS (1777 bis 1855, Göttingen) erkannte, etwa 1793,[756] den Zusammenhang der Anzahl n mit dem Wertverlauf des Integrallogarithmus

$$n = Li(x) = \int_2^x \frac{dz}{\log z}\ .$$

749 EULER, *Variae observationes circa series infinitas*, Comm. Petr. 9 (gedr. 1737), 1741, S. 187—188. EULER, *Introductio*[259] I, cap. XV, § 279, S. 235. — 750 Hist. mém. math. phys. Ac. sc. Paris 1785 (gedr. 1788), S. 552; *Théorie des nombres*[740], Bd. II, Teil IV, § 9, deutsch von MASER, S. 77. — 751 Vgl. H. WIELEITNER, *Geschichte der Mathematik.* II. Teil: *Von Cartesius bis zur Wende des 18. Jahrhunderts.* 1. Hälfte: *Arithmetik, Algebra, Analysis.* Leipzig 1911 (Sammlung SCHUBERT, Nr. 63), S. 83, unter Berufung auf *Opusc. anal.*[49] II, Petr. 1785 (1775), S. 241. Vgl. auch Comm. Arithm. 2, S. 116—126; DICKSON, *History*[737] I, S. 415, Anm. 20. — 752 Math. Abh. d. Berl. Akademie 1837 (gedr. 1839), S. 45—71; J. math. p. appl. 4, Paris 1839, S. 393ff.; *Ges. Werke*, ed. L. KRONECKER und L. FUCHS, Berlin 1889, I, S. 309ff., 460f. — 753 *Théorie des nombres*[740], Bd. II, Teil IV, § 8, 394; deutsch v. MASER, S. 65. — 754 J. math. p. appl. Paris 17, 1852, S. 354. — 755 Ann. Soc. Bruxelles, 20/II, 1896, S. 183—256; DICKSON, *History*[737], I, S. 439. Vgl. auch E. LANDAU, Jahresb. Deutsch. Math. Ver. 21, 1912, S. 208ff. und *Handbuch der Lehre von der Verteilung der Primzahlen*, 2 Bde., Leipzig 1909, I, S. 1—55 historische Übersicht. — 756 Brief von GAUSS an J. FR. ENCKE vom 24. Dez. 1849; GAUSS' Werke, 2[2], Höhere Arithmetik, Leipzig 1876, S. 444ff.

Die Genauigkeit dieser Annäherung untersuchte ebenfalls TSCHEBYSCHEW.[754] GAUSS und K. W. B. GOLDSCHMIDT[756] haben sich der Mühe unterzogen, eine direkte Abzählung der Primzahlen bis zu $x = 3000000$ vorzunehmen; sie fanden, daß der wahre Wert von n schon vom ersten Hunderttausend an stets kleiner ist als $Li(x)$ und zwar mit wachsendem x unter manchen Schwankungen immer mehr abweicht. B. RIEMANNs (1826—1866, Prof. in Göttingen) Untersuchungen[757] lehren, daß der Näherungsfehler von der Ordnung $x^{1/2}$ ist. Zwischen 100000 und 200000 ergibt (nach F. W. BESSEL) der Integrallogarithmus 8406,243, während die wirkliche Abzählung 8372 Primzahlen aufweist.[758] Nach einem ganz elementaren Abzählungsverfahren berechnet E. MEISSEL[759] die Anzahl der Primzahlen innerhalb der ersten 100 Millionen auf 5761455 und dringt damit am weitesten vor.

Zu weiteren Schwierigkeiten führt das dritte Problem in der Lehre von den Primzahlen, sie nunmehr wirklich aufzufinden. Denkt man sich die Primzahlen p_λ in ihrer natürlichen Reihenfolge geordnet, $p_1 = 2$, $p_2 = 3$, $p_3 = 5$, $p_4 = 7$ . . ., so wäre das Ideal einer Lösung die Aufstellung einer Funktion von λ, welche durch Einsetzen eines bestimmten Wertes von λ die zugehörige Primzahl sofort liefert. Bis jetzt ist ein geschlossener Ausdruck, der diesem Zweck genügt, noch nicht gefunden worden.

Einen ersten schwachen Versuch, die Primzahlen aufzufinden, den einzigen im Altertum, stellt das als *Sieb des Eratosthenes* (276 v. Chr. Kyrene — 194 v. Chr. Alexandria) überlieferte, aber bereits von PLATON (429—348, Athen) angedeutete[760] Verfahren dar.[761] Man strich in der vorliegenden Reihe der natürlichen Zahlen erst alle durch 2, dann alle durch 3, 5, 7 . . . usw. teilbaren Zahlen aus; die nicht gestrichenen Zahlen sind die Primzahlen. Dies Verfahren setzt freilich nicht viel Erfindungskraft voraus; doch gestattet es wenigstens, die Primzahlen bis zu einer nicht zu hohen, vorgeschriebenen Grenze zu finden. Für eine gegebene Zahl a festzustellen, ob sie eine Primzahl sei oder nicht, gab es im Altertum und auch noch im Mittelalter keine Kriterien; man mußte mit den

757 Ges. Werke RIEMANNs[745], S. 136—144. — 758 Vgl. H. WEBER u. J. WELLSTEIN, *Enzyklopädie der Elementar-Mathematik*, Leipzig 1905—1907; I, *Elementare Algebra und Analysis*, 3. Aufl. 1909, S. 523. — 759 Math. Ann. 2, 1870, S. 636f.; 3, 1871, S. 523f.; 21, 1883, S. 304. — 760 Vgl. E. HOPPE, *Math. u. Astron. im klass. Altertum*[283] S. 284. — 761 Überliefert von NIKOMACHOS v. Gerasa (um 100 n. Chr.; *Εἰσαγωγὴ ἀριθμητική*[728], Buch I, Kap. XIII, 2ff., S. 29ff., *κόσκινον*) und seinem Kommentator IAMBLICHOS (Chalkis in Cölesyrien, um 325 n. Chr.) *Nicomachi introductio*[546], S. 31, von BOËTIUS (480—524 n. Chr.) als *cribrum Eratosthenis* bezeichnet, *Instit. Arithm.*, ed. FRIEDLEIN[73], S. 33, Z. 21.

einzelnen Primzahlen, die kleiner als $\sqrt{a}$ sind, dividieren und war so auf ein Probieren angewiesen. Erst mit Ausgang des 17. Jahrhunderts schuf man sich Erleichterungen bei dieser Arbeit.[762] Leibniz (1646—1716) ging von der Umkehrung des Fermatschen Satzes (vgl. S. 131) aus, veröffentlichte aber nichts von seinen Untersuchungen, da sie ihm hierfür nicht ausreichten.[763] Neben Euler (1707 Basel — 1783 St. Petersburg, vorübergehend in Berlin)[764] ist hauptsächlich J. H. Lambert (1728—1777, Oberbaurat, Berlin) zu nennen. Besonders fein ist das Rechenverfahren, das dieser in Abhandlungen von 1770 einschlug; er verstand es, Vorschriften abzuleiten, die für eine gegebene Zahl a gleich ganze Reihen zu prüfen und die Rechenarbeit auf ein verhältnismäßig sehr geringes Maß zurückzuführen erlauben.[765] Sehr handlich für praktische Berechnung sind zwei Methoden, die Gauss 1801 in den *Disquisitiones arithmeticae* entwickelt.[766] Zu Eulers Zeit (1772) war die größte bekannte Primzahl $2^{31} - 1 = 2147483647$.[767] 1883 wies der russische Geistliche J. Pervuschin diese Eigenschaft noch für $2^{61} - 1 = 2305843009213693951$ nach,[768] was durch P. Seelhof[769] bestätigt wurde. E. Fauquembergue[770] fand daselbe für $2^{127} - 1$.

Bei den Versuchen, das Primzahlengesetz in Funktionsform auszudrücken, können zunächst nur ganze rationale Funktionen, ferner die Exponentialfunktion für ganzzahlige Basis und die Eulersche Gammafunktion in Betracht kommen, da es sich um ganzzahlige Werte handelt. Alle drei Funktionsgattungen sind in Vorschlag gebracht worden. So glaubte der italienische Mathematiker Luca Pacioli (1494, *Summa*),[771] dann der deutsche M. Stifel (1486/87 Esslingen — 1567 Jena; lutherischer Prediger an verschiedenen Orten), daß $2^{2n+1} - 1$ ein allgemeiner Ausdruck sei, der nur Primzahlen liefere (vgl. S. 138),[772] während sich bei genauerer Untersuchung

762 Vgl. Dickson, *History* I[737], S. 426ff. — 763 Vgl. D. Mahnke, *Leibniz auf der Suche nach einem allgemeinen Primzahlgesetz*, Bibl. math. 13_3, 1913—1914, S. 57. — 764 Euler, *De numeris primis valde magnis*, Nova comm. Ac. 9, Petrop. 1762/63 (gedr. 1764), S. 99—153 und *Quomodo numeri praemagni sint explorandi, utrum sint primi, nec ne?* Nov. comm. 13, 1768 (1769), S. 67—88. — 765 J. H. Lambert, *Beyträge zum Gebrauch der Mathematik*, Bd. II, Berl. 1770, § 5 ff. — 766 *Werke*, 1, Leipzig 1870[1157], S. 401. — 767 Nouv. Mém. Ac., Berlin 1772 (1774), S. 35, 36. — 768 Verhandlungen des Internat. Mathematikerkongresses, Leipzig 1908, S. 165. — 769 Ztschr. Math. Phys. 31, Leipzig 1886, S. 178. — 770 L'intermédiaire des mathématiciens 24, 1917, S. 33, vgl. Z. math.-nat. Unterr. 58 (1927), S. 191. — 771 Vgl. G. Eneström, Bibl. math. 13_3, 1913—1914, S. 154—155. — 772 M. Stifel, *Arithm. int.*, 1544[23], S. 10; vgl. Cantor, 2^2, S. 435 und Stifels Neubearbeitung der *Coß* von Rudolff[338], Königsberg i. Pr., 1553, Bl. 10—11.

schon für $n = 4$ die zusammengesetzte Zahl $2^9 - 1 = 511 = 7 \cdot 73$ ergibt. In einem ähnlichen Irrtume war P. FERMAT (1601—1665, Rat am obersten Gerichtshof zu Toulouse) befangen, als er behauptete, daß

$$2^{(2^n)} + 1$$

stets eine Primzahl darstelle.[773] Es ist das einer von den Sätzen, die dieser so bedeutende Zahlentheoretiker beweislos seiner DIOPHANT-ausgabe in Nebenbemerkungen beifügte, Sätze, deren Beweise er seiner Versicherung nach zum größten Teil besaß, während selbst heutzutage die Durchführung einzelner dieser Behauptungen in völliger Allgemeinheit immer noch nicht gelungen ist. Den angeführten Satz hatte FERMAT zuerst nur als wahrscheinlich (1637), später als sicher (1640, 1654 Brief an PASCAL) ausgesprochen, hier freilich mit dem Bemerken, daß ihm ein Beweis bisher nicht geglückt sei. Dennoch hat sich, wie zuversichtlich FERMAT seine Behauptung auch aussprach, hinterher ergeben, daß sie falsch ist. EULER[774] wies 1732 nach, daß sie für kleinere Werte von n stimme, daß aber schon für $n = 5$ die dargestellte Zahl

$$2^{32} + 1 = 4294967297 = 641 \cdot 6700417$$

keine Primzahl sei. — Auf die ganzen rationalen Funktionen setzte man anfangs große Hoffnung, die besonders durch die auffallende Erscheinung erregt wurde, daß durch manche quadratische Ausdrücke eine beträchtliche Anzahl von Primzahlen dargestellt werden kann. So macht EULER[775] auf die Formel $x^2 - x + 41$ aufmerksam, welche für $x = 1, 2, 3, \ldots 40$ nur Primzahlen liefert; ihr fügte LEGENDRE (1752 Toulouse — 1833, Paris) als weitere Beispiele zu: $x^2 + x + 17$ für $x = 0, 1, 2 \ldots 16$ und $2x^2 + 29$ für $x = 0, 1, 2 \ldots 28$.[776] Für diese merkwürdige Tatsache gibt indes LEGENDRE

773 P. FERMAT, *Varia opera Petri de F. mathematica*, Tolosae 1679, S. 115, Z. 12—10 v. u.: *Cum autem numeros a binario quadratice in se ductos et unitate auctos esse semper numeros primos apud me constet, et jam dudum Analystis illius theorematis veritas fuit significata.* — *Œuvres de Fermat*, éd. P. TANNERY et CH. HENRY, Paris 1891—1896; 1, Paris 1891, S. 131, Z. 1—5; vgl. auch einen Brief FERMATS an K. DIGBY vom Mai 1658 in WALLIS, *Opera*, 2[682], *Commercium epistolicum*, ep. 46, S. 858, Nr. I; vgl. DICKSON, *History*[737] I, S. 374f. — 774 Comm. Ac. Petrop., 6, 1732/33 (gedr. 1738) S. 104—105; auch *Opuscula analytica*, Petr. 1773, I, S. 244. F. RUDIO, Jahresb. DMV 31, Leipzig 1922, S. 73. Nichtprimzahlen liefern ferner noch $n = 6, 7, 8, 9, 11, 12, 18, 23, 36, 73$ nach DICKSON a. a. O., der die zugehörigen Literaturstellen genau angibt. — 775 Brief von EULER an J. BERNOULLI, Nouv. Mém. Ac. Berlin 1772 (gedr. 1774), *Histoire*, S. 36. — 776 LEGENDRE, *Théorie des nombres*, deutsch v. MASER[740], Einl. Nr. XX, S. 14; vgl. EULER, Novi comm. Ac. Petrop. 9, 1762/63 (1764), S. 102, *theorema.*

selbst einerseits eine ausreichende Erklärung, anderseits führt er auch den Unmöglichkeitsbeweis, daß irgendeine ganze rationale Funktion nur Primzahlen enthalte.[777] Ist z. B. $P = a + bx + cx^2$ für $x = k$ eine Primzahl p, so braucht man nur $x = k + py$ zu setzen, um in $P = p + (b + 2ck)py + cp^2y^2$ einen Zahlenwert zu erhalten, der durch p teilbar und doch von p verschieden, also keine Primzahl ist. In jüngerer Zeit wird noch auf die Ausdrücke $x^2 + 5x + 5$, $x^2 + 11x + 11$, $x^2 + 23x + 23$, $-x^2 + 7x + 7$, $-x^2 + 25x + 13$ aufmerksam gemacht.[778] Daß übrigens alle Primzahlen von der Form $6x \pm 1$ sein müssen, sprach schon PIETRO BONGO 1599 (Bergomi) in seinem Werke *Numerorum Mysteria* aus.[779] — Was die gebrochenen rationalen Funktionen betrifft, so könnte man vermuten, daß die in ihren Werten enthaltenen größten Ganzen die Primzahlenreihe zu bilden vermöchten, aber auch dies ist in der neuesten Zeit als nicht zutreffend nachgewiesen worden.[780] Ähnliche Untersuchungen für algebraische Funktionen stehen noch aus.

Die dritte der oben erwähnten Funktionsgattungen, die EULERsche Gammafunktion

$$\Gamma(z) = \int_0^\infty e^{-x} x^{z-1}\, dx$$

— nach einer Bezeichnung A. M. LEGENDRES, während GAUSS das Symbol $\Pi(z-1)$ gebraucht — hat die Eigenschaft, daß $\Gamma(z) = (z-1)\cdot\Gamma(z-1)$, also für ganze Zahlen $\Gamma(z) = (z-1)!$ ist. Sie wird in der Zahlentheorie bei Betrachtung des sog. WILSONschen Satzes[781]

$$1\cdot 2\cdot 3\cdot 4 \cdots (p-1) + 1 = n_p \cdot p,$$

wo p eine Primzahl, n_p eine von p abhängige, aber ganze Zahl bedeutet, eingeführt. Der WILSONsche Satz drückt nicht nur eine stets bei Primzahlen auftretende Eigenschaft aus, sondern enthält

777 LEGENDRE-MASER[740], I, Hauptteil II, § 14, Nr. 255, S. 328. — 778 G. SPECKMANN, Arch. Math. Phys. 16_2, 1898, S. 335. — 779 Vgl. G. VACCA, Bibl. math. 2_3, 1901, S. 149. — 780 Vgl. J. BRAUN, *Das Fortschreitungsgesetz der Primzahlen*, Trier 1898/99, Friedr. Wilh.-Gymn. — 781 Von E. WARING (*Meditationes algebraicae*, 1. Aufl. 1762 unter dem Titel *Miscellanea analytica*, 2. Aufl. 1770, 3. Aufl. Cantabr. 1782, daselbst Probl. LXIII : 5, S. 380) zuerst erwähnt und J. WILSON (1741—1793) zugeschrieben, aber schon ein Jahrhundert vorher von LEIBNIZ erkannt (G. VACCA, Boll. di bibl. e storia mat. 1899 und D. MAHNKE, Bibl. math. 13_3[763], S. 42. — Erster Beweis durch L. LAGRANGE, Nouv. Mém. Ac. Berlin 1771 (gedr. 1773), *Démonstration d'un théorème nouveau concernant les nombres premiers*, S. 125—137; LAGRANGES Werke[420], 3, Paris 1869, S. 425 ff., zweiter Beweis durch EULER, *Opuscula analytica*, 1, Petersb. 1783, S. 329—331, vgl. DICKSON, *History* I[737], S. 62 ff.

auch eine notwendige und hinreichende Bedingung dafür, daß die Zahl p, für die er gilt, eine Primzahl ist, so daß er geradezu als Definitionsgleichung für die Primzahlen aufgefaßt werden kann. Mit Benutzung des Zeichens Γ wird

$$n_p = \frac{\Gamma(p)+1}{p}.$$

Dabei muß n_p ganzzahlig sein und kann durch diese Gleichung als definiert aufgefaßt werden. Alle diejenigen Werte der Variablen p werden Primzahlen sein, für welche n_p eine ganze Zahl ist; die Umkehrung der Funktion n_p liefert alsdann p als Funktion von n. Aussichtslos wird aber diese Verwendung des WILSONschen Satzes dadurch, daß bereits für kleine Primzahlen p der Wert von n_p sehr groß ist, mit wachsendem p zu immer ungeheureren Zahlen führt, so daß die anzustellenden Betrachtungen undurchführbar sind. So ist die Frage nach einer einheitlichen Darstellung auch heute noch ungelöst.

Neben dem angeführten WILSONschen Satz gibt es noch einen zweiten Satz, der eine notwendige und hinreichende Eigenschaft der Primzahlen ausspricht, den sog. kleinen FERMATschen Satz. Nach diesem ist, wenn p wiederum eine Primzahl und x eine beliebige, nicht durch p teilbare Zahl bedeutet, $x^{p-1}-1$ stets durch p teilbar. FERMAT (1601—1665) teilte ihn am 18. Okt. 1640 seinem Freunde FRÉNICLE ohne Beweis[782] mit. Wie viele FERMATsche Sätze, ist er lange unbewiesen geblieben; die ersten, allgemein bekannt gewordenen Beweise stammen von EULER her.[783] In dem Manuskriptennachlaß von LEIBNIZ hat man Notizen gefunden, die ergeben, daß LEIBNIZ den Satz selbständig wieder entdeckt hat, in besonderen Fällen $a^2 \equiv 1 \pmod 3$, $a^4 \equiv 1 \pmod 5$ im Januar 1676, allgemein im September 1680; am letzten Termin entwickelt er auch einen Beweis aus den sogenannten NEWTONschen Potenzsummenformeln, die er ebenfalls selbständig gefunden hatte.[784] Erst hinterher, etwa 1681, lernte er FERMATs Schriften kennen.[785] Der Bedeutung seiner Entdeckung war sich LEIBNIZ voll bewußt.[786] Die Priorität in der Veröffentlichung eines Beweises bleibt EULER.

782 „*De quoy je vous envoyerois la demonstration, si je n'apprehendois d'être trop long.*" *Varia opera math.*[773], S. 163; *Œuvres*, publ. p. P. TANNERY et CH. HENRY, II, *Correspondance*, Paris 1894, S. 209. — 783 Beweis I: Comm. Ac. Petrop. 8, 1736 (1741), S. 141—146. Beweis II: Novi comm. Ac. Petrop. 7, 1758/59 (1761), S. 49—82. Beweis III: Novi comm. Ac. Petrop. 8, 1760/61 (1763), S. 74ff.; hier die Verallgemeinerung $a^{\varphi(n)} \equiv 1 \pmod n$ für beliebig zusammengesetzte Zahlen n und alle zu n primen Zahlen a. — 784 D. MAHNKE[763], Bibl. math. 13_3, 1913—1914, S. 32. — 785 Daselbst S. 57. — 786 *Leibnizens*

Andere Eigenschaften der Primzahlen, von denen nur einige der wichtigsten noch herausgegriffen sein mögen, sind zum Teil im Altertum bekannt gewesen, ohne daß Beweise auf uns gekommen sind. So spricht DIOPHANTUS von Alexandria (zweite Hälfte des 3. Jahrhunderts n. Chr.) gelegentlich aus,[787] daß keine Primzahl von der Form $4n - 1$ die Summe zweier Quadrate sein kann. Die Kenntnis, daß jede Primzahl von der Form $4n + 1$ stets als Summe zweier Quadratzahlen $y^2 + z^2$ darstellbar ist, hat DIOPHANT wahrscheinlich noch nicht gehabt. Es findet sich dieser Satz — unbewiesen — zuerst unter den öfter erwähnten FERMATschen Bemerkungen zu DIOPHANT. Einen Beweis gab EULER 1748.[788] Derselbe zeigte auch die Richtigkeit einer weiteren FERMATschen Behauptung, daß die Primzahlen von der Gestalt $8n + 1$ in die Formen $y^2 + z^2$[789], bzw. $y^2 + 2z^2$[790] übergeführt werden können, während zwei andere FERMATsche Sätze, daß 1. jede Primzahl von der Gestalt $8n + 3$ in die Form $y^2 + 2z^2$, 2. jede Primzahl von der Gestalt $8n + 7$ in die Form $y^2 - 2z^2$ zu bringen sind, erst durch LAGRANGE ihre Erledigung fanden.[791] In den beiden letzten liegt zugleich der Nachweis für den obenerwähnten DIOPHANTschen Satz.

Was die Teilbarkeit der Nichtprimzahlen[792] betrifft, so ist diejenige durch 2 auf S. 121 gestreift; dort wurde darauf hingewiesen, daß die Ägypter eine gültige Regel besessen haben müssen. Ob die Regel für 9 indischen Ursprunges ist, ist sehr zweifelhaft; Spuren finden wir schon im 3. Jahrhundert n. Chr. in Griechenland (vgl. S. 82). Sie wiederholt sich in den arabischen Lehrbüchern und dringt durch diese in unsere mittelalterliche mathematische Literatur ein. Eine Regel für 3 wird, wenngleich sie wohl auch sehr früh bekannt gewesen sein mag, erst im *Liber abbaci* (1228) des

Gesammelte Werke, herausg. von G. H. PERTZ, 3. Folge, *Mathematik*; auch mit dem Titel: *Leibnizens Mathematische Schriften*, herausg. von C. I. GERHARDT, Bd. 1 (= I. Abt. Bd. 1) Berlin 1849; Bd. 2 (= I. Abt. Bd. 2) Berlin 1850; Bd. 3—4 (= I. Abt. Bd. 3—4) Halle 1855—1859; Bd. 5 (= II. Abt. Bd. 1) Halle 1858; Bd. 6 (= II. Abt. Bd. 2) Halle 1860; Bd. 7 (= II. Abt. Bd. 3) Halle 1863. Vgl. hier 7, Halle 1863, S. 180; auch CANTOR, 3², S. 330—331 und VACCA[779], S. 46. — **787** Ἀριθμητικῶν βιβλία VI, Buch V, Aufg. 12, *Opera*, ed. P. TANNERY[124], S. 346—348, übers. v. G. WERTHEIM, Leipzig 1890, S. 206 bis 208 mit den Anmerkungen FERMATS. — **788** Novi comm. Ac. Petrop. 1, 1747/48 (1750), S. 20—48, bes. S. 27; ferner 4, 1752/53 (1758), S. 3—40, und endgültige Erledigung: 5, 1754/55 (1760), S. 3—58. — **789** Daselbst 1, S. 28. — **790** Vgl. Novi comm. Ac. Petrop. 6, 1756/57 (1761), S. 188 ff. — **791** Nouv. mém. Ac. Berlin 1775 (1777) *Suite des recherches d'arithmétique*, S. 337 ff. (bes. S. 345, Nr. 1, 2). — **792** Vgl. DICKSON, *History* I[737], S. 337 ff.

LEONARDO von Pisa (um 1180—1250?)[793] und in der *Demonstratio de algorismo* des JORDANUS NEMORARIUS († 1237?)[794] aufgeführt. Beweise werden für beide Regeln selten gegeben; in Unterrichtsbüchern finden sich solche erst vom 18. Jahrhundert ab, so bei KARSTEN 1768.[795] Die Regeln für 2 und 5 fließen unmittelbar aus dem dekadischen Positionssystem, sind also wohl auch den Indern bekannt gewesen, wenngleich sie in der Literatur nicht vor LEONARDO von Pisa (1228)[793] nachweisbar sind. Regeln für die Reste bei der Division durch 11 hat der Ostaraber ALKARḪĪ (um 1010, Bagdad) gekannt, da er in seinen Rechnungen neben der Neunerprobe auch eine Elferprobe verwendet,[796] während LEONARDO bei 11, wie auch bei 7 und 13, das einfache Ausführen der Division empfiehlt.[793] Die moderne Regel für die Teilbarkeit durch 11, welche diese Untersuchung auf die der Differenz, gebildet aus den Summen der an gerader, bzw. ungerader Stelle stehenden Ziffern, zurückführt, stammt etwa aus der Mitte des 18. Jahrhunderts,[797] scheint aber bis zum Ende des 18. Jahrhunderts nur geringe Verbreitung gefunden zu haben; wenigstens ist sie erst in FR. MEINERTS *Lehrbuch der Mathematik* von 1789[798] und in LAGRANGES *Elementarvorlesungen* 1794/95[799] als bekannt hingestellt, während bei W. J. G. KARSTEN (1767)[800] die Fassung erscheint: „Dividiert man die Summe der geraden Stellen und die Summe der ungeraden Stellen jede für sich durch 11 und sind die erhaltenen Reste einander gleich, so ist die ganze Zahl durch 11 teilbar".[801] Restregeln für 8 und 7 werden ausführlich im *Talḫīṣ* des IBN ALBANNĀ'[802] (1252 oder 1257 in Marokko geboren), einem Auszuge eines größeren arithmetischen Werkes, das von einem unbekannten Verfasser in Magris (Nordwestafrika) verfaßt ist,[803] mitgeteilt. Um den Rest für 8 zu finden, soll man die Einerziffer der gegebenen Zahl zu dem doppelten der Zehnerziffer und dem Vierfachen der Hunderterziffer addieren und die erhaltene Summe wiederum durch 8 dividieren. ORONTIUS FINAEUS (1494—1555; Paris) bringt die gleiche Regel.[804] Für 7 benutzt IBN ALBANNĀ' die Potenz-

793 LEONARDO PISANO, *Liber abbaci*[30], S. 38. — 794 G. ENESTRÖM[36], Bibl. math. 7_3, 1906—1907, S. 29, Satz 17. — 795 *Lehrbegriff* II[313], § 211—212. — 796 *Al-kāfī fī'l ḥisāb*, ed. A. HOCHHEIM[131], cap. IX. — 797 So bei L. WENTZ, Basel 1748[498]. — 798 I[50], S. 66, Nr. 7. — 799 LAGRANGES Werke[420], 7, S. 207; NIEDERMÜLLER[420], S. 30. — 800 KARSTEN[313], I, § 213—215 (mit Beweis). — 801 Noch unvollkommener in CH. VON CLAUSBERGS *Demonstrative Rechenkunst*[416]. — 802 CANTOR, 1^3, S. 808. — 803 Nach H. SUTER, Bibl. math. 1_3, 1900, S. 500; 2_3, 1901, S. 12—40 ist die Vorlage des *Talchis* des IBN ALBANNĀ' von ABŪ ZAKARĪJĀ AL-ḤAṢṢĀR (12. Jahrhundert) verfaßt und der Titel dieser Vorlage unrichtig mit *Der kleine Sattel* übersetzt worden. — 804 1535 *Arithmetica practica*[334], Bl. 30 v⁰.

reste 10^n (mod 7): 3, 2, 6, 4, 5, 1; er setzt unter die Einerziffer eine 3, unter die Zehnerziffer die 2, unter die Hunderterziffer die 6 usf. nach links weiter unter die nächsten Ziffern 4, 5, 1, dann von vorn beginnend: die übereinanderstehenden Ziffern werden multipliziert und die Summe dieser Produkte von neuem auf 7 untersucht. Dies Verfahren hat sich, wiewohl seine Umständlichkeit dem einfachen Probieren gegenüber auf der Hand liegt, lange in den Rechenbüchern gehalten; noch im 16. Jahrhundert taucht es in deutschen Lehrwerken auf, wie bei SIMON JACOB 1565[1186], JOH. KRAFFT 1592 u. a. Bessere Vorschriften für die Teilbarkeit durch 7 gehören erst der neuesten Zeit an. JOH. FR. HEYNATZ,[805] 1780, und ZERLANG (Rektor in Witten), 1871,[806] schlagen vor, das Doppelte der Einerziffer von der nach Wegstreichen der Einerziffer übrigbleibenden Zahl zu subtrahieren (d. h. das 21fache des Einers von der ganzen gegebenen Zahl),[807] den Rest dann ebenso zu behandeln usf.; FR. UNGER[808] zieht die aus den 3 letzten Ziffern gebildete Zahl von dem aus den vorhergehenden Ziffern gebildeten Komplex ab, bzw. umgekehrt, subtrahiert also das 1001fache. Beidemal wird der erhaltene Rest von neuem untersucht. UNGER hat dabei den Vorteil, dieselbe Vorschrift auch für 11 und 13 benutzen zu können, da 1001 aus der Multiplikation von 7, 11 und 13 entstanden ist.

Ein allgemeines Kriterium für einen beliebigen Teiler A lehrt 1654 zum erstenmal PASCAL (1623 Clermont — 1662, Paris) in einer Abhandlung: *De numeris multiplicibus* von 1654 (zuerst veröffentlicht 1665).[809] Er definiert Größen B, C, D . . . als Reste folgender Divisionen:

$10 : A$ gibt den Rest B,
$10B : A$ „ „ „ C,
$10C : A$ „ „ „ D, usf.

Ist $\mathfrak{T}\mathfrak{H}\mathfrak{Z}\mathfrak{E}$ ($\mathfrak{T}$ = Tausender, $\mathfrak{H}$ = Hunderter, $\mathfrak{Z}$ = Zehner, $\mathfrak{E}$ = Einer) die zu untersuchende Zahl, so bildet PASCAL die Summe $\mathfrak{E}1 + \mathfrak{Z}B + \mathfrak{H}C + \mathfrak{T}D + \ldots$ Wenn dieser Ausdruck durch A geteilt werden kann, so ist dasselbe auch mit $\mathfrak{T}\mathfrak{H}\mathfrak{Z}\mathfrak{E}$ der Fall. Natürlich kann, wenn die erhaltene Zahl zu groß ist, das Verfahren wiederholt werden.[810]

805 *Ausführliches Rechenbuch*, Berlin 1780, S. 127. — 806 Z. math. naturw. Unterr. 2, 1871, S. 337. — 807 Eine Verallgemeinerung der ZERLANGschen Regel auf Divisoren von der Form 10a + 1, 10a + 3, 10a + 7, 10a + 9 gibt SAM. DICKSTEIN 1873 in derselben Ztschr., 4, 1873, S. 404; vgl. auch daselbst die Bemerkung von MASING, S. 407. — 808 FR. UNGER, *Methodik*[190], S. 151. — 809 *Œuvres*, éd. L. BRUNSCHWICG et P. BOUTROUX, 3, Paris 1908 (HACHETTE), S. 314f. — 810 Vgl. auch HEINRICH ZÜGE, *Allgemeine Regeln über die Kennzeichen*

Der Begriff der teilerfremden Zahlen geht, wie der der Primzahlen, der geraden und ungeraden Zahlen, auf die altpythagoreische Schule (6. und 5. Jahrhundert v. Chr.) zurück. Eine Definition für sie gibt EUKLID (um 325 v. Chr., Alexandria) in seinen *Elementen* Buch VII, Def. 12;[811] er lehrt zugleich im Satz I desselben Buches, wann zwei Zahlen relativ prim zueinander sind. Für das Aufsuchen des größten gemeinsamen Teilers benutzt EUKLID in VII, 2[812] genau dieselbe Methode, die heute im Gebrauch ist. Sein Kettenbruchalgorithmus (*ἀνθυφαίρεσις*, älter *ἀνταναίρεσις*) war schon ARISTOTELES bekannt.[813] Er ist auch nach Indien gedrungen; BHĀSKARA teilt in der *Krönung des Systems* (*Siddhānta-Śiromaṇi*)[814] ein Verfahren mit, unbestimmte Gleichungen ersten Grades ganzzahlig zu lösen, dessen Auseinandersetzung er mit dem Aufsuchen des gemeinsamen Teilers beginnt, und verfährt dabei ganz wie EUKLID. PACIOLI (*Summa* 1494) schreibt das Verfahren dem BOËTIUS zu.[815]

Selbstverständlich kennt EUKLID auch das kleinste gemeinsame Vielfache zweier Zahlen und gibt Mittel an, dasselbe zu finden (*Elemente* VII, 34).

Wichtig ist EUKLIDs Satz VII, 30, daß, wenn ein Produkt aus zwei Zahlen durch eine Primzahl teilbar ist, dann wenigstens einer der beiden Faktoren durch diese Primzahl geteilt werden kann. In diesem Satze liegt die eigentliche tiefere Definition der Primzahlen; er hat in der modernen Mathematik in der Theorie der allgemeinen algebraischen Zahlen und Funktionen zur Aufstellung der idealen Primfaktoren geführt.

Das Wort teilerfremd scheint erst mit Beginn des 19. Jahrhunderts aufzutauchen.[816] Noch FR. MEINERT[817] 1789 sagt *Primzahlen unter sich* (wörtlich nach EUKLID: *πρῶτοι πρὸς ἀλλήλους*). TELLKAMPF unterscheidet auch zwischen *absoluten* und *relativen* Primzahlen, während E. G. FISCHER 1822[818] *absolut einfach* und *relativ* verwendet.

der Teilbarkeit dekadischer Zahlen, Programm, Gymnasium Wilhelmshaven 1898. H. ZÜGE, *Die Lehre von der Teilbarkeit dekadischer Zahlen*, Arch. M. Ph. 4_3, 1903, S. 73. W. KASACK, *Bemerkung über die Herleitung von Teilbarkeitsregeln*, Zeitschr. math.-nat. Unt. 47, 1916, S. 481. — **811** Ed. HEIBERG[712], II, S. 186. — **812** Ed. HEIBERG[712], II, S. 190—194. — **813** G. JUNGE, *Besonderheiten der griechischen Mathematik*, Jahresb. DMV 35, 1926, S. 256—257. — Bei NIKOMACHOS von Gerasa (100 nach Chr.) *ἀνταφαίρεσις*, I, 13, 11. Vgl. D'OOGE[151], S. 292. Bei BOËTIUS, *Institutio*[73] I, 18, *vicissim ista subtractio* u. *reciproca deminutio*, S. 38, Z. 5, 15. — **814** BHĀSKARA[111], *Līlāvati*, XII, 248—252; ed. COLEBROOKE, London 1817, S. 112—114. — **815** *Summa*[18], Dist. III, Tr. I, fol. 49 v., Z. 34. — **816** So bei A. TELLKAMPF[453], Berlin 1829. — **817** *Lehrbuch der Mathematik*[50]. — **818** *Lehrbuch der Elementarmathematik*[454].

Der größte gemeinsame Teiler heißt bei EUKLID *μέγιστον κοινὸν μέτρον* (größtes gemeinsames Maß), bei MARTIANUS CAPELLA (um 470 v. Chr.) *mensura maxima communis,*[819] bei LEONARDO von Pisa (1228, *Liber abbaci*) *maxima communitas.*[820]

Die Einteilung der Zahlen in Quadratzahlen und Nichtquadratzahlen (Rechteckszahlen) zeigt uns das letzte Paar in der pythagoreischen Kategorientafel (vgl. S. 121); sie bildet die Grundlage der Theorie der irrationalen Zahlen THEÄTETs (um 410 v. Chr.). Wir wissen, daß die Quadratzahlen schon in den ältesten Zeiten ägyptischer und babylonischer Mathematik (vgl. Täfelchen von Senkereh, um 1900 v. Chr.; S. 52) eine Rolle spielten. Die griechischen Arithmetiker beschäftigten sich mit ihnen eingehend. Ihre Bildung aus der Summe der aufeinanderfolgenden ungeraden Zahlen wird von ARISTOTELES als pythagoreisch bezeichnet. Der Satz, daß die Summe zweier aufeinanderfolgenden Dreieckszahlen (siehe diese, Bd. VI) eine Quadratzahl ist, bringt NIKOMACHOS von Gerasa (um 100 n. Chr.)[821] und THEON von Smyrna (um 130 n. Chr.).[822] THEON[823] bemerkt auch, daß jede Quadratzahl entweder selbst oder nach Verminderung um eine Einheit durch 3, bzw. 4 teilbar ist.[824] Auch andere Regeln mögen von den Griechen gefunden worden sein, um einer Zahl anzusehen, ob sie eine Quadratzahl ist; die Überlieferung schweigt aber. Erst die Araber machen wieder Mitteilungen. AVICENNA (IBN SĪNĀ, 978—1036) gibt gelegentlich an, daß Quadratzahlen als Einerziffer keine 2, 3, 7 oder 8 haben und daß ihre Reste bei der Neunerprobe nur 1, 4, 7, 9 sein können;[825] daran schließt er übrigens auch Regeln über kubische Reste.[826] Die beiden Bemerkungen über Quadratzahlen wiederholt ALKARḪI.[827] Eine Münchener Handschrift (zwischen 1456 und 1464 vom Frater FRIDERICUS geschrieben) gibt aber eine ganze Zusammenstellung solcher Regeln, auch für Kubikzahlen.[828]

Eine weitere Einteilung der ganzen Zahlen, die, im Altertum aufgestellt, sich bis ins späte Mittelalter in der niederen Mathematik aufrecht erhielt, vom modernen Schulpensum indes ausgeschlossen wird, ist die in vollkommene, mangelhafte, überschießende

819 *De nuptiis*[610] VII, § 786. — 820 *Scritti* I[30], S. 51. — 821 *Introductio*, II, 1, Übersetzung von D'OOGE[151], S. 247, Z. 2. — 822 *Theonis Smyrnaei philosophi platonici expositio rerum mathematicarum ad legendum Platonem utilium*, ed. Ed. HILLER, Leipzig 1878, S. 41, Z. 3. — 823 Ed. HILLER[822], S. 35, Z. 17. — 824 Vgl. D'OOGE[151], S. 58. — 825 FR. WOEPCKE, *Propagation*[169], Journ. Asiat., 1_6, 1863, S. 502. — 826 Daselbst[169], S. 504. — 827 *Alkāfī fi'l ḥisab*, ed. HOCHHEIM[131], II, S. 13, cap. 39. — 828 Handschrift Nr. 14908. Vgl. M. CURTZE[722], BM. 9_2, 1895, S. 38—39.

und befreundete Zahlen.[829] *Vollkommen* (*τέλειος*,[830] *perfectus*[831]) nennt man diejenige Zahl, die der Summe aller ihrer Teiler gleich ist, wie $6 = 1 + 2 + 3$, $28 = 1 + 2 + 4 + 7 + 14$, ferner 496 u. a. Der Begriff der vollkommenen Zahl scheint nicht der altpythagoreischen Schule zu entstammen, da bei PLATON und ARISTOTELES das Wort *vollkommen* in anderem Sinne für Zahlen gebraucht wird.[832] Bei EUKLID jedoch ist die neue Bedeutung nicht nur zu einer feststehenden geworden, sondern es ist auch bereits ein Bildungsgesetz für vollkommene Zahlen vorhanden, das bis heutigen Tags noch keine Erweiterung erfahren hat. EUKLID beweist in seinen *Elementen* IX, 36, daß, wenn die Summe der geometrischen Reihe $1 + 2 + 2^2 + 2^3 + \ldots + 2^n = s_n$ eine Primzahl ist, dann $s_n \cdot 2^n$, also $(2^{n+1} - 1) \cdot 2^n$ eine Zahl der gewünschten Art ist. In der Folgezeit kehrt die euklidische Definition und Bildungsweise immer wieder; die Neupythagoreer, wie NIKOMACHOS von Gerasa (um 100 n. Chr.) und THEON von Smyrna (um 130 n. Chr.), fügen für die Zahlen, deren Teilersumme größer, bzw. kleiner als die Zahl selbst ist, die Kunstausdrücke *ἀριθμοὶ ὑπερτέλειοι* (*überschießende Z.*, *plusquamperfecti*,[833] später *abundantes numeri*, nach BOËTIUS *superflui*) und *ἐλλιπεῖς* (*mangelhafte*, *imperfecti*,[833] *deminuti*[834]) hinzu. Auf NIKOMACHOS geht auch die bis heute noch nicht bewiesene Bemerkung zurück, daß die Einerziffer einer vollkommenen Zahl stets 6 oder 8 ist,[835] wie die Vermutung, daß ihre Anzahl unendlich groß ist.[836] Nach antikem Vorbilde nehmen die Araber[837] die Lehre von den vollkommenen Zahlen auf. In den *Origines* des ISIDORUS (570—636, Sevilla),[838] in Briefen ALCUINS (735—804),[839] in einer Arithmetik des JORDANUS NEMORARIUS († 1237?),[840] bei LEONARDO von Pisa (1228),[841] ist ihre Kenntnis nachweisbar. Sie fehlen nicht in den

829 Vgl. L. E. DICKSON, *History*[737], S. 3—33. — 830 EUKLID VII, def. 22, ed. HEIBERG[712] II, S. 188: *Τέλειος ἀριθμός ἐστιν ὁ τοῖς ἑαυτοῦ μέρεσιν ἴσος ὤν* (Vollkommen heißt eine Zahl, die ihren Teilern gleich ist). — 831 MARTIANUS CAPELLA, *De nuptiis*[640] VII, § 753. — 832 PLATO, *Respublica* 546 C, *Dialogi* IV[726], S. 236, Z. 1; *Timaeus* 39 D, *Dial.* IV, S. 342, Z. 4 v. u. — 833 MARTIANUS CAPELLA[440], VII, § 753. — 834 BOËTIUS (480—524) *Arithm.*[73], ed. FRIEDLEIN, S. 39. — 835 *Εἰσαγωγή*[728], I, 16, § 3, ed. HOCHE, S. 40, Z. 21. — 836 *Εἰσαγωγή*[728], ed. HOCHE, S. 41. — 837 ṮĀBIT IBN QURRAH (836—901; Bagdad). Vgl. FR. WOEPCKE, *Notice sur une théorie ajoutée par Thābit ben Korrah à l'arithmétique spéculative des Grecs*, Journ. As. 20_4, Paris 1852, S. 423. — 838 *Origines*, Buch III, 5, § 11, *Patrologia*, ed. MIGNE, Paris 1878, Bd. 82, S. 157/8. — 839 *Monumenta Alcuiniana*, ed. WATTENBACH u. DÜMMLER, Berlin 1873, (*Bibliotheca rerum Germanicarum*, Bd. VI) Epistola 259, S. 819, 820. — 840 *Arithmetica* lib. VII, § 53—60, 2. ed. FABER STAPULENSIS, Paris 1514, Bl. (7) r° u. v°. — 841 *Liber abbaci* (1228)[30], ed. BONCOMPAGNI, S. 283.

Schriften LUCA PACIOLIS (1494)[18], STIFELS (1544)[23], CARDANOS (1539)[498] und TARTAGLIAS (1556)[59]. Selbst FERMAT und DESCARTES beschäftigten sich mit ihnen; letzterer betrachtete in Erweiterung des Begriffes auch noch Zahlen, deren Divisorensumme ein Vielfaches der Zahl selbst ist.[842] Es fehlt bis heute noch der Beweis für die unendliche Anzahl der vollkommenen Zahlen, insbesondere steht noch der Nachweis aus, ob es nicht noch ungerade vollkommene Zahlen gibt. Daß die geraden Zahlen der Art sämtlich in der euklidischen Form enthalten sind, hat DESCARTES 1638 behauptet[843] und später EULER bewiesen;[844] aber erst in der neuesten Zeit gab L. E. DICKSON einen kurzen endgültigen Beweis.[845]

Die ersten vier vollkommenen Zahlen $2(2^2-1)=6$, $2^2(2^3-1)=28$, $2^4(2^5-1)=496$, $2^6(2^7-1)=8128$ kannte das Altertum schon; sie werden uns von NIKOMACHOS (um 100 n. Chr.),[846] dann von BOËTIUS (480–524 n. Chr.)[847] aufgezählt. Die fünfte $2^{12}(2^{13}-1)=33550336$ fügt erst die Neuzeit hinzu; REGIOMONTANUS (1436—1476), der sich, wie neuerdings nachgewiesen wurde, auch mit vollkommenen Zahlen beschäftigt hat, führt sie an,[848] vielleicht ist er auch ihr Berechner. Aber auch in einer deutschen Abhandlung arithmetischen Inhalts, die ein Frater FRIDERICUS in den Jahren 1456—1464 geschrieben hat, wird sie erwähnt.[849] Die deutschen Fachwörter sind bei FRIDERICUS gerecht, gebrechend, vberflüßig. STIFEL (um 1487—1567) kannte die fünfte vollkommene Zahl noch nicht; an ihrer Stelle gibt er $2^8\cdot(2^9-1)=256\cdot511=130816$ und übersieht dabei, daß 511 keine Primzahl ist.[850] Die sechste und siebente vollkommene Zahl teilt SCHEYBL 1555 in seiner Euklidübersetzung[735] zu IX, 36 mit: $2^{16}(2^{17}-1)=8589869056$ und $2^{18}(2^{19}-1)=137438691328$. Bis auf acht kommt MERSENNE[851] 1644: $2^{30}(2^{31}-1)=2305843008139952128$. Die neunte ist nach PERVUSCHIN 1833[852] und SEELHOFF 1885[853] $2^{60}(2^{61}-1)$, eine siebenunddreißigstellige Zahl. E. FAUQUEMBERGUE (1917)[854] nennt als nächste drei vollkommene Zahlen: $2^{88}(2^{89}-1)$,

842 DESCARTES, *Œuvres*, éd. CH. ADAM et P. TANNERY, 10, Paris 1908, S. 564 bis 566. — 843 DESCARTES, *Œuvres*, publ. p. CH. ADAM et P. TANNERY, 2, Paris 1898, S. 429. — 844 *De numeris amicabilibus*, Comm. Arithm. 2, 1849, 630; *Opera postuma*[741] 1, 1862, 88. — 845 The Amer. Math. Monthly 18, 1911, S. 109. — 846 *Εἰσαγωγή*[728], I, 16, 3, ed. HOCHE, S. 40. — 847 BOËTIUS, ed. FRIEDLEIN[73], S. 42. — 848 M. CURTZE, Zentralbl. f. Bibliothekswesen 16, 1899, S. 289. — 849 M. CURTZE[722], Bibl. math. 9_2, 1895, S. 39—42. — 850 STIFEL, *Arithmetica integra*, 1544[23], S. 10. — 851 *Cogitata physico-mathematica*, Praefatio generalis, Paris 1644, § XIX, vgl. Archiv Math. Phys. 4_2, 1886, S. 100—101. — 852 Bull. Acad. Sc. Petersburg (3), 31, 1887, S. 532. — 853 Ztschr. Math. Phys. 31, 1886, S. 174—178. — 854 L'Interméd. math. 24, Paris 1917, S. 33[546].

$2^{106}(2^{107}-1)$, $2^{126}(2^{127}-1)$. Diese letzte, schon von LUCAS 1876 genannte Zahl[855] hat 77 Ziffern. Die angeführten vollkommenen Zahlen sind die kleinsten, wenn nicht noch eine kleinere ungerade existiert. Bis $n = 256$ gibt es nur noch 11 Exponenten (alle über 136), bei denen bis jetzt nicht erwiesen ist, daß die zugehörige Zahl keine vollkommene Zahl ist.

Auch der Begriff der befreundeten Zahlen (*φίλοι ἀριθμοί, numeri amici, amicabiles*) scheint nicht vor den Neupythagoreern entstanden zu sein, wenn auch IAMBLICHOS (Anfang des 4. Jahrhunderts, Chalkis in Cölesyrien)[856] ihre Aufstellung dem PYTHAGORAS selbst zuschreibt. Zwei Zahlen hießen befreundet, wenn die Summe aller Divisoren der einen Zahl gleich der anderen Zahl selbst ist. Als Beispiel werden bis zum Ausgang des Mittelalters nur immer 220 und 284 angeführt, $220 = 1 + 2 + 4 + 71 + 142$ und $284 = 1 + 2 + 4 + 5 + 10 + 11 + 20 + 22 + 44 + 55 + 110$. Ein Gesetz ihrer Bildung war im Altertum nicht bekannt. Die Aufstellung eines solchen, wenn auch keines allgemeinen, gelang erst dem gelehrten Araber T̲ĀBIT IBN QURRAH (836—901; Bagdad, Mathematiker und Astronom).[857] Dieser fand, daß $A = 2^n \cdot p \cdot q$ und $B = 2^n \cdot r$ befreundete Zahlen sind, wenn $p = 3 \cdot 2^n - 1$, $q = 3 \cdot 2^{n-1} - 1$, $r = 9 \cdot 2^{2n-1} - 1$ Primzahlen sind. Weitere Zahlenbeispiele brachte erst das 17. Jahrhundert. FERMAT (1605—1665) teilte 1636 seinem Freunde MERSENNE das Paar 17296 und 18416 mit.[858] 2 Jahre später erwähnt DESCARTES in einem ebenfalls an MERSENNE gerichteten Brief das weitere Paar 9363584 und 9437056.[859] Eine Ableitung der drei damals bekannten Paare findet sich 1657 bei F. VAN SCHOOTEN.[860] Erhebliche Fortschritte brachte EULER[861] (1707 Basel — 1783, Petersburg, vorübergehend in Berlin), der, wie auch zugleich mit ihm G. W. KRAFFT († 1754, Petersburg),[862] den befreundeten Zahlen erneute Aufmerksamkeit zuwandte. Aber selbst EULER vermochte keine allgemeine Bildungsformel anzugeben, wenn er auch noch 64

855 Nouv. Corresp. Math. 2, 1876, S. 96. Vgl. DICKSON, *History*[737], I, S. 22. — 856 IAMBLICHUS[546], S. 35 oben. — 857 Vgl. FR. WOEPCKE[337], S. 422—429. — 858 *Œuvres de Fermat*, 2[782], S. 21, Z. 3, S. 22 u., S. 72, S. 208. — 859 Œuvres de DESCARTES, 2[843], S. 94, Z. 5; 10[842], S. 566. — 860 *Exercitationes mathematicae*, Lugd. Bat. 1657, Buch 5. Vgl. G. ENESTRÖM, Bibl. math. 9_3, 1908 bis 1909, S. 263; 14_3, 1914, S. 351. — 861 EULER, *Opuscula varii argumenti* II, Berlin 1750, S. 23—107, *De numeris amicabilibus*; vgl. S. 105—107 eine Zusammenstellung der gefundenen Zahlen. — 862 G. W. KRAFFT, Novi comm. Ac. Petrop. 2, 1749 (gedr. 1751), S. 100—118.

neue Paare auffand.[863] L. E. Dickson fügte 1911 zwei weitere hinzu.[864]

Über figurierte Zahlen vergleiche den Abschnitt Reihentheorie in Bd. VI.

III. Tabellen.

Eine wesentliche Ergänzung des gemeinen Rechnens, besonders für den weniger wissenschaftlich gebildeten Rechner wie für den Kaufmann, den Techniker u. a., waren Tafeln, aus denen man die gewünschten Resultate ohne große Mühe entnehmen konnte. Aber auch die höhere, wissenschaftliche Mathematik ist genötigt, ihre Resultate durch Tabellenwerke, wie in den trigonometrischen und logarithmischen Tafeln, dem Gebrauch zugänglich zu machen. In der modernen Zeit schuf man für das Rechnen statt der Tafeln besondere Maschinen.

Das Tabellenrechnen im Sexagesimalsystem war bereits in Babylon im 3. Jahrtausend v. Chr. hoch ausgebildet. Neben älteren Ausgrabungen in Senkereh und Ninive, die Tafeln mit Quadratzahlen und Quadratwurzeln, mit Kubikwurzeln und einfachen Multiplikationsreihen ans Tageslicht brachten, haben neuere Forschungen der Pennsylvania Universität (H. V. Hilprecht) in der Tempelbibliothek zu Nippur sehr reiche Funde ergeben (vgl. S. 52). Unter 33 hier gefundenen mathematischen Texten befanden sich 22 Multiplikationstäfelchen, 4 Tafeln mit Multiplikationen und Divisionen, eine Quadrattafel von 1^2 bis 50^2, zwei Tafeln für $\sqrt{n}$ ($n = 1$, 4 bis 144, 900 bis 1600), eine Tafel mit einer geometrischen Reihe. Die Multiplikations- und Divisionstafeln sind dem Sexagesimalsystem und dem Rechnen in ihm angepaßt; sie enthalten die Produktreihen $1p$, $2p$, $3p$ bis $50p$ für alle Teiler p, die in 60^4 enthalten sind, also die Einmaleinse von 2, 3, 4, 5, 6, 8, 9, 12 ... usf. bis 162000, 180000, immer vom Einfachen bis zum Fünfzigfachen.[865] Die Divisionstafeln weisen zwei Zahlenreihen auf, deren zwei nebeneinanderstehende Glieder immer das Produkt 60^4 ergeben.[866]

Für die einfachsten Rechenarten, das Addieren (sumerisch: daxxa) und Subtrahieren (sumerisch: bazi), sind uns nur sehr wenige Tafeln erhalten, ein Zeichen, daß das freie Rechnen diese Operationen, wie bei den Ägyptern (S. 73), leicht beherrschte. Die Tafeln für die Multiplikation (sumerisch: ara) sind gewöhnlich in der Form angeordnet

863 G. Eneström, BM. 9_3, 1908—1909, S. 263. — 864 The Amer. Math. Monthly 18, 1911, S. 109. — 865 H. V. Hilprecht[1], *Bab. Exp.*, S. 16f. — 866 Daselbst S. 21f. Vgl. O. Neugebauer, *Quellen u. Studien*, B 1, Berlin 1930, S. 187f.

2 ara 1	2		1	6	
ara 2	4	oder kurz	2	12	usw.
ara 3	6		3	18	

bis zu dem Multiplikator 20, dem dann noch 30, 40, 50 folgte.

Die Tafeln für die Division (sumerisch: igi) haben verschiedene Anordnungen, nennen aber nie den Dividendus, der leicht erratbar ist. Die Tafel

igi 1 gal-bi 40-am
igi 2 gal-bi 30
igi 3 gal-bi 20
igi 4 gal-bi 15

bedeutet, daß $\frac{2}{3}$[867] von 60 = 40; $\frac{1}{2}$ von 60 = 30; $\frac{1}{3}$ von 60 = 20; $\frac{1}{4}$ von 60 = 15 ist.

Um die Division $24^0 : 9$ auszuführen, suchte man in der Divisionstafel $1^0 : 9 = 6'40''$, dann in einer Multiplikationstafel $24 \cdot 6' = 2^0 24'$ und $24 \cdot 40'' = 16'$ auf, woraus durch Addition $2^0 40'$, modern $2^2/_3$ folgt.[868] Die babylonische Division kommt auch in einzelnen Beispielen des Papyrus Rhind vor.[868a]

Dies Multiplizieren und Dividieren wurde nicht von den Gelehrten allein geübt, sondern gehörte zur höheren Bildung der Vornehmen; so rühmt sich König Aschurbanipal (668—626 v. Chr.) gelegentlich: „Ich löse die verwickeltsten Divisionen und Multiplikationen, die kaum herauszubringen sind; ich lese die knifflichsten Tontafeln im dunklen Sumerisch, in Akkadisch schwer zu bebemeistern.“[869]

In den Quadrattafeln wurde entweder die Anordnung der Multiplikationstafeln benutzt oder es erschien ein besonderes Fachwort i-b-Di, das nur das quadratische Verhältnis, also zugleich Quadrat wie Quadratwurzel ausdrücken soll, so wie bei den Kubikzahlen das Wort ba-Di-e.[870]

1 — e 1 i-b-Di	1 — e 1 ba-Di-e	
4 — e 2 i-b-Di	8 — e 2 ba-Di-e	usw.
9 — e 3 i-b-Di	27 — e 3 ba-Di-e	

Die Fachwörter sinken zu kurzen Zeichen zusammen, so daß

867 $\frac{2}{3}$ gilt auch im ägyptischen Rechnen als Einheitsteil. Vgl. F. Hultsch, BM 2_3, S. 180 Anm. — 868 Vgl. A. Ungnad, *Die platonische Zahl*, Zeitschr. f. Assyr. 31, Straßburg 1917—18, S. 157 und B. Meissner[96], *Babylonien und Assyrien*, Heidelberg I, 1920, II, 1925 (Kulturgeschichtliche Bibliothek 3, 4), II, S. 338. — 868a Vgl. K. Vogel, Arch. Gesch. Math., Nat., Techn. 12, Leipzig 1930, S. 418. — 869 Vgl. C. Bezold[289], *Ninive und Babylon*, 4. Aufl. von C. Frank, Bielefeld und Leipzig 1926, S. 81. — 870 A. P. Poebel[96], § 316, S. 115.

man von einem Multiplikations-, Divisions- und Wurzelzeichen bei den Sumerern sprechen kann (nach HILPRECHT).

Welch große Gewandtheit im Rechnen mit solchen Tafeln von den Babyloniern erreicht wurde, zeigt folgendes Beispiel:[871]

„... 13 20 quadriert ist 2 57 46 40
2 57 46 40 zu 50 33 22 addiere.
53 31 6 40 gibt es
53 31 6 40 hat 56 40 als Quadratwurzel."

modern

$$(13\cdot 60+20)^2=2\cdot 60^3+57\cdot 60^2+46\cdot 60+41$$
$$(2\cdot 60^3+57\cdot 60^2+46\cdot 60+40)+(50\cdot 60^3+33\cdot 60^2+20\cdot 60)$$
$$=53\cdot 60^3+31\cdot 60^2+6\cdot 60+40$$
$$\sqrt{53\cdot 60^3+31\cdot 60^2+6\cdot 60+40}=56\cdot 60+40$$

oder im Dezimalsystem: $800^2=640000$
$$640000+10920000=11560000$$
$$\sqrt{11560000}=3400.$$

Für die Ägypter waren die vier ersten Rechnungsarten fast noch keine getrennten Operationen; sie erledigten ihre Rechnungen nur mit der Addition, aus der sie Verdoppelung und Halbierung als Hilfsoperationen ableiteten (vgl. S. 73). Das ‚Eins und eins' beherrschten sie sicher gedächtnismäßig; Tabellen sind nicht überliefert. Bei nicht aufgehenden Divisionen erschienen die Brüche, und für diese haben die Ägypter ein eigenartiges Rechenverfahren mit Stammbrüchen ersonnen, das später zu behandeln ist (vgl. S. 150f.). Die dazu erforderliche Zerlegung eines allgemeinen Bruches in Stammbrüche führte zum Aufbau von Tafeln, wie sie uns bei AHMES (zwischen 1850 und 1580 v. Chr.) und anderweitig überliefert sind.

Ein Einmaleins, wie schon die Sumerer, kannten sie nicht. Wohl aber haben Griechen und Römer es besessen und seinen Wert zu würdigen gewußt; verschiedentlich wird überliefert, daß in den Schulen der Alten das Einmaleins geübt wurde (vgl. S. 68). Um so mehr müßte man sich wundern, daß Einmaleinstabellen so spärlich aus dem Altertum auf uns gekommen sind, wenn man es nicht verständlich fände, daß gerade deshalb, weil das Einmaleins als etwas völlig Elementares angesehen wurde, eine Aufnahme in wissenschaftliche Werke nicht nötig erschien. Erst 100 Jahre n. Chr. fühlt sich ein Schriftsteller gelegentlich veranlaßt, die Einmaleinstabelle zusammenzustellen und seinen Lesern mitzuteilen.

871 O. NEUGEBAUER[103a], S. 119.

Es ist dies Nikomachos von Gerasa. Ihm ist aber nicht die Einübung des Elementarrechnens dabei Zweck, sondern er will nur Zahlenreihen bestimmter Verhältnisse zur Erläuterung seiner theoretischen Betrachtungen aufstellen. Die von ihm in seiner *Εἰσαγωγὴ ἀριθμητική*[872] gewählte Anordnung ist die bekannte quadratische Form, in der je eine Horizontalreihe mit einer entsprechenden Vertikalreihe gleichlautend ist; ihr Umfang reicht bis 10 · 10. Neuerdings ist ein griechisches Täfelchen (Britisches Museum) bekannt geworden, auf dem man das Einmaleins mit 2 und 3 entziffern kann; es wird auf das zweite nachchristliche Jahrhundert datiert, kann aber der Form der Schriftzeichen nach auch älter sein.[873] Boëtius (480—524) lehnt sich eng an Nikomachos an.[874] Auch er will kein echtes Einmaleins geben. Ein solches gibt auch nicht der *Calculus* des Victorius von Aquitanien (um 457 n. Chr.), in dessen umfangreichen, auf älteren Quellen beruhenden Multiplikationstafeln auch Produkte ganzer Zahlen, vorwiegend aber von Brüchen enthalten sind. Anders schon bei Bernelinus (um 1020 n. Chr.), der folgende Reihenzusammenstellung[875] gibt

Semel II	II	Bis III	VI	Ter IV	XII	Quater V	XX
Semel III	III	Bis IV	VIII	Ter V	XV	.	
Semel IV	IV	Bis V	X	Ter VI	XVIII	.	
Semel V	V	Bis VI	XII	Ter VII	XXI	.	
Semel VI	VI	Bis VII	XIV	Ter VIII	XXIV	.	
Semel VII	VII	Bis VIII	XVI	Ter VIIII	XXVII	usf.	bis
Semel VIII	VIII	Bis VIIII	XVIII				
Semel VIIII	VIIII					Octies VIIII	LXXII.

Auch die Einmaleinszusammenstellung, die Pater Othlo (Kloster St. Emeram zu Regensburg) in einer Handschrift aus dem 11. Jahrhundert (um 1062) gibt, ist noch nicht in Tabellenform geschrieben; bemerkenswert ist, daß hier die Apices, die unsere Ziffergestalt andeuten (vgl. S. 30), verwendet werden.[876] Die älteste Zusammenstellung der Einmaleinsprodukte zu einer Rechenhilfstafel — und zwar zu einer dreieckigen, wie sie später, 1489, Widman druckt (vgl. S. 145), bis zu 9 · 9 gehend —, findet sich in einer Algorithmushandschrift aus dem 12. Jahrhundert (vor 1168 geschrieben).[877] Eine andere Handschrift aus demselben Jahrhundert geht sogar bis zu 19 · 19.[878]

872 Nicomachus, *Introductio*[728], Buch I, Kap. XIX, 9, S. 51. — 873 D. E. Smith, *A Greek multiplication table*, BM. 9_3, 1909, S. 194. — 874 Boëtius, *Instit. arithm.*[73] I, 26, S. 53. — 875 *Liber abaci*, Œuvres de Gerbert, ed. A. Olleris[160], S. 361—362. — 876 M. Curtze, Zentralbl. f. Bibliotheksw. 16, 1899, S. 278. — 877 M. Curtze[37], Abh. Gesch. Math. 8, 1898, S. 18. — 878 A. Nagl[433], Z. Math. Phys. 34, 1899, Hist.-lit. Abt. S. 136.

Quadratische Anordnung ist gewählt in einer Abakushandschrift vom Ende des 12. Jahrh.,[879] ferner im sogenannten Rechenbuch des JOHANNES von Sevilla.[880] LEONARDO von Pisa (1228, *Liber abbaci*) legt auf die Tafelform keinen Wert. Er gibt das Einsundeins und Einmaleins in Reihen, deren jede mit steigendem Addenden oder Multiplikator um je eine Zeile kürzer wird,[881] wie

7 + 7 = 14	8 + 8 = 16	9 + 9 = 18	10 + 10 = 20.
7 + 8 = 15	8 + 9 = 17	9 + 10 = 19	
7 + 9 = 16	8 + 10 = 18		
7 + 10 = 17			

Auch das Einsineins: $\frac{1}{2}$ von 1, $\frac{1}{2}$ von 2, $\frac{1}{2}$ von 3 usf. bis $\frac{1}{2}$ von 20, ebenso $\frac{1}{3}$ von 1 bis $\frac{1}{3}$ von 27, $\frac{1}{4}$ von 1, $\frac{1}{4}$ von 2 usw. bis $\frac{1}{4}$ von 40 bringt LEONARDO mit allen Resten, reihenweise angeordnet. Bei $\frac{1}{5}$, $\frac{1}{6}$ bis $\frac{1}{13}$ gibt er nur die Zahlen mit dem Rest Null.

Die älteren Rechenbücher bevorzugen fast ausschließlich die quadratische Anordnung des Einmaleins, meist unter dem Namen *mensa*, bzw. *mensula Pythagorae*,[882] pythagoreischer Tisch, Tafel der Mannigfaltigung (so bei KOEBEL).[883] In dreieckiger Anordnung führt es eine Handschrift aus dem 12. Jahrhundert[884] und der nur handschriftlich erhaltene *Triparty* (1484) des französischen Mathematikers NICOLAS CHUQUET (Lyon, Paris; † um 1500),[885] im Druck zuerst das Rechenbuch des JOHANNES WIDMAN aus Eger (1489)[886] in der auf der folgenden Seite wiedergegebenen Form an.

Eine Erweiterung der Einmaleins-Tabelle bis zu 49 · 49, allerdings im Sexagesimalsystem, nimmt PETRUS DE DACIA, ein dem Dominikanerorden angehörender dänischer Gelehrter (um 1300),[887] vor. Ungefähr aus dem Jahre 1400 ist eine Tabelle im dekadischen System bis 20 · 20 aus dem *Algorismus prosaycus* des Prager Mathe-

879 ENRICO NARDUCCI, Bullet. di bibliogr. d. sc. matem. 15, 1882, S. 139. — 880 *Trattati* II, ed. BONCOMPAGNI[35], S. 103. — 881 *Liber abbaci*[39], S. 6, 25—26. — 882 Die Entstehung dieser Bezeichnung ist unklar. Die unter dem Namen des BOËTIUS gehende anonyme Geometriehandschrift aus dem 12. Jahrhundert[73] nennt die Abakustafel *mensa Pytagorae* (ed. FRIEDLEIN[73], S. 396). Spätere Druckausgaben behalten den Namen bei, ersetzen die Tafel durch ein Einmaleins. Auch in der Nikomachos-Ausgabe von FABER STAPULENSIS 1496 lib. IX prop. 38 wird danach die Einmaleinstabelle als *mensula Pythagore* bezeichnet. Vgl. G. ENESTRÖM, *Encyclopédie des sciences mathématiques pures et appliquées*, éd. française par J. MOLK, Paris 1908, I : 4 : 2, S. 212, Anm. 38. — 883 FELIX MÜLLER[57], Abh. Gesch. Math. 9, 1899, S. 319. — 884 Ed. M. CURTZE[37], S. 18. — 885 CHUQUET, *Le Triparty*[19], S. 596. — 886 WIDMAN[200], Blatt b (8) r°. — 887 G. ENESTRÖM, Bibl. math., 1890, S. 32.

1	1 1	2 2	3 3	4 4	5 5	6 6	7 7	8 8	9 9	0 0
2	2 4	3 6	4 8	5 10	6 12	7 14	8 16	9 18	0 0	
3	3 9	4 12	5 15	6 18	7 21	8 24	9 27	0 0		
4	4 16	5 20	6 24	7 28	8 32	9 36	0 0			
5	5 25	6 30	7 35	8 40	9 45	0 0				
6	6 36	7 42	8 48	9 54	0 0					
7	7 49	8 56	9 63	0 0						
8	8 64	9 72	0 0							
9	9 81	0 0								
0	0 0									

Nach Chuquet.

1	2							
2	4	3						
3	6	9	4					
4	8	12	16	5				
5	10	15	20	25	6			
6	12	18	24	30	36	7		
7	14	21	28	35	42	49	8	
8	16	24	32	40	48	56	64	9
9	18	27	36	45	54	63	72	81

Nach Widman.

matikers Křištan von Prachatitz (1392—1437) bekannt;[888] der Kanon des Prosdocimo de' Beldomandi († 1428, Prof. in Padua) reicht bis 22 · 22.[889] Umfangreichere Produkttafeln erscheinen nicht vor dem 17. Jahrhundert. Das Verdienst, eine solche zum erstenmal zusammengestellt zu haben, gebührt dem bayrischen Staatsmann Herwart von Hohenburg (1553—1622), einem in der Mathematik und Philologie gleich bewanderten Laien. Sein Tabellenwerk[890] erschien 1610, enthält die Produkte sämtlicher dreiziffrigen Zahlen bis 999 · 999; es sollte auch für Faktoren mit höherer Ziffernanzahl bei entsprechender Zerlegung derselben benutzt werden. Das umfangreiche Werk enthält 999 Seiten von über $^1/_2$ m Höhe und $^1/_4$ m Breite und ist dabei $10\,^1/_2$ cm dick. Wieviel übersichtlicher und raumsparender dagegen die neuere Zeit arbeitet, erkennt man aus einem Werke A. L. Crelles (1780—1855, Oberbaurat in Berlin),[891] das genau denselben Inhalt hat, jedoch bei erheblich kleinerem Format, dank der besseren Anordnung, nur 450 Seiten umfaßt.

Als besondere Produkttafeln sind die Quadrat- und Kubikzahlentabellen anzusehen. Die älteste derartige Zusammenstellung zeigen uns, wie schon erwähnt (vgl. S. 17, 52), zwei uralte babylonische Tontafeln, die bei Senkereh am Euphrat unweit Babylon 1854

888 Cantor, 2^2, S. 179. — 889 A. Favaro, Bull. bibl. storia mat. 12, 1879, S. 217. — 890 Unger[199], S. 126 f.; S. Günther, Jahrbuch f. Münchener Geschichte, Bd. 3, Bamberg 1889, S. 187f. — 891 A. L. Crelle, *Rechentafeln*, Berlin 1820, 2. Aufl. von Bremiker, 1864.

gefunden wurden;[892] sie stammen aus der Zeit um 1900 v. Chr. und enthalten die Quadratzahlen bis 59^2, ausgedrückt im Sexagesimalsystem; die Kubikzahlen reichen nur von 1^3 bis 32^3, da das betreffende Täfelchen durch Bruch unvollständig geworden ist. — Beschränkte Reihen von Quadrat- und Kubikzahlen werden zuweilen arabischen und abendländischen Rechenbüchern beigegeben. In Handschriften REGIOMONTANS (1436—1476) findet sich eine Tafel der Quadratzahlen von $1^2 = 1$ bis $1130^2 = 127900$, die bis 6140^2 fortgesetzt werden sollte; die Kubikzahlen sind bis 387^3 durchgeführt, aber bis 651^3 angelegt.[893] 1592 (Venedig) erschien die *Tabula tetragonica*[894] des italienischen Astronomen G. A. MAGINI (1555—1615, Prof. in Padua), die auf 24 Blättern die Quadrate von 1—100100 liefert. Weniger reich ist die Tafel, die CLAVIUS (1537 Bamberg — 1612 Rom; Jesuit, zuletzt Lehrer am Ordenshause zu Rom) seiner *Geometria practica* 1604[895] angehängt hat (n^2 für $n = 1$ bis 1000); dafür enthält letztere aber auch die Kubikzahlen in dem gleichen Umfang wie die Quadratzahlen. Bis $n = 10000$ geht die Quadrat- und Kubikzahlentabelle, die PAUL GULDIN (1577 St. Gallen — 1643; Rom, Wien, Graz) seinem ersten Buche *De centro gravitatis* 1635[896] angeschlossen hat. Fortführungen wurden erst im nächsten Jahrhundert unternommen; JOH. PAUL BUCHNER berechnete Tafeln[897] bis zu 12000, J. LUDOLFF[898] dehnte sie sogar bis 100000 aus.[899] Wohl den geringsten Raum beansprucht die Anordnung, welche TH. ARLDT 1912 vorschlägt;[900] es gelingt ihm, die Quadratzahlen von 1 bis 1000 auf nur eine Quartseite zu bringen.

Eine Verbindung von Produkt- und Quadrattafeln stellen diejenigen von J. BLATER 1887[901] dar, in denen $\frac{n^2}{4}$ für $n = 1$ bis 200000 berechnet ist; vermittelst der Formel

$$a \cdot b = \frac{(a+b)^2}{4} - \frac{(a-b)^2}{4}$$

ist es auch möglich, das Produkt $a \cdot b$ zu finden. Dieselbe Formel nutzte übrigens auch die oben erwähnte *Tetragonometria tabularia*[898]

892 R. LEPSIUS[1], S. 106—107. — 893 M. CURTZE, Zentralbl. f. Bibliothekswesen 16, 1899, S. 289. — 894 CANTOR, 2[2], S. 581. — 895 CLAVIUS, *Geometria practica*, Romae 1604, S. 425—433; auch Moguntiae 1606, Werke[630], 1612, Bd. II, *Geom. pract.*, S. 221—226. — 896 *Centrobaryca seu De centro gravitatis*, Buch I Wien 1635 (II 1640; III—IV 1641). — 897 *Tabula radicum, quadratorum et cuborum*, Nürnberg 1701. — 898 JOH. LUDOLFF, *Tetragonometria tabularia*, Leipzig 1690 (Jena 1710). — 899 KÄSTNER, *Anfangsgründe*[396], II. Aufl., Göttingen 1764, S. 119. — 900 Unterrichtsbl. Math. Nat. 18, 1912, S. 93. — 901 *Tafel der Viertelquadrate aller ganzen Zahlen von 1 bis 200000*, Wien 1887.

J. LUDOLFFS aus; sie findet sich bereits bei den Arabern (ALKARḪĪ; um 1010 n. Chr.)[902] und ist wahrscheinlich indischen Ursprungs.

Entgegengesetzt der Aufgabe, für eine gegebene Zahl die Quadratzahl zu finden, ist die andere, einer gegebenen Zahl anzusehen, ob sie eine Quadratzahl ist, eine Aufgabe, die bei sehr großen Zahlen durch die oben angeführten Tabellen infolge ihres beschränkten Umfanges nicht mehr gelöst werden kann. Eine Anzahl brauchbarer Kennzeichen stellt GULDIN (vgl. oben) in seinem Buch *De centro gravitatis*, zusammen,[903] reichhaltiger und übersichtlicher LAMBERT (1728—1777; Oberbaurat, Berlin) in den *Beyträgen zur Mathematik* von 1770.[904] Aus der Bildung der Quadratzahlen ist ohne weiteres klar, daß nur folgende 25 Endungen vorkommen können, wenn mit p eine gerade, mit i eine ungerade Zahl bezeichnet wird: $p01$, $i21$, $p41$, $i61$, $p81$; 04, 24, 44, 64, 84; 00, 025, 225, 625; 16, 36, 56, 76, 96; $p09$, $i29$, $p49$, $i69$, $p89$. Jede gerade Quadratzahl muß sich so oft durch 4 teilen lassen, bis sich eine ungerade Zahl ergibt. Eine ungerade Quadratzahl ist, um 1 vermindert, immer durch 8 teilbar, wie die Zerlegung

$$(10a + b)^2 - 1 = (10a + b - 1)\cdot(10a + b + 1)$$

zeigt, da beide Faktoren gerade Zahlen sind und der eine sogar durch 4 teilbar ist. Bei LAMBERT finden wir die neue Bemerkung, daß eine nicht durch 9 teilbare, ungerade Quadratzahl, um 1 vermindert durch 24 teilbar sein muß.

Viel wichtiger als Produkttafeln sind die Primzahlen- und Faktorentafeln,[905] von denen die letzteren die Divisoren oder wenigstens den kleinsten Primzahldivisor für eine gegebene Zahl liefern. Von älteren Zusammenstellungen dieser Art ist wenig anzuführen. Erwähnenswert ist höchstens eine kleine Randtabelle im 5. Abschnitt des *Liber abbaci* (1228) von LEONARDO von Pisa, die die Primzahlen von 11 bis 97,[906] und eine andere, die die Zerlegung in Faktoren von 12 bis 100 gibt.[907] Die Zerlegung der Zahlen 1 bis 1000 in Primfaktoren stellt P. A. CATALDI († 1626; Bologna) in einem Anhang zu seiner Abhandlung über vollkommene Zahlen (1603)[908] zusammen; die Primzahlen zwischen 1 und 10000 bestimmt der jüngere FRANZ VAN SCHOOTEN (1657).[909] Eine Divisorentafel aller un-

902 *Alkāfī fī'l ḥisab*, ed. HOCHHEIM[131], I, S. 7. — 903 *De centro gravitatis*[896], S. 183. — 904 Bd. II[765], Berlin 1770, Abh. I, § 8, S. 10. — 905 Vgl. die genauere Geschichte bei E. L. DICKSON, *History*[737], S. 347f. — 906 *Liber abbaci*[30], I, S. 31, Rand. — 907 Daselbst S. 37. — 908 *Trattato de' numeri perfetti*, Bologna 1603, S. 28/40; vgl. G. WERTHEIM, Bibl. math. 3_3, 1902, S. 80—81. — 909 *Exercitationes mathematicae*[860], lib. V, sectio V, S. 394—403.

geraden Zahlen von 1 bis 24000 in handlicher, ganz moderner Anordnung schiebt JOH. HEINRICH RAHN (1622—1676) seiner *Teutschen Algebra* von 1659 ein.[910] Diese Tafel wurde in der englischen Ausgabe[911] von 1668 durch TH. BRANCKER (1633—1676) bis 100000 erweitert. Eine Faktorentafel von 1 bis 10500 und eine Primzahlentafel von 1 bis 100000 enthalten die *Vorlesungen* von GEORG VON VEGA 1793;[912] bis 400000 fortgesetzt wird die Faktorentafel in VEGAS *Tabulae logarithmo-trigonometricae.*[913] Die erste Million vollendete der niederländische Professor LADISLAUS CHERNAC (zu Deventer).[914] Bis zur dritten Million erstrecken sich die Berechnungen des französischen Akademikers JOH. KARL BURCKHARDT (1773 Leipzig — 1825 Paris).[915] Eine bis zur fünften Million ausgedehnte Tafel, die das besondere Interesse EULERS erregte, soll K. FR. HINDENBURG (1741 Dresden — 1808, Prof. in Leipzig) in Angriff genommen haben;[916] der Druck kam jedoch nicht über den Anfang hinaus. Der berühmte Rechenkünstler ZACH. DASE (1824—1861, Hamburg) bearbeitete die siebente, achte und zum Teil die neunte Million.[917] Für die fehlenden Millionen, die vierte, fünfte und sechste, war man lange auf ein Manuskript CRELLES (1780—1855; Oberbaurat, Berlin), das der Berliner Akademie gehörte, angewiesen. Erst in der neuesten Zeit wurde die vorhandene Lücke durch J. W. L. GLAISHER (1879/1883, London) ausgefüllt.[918] Die zehnte Million fügte D. N. LEHMER 1909 hinzu.[919] Ungedruckte Tafeln von J. PH. KULIK (1773 bis 1863) gehen bis 100000000.[920]

910 Teutsche Algebra oder Algebraische Rechenkunst zusamt ihrem Gebrauch, Zürich 1659, S. 37—46; G. WERTHEIM, Bibl. math. 3_3, 1902, S. 114. — 911 *An Introduction to Algebra,* London 1668. Vgl. G. WERTHEIM, BM. 3_3, 1902, S. 121f. — 912 *Vorlesungen über Mathematik,* Wien 1793. — 913 *Tabulae logarithmo-trigonometricae,* 2. Aufl., Leipzig 1797. — 914 *Cribrum arithmeticum sive tabula continens numeros primos a compositis segregatos,* Deventer 1811; vgl. GAUSS' Besprechung, Gött. Gel. Anzeigen 23. März 1882; GAUSS' Werke, 3^{51}, Gött. 1876, S. 181—182. — 915 J. C. BURCKHARDT, *Tables des diviseurs par tous les nombres du 1., 2. et 3. million avec les nombres premiers,* 3 part., Paris 1814—17; vgl. GAUSS, Gött. Gel. Anz. 3. November 1814, 7. November 1816, 9. August 1817; GAUSS' Werke, 3^{51}, S. 183—186. — 916 Nouv. Mém. Ac. Berlin 1781 (1783), *Historie,* S. 31ff. — 917 Z. DASE, *Faktorentafeln für alle Zahlen der 7., 8. und 9. Million mit den darin vorkommenden Primzahlen,* Hamburg 1862—65, 3 Bände. — 918 *Factor-Table for the 4. Million,* London 1879; desgl. *5. Million,* Lond. 1880; *6. Million,* Lond. 1883. — 919 *Factor-Table for the first ten millions,* Washington 1909 und *List of prime numbers from 1 to 10006721.* Washington 1914. — 920 In der Wiener Akademie seit 1827 aufbewahrt. Vgl. H. J. PETZVAL, Sitzgsber. Ak. (math. nat.) Wien 53 (II), 1866, S. 460.

D. Die Brüche.

I. Die gewöhnlichen Brüche.

a) Allgemeiner Teil.

Gleich bei ihrem Eintritt in die geschichtliche Überlieferung bietet sich die Lehre von den gewöhnlichen Brüchen dem Forscher in einer staunenswerten Vollkommenheit dar. Die altägyptische Aufgabensammlung des AHMES[381], der sog. *Papyrus Rhind* (S. 72), der aus der ersten Hälfte des 2. Jahrtausends vor unserer Zeitrechnung (XVII. oder XVIII. Dynastie; zwischen 1850 und 1580 v. Chr.) stammt, weist ein vollständiges System einer Bruchrechnung auf, das uns freilich durch seine merkwürdigen Stammbruchmethoden fremdartig berührt, aber in überraschend befriedigender Weise die gestellten Aufgaben, wie insbesondere die vier Rechenoperationen, auszuführen imstande ist. Im Vergleich zu der Ausführlichkeit, die der Verfasser Bruchaufgaben zuteil werden läßt, verschwindet fast die Behandlung der Lehre von den ganzen Zahlen. Das Rechenbuch des AHMES scheint den Höhepunkt der damaligen Entwicklung der Arithmetik darzustellen; es ist in der auf uns gekommenen Form allerdings nur eine nicht überall einwandfreie Abschrift eines älteren Originals, doch ein für seine Zeit hochwissenschaftliches Werk, das auf elementare Herleitung wie auf Ausführung der gemeinen Rechenoperationen nicht eingeht, das den spürenden Geschichtsschreiber nur erraten läßt, was als allgemein Bekanntes vorauszusetzen ist. Um so schmerzlicher vermißt man weitere Vorquellen. Aus dem ganzen 3. Jahrtausend, das an der Bildung jener Methoden gearbeitet haben muß, wurden als einzige Spur zwei kleine Fragmente in Kahun gefunden, die etwa aus der XII. Dynastie (zwischen 1995 und 1790 v. Chr.)[921] stammen. Vielleicht gleichzeitig mit dem AHMES-Papyrus ist eine Lederrolle des Londoner Museums.[921a] Nur kleine Ergänzungen für das Stammbruchrechnen bringen Funde aus späterer Zeit. Zwei Holztäfelchen des Museums Cairo, in Akhmīm gefunden,[922] gehören dem mittleren

921 (Gefunden 1889; jetzt in London). Vgl. F. L. GRIFFITH, *The Petrie Papyri, Hieratic Papyri from Kahun and Gurob*, London 1898, S. 15—18, Pl. VIII, PEET[581], S. 6. — 921a S. K. R. GLANVILLE, *The mathematical leather roll in the British Museum*, Journ. of Egypt. Arch. 13, 1927, S. 232—239; KURT VOGEL, *Erweitert die Lederrolle unsere Kenntnis ägyptischer Mathematik?* Arch. f. Gesch. Math., Nat., Techn. 2[2], 1929, S. 386—407; O. NEUGEBAUER, *Zur ägyptischen Bruchrechnung*, Ztschr. f. ägypt. Sprache u. Altertumskunde 64, 1929, S. 44—48. — 922 DARESSY, Recueil de Travaux 28, S. 62ff.; T. E. PEET[381], S. 7; ferner

Reich an, ein demotischer Papyrus in London[923] der römischen Zeit, ein von der Michigan-Universität erworbener griechischer Papyrus[924] dem 4. Jahrhundert n. Chr. Ferner kommen noch in Betracht zwei griechische, byzantinische Bruchtafeln[925] und ein koptisches Scherbenstück,[926] schließlich ein wieder in Akhmîm gefundener griechischer Papyrus aus dem 7.—8. Jahrhundert n. Chr.[927] Leider ist es bei dem emsigen Suchen der neuesten Zeit nach Überresten der alten Kulturen mehr als zweifelhaft, ob die Zukunft auf weitere Quellenfunde wird rechnen dürfen.

Charakteristisch für die ägyptische Wissenschaft ist das starre Festhalten an den einmal gewonnenen Methoden und Resultaten. Gleichsam als wenn dem Stoff selbst der Stempel dieser zähen Beständigkeit aufgeprägt wäre, treffen wir in späteren Jahrtausenden bei den verschiedensten Völkern immer und immer wieder auf ägyptische Weisheit. Altägyptische Verfahren sehen wir zur Zeit der Griechen beobachtet, von den Römern getrieben, von den Arabern gepflegt — verändert und durchdrungen von dem sie behütenden Volke, aber in den Umrissen sicher erkennbar. Wir können die ägyptische Stammbruchlehre verfolgen über die Zeit der Araber hinweg bis in das deutsche Mittelalter hinein.

Die Ägypter rechneten mit Stammbrüchen.[928] Begrifflich haben sie ohne Zweifel[929] auch Brüche mit höherem Zähler als 1 erfaßt; doch vermochten sie diese — mit Ausnahme von $\frac{2}{3}$ und dem altertümlichen, bald verschwindenden $\frac{3}{4}$, wofür ein eigenes Zeichen vorhanden war — nicht schriftlich auszudrücken,[930] da nur die Zahl

T. E. Peet, Journal of Egyptian Archaeology IX, 1; K. Sethe, *Zahlen u. Zahlworte*[101], S. 74, Anm. 2. — 923 Vgl. Fr. Hultsch, *Neue Beiträge zur ägyptischen Teilungsrechnung*, BM 2_3, 1901, S. 177 ff. — 924 Fr. E. Robbins, *A Greco-egyptian mathematical papyrus*, Classical Philology XVIII, Chicago 1923, S. 328 bis 333. L. C. Karpinski, *Michigan Mathematical Papyrus Nr. 620*, Isis 5, 1923, S. 20—25. — 925 H. Thomson, *A Byzantine Table of Fractions*, Ancient Egypt. 1914, S. 52—54. — 926 W. E. Crum, *Coptic ostraca* (*The Egypt exploration Fund*), London 1902, Nr. 480; K. Sethe[101], S. 71—72. — 927 J. Baillet, *Le papyrus mathématique d'Akhmîm*, Mém. p. p. les Membres de la mission archéologique française in Cairo, 9, 1, Paris 1892, S. 1—88. — 928 Vgl. K. Sethe, *Von Zahlen und Zahlworten*[101]. O. Neugebauer, *Die Grundlagen der ägyptischen Bruchrechnung*[725]. K. Vogel, *Grundlagen*[154a], S. 21 ff. — 929 Vgl. H. Wieleitner, *Kannten die Ägypter den Begriff eines allgemeinen Bruches?* Mitt. Gesch. Med. Nat. 25, 1926, S. 1—4. K. Vogel, Mitt. Gesch. Med. Nat. 27, 1928, S. 379, Referat über Abel Rey, *Coup d'œil*[382]. Vogel gibt die Literatur ausführlich an. Ferner K. Vogel, *Grundlagen*[154a], S. 29 ff. — 930 Daß der Begriff des allgemeinen Bruches, wie z. B. $\frac{2}{5}$, bei den Ägyptern vorhanden war, geht auch

des Nenners mit einem übergesetzten Punkt, etwa $\dot{7}$,[931] geschrieben und dann als $\frac{1}{7}$ gelesen wurde. Nichtstammbrüche mußten durch Summen von Stammbrüchen ersetzt werden, wie $\frac{2}{5}$ durch $\frac{1}{3}+\frac{1}{15}$, $\frac{2}{13}$ durch $\frac{1}{8}+\frac{1}{52}+\frac{1}{104}$, und zu diesem Zweck gibt AHMES eine umfangreiche Zerlegungstabelle aller Brüche von der Form $\frac{2}{2n+1}$ $(n = 1, 2 \ldots 50)$.[932] Brüche mit geradem Nenner $2n$ weist die Tafel nicht auf, da sie sofort mit 2 gehoben werden konnten. Lag ein Bruch mit höherem Zähler vor, so konnte er zerfällt werden in eine Summe gleichnamiger Brüche, deren Zähler nur 2, bzw. 1 sind. Die ersten ließen sich, falls nicht mit 2 zu heben war, mit Hilfe der Tabellen in Summen von Stammbrüchen verwandeln, so daß sich schließlich der in Rede stehende allgemeine Bruch vollständig in Stammbrüche auflösen ließ. In der Zusammenstellung der Tafel ist ein einheitliches Zerlegungsprinzip nicht zu entdecken; sie läßt sich daher kaum als Arbeit eines Verfassers ansehen. Alle Wahrscheinlichkeit spricht dafür, daß sie eine Sammlung einzeln gefundener Zerlegungen ist, zu deren Vervollständigung Rechner aus verschiedenen Zeiten beigetragen haben, so etwa, wie in moderner Zeit eine Formelsammlung die Forschungen vieler Gelehrten auf einem speziellen Gebiete vereinigt. Für diese Vermutung spricht, daß auch in den etwa gleichzeitigen Kahunfragmenten einige Zerlegungen des AHMES vorkommen.[933] Im Papyrus Rhind sind aber nicht bloß die früher entdeckten Zerlegungen zusammengestellt und vervollständigt, sondern nach einem einheitlichen Gesichtspunkt bearbeitet; jeder einzelnen Zerlegung folgt ein Richtigkeitsbeweis (śšmt). Die Lederrolle des Britischen Museums enthält 26 Zerlegungen von Stammbrüchen in eine Stammbruchsumme, die als Hilfsmittel beim Bruchrechnen und Ergänzung der AHMES-Tabelle[933a] aufgefaßt werden können.

Die Ergänzungen der späteren Dokumente sind verhältnismäßig geringfügig: In den Akhmîmer Holztäfelchen[922] werden $\frac{1}{3}, \frac{1}{7}, \frac{1}{10}, \frac{1}{11}, \frac{1}{13}$ Scheffel in Untermaße $\frac{1}{2}, \frac{1}{4}, \frac{1}{8} \ldots \frac{1}{64}$ und $\frac{1}{320}$ zerlegt. Der demo-

daraus hervor, daß die Sprache, wenn auch selten, den Begriff auszudrücken versuchte, so in einem Papyrus Brüssel: „mein $\frac{1}{3}+\frac{1}{15}$ Teil, das macht 2 Teile von fünfen von den Häusern," SETHE[101], S. 61, Z. 12f. — **931** Hieratisch. Die alte Hieroglyphe ist ein halbgeöffneter Mund (gelesen *ro*), über die Zahl gesetzt. Im Demotischen entartet die Hieroglyphe zu einem schrägen Strich, der dann wohl von den Griechen übernommen wurde. Vgl. den griechisch geschriebenen Michigan-Papyrus, FR. E. ROBBINS[924], S. 329. — **932** EISENLOHR[381], S. 46—48; PEET[381], S. 37ff. — **933** M. CANTOR, Orientalistische Literatur-Zeitung 1, 1898, S. 306. — **933a** K. VOGEL[921a], S. 402.

tische Papyrus[923] gibt die Zerlegungen $1:n$, $2:n, \ldots (n-1):n$, $n:n$ für $n=7$, 8 vollständig, für $n=9, \ldots 15$ lückenhaft, der Michiganer Papyrus[924] $\frac{1}{9}$, $\frac{1}{11}, \ldots \frac{1}{17}$ von 1, 2 ... 9, 10, 20 ..., 90, 100, 200 ... 900, 1000, 2000, ... 10000 mit Verstümmelung, die beiden byzantinischen Bruchtafeln[925], ein Rest von 16 Tafeln, $1:n$, $2:n, \ldots$ $n:n$ für $n=15$, 16, das koptische Scherbenstück[926] das gleiche für $n=31$. Vollständiger ist der späte Akhmīmer Papyrus[927], der $\frac{2}{3}$, $\frac{1}{3}$, $\frac{1}{4} \ldots \frac{1}{20}$ der ganzen Zahlen, $\frac{2}{3}$, $\frac{1}{3}$, $\frac{1}{4} \ldots \frac{1}{10}$ von 1 bis 10000, $\frac{1}{11}$ von 1, 2 ... 10, 11; $\frac{1}{12}$ von 1, 2 ... 12 bis $\frac{1}{20}$ von 1, 2 ... 20 zusammenstellt.

Mit solchen Stammbruchsummen werden nun von Ahmes Beispiele aus allen vier Rechnungsarten vorgeführt, die Subtraktion in der Form einer additiven Ergänzung des Subtrahendus zum Minuendus, ähnlich die Division durch multiplikative, d. h. im Grunde genommen wie auch im modernen Algorithmus, selbst wieder additive (vgl. S. 73) Ergänzung des Divisors zum Dividendus. Vgl. die Beispiele S. 74. Bei schwierigeren Aufgaben begnügt sich der Rechner zunächst mit einem angenäherten Resultat, das dann wie bei der Regula falsi, durch ein Proportionalitätsverfahren zum richtigen verbessert wird. Bezeichnend für das Verfahren, das Ahmes einschlägt, ist in fast allen Aufgaben ein Erweitern auf einem nicht besonders erwähnten oder hingeschriebenen, aber aus den Resultaten klar hervorgehenden Hauptnenner. Die neuen Zähler werden mit roter Tinte unter die alten Stammbrüche gesetzt. Oft ist dieser Hauptnenner, für den auch kein Fachwort üblich ist, nicht einmal ein gemeinsames Vielfaches der Einzelnenner, so daß dann als Zähler wiederum gebrochene Zahlen auftreten.

Die ägyptische Methode, mit Stammbrüchen zu rechnen, lernten auch die von Ägyptern beeinflußten Völker. Die Sumerer rechneten mit Stammbrüchen, bevor sich die Sexagesimalbrüche völlig festlegten, so in Wirtschaftstexten der Fürsten Lugulanda und Urukagina von Lagaš (um 3000 v. Chr.).[934] Im Althebräischen, dem Alten Testament und den Inschriften kommen nur Stammbrüche vor, wie $\frac{1}{3}$, $\frac{1}{5}$, $\frac{1}{10}$, dazu noch $\frac{2}{3}$, $\frac{3}{4}$.[935] Die primitiven Völker der Gegenwart kennen übrigens auch heute noch nur Brüche, wie $\frac{1}{2}$, $1\frac{1}{2}$, $\frac{1}{3}$, $\frac{1}{4}$.[936] Auch die Griechen bedienten sich des Stammbruchrechnens, anfangs allgemein, später nur noch im volkstümlichen und feldmesserischen Rechnen:[937] sie bauten aber weiter und schufen sich im wissenschaftlichen Rechnen, spätestens vom 3. Jahrhundert v. Chr. ab, eine neue Schreib-

934 Orient. Lit.-Zeitung 21, Leipzig 1918, Spalte 181, 182. — **935** K. Sethe[101], S. 62. — **936** E. Fettweis[2], S. 43. — **937** So bei Heron (1. Jahrhundert v. Chr.). Sein Fachwort für Brüche ist λεπτά = Geschältes, Dünnes, Feines.

art für Nichtstammbrüche, indem sie neben den als ganze Zahl (z. B. $\iota\zeta' = 17$) geschriebenen Zähler die Nennerzahl zweimal und mit doppeltem Akut versehen setzten (z. B. $\frac{17}{27} = \iota\zeta'\,\varkappa\alpha''\,\varkappa\alpha''$)[938] oder sie erhöht (mit oder ohne Kennstrich) dem Zähler beifügten:

$$\overset{-\varkappa\alpha'}{\iota\zeta} \text{ oder } \overset{\varkappa\alpha}{\iota\zeta}\text{[939]} \text{ oder } \overset{\varkappa\bar{\alpha}}{\iota\zeta}.\text{[940]}$$

κα'' für sich in Schriftlinie bedeutete den einfachen Stammbruch $\frac{1}{21}$. In älterer Zeit[941] hat die ganze Zahl einen horizontalen Strich, die Brüche einen Akut, der wohl aus dem demotischen Zeichen[931] der Ägypter stammte. Nur für $\frac{1}{2}$ bestand ein altertümliches Zeichen C, ein Halbkreis mit senkrecht gestelltem Durchmesser und nach rechts gerichteter Öffnung, das später wie ein Winkelzeichen ∠ (vgl. S. 19) aussah; ähnlich für $\frac{2}{3}$ — vielleicht ägyptischen Ursprungs — ein *ω*-ähnliches Symbol. Wie weit die angeführten Schriftformen ältere Gewohnheit oder nur Schreibart der verschiedenen später hergestellten Abschriften sind, muß dahingestellt bleiben. In den ältesten überlieferten Stellen werden Umschreibungen mit Worten gewählt. Eratosthenes (276—194 v. Chr., Alexandria) z. B. sagt: „Der Meridian zwischen den beiden Wendekreisen beträgt 11 solcher Teile, wie der ganze Meridian ihrer 83 beträgt (statt $\frac{11}{83}$ des Meridians)",[942] Ptolemäus (2. Jahrh. n. Chr.) berechnet eine Sehne auf „nahezu 84 solcher Teile, wie deren der Durchmesser 120 hat".[943] Archimedes (um 275—212 v. Chr.) drückt die Größe des Kreisumfanges in Worten so aus, daß er sagt, er betrage drei ganze Durchmesser und ein Stück, dessen Größe zwischen einem Siebentel und zehn Einundsiebzigsteln liegt.[944] Sein Kommentator Eutokios

938 Heron, Stereometrie, I, 8, ed. Hultsch, Berlin 1864, S. 155, Z. 10—11; vgl. auch Fr. Hultsch, *Metrologicorum scriptorum reliquiae*, vol. I, Lips. 1864, S. 175. Bei der Division von 25 durch 13 erhält Heron 1 $\frac{1}{2}$ $\frac{1}{3}$ $\frac{1}{13}$ $\frac{1}{78}$, drückt dieses Resultat aber aus durch *μονὰς μία καὶ λεπτὰ ιγ'' ιγ'' ιβ* (also durch $1\frac{12}{13}$). *Geometrica* 8, 4; *Opera* 4[543], ed. Heiberg 1912, S. 220, Z. 11. Vgl. G. Friedlein, *Die Zahlzeichen und das elementare Rechnen der Griechen und Römer*, S. 79[527]. — 939 Bei Archimedes nach Eutokios, vgl. Nesselmann, *Algebra der Griechen*, S. 114[316]; Nizze[11], S. 280 schreibt 1838 $\frac{9}{11} = {,}\alpha\omega\lambda\eta\vartheta^{\iota\alpha'}$; ed. Heiberg[11], 3[2], Leipzig 1915, S. 252 Anm. steht $\overline{{,}\alpha\omega\lambda\eta}\ \overline{\vartheta}\ \iota\alpha'$. — 940 Diophant; vgl. Nesselmann[316], a. a. O. und *Opera*, éd. Tannery (Leipzig 1893)[124] geben $\frac{\varkappa\alpha}{\iota\zeta}$, also modernen Bruchstrich, aber Zähler unten, Nenner oben. — 941 G. Friedlein, *Zahlzeichen*[527], S. 14. — 942 Ptolemäus, *Μεγάλη σύνταξις* I, 12, ed. Heiberg[102], S. 68: *Γίνεται τοιούτων ἡ μεταξὺ τῶν τροπικῶν* $\overline{\iota\alpha}$ *ἔγγιστα, οἵων ἐστὶν ὁ μεσημβρικός* $\overline{\pi\gamma}$. — 943 Daselbst I, 10, ed. Heiberg[102], S. 35: *Τοιούτων ἔσται* $\overline{\pi\delta}$ $\overline{\nu\alpha}$ $\overline{\iota}$ *ἔγγιστα, οἵων ἡ διάμετρος* $\overline{\rho\varkappa}$. — 944 Ed. Heiberg[11], 1, S. 262, Z. 19—22: *Παντὸς κύκλου ἡ περίμετρος τῆς διαμέτρου τριπλασίων ἐστί, καὶ ἔτι ὑπερέχει ἐλάσσονι μὲν ἢ ἑβδόμῳ μέρει τῆς διαμέτρου, μείζονι δὲ ἢ δέκα ἑβδομηκοστομόνοις.*

(1. Hälfte des 6. Jahrhundert n. Chr.) verwendet Stammbrüche. Die griechischen Mathematiker in Alexandria rechneten im 5. Jahrhundert n. Chr. noch ganz geläufig mit ägyptischen Stammbrüchen. Proklos (410—485 n. Chr.) überliefert uns alte Bruchwerte dieser Zeit, wie $1\frac{1}{2}\,\frac{1}{4}\,\frac{1}{20}$, $2\frac{1}{3}\,\frac{1}{15}$, $2\frac{1}{2}\,\frac{1}{15}$, $2\frac{1}{2}\,\frac{1}{20}\,\frac{1}{100}$ usf.[945] Meton (um 433 v. Chr.; Athen) berechnet die Jahreslänge auf $365\,\frac{1}{4}\,\frac{1}{70}$ Tag.[945a] Geminus (2. Hälfte des 1. Jahrh. v. Chr.) benutzt gleichfalls Stammbrüche;[946] er gibt die Länge des Monats mit $29\frac{1}{2}\,\frac{1}{33}$ an usw. Diophant (2. Hälfte des 3. Jahrhunderts n. Chr.) hat auch vielfach Stammbrüche, so V, 8[566]: $2\frac{1}{2}\,\frac{1}{6}$. Die griechische Bruchschreibweise ist also auch zu seiner Zeit noch nicht fertig; zuweilen schreibt er den Zähler als gemischte Zahl II, 35: $\frac{45\frac{1}{2}}{6}$, IV, 37: $\frac{352\frac{1}{2}}{30}$ usw. Übrigens kürzt Diophant auch Brüche mit Zahlen, die kein gemeinsamer Teiler von Zähler und Nenner sind. Er benutzt die Stammbruchform auch bei Benennung allgemeiner Brüche $\frac{1}{x}$, $\frac{1}{x^2}$ bis $\frac{1}{x^6}$. x ist ihm die unbekannte Zahl, kurz *ἀριϑμός*; davon bildet er nach dem Vorbild der griechischen Ordinalzahlen $\frac{1}{x}$ = *ἀριϑμοστόν*. Für $\frac{1}{x^2}$ sagt er *δυναμοστόν* (x^2 = *δύναμις* = Quadrat), $\frac{1}{x^3}$ = *κυβοστόν* (x^3 = *κύβος* = Würfel) usw. bis $\frac{1}{x^6}$ = *κυβοκυβοστόν* und schafft sich dann für diese Worte symbolartige Abkürzungen. Ein χ-ähnliches Zeichen neben der Zahl deutet an, daß es sich um einen Stammbruch handelt, dessen Nenner die angegebene Zahl ist, eine Schreibart, die er sogar bei Nichtstammbrüchen zuweilen aufrecht erhält, indem er $\frac{113}{423}$ mit 423χ 113, natürlich in griechischer Buchstabenzahlbezeichnung, ausdrückt.[947]

Im praktischen Bruchrechnen der Griechen hat sich die Stammbruchzerlegung am längsten beim Dividieren und beim Radizieren gehalten. In den unter dem Namen Herons (100 v. Chr.) auf uns gekommenen geometrischen und stereometrischen Beispielsammlungen, die teils aus viel späterer Zeit stammen, wird beim Multiplizieren alles ausführlich vorgerechnet, wie es das Beispiel S. 97 zeigt; sobald aber eine Division vorkommt,[948] wird sofort das

945 W. Kroll, *Procli in Platonis rem publicam commentarii*, Leipzig 1901, S. 40; vgl. dazu den Exkurs III von Fr. Hultsch, daselbst S. 412. — 945a Ptolemäus, *Opera*[102], I, S. 207, Z. 10; Manitius[102], S. 145, Z. 15. — 946 Ed. Manitius[247], S. 100, Z. 9: *Ἡμερῶν κϑ' ϱ'' λγ^{ον}*; vgl. ferner S. 118, Z. 13: *Ἡμέραι ι' ϱ'' γ^{ον} ιβ^{ον}* = $10\frac{1}{2}\,\frac{1}{3}\,\frac{1}{12}$ statt $10\frac{11}{12}$. Daneben die griechischen Vollbezeichnungen S. 120, Z. 11, S. 122, Z. 15. — 947 Vgl. C. Büschel, *Die Arithmetik des Diophant von Alexandria*, Programm 1065, 1911/12, Hamburg. — 948 Heron, *Opera* 4[543], S. 261, Z. 2: $192:28 = 6\,\frac{2}{3}\,\frac{1}{7}\,\frac{1}{21} = 6\frac{6}{7}$; S. 265, Z. 15:

Resultat in Stammbrüchen glatt hingeschrieben, ohne Vorrechnen, offenbar, weil Tafeln von Stammbruchzerlegungen vorlagen, aus denen die Resultate sofort oder nach leichter Umrechnung entnommen werden konnten. Es wäre interessant, die Heronschen Resultate mit den ägyptischen Tabellen zu vergleichen, ob Überlieferung nachzuweisen ist.

Es wurde schon kurz erwähnt (S. 150), daß die Araber das Stammbruchrechnen von den Griechen entlehnten, vielleicht auch direkt von den damaligen Ägyptern, vielleicht auch in Anlehnung an uralte Übung im Stammlande. Die arabische Sprache war dem Fortschritt des Rechnens nicht gefolgt; die Araber hatten nur besondere Ausdrücke für die Stammbrüche $\frac{1}{2}, \frac{1}{3} \ldots \frac{1}{10}$; die höheren Stammbrüche hießen ‚unaussprechbare' und wurden umständlich wiedergegeben.[948a] Ein Beispiel liefert uns neben andern das sogen. Rechenbuch des Johannes von Sevilla[35] (12. Jahrh.?), das die lateinische Übersetzung einer ausführlichen arabischen Bearbeitung des Rechenbuches von Muḥammad ibn Mūsā Alḫwārazmī (Anfang des 9. Jahrhunderts) ist. In ihm werden Aufgaben, wie das Multiplikationsbeispiel $8\frac{1}{2}\frac{1}{4}\frac{1}{5} \times 3\frac{1}{4}\frac{1}{9}$,[949] vorgerechnet. Alkarḫī (um 1010 n. Chr.) rechnet Aufgaben, wie $1 + \frac{1}{4} + \frac{1}{11}$ mal $1 + \frac{1}{5} + \frac{1}{13}$[950] und $26 + \frac{1}{3} + \frac{1}{4}$ durch $5 + \frac{1}{2} + \frac{1}{8}$.[951] Von den Arabern gelangte das Stammbruchrechnen zu Leonardo von Pisa (*Liber abbaci* 1228), der vielfach die Stammbruchform bevorzugt,[952] auch zeigt, wie solche Zerlegungen vorgenommen werden können.[953] Im weiteren ist es nunmehr bei verschiedenen mittelalterlichen Schriftstellern zu verfolgen.[954] Die letzten Ausläufer liegen gewissen kaufmännischen Rechenvorteilen zugrunde, die, von Italien ihren Ursprung nehmend, unter dem Namen *Wälsche Praktik* lange Zeit bei den deutschen Rechenmeistern in hervorragendem Ansehen standen.[955]

Hatte sich in Ägypten in entlegener Zeitperiode eine eigenartige Bruchrechnung herausgebildet, so tritt uns ein zweites unabhängiges Entwicklungszentrum in Babylon entgegen, dessen Methoden, wenigstens in der wissenschaftlichen Mathematik der Griechen und Araber, die ägyptischen ablösten. Dem konstanten

$7\frac{1}{2}\frac{1}{4}\frac{1}{8}\frac{1}{16}\frac{1}{32} = 7\frac{31}{32}$; S. 279, Z. 16: $\frac{1}{200} \cdot 1728 = 8\frac{1}{2}\frac{1}{10}\frac{1}{25}$; S. 349, Z. 7: $\frac{1}{25} \cdot 5283\frac{1}{7} = 211\frac{1}{4}\frac{1}{25}\frac{1}{28}$; S. 349, Z. 19: $163\frac{1}{5} : 35 = 4\frac{1}{2}\frac{1}{7}\frac{1}{50}$. — **948a** Alkarḫī, *Kāfī fī'l ḥisab*[131], I, S. 9. — **949** *Trattati d'aritm.*[35], II, Rom 1858, S. 61. — **950** *Kāfī fī'l ḥisab*[131] II, S. 5, Z. 1 v. u. — **951** II, S. 9, Z. 25[131]. — **952** Leonardo von Pisa, *Scritti* I[30], S. 52. — **953** Daselbst I, S. 77 Pars sexta, vgl. die Tabelle S. 79. — **954** G. Eneström, Bibl. math. 14_3, 1914, S. 269—270. — **955** Cantor, 2^2, S. 226; die Darstellung Cantors über die Tolletrechnung ist unrichtig. Vgl. G. Eneström, Bibl. math. 9_3, 1908—1909, S. 155; ferner K. Vogel[154a], S. 193f.

Zähler 1 der ägyptischen Brüche steht der Nenner 60^n der babylonischen Sexagesimalbrüche gegenüber (vgl. S. 52ff.). Wie die Reihe der ganzen Zahlen in Gruppen zu je 60 zusammengefaßt wurde und die Sprache für die oberen Einheiten sogar besondere Wörter bildete, 1 *Sar* = 3600, 1 *Soß* = 60, so daß die Zahl 3721 mit 1 *Sar* 2 *Soß* 1 *Einer*[956] oder kurz 1 2 1 geschrieben werden konnte (vgl. die Täfelchen von Senkereh, in denen das Quadrat von 8 statt durch 64 mit 1 4, $9^2 = 81$ durch 1 21 usw. ausgedrückt wird, siehe S. 52), so wurden Unterabteilungen der Einheit, 60^{tel}, 3600^{tel}..., gebildet und zu einer unserer Dezimalbruchform ähnlichen Schreibweise benutzt. Der Bruch $\frac{1}{2}$, $\frac{1}{3}$ wurde einfach ersetzt durch 30, 20 mit Ergänzung des Nenners 60. Aus den Ruinen des Bēl-Tempels zu Nippur (3. Jahrtausend v. Chr.) wurden Tontäfelchen ausgegraben, die Rechenaufgaben in diesem Sexagesimalsystem enthalten; sie zeigen, wie das Rechnen mit den Sechzigerzahlen den Priesterschülern geradezu methodisch eingeübt wurde, so $60 + 7 \cdot 10 = 2 \cdot 60 + 10$; $60 + 8 \cdot 10 = 2 \cdot 60 + 20$.[957] Der Siegeszug der Sexagesimalbrüche begann am Ende des 3. Jahrhunderts vor unserer Zeitrechnung (S. 57); um 200 v. Chr. fanden sie Eingang in Alexandria und wurden bei den griechischen Astronomen Handwerkszeug der wissenschaftlichen Mathematik. Die einfache, durchsichtige Schreibart macht das babylonische Rechnen dem ägyptischen so außerordentlich überlegen, daß im Altertum den Babyloniern geradezu die Erfindung des Rechnens zugeschrieben wird.[958] Dem Vorbild der griechischen Astronomie folgten arabische und nach ihnen mittelalterliche Gelehrte, bis die Sexagesimalbrüche vom Ende des 16. Jahrhunderts an allmählich den Dezimalbrüchen weichen mußten.

Flugsamen östlicher Kultur gelangte in vorgeschichtlicher Zeit nach Italien[959] und rief dort einen dritten Bildungsherd für die Bruchlehre hervor. Während sich das starke, mächtige Rom der mathematischen Bildung gegenüber unbeholfen und unselbständig zeigte und sich kaum als mittelmäßigen Schüler Griechenlands erwies, ging es, am metrologischen Ursprung starrer festhaltend, in der Entwicklung des Bruchrechnens auffallenderweise selbständig vor und schuf jenes bekannte Zwölfersystem, das das praktische Rechnen des frühen Mittelalters bis zum 12. Jahr-

956 Hankel[188], S. 65. — 957 H. V. Hilprecht, *Die Ausgrabungen im Bâl·Tempel zu Nippur*[280], S. 60. — 958 Josephus, *Antiquitates* 8, 2, ed. Naber, Lips. 1888, S. 34, Z. 29. — 959 So ist das altetruskische Zeichen für $\frac{1}{2}$ ein Halbkreis, wie in Griechenland, nur so gedreht, daß er auf dem wagerechten Durchmessser steht: ⌒ (Cantor, 1^3, S. 526).

hundert beherrschte. Ursprünglich waren die sogen. *minutiae* Unterabteilungen des *as*, einer Kupfermünze von anfangs einem Pfund Gewicht.[960] $\frac{12}{12}$ = *as*, $\frac{11}{12}$ = *deunx* (de uncia = as weniger uncia), $\frac{10}{12}$ = *dextans* (de sextans = as weniger sextans), $\frac{9}{12}$ = *dodrans* (de quadrans = as weniger quadrans), $\frac{8}{12}$ = *bes* (bi-as, 2 Teile des as), $\frac{7}{12}$ = *septunx* (septem unciae), $\frac{6}{12}$ = *semis* (halb), $\frac{5}{12}$ = *quincunx* (quinque unciae), $\frac{4}{12}$ = *triens* (Drittel), $\frac{3}{12}$ = *quadrans* (Viertel), $\frac{2}{12}$ = *sextans* (Sechstel), $\frac{1}{12}$ = *uncia*; ferner: $\frac{1}{24}$ = *semuncia* ($\frac{1}{2}$ uncia), $\frac{1}{36}$ = *duella* ($\frac{1}{3}$ uncia), $\frac{1}{48}$ = *sicilicus* ($\frac{1}{4}$ uncia), $\frac{1}{72}$ = *sextula* ($\frac{1}{6}$ uncia), $\frac{1}{96}$ = *dragma* ($\frac{1}{8}$ uncia), $\frac{1}{144}$ = *dimidia sextula*, $\frac{1}{288}$ = *scriptulum*. Da ein scriptulum noch in 8 *calcus* geteilt war, so ergeben sich die weiteren Brüche: $\frac{1}{576}$ = *obolus* (halbes scriptulum), $\frac{1}{1152}$ = *ceratus* (viertel scriptulum; unser Karat), $\frac{1}{1728}$ = *siliqua* (drittel Obolus), $\frac{1}{2304}$ = *calcus*.[961] Allmählich verloren diese Bruchteile des as ihre konkrete Bedeutung und erhielten den Wert echter Bruchbezeichnungen. Eigene Zeichen erhöhten ihre Verwendbarkeit;[962] schließlich wurden Zusammenstellungen, wie *septunx jugeri* (Livius)[963] = $\frac{7}{12}$ Morgen Land, nicht ungewöhnlich. Additionen und Subtraktionen lassen sich mit diesen benannten Brüchen in verhältnismäßig einfacher Weise vornehmen; auch gestatten gewisse, oben nicht angeführte Gruppen von Brüchen, wie $\frac{1}{8}$ *sescuncia* $\left(= \frac{1\frac{1}{2}}{12} = 1\frac{1}{2}\text{ uncia}\right)$, noch eine einigermaßen bequeme Ausdrucksweise, während man sich bei anderen mit ausdrückbarer Annäherung begnügen mußte. Aber welche grausamen Regeln hatte der Anfänger sich anzueignen, wenn er die Multiplikation mit Minutien lernen sollte, daß etwa 1 *triens* · 1 *quadrans* = 1 *uncia* ($\frac{1}{3} \cdot \frac{1}{4} = \frac{1}{12}$) usw. ist. Es kann nicht verwundern, daß der gewöhnliche Mann und selbst der kaufmännische Rechner zu Tafeln griff, wie sie uns aus späterer Zeit in dem *Calculus* des Victorius von Aquitanien (457 n. Chr.)[964] noch erhalten sind, die ihm gestatteten, die gewünschten Produkte fertig ausgerechnet zu entnehmen. Diese Rechentafeln, die Victorius nach älteren Vorbildern aus dem 2. Jahrhundert n. Chr.

960 Vgl. Hankel[188], S. 57—62. Das as wurde geradezu zur abstrakten Einheit: „*Quidquid unum est, assem ratiocinatores vocant*" (Was Eins ist, nennen die Rechner as). *Balbus ad Celsum* de asse 1; vgl. auch G. Friedlein, *Die Zahlen*[527], S. 34. — Übrigens bedeutet das sumerische Wort as schon im Altbabylonischen die Einheit. Vgl. A. Poebel, *Grundzüge der sum. Grammatik*[96], S. 464. — 961 Viele dieser Bezeichnungen verraten in den Unterabteilungen griechisches Eingreifen. Vgl. σικελικός, δράχμη, χαλκοῦς, ὄβελος, κεράτιον. — 962 Vielfach wurden die Brüche in Worten ausgedrückt. Vgl. G. Friedlein[527], S. 37 u. — 963 Livius 5, 24, 4. Ed. M. Müller, Leipzig 1902, S. 311, Z. 15. Vgl. G. Friedlein, *Die Zahlen*[527], S. 34 u. — 964 G. Friedlein, *Die Zahlen*[527], S. 93 f., 161 f.

zusammengestellt hat, enthalten 50 Multiplikationsreihen. Die Multiplikanden sind die Unzialbezeichnungen für die Brüche $\frac{1}{144}$, $\frac{1}{48}$, $\frac{1}{36}$, $\frac{1}{24}$, $\frac{1}{12}$, $\frac{1}{8}$, $\frac{1}{6}$, $\frac{1}{4}$, $\frac{1}{3}$, $\frac{5}{12}$, $\frac{1}{2}$, $\frac{7}{12}$, $\frac{2}{3}$, $\frac{3}{4}$, $\frac{5}{6}$, $\frac{11}{12}$ und die ganzen Zahlen 1 bis 1000. Der Multiplikator ist in der ersten Reihe 2, in der zweiten 3, dann 4 usf. bis 50. Natürlich sind die Tafeln auch als Divisionshilfe zu benutzen. Kleinere Zahlenreihen geben Potenzierungen, z. B. für $1\frac{1}{4}$, $2\frac{1}{4}$, $2\frac{1}{2}$, $2\frac{3}{4}$, und sind auch für Wurzelausziehungen zu verwenden.

In älterer Zeit leuchtet ein wohl auch bei den Italikern ursprüngliches Stammbruchrechnen noch durch, wenn man statt *dextans* ($\frac{10}{12}$) *semis et triens*, also $\frac{1}{2} + \frac{1}{3}$ sagte.[965] Spätere Angaben dieser Art werden aber wohl auf ägyptisch-griechischen Einfluß zurückgehen, so, wenn Plinius[966] (23—73 n. Chr.) die Größe von Europa auf $\frac{1}{3} + \frac{1}{8}$ der ganzen Erde, Asien auf $\frac{1}{4} + \frac{1}{14}$, Afrika auf $\frac{1}{5} + \frac{1}{60}$ angibt, und Columella (um 62 n. Chr.) den Inhalt eines gleichseitigen Dreiecks mit $\frac{1}{3} + \frac{1}{10}$ des Quadrates der Seite berechnet.[967]

Als sich die uncia-Brüche einbürgerten, beschränkte man sich zunächst auf nur wenige Unterteile der *uncia*, wie *semuncia* ($\frac{1}{24}$), *sicilicus* ($\frac{1}{48}$), *sextula* ($\frac{1}{72}$), *scripulus* ($\frac{1}{288}$); noch in der Mitte des zweiten nachchristlichen Jahrhunderts war man hierüber kaum hinausgekommen, wie Volusius Maecianus (146 n. Chr.), der selbst eine Abhandlung über die römischen Brüche geschrieben hat, mitteilt.[968] Alle anderen Bruchteile werden im Laufe der Rechnungen durch die nächstliegenden Unzialbrüche ersetzt oder wenn möglich ganz vernachlässigt. Gerbert (940—1003) nennt die Unzialbrüche *minutiae usitatae*, die anderen *minutiae intellectuales*.[969]

Sehr niedlich ist die Szene, die uns Horaz in seiner *Ars poëtica* aus einer Rechenstunde in einer römischen Schule vorführt.[970]

. . . . *Dicat*
Filius Albini: si de quincunce remotast
Uncia, quid superat? Poteras dixisse'. 'Triens'. 'Eu!
Rem poteris servare tuam. Redit uncia, quid fit?'
‚Semis'.

965 G. Friedlein, *Die Zahlzeichen* usw.[527], S. 35, Z. 15. Vgl. *Livius*, *Periocha* ex lib. LX, ed. J. N. Madvig, 1864, *T. Livii Historiae Rom.* Bd. 4, Teil II, S. 51: *C. Gracchus legem tulit frumentariam, ut semisse et triente frumentum plebi daretur.*" — 966 *Historia naturalis*, liber VI, 210, ed. C. Mayhoff, vol. I, Leipzig 1906, S. 517, Z. 16—18. — 967 *De re rustica*[472], lib. V, cap. 2, § 5, S. 367. — 968 *De assis distributione*, § 39, in *Metrologicorum scriptorum reliquiae*, ed. Hultsch, 2, Leipzig 1866, S. 65. — 969 *Opera Gerberti*, ed. Bubnow[72], S. 64, Z. 4. — 970 *Ep.* II, 3, 326—330.

(„Sag mir, Sohn des Albinus: wenn du von fünf Uncien eine Uncia wegnimmst, was bleibt übrig? Du hättest schon längst antworten können!“ „Ein Drittel!“ „Richtig! Du wirst dein Vermögen gut verwalten können. Wird aber die Uncia zugelegt, was kommt dann heraus?“ „Ein Halb.“)

Das römische Bruchrechnen war einer weiteren Entwickelung nicht fähig. Das lange Festhalten an diesem höchst ungeschickten Systeme, in dem schwierige Rechnungen römischer Ingenieure und Feldmesser nur noch schwieriger und unübersichtlicher wurden, ist ein Zeugnis für die geringe wissenschaftlich-mathematische Mitarbeit der Römer. Die Grundlage unserer modernen, leicht faßlichen und durchsichtigen Bruchlehre konnte nur durch das Positionssystem Indiens — eines vierten Geburtsortes des Bruchrechnens — gelegt werden.

Auch bei den Indern treffen wir allerdings zuweilen noch auf Stammbruchrechnen,[971] aber schon frühzeitig gelingt ihnen der große Wurf, die Einführung, Schreibung und rechnerische Ausnutzung von Brüchen mit anderem Zähler als 1. Bereits in den Āpastamba-Śulvasūtras (cr. 4. Jahrh. v. Chr.; Kaye — vgl. S. 23f. — zweifelt dies hohe Alter an) kommen Brüche wie $\frac{3}{8}$, $\frac{2}{7}$ vor.[972] Die Schreibart der Inder ist bis auf den fehlenden Bruchstrich bereits die unsere, die Zahl des Zählers steht über der des Nenners. Auftretende Ganze werden nötigenfalls als Brüche mit dem Nenner 1 geschrieben.

1	1	1	1
4	3	6	12

stellt die Aufgabe $\frac{1}{4}+\frac{1}{3}+\frac{1}{6}+\frac{1}{12}$ dar;

1 1	1 1 1	1 1 1 1
1 2	1 2 3	1 2 3 5

bedeutet $1\cdot\frac{1}{2}+1\cdot\frac{1}{2}\cdot\frac{1}{3}+1\cdot\frac{1}{2}\cdot\frac{1}{3}\cdot\frac{1}{5}$.[973]

Bei gemischten Zahlen stehen die Ganzen in einer dritten Stufe über dem Zähler, so daß $2\frac{4}{5}$ die Form $\begin{smallmatrix}2\\4\\5\end{smallmatrix}$ annimmt. Sämtliche 4 Rechenoperationen werden nach Regeln vollzogen, die nur wenig von den heutigen abweichen. So lehrt Brahmagupta (geb. 598 n. Chr.): „Das Produkt aus den Zählern, geteilt durch das Produkt aus den Nennern, ist Multiplikation usw.“[974] Indes wird beim Gleichnamig-

---

971 Beispiele sind zusammengestellt bei K. Sethe[101], S. 68. — 972 A. Bürk, *Das Āpastamba-Śulba-Sūtra*, Ztschr. d. deutsch-morgenl. Gesellschaft 56, Leipzig 1902; Kap. XIX, 2, 6; S. 381, 382. Vgl. auch daselbst S. 335, Kap. III, 3: 2 Teile von 15 gleichen Teilen. — 973 Kaye, *Indian Mathematics*[122], Calcutta 1915, S. 26α. — 974 Āryabhaṭa (geb. 476 n. Chr.), ed. L. Rodet[374], *Leçons de Calcul d'Aryabhata*, Journal Asiatique, 13_7, Mai—Juni 1879, Strophe

machen kein Gewicht auf Benutzung des kleinsten Hauptnenners gelegt. Daß auch Sexagesimalbrüche in Indien vereinzelt auftreten, ist bei der Nähe Babylons nicht zu verwundern; man braucht zur Erklärung ihres Vorkommens nicht erst mittelbare oder unmittelbare griechische Einwirkung anzunehmen.

Indische Wissenschaft vereinigte sich bei den Arabern mit griechischer. In ihren Lehrbüchern finden wir das griechisch-ägyptische Stammbruchrechnen (vgl. S. 152f.) wie das griechisch-babylonische Sexagesimalsystem, aber auch rein indisches Bruchrechnen. Ihre Stellung in der Geschichte der Völker machte sie zu den Vermittlern, durch die das Abendland die alten Methoden kennen lernte. In dem ältesten arabischen Rechenbuch, das etwa um 820 n. Chr. nach indischen Vorlagen ausgearbeitet war, dem Rechenbuch des Muḥammad ibn Mūsā Alḫwārazmī (Perser, Astronom in Bagdad), sind freilich indische Brüche nur kurz erwähnt, ausführlicher Sexagesimalbrüche; aber wahrscheinlich fehlt uns in der einzigen erhaltenen lateinischen Übersetzung[35] gerade der Schluß, der auf sie näher eingeht.[975] In ausführlicheren Bearbeitungen dieses Werkes, wie uns z. B. eine solche in einer lateinischen Übersetzung aus dem zwölften(?) Jahrhundert, dem sogenannten Rechenbuch des Johannes von Sevilla (S. 27)[35], erhalten ist, finden wir das Fehlende nachgeholt;[976] so auch in dem *Befriedigenden Tractat* des Alnasawī (1030 n. Chr.), der uns sogar das Ausziehen von Quadrat- und Kubikwurzeln aus gemischten Bruchzahlen vorrechnet.[977] Die Schreibweise ist bei beiden die indische; bei letzterem wird sie bis zu der Konsequenz durchgeführt, daß, wenn bei einem Bruche Ganze nicht vorhanden sind, doch eine 0 über die Zählerzahl gesetzt wird, $\frac{1}{11}$ also durch $\begin{matrix}0\\1\\11\end{matrix}$ bezeichnet wird.[978] Bei anderen arabischen Verfassern finden sich auch die Ganzen rechts neben die Brüche gestellt, entsprechend der bei den Arabern üblichen Schreibrichtung.

Die älteren mittelalterlichen Schriftsteller, Leonardo von Pisa (1228; *Liber abbaci*), Jordanus Nemorarius[979] († 1237?) lassen die arabischen Quellen sehr stark durchleuchten und werden für die

XXVIIa u. b, S. 402, 425; Brahmagupta (geb. 598 n. Chr.), *Gaṇita*, ch. II, sect. I, 8—10, ed. Colebrooke[111], S. 281—283; Bhāskara (geb. 1114 n. Chr.), *Līlāvatī*, ch. II, sect. III, ed. Colebrooke, S. 13—18; ch. IV, sect. II, ed. Colebrooke, S. 42. — **975** G. Eneström, Bibl. math. 5_3, 1904, S. 408. — **976** *Trattati* II[35], S. 56—72. — **977** H. Suter, *Über das Rechenbuch des Alī ben Aḥmed el-Nasawī* Bibl. math. 7_3, 1906—1907, S. 113—119. — **978** Cantor, 1^3, S. 762. — **979** G. Eneström, *Das Bruchrechnen des Jordanus Nemorarius*[523] S. 41—54.

Folgezeit vorbildlich. Die Aufgabe, die in der elementaren Mathematik dem Mittelalter zufiel, war weniger eine Vervollkommnung der indischen Methoden als eine Verbreitung in immer weitere Kreise. Noch viel schwerer und langsamer als bei dem Rechnen mit ganzen Zahlen gelang es dem Mittelalter, das Rechnen mit Brüchen zum Volkseigentum zu machen. Die Gelehrten und die besseren Rechenmeister beherrschten selbstverständlich das Rechnen mit Brüchen, sowohl mit gewöhnlichen als auch mit sexagesimalen; in ihren Lehrbüchern finden wir auch im allgemeinen zufriedenstellende Darlegungen. Auf dem Höhepunkt, was kurze, klare und übersichtliche Darstellung betrifft, steht die Behandlung der Bruchlehre erst bei S. STEVIN (1548 Brügge — 1620 Leiden; Kaufmann, später als Ingenieur im Staatsdienst) in seiner *Arithmétique* von 1585. STEVIN beginnt (Buch II, Regel V) mit dem Aufsuchen des gemeinsamen Teilers, dem sich das Heben (*Estant donné nombre arithmétique rompu: Trouver son premier rompu;* Probl. VI) anschließt; es folgt (Probl. VII) das Einrichten gemischter Brüche (*trouver un rompu qui leur soit égale*) nebst Umkehrung (Probl. VIII). Das Aufsuchen des kleinsten Vielfachen (Probl. IX) bereitet Addition und Subtraktion (Probl. X, XI) vor; danach wird die Multiplikation (Probl. XII) und Division (Probl. XIII) gelehrt.[980] STEVIN wandte sich an wissenschaftliche Leser; recht traurig stand es mit den Rechenbüchern, die dem Anfangsunterricht dienen sollten. Beim Volke waren die Brüche als schwerstes Kapitel verrufen, was noch in unserer Redensart „in die Brüche geraten" nachklingt. Man beschränkte sich in den meisten Unterrichtsbüchern auf das allergeringste Maß und begnügte sich damit, Gedächtnisregeln, manchmal in Versen, zu geben, nach denen die betreffenden Aufgaben mechanisch zu berechnen waren. Auf Beweise und folgerichtige Anordnung des Stoffes wird in diesen Volksbüchern erst seit Beginn des 18. Jahrhunderts Gewicht gelegt, wie in den *Anfangsgründen* CHR. v. WOLFFS[24] (1. Aufl. 1710). KÄSTNERS *Anfangsgründe*[396] (1. Aufl. 1758) stellen die Forderung auf, daß alle für ganze Zahlen geltenden Regeln und Sätze, wie die von der Vertauschbarkeit der Faktoren, Probe bei der Division usw., neu bewiesen werden müßten, bevor man sie auf die Bruchrechnung zu übertragen berechtigt wäre.[981] — Methodische Unterrichtsgrundsätze, besonders in den Ableitungen der Regeln beim Unterricht u. a., verschaffen sich sogar erst im 19. Jahrhundert Geltung.

980 *Œuvres*[23], S. 21—23. — 981 *Anfangsgründe* I, Kap. I, Nr. 82ff. (2. Aufl. von 1764)[396].

b) Besonderer Teil.

Die Definition eines Bruches ist eine doppelte; er kann aufgefaßt werden entweder als ein Vielfaches einer Untereinheit der Einheit oder als ein aliquoter Teil einer von 1 verschiedenen, ganzen Zahl. Beide Auffassungen sind schon im altägyptischen Bruchrechnen nachweisbar.[981a] Die wissenschaftliche Formulierung erfolgt erst sehr viel später.

Die erste Definition gibt EUKLID (um 325 v. Chr., Alexandria) in den *Elementen* Buch VII, Erkl. 3, 4: „Ein Bruch ist die kleinere Zahl von der größeren, wenn sie, ohne die größere genau zu messen, Teile der größeren enthält.“[982] EUKLID bezeichnet den Einheitsbruch als *μέρος*; der Plural *μέρη* gibt daher den Begriff des ‚allgemeinen Bruches‘ wieder.[983] *Μέρη* kommt bereits bei PLATON (429—348 v. Chr.) vor,[984] ebenso *μόριον* (= beliebige Anzahl von Teilen),[985] ferner *μέτρον* (= Maß).[986]

Die zweite Erklärung stellte sich erst ein, als das volkstümliche Rechnen zu einer theoretischen Arithmetik ausgebildet wurde und diese die Ausführung einer Division allgemein verlangte. In der Literatur wird die Auffassung eines Bruches als einer nicht aufgehenden Division bei keinem griechischen Schriftsteller erwähnt; sie findet sich zuerst bei dem Abacisten ODDO (12. Jahrh.),[987] dann bei JORDANUS NEMORARIUS († 1237?).[988] In die Lehrbücher dringt sie erst seit der Mitte des 16. Jahrhunderts ein, so bei RAMUS 1569,[989] FLAMMAND 1611[990] u. a.

Die heutige Schreibart eines Bruches geht, wie im allgemeinen Überblick bemerkt wurde, aus der indischen hervor, die die Araber übernahmen. Der Zähler stand oberhalb des Nenners. Durch einen Strich (*virgula*) wurden beide erst im *Liber abbaci* (1228) des LEONARDO von Pisa[30] voneinander getrennt. Da LEONARDO sich

---

981a Vgl. K. VOGEL, *Grundlagen*[154a], S. 186. — 982 *Opera*, *Elementa*, vol. II[712], ed. I. L. HEIBERG, Leipzig 1884, S. 184, S. 6f.: *Μέρος ἐστὶν ἀριθμὸς ἀριθμοῦ ὁ ἐλάσσων τοῦ μείζονος, ὅταν καταμετρῇ τὸν μείζονα* und *Μέρη δέ, ὅταν μὴ καταμετρῇ.* — 983 HEATH, *The Thirteen Books of Euclid's Elements*, Cambridge 1908, II, S. 280. — 984 *Theätet* 204 E f., *Opera* I[879], S. 326, *Parmenides* 151 C, *Opera* III[879], S. 36, Z. 1 v. u. — 985 *Timaeus* 36 B, *Opera* IV[726], S. 338, Z. 6 v. u. — 986 *Parmenides* 151 C[984]. — 987 STERNER, S. 120[358]; diese Definition bevorzugt GIRARD (1590?—1632, Leiden, Lehrer d. Math.) in seiner *Invention nouvelle en l'algèbre*[23], Amsterdam 1629, Neudruck von BIERENS DE HAAN, Leiden 1884[14], Bl. A (3) v⁰: *Le nombre rompu est une division imparfaite.* — 988 G. ENESTRÖM, Bibl. math. 14_3[523], 1914, S. 51, Nr. 27. — 989 *Arithmeticae libri 2, geometriae 27*, Basel 1569, I, cap. XI, S. 17. — 990 *Les mathématiques et géométrie*, 2. éd. Montbelliard 1611, S. 52.

den ihm vorliegenden arabischen Manuskripten selbst in Äußerlichkeiten anschloß, wie er z. B. auch die Ganzen einer gemischten Zahl dem echten Bruch r e c h t s beifügte (s. unten), so ist vielleicht anzunehmen, daß die Benutzung eines Bruchstriches ebenfalls auf arabische Gewohnheit zurückging.[991] ALHAṢṢĀR (wahrscheinlich 12. Jahrhundert) erwähnt den Bruchstrich.[992] Die etwa gleichzeitige Münchener Handschrift Clm 13021,[993] JORDANUS NEMORARIUS[994] und der Meister GERNARDUS,[995] beide aus dem 13. Jahrhundert, verwendeten den Bruchstrich nicht. In der späteren Zeit schwankt der Gebrauch. In einer Handschrift aus der Mitte des 14. Jahrhunderts wird $3\;\overset{\vdash\!\dashv}{5}$ statt $\frac{3}{5}$, $4\;\overset{\vdash\!\dashv}{7}$ statt $\frac{4}{7}$ geschrieben.[996] Noch im Bamberger Rechenbuch von 1483[407], das, abgesehen von einigen Bruchstücken aus dem Jahre 1482[199], das älteste deutsche im Druck erschienene Rechenbuch ist, fehlen die Bruchstriche; doch sind Zähler und Nenner mit kleineren Typen gedruckt. Von nun ab, schon bei WIDMAN[200] (1489), ist aber der Bruchstrich immer vorhanden;[997] er wird besonders von den Rechenmeistern am Anfang des 16. Jahrhunderts als notwendiger Bestandteil eines Bruches stets gewissenhaft erwähnt; so von KOEBEL (Oppenheim 1514): Du ſolt mercken / das ein ygklicher bruch geſchriben / vnd außgeſprochen wirt / durch zweierley zale / vnnd wirt die erſt zale oben geſatzt / vnd heyßt der Zäler . . . vnd wirt vnder die ſelb zale überzwerch ein ſtrichlein gemacht . . .[998]

Daß die Ganzen links von dem zu ihnen gehörigen Bruch stehen, ist bereits in den Handschriften des 14. Jahrhunderts üblich; so im *Algorismus proportionum* des ORESME (1323? — 1382, zuletzt Bischof von Lisieux).[999]

---

991 ELIA MISRACHI (1455—1526; Konstantinopel) schreibt die erste Benutzung des Bruchstriches den Westarabern zu (G. WERTHEIM[401], S. 16, Z. 8). — 992 H. SUTER[222], Bibl. math. 2_3, 1901, S. 24. — 993 Abh. Gesch. Math.[37] 8, 1898, S. 12—13, 22—23. — 994 G. ENESTRÖM, Bibl. math. 14_3[523], S. 47. — 995 *Alg. dem.*[38] Teil 2, Kap. 1, z. B. $\frac{3}{4}$; G. ENESTRÖM, *Der ‚Algorithmus de Minutiis' des Meisters Gernardus*, Bibl. math. 14_3, 1913—1914, S. 143. — 996 G. ENESTRÖM, Bibl. math. 7_3, 1906—1907, S. 308—309. — 997 In RUDOLFFS Künſtliche Rechnung 1526[15] und in seinem Exempelbüchlein, Augsburg 1530, fehlt bei kleinen Drucktypen oft der Bruchstrich, z. B. Künſtl. Rechg. $\mathfrak{C}_5$ r°, Z. 3, $\mathfrak{C}_8$ v° u. ö., wohl aus Druckschwierigkeiten; bei größeren Typen wird er aber gesetzt. In KÖBELS Rechenbüchlein, Oppenheim 1514[93], das noch römische Zahlzeichen verwendet, wird der Bruchstrich auch bei diesen benutzt:

$$\text{z. B. S. XVIII v}^0\text{:}\quad \frac{\text{II}^{\text{C}}}{\text{IIII}^{\text{C}}\cdot\text{LX}} \quad\text{für}\quad \frac{200}{460}\,.$$

998 Rechenbüchlein (Titel vgl. S. 38) Ei v° — Eij r°. — 999 M. CURTZE, *Der Algorismus proportionum des Nicolaus Oresme*, Berlin 1868, S. 9.

Das Wort Bruch (franz.: *nombre rompu*; englisch: *fraction*; italienisch: *rosso*) geht auf das arabische *kasr* (von *kasara*, zerbrechen) zurück und weist auf seine Entstehung aus einer Division hin; schon bei den Babyloniern und Ägyptern war das Verkleinern durch Subtraktion und vor allem durch Division ein ‚Abspalten‘ oder ‚Abbrechen‘. Neben der römischen Bruchbezeichnung *minutiae* findet sich seit dem 14. Jahrhundert *fractio*, so in der eben erwähnten Münchener Handschrift,[1000] wo unter *minutiae* die Sexagesimalbrüche, unter *fractiones* oder *minutiae diversorum generum* die gewöhnlichen Brüche verstanden werden. Bei LEONARDO von Pisa (1228, *Liber abbaci*) kommt *minuta*[1001] und *rupti aut fracti*[1002] vor, am häufigsten *rupti*; bei JORDANUS NEMORARIUS († 1237?) wird *minutiae* und *fractiones* ziemlich unterschiedlos benutzt.[1003] Die ganze Zahl heißt stets *numerus integer*. Das deutsche Wort Bruch tritt zuerst in der 2. Hälfte des 15. Jahrhunderts auf (*Algorismus Ratisponensis*);[1004] im Bamberger Rechenbuch[407] von 1483 findet sich neben *Bruch* noch *Gebrochenes*.[1005] Das deutsche Ganzes kennt schon die *Geometria Culmensis* (um 1400).[1006] Das Wort Zähler, das gleichzeitig auftritt, — auf ‚Nenner‘ stoßen wir erst im Bamberger Rechenbuch[407] (1483),[1005] vorher hieß es umständlicher Benennung[1006] — geht auf das lateinische *numerator*, dem *denominator* entspricht, zurück, die beide bei REGIOMONTANUS (1436—1476) und nach ihm ganz gebräuchlich sind;[1007] in älterer Zeit wird *numerus numerans* und *numerus denominans* gesagt, wie von JORDANUS NEMORARIUS († 1237?)[1008] und im *Algorithmus de minutiis* des Meisters GERNARDUS (13. Jahrh.)[995]. LEONARDO erklärt im *Liber abbaci* (1228): *Inferior* (sc. *numerus*) *denominatus et superior denominans appellatur*.[1009] JOHANNES von Sevilla(?) (12. Jahrh.)[35] übersetzt die arabischen Ausdrücke, wie er sie in einer Bearbeitung des Rechenbuches des MUḤAMMAD ALḪWĀRAZMĪ findet, mit *numerus denominationum* und *denominatio*[976]. Auch in dem vor 1168 geschriebenen Münchener Algorithmus stoßen wir schon auf *denominatio*.[1010] Den arabischen Fachwörtern gehen indische voran,

1000 Abh. Gesch. Math.[37] 8, 1898, S. 12. — 1001 *Scritti*[30] I, S. 23. — 1002 S. 27, Z. 11 v. u. — 1003 Vgl. G. ENESTRÖM[523], Bibl. math. 14_3, 1914, S. 41ff. — 1004 E. RATH, *Über ein deutsches Rechenbuch aus dem 15. Jahrhundert*, Bibl. math. 13_3, 1912—1913, S. 20[408]. Vgl. auch M. CURTZE, Hauniae 1897[31], S. XIX. — 1005 Kap. 10: prich yedes in sein pruch. Kap. 6: Do merck das ein ydes gebrochen wirt mit zweyn namen ausgesprochen. Das obē geschribē ist heyst der zeler vn̄ das nydēn stet heyßt der nenner. — 1006 S. 45[819]: „eyn ganczes“, „ein czeler der teyle“ „Benrmunge der teyle“. — 1007 M. CURTZE, Z. Math. Phys. 42, 1897, hist.-lith. Abt. S. 148. — 1008 Bibl. math. 14_3[523], S. 44. — 1009 *Scritti*[30] I, S. 24, Z. 3 (L. verwechselt wohl inferior und superior). — 1010 Abh. Gesch. Math. 8[37],

mit denen auch die griechischen Bezeichnungen des Maximus Planudes († 1310, Byzanz) *ποσότης* (Zähler), *ὄνομα* (Nenner), *τὰ μόρια* (Brüche) in seinem Lehrbuche des indischen Rechnens *Ψηφοφορία κατ' Ἰνδούς*[404] zusammenhängen. Auch der eine ägyptische Divisionsterminus (njś = herausrufen, benennen), der für Divisionen mit kleineren Dividenden sowie zur Darstellung des allgemeinen Bruches im Papyrus Rhind verwendet wird, könnte mit ‚Nenner' in Zusammenhang stehen.[1010a]

Die Bezeichnung Gemeine Brüche steht im Gegensatz zu den Sexagesimalbrüchen. Trenchant 1558[28] sagt bereits *fraction vulgaire*.

Die Endsilbe -tel (wie in Viertel, Elftel) war noch im 16. Jahrhundert das vollständige Wort Teil, wie das Koebelsche Rechenbuch von 1538[1011] in der Wortform Neun eylfftheyl u. a. beweisen.

Die Inder rechnen unbedenklich mit Brüchen, deren Zähler größer als der Nenner ist.[1012] Unsere Einteilung in echte und unechte Brüche wird im Mittelalter nicht vorgenommen. Nur gelegentlich werden Brüche, die größer als 1 sind, erwähnt; so von Gemma Frisius (1540),[1013] Recorde (1542).[1014] Tartaglia (1550) versteht sie als Ausdrücke für unausgeführte Divisionen.[1015] Man erkennt meistens nur die ersten an. Noch D. K. Kaukol (1696) hebt diese allein als die *rechten* Brüche hervor.[1016] In Wolffs *Anfangsgründen*[24] (Ausg. v. 1750) fehlt die Unterscheidung gänzlich; Kästners gleichartiges Lehrwerk[396] (2. Aufl. 1764)[1016a] trennt *eigentliche* (*verae*) und *uneigentliche* Brüche (*Bastardbrüche, spuriae fractiones*). Die Verbreitung der Wörter echte und unechte Brüche geht wohl von von Segner aus, der sie in seinen *Vorlesungen* 1747 einführt.[1017]

Das Wort einrichten (griechisch: *ἀναλύειν* = auflösen)[1018] er-

1898, S. 11. — 1010a K. Vogel, brieflich. — 1011 J. Koebel, Zwey Rechenbüchlein uff den Linien und Zipher mit einem angehenkten Visirbuch (1. Aufl. 1514)[93]. — 1012 Vgl. Mahāvīrā (um 830 n. Chr.), ed. Raṅgācārya[114], S. 38, Nr. 4, 6, S. 39, Nr. 10, 11, S. 40 und 41, oft. — 1013 *Arithmeticae practicae methodus facilis* (1. Aufl. 1540)[6], Wittenberg 1555, fol. D_I r, Z. 8. „*Cum igitur duo hi fuerint aequales, semper integrum tantū denotatur*, vt $\frac{12}{12}$. *Cum superior major est, plus integro* . . ." Ferner fol. D_I v., Z. 1 v. u. — 1014 Robert Recorde, *The Grovnd of Artes* (1. Aufl. London 1541?) 1558, fol. S_{VI} v. nach D. E. Smith, *History* II[16], S. 219, Anm. 7. — 1015 *General trattato*[59] I, Ven. 1556, libr. 7, cap. 2, fol. 107 r⁰; cap. 5, fol. 109 v⁰. — 1016 *Filium Ariadne in Labyrintho Fractionum Arithmeticarum* etc., Regensburg 1696, nach Sterner[358], S. 282. — 1016a Buch I, Kap. I, § 57. — 1017 II, § 8, S. 3[414]; dann in *Vollständige Anleitung zur Algebra* von Leonhard Euler, Petersburg 1770, Teil I, Abschn. I, cap. 7, § 75, S. 44. — 1018 Heron, *Opera*[543] IV, ed. Heiberg,

scheint bei CHR. RUDOLFF 1526.[1019] Hinterher wird es äußerst spärlich; erst im 19. Jahrhundert taucht es wieder auf.[1020] Die obenerwähnte Münchener Handschrift aus dem 12. Jahrhundert (vor 1168) sagt: *ad suam fractionem retrahere.*[1021] Für die entgegengesetzte Operation haben wir heute noch kein Fachwort; wir umschreiben sie mit zu Ganzen machen, wie schon JOHANNES DE LINERIIS (um 1322, Paris) sagt: *ad integra reducere.*[1022]

Das Wort heben (*reductio fractionum*; JORDANUS: *Ad minorem denominationem reducere*;[1023] GERNARDUS: *Subtiliores minucias in grossiores reducere*),[1024] für das bis zum Anfang des 19. Jahrhunderts fast regelmäßig, jetzt nur selten *Aufheben* gesagt wird, stammt aus dem früheren *Rechnen auf der Linie* (vgl. S. 119). Die betreffenden Kapitelüberschriften in den Rechenbüchern der 1. Hälfte des 16. Jahrhunderts lauten in der Regel: Prüch kleiner machen; so bei GRAMMATEUS 1518[58a], in RUDOLFFS Coß von 1525[460] u. a. Das einfache Wort heben im rein rechnerischen Sinne scheint nicht vor RUDOLFFS Rechenbuch 1526[1025] in Übung gewesen zu sein. Das Wort kürzen wird anfangs im Deutschen seltener gebraucht; es hat sich in *abréger* als französisches Fachwort[1026] entwickelt; ORONTIUS FINAEUS (1494 bis 1555, Paris) gebraucht *abbreviare,*[1027] A. ARNAULD (1612 Paris — 1694 Brüssel) *abreger.*[1028] Das Wort erweitern ist erst im 19. Jahrhundert zum Fachausdruck geworden. Weder WOLFF (1750)[24, 64] noch KÄSTNER (1764)[396] noch BUGGE (1800)[1029] kennen es. Es erscheint, wohl erstmalig, 1839 in KROLLS *Grundriß.*[1030] Die Wörter gleichnamig und ungleichnamig sind wenig älter. Im 18. Jahr-

Leipzig 1912, S. 346, Z. 31: *ἀνάλυσον καὶ τὰ ... εἰς ε' ε'* (verwandele auch die [$16\frac{2}{5}$] in Fünftel). — 1019 Kunstliche Rechnung[15] (f 4) r°, Z. 13f.: fuert der Bruch ain gantze zal an der seiten / multiplicir sie mit dem nenner des bruchs / zu dem dz da kompt thue den zeler ..... Solhs .. hayst man das gantz mit dem Bruch einrichten. — 1020 Z. B. J. FR. KROLL, *Grundriß der Math.*, Eisleben 1839, S. 24, Nr. 133. — 1021 Abh. Gesch. Math. 8[37], 1898, S. 23, Z. 5 v. u. — 1022 *Algorismus de minutiis*, Venet. 1540[655]. — 1023 Bibl. math. 14_3, 1914, S. 49, Satz 8[523]. — 1024 Daselbst S. 118, Satz 23[995]. — 1025 „hab ich gehebt mit 5'', (f 5) v°, Z. 3, 4[15]. — 1026 PACIOLI kennt es schon als französische Bezeichnung. *Summa* 1494[18], Dist. III, tr. I, fol. 48 v°, Z. 34. *Che ĩ frãçese si chiama Abreuier.* — 1027 *Arithmetica practica* 1535[334], Bl. 28: *De abbreuiatione fractionum.* Bl. 28 v°: *Hinc patet,* $\frac{18}{36}$ *abbreviari in* $\frac{1}{2}$. — 1028 *Nouv. Élémens de Géométrie* (1. Aufl., Paris 1667), La Haye 1690, 1, § 61; *le quotient plus abregé.* Aus dem Französischen entlehnt PH. GEYGER, Zürich 1609, *Der neue Rechentisch*[598], S. 16: fractiones zu abbreuirn; 1695 JOH. ULR. MÜLLER[23], Brüche verkleinern; 1774, UNTERBERGER[66], abkürzen. In der Neuzeit wird kürzen wieder häufiger. — 1029 TH. BUGGE, *Lehrbuch der gesamten Mathematik*, aus dem Dänischen übersetzt von L. H. TOBIESEN, Altona 1800. — 1030 *Grundriß*[1020], S. 25, Nr. 135.

hundert haben sie noch wechselnde Bedeutung. So nennt KARSTEN[313] (1767/68) Proportionen von gleichem Verhältnis und Potenzen von gleichem Exponenten gleichnahmicht; für Potenzen hat es auch HAESELER (1776)[540]. Erst bei MEINERT (1789)[1031] treffen wir unsere Wörter in fester Verwendung auch in der Verbindung gleichnamig machen. Für die letzte Operation waren früher üblich: 12. Jahrhundert (Münchener Handschrift,[1032] vor 1168): *deducere ad inferiorem differentiam* (= zurückführen auf eine [gemeinsame] tiefere Benennung); JORDANUS NEMORARIUS († 1237?) *Diversarum denominationum partes* (= ungleichnamige Brüche), *in partes similes* (= gleichnamig) *resolvere;*[1033] GERNARDUS (13. Jahrh.): *dissimilium denominationum fractiones ad minucias similium denominationum reducere;*[1034] JOHANNES DE LINERIIS (um 1322 Paris): *reductio ad eandem denominationem;*[1035] REGIOMONTANUS' Briefe 1464:[1036] *ad unum denominatorem convertere* u. ä. Bei MEINERT[50] (1789) treffen wir auch auf die Bezeichnungen Hauptnenner und Generalnenner.

Den Wert des Hebens beim Rechnen mit Brüchen wird natürlich das Altertum[1037] ebenso erkannt haben wie wir, wenngleich Vorschriften für Ausführung dieser Operation nicht auf uns gekommen sind. Im Papyrus RHIND läßt sich Heben und Erweitern deutlich verfolgen. Mitteilsamer sind die mittelalterlichen Verfasser einschlägiger Schriften. Übereinstimmend mit dem modernen Verfahren ist die Art, in der der *Algorithmus demonstratus* des Meisters GERNARDUS (13. Jahrh.)[1038] das Heben vornimmt. Im Bamberger Rechenbuche[407] von 1483 wird nur mit kleinen Zahlen gehoben; eine besondere Erklärung wird nicht gegeben. In dem nur handschriftlich[19] überlieferten *Triparty* des Franzosen N. CHUQUET († um 1500; Lyon, Paris) von 1484[1039] wird die Reduktion auf einmal vorgenommen, nachdem mittels des euklidischen Verfahrens der gemeinsame Teiler zwischen Zähler und Nenner festgestellt war. Wenn bei den Rechenmeistern des 16. Jahrhunderts anscheinend ein Rückschritt zu verzeichnen ist, indem RIESE und GRAMMATEUS z. B. empfehlen, zuerst mit 2 zu heben, und zwar so oft, wie es geht, dann mit 3 zu probieren, mit

1031 *Lehrbuch der Mathematik*[50] 1789, I, § 62. — 1032 Abh. Gesch. Math. 8, 1898[37], S. 23. — 1033 Bibl. math. 14_3[523], 1914, S. 48, Nr. 7. — 1034 Bibl. math. 14_3, 1914, S. 104, Satz 22[995]. — 1035 *Algorismus de minutiis*[655]. — 1036 Ed. CURTZE[467], Abh. Gesch. Math. 12, 1902, S. 290. — 1037 HERON an verschiedenen Stellen, z. B. *Opera* IV[543], S. 349, Z. 18: $\frac{5712}{1215} = 163\frac{1}{5} : 35$, wo stillschweigend durch 7 gehoben wird. — 1038 *Algorithmus demonstratus*[38], Teil II, Kap. XXII: *Subtiliores minutias in grossiores reducere*, vgl. auch Bibl. math. 14_3[995], 1914, S. 118, Nr. 23. 1039 *Triparty*, S. 604 ff.[19].

5 usf., so liegt diese Beschränkung wohl weniger an dem wissenschaftlichen Stand der Verfasser, als vielmehr an der Mittelmäßigkeit der Leser, denen möglichst wenige geistige Anstrengung zugemutet werden soll. Die Anführung des Satzes, daß durch Heben und Erweitern der Wert eines Bruches nicht geändert wird, wird fast durchgängig unterlassen; nur STIFEL (um 1487—1567)[1040] und CLAVIUS (1537 Bamberg — 1612 Rom; Jesuit, zuletzt Lehrer am Ordenshause zu Rom)[1041] machen eine rühmliche Ausnahme.

Die Multiplikation der Brüche erfolgt bei den Indern ganz nach der heutigen Regel (vgl. BRAHMAGUPTA; S. 159). MAHĀVĪRĀ (um 830 n. Chr.) hebt sogar vor der Ausmultiplikation der Zähler, bzw. der Nenner.[1042] Das Multiplizieren wird in den früheren Rechenbüchern des Abendlandes meistens nach der Addition und Subtraktion gelehrt; der erste, der sie, was heute wohl die Regel ist, an die Spitze stellt, ist LUCA PACIOLI in der *Summa* von 1494[1043], in Deutschland GRAMMATEUS im Rechenbuch von 1518.[1044] Von denselben Verfassern wird auch die Sonderung in verschiedene Einzelfälle bis höchstens 5, je nachdem man echte Brüche, bzw. gemischte Zahlen mit ganzen Zahlen oder miteinander zu multiplizieren hat, fast stets vorgenommen.[1045]

LEONARDO von Pisa (1228, *Liber abbaci*) und vor ihm die Araber, wie ALKARḪI,[1046] auch die Griechen[1047], multiplizieren zwei Brüche miteinander, indem erst die Zähler multipliziert und dann das erhaltene Produkt durch die beiden Nenner nacheinander dividiert wird,[1048] während JORDANUS NEMORARIUS († 1237?),[1049] der Meister GERNARDUS (13. Jahrhundert)[1050] und die meisten Verfasser

1040 1544 *Arithmetica integra*[23], S. 56: *Quando autem uterque terminorum minutiae, uno et eodem numero multiplicatus, tunc non uariatur ualor eius.* STIFEL empfiehlt auch wieder die *maxima mensura* nach dem euklidischen Verfahren, wenn man mit kleineren Zahlen nicht schnell genug zum Ziele kommt. Auf das Heben (*reponere in terminos minimos*) legt er überhaupt großen Wert. — 1041 CLAVIUS, *Epitome Arithmeticae practicae*, 1583[22], Ausg. von 1584, S. 88, Z. 28: *non mutato ejus valore ac pretio*; CL. Werke[330], Mainz 1612, Bd. II, *Arith. pract.*, S. 24. — 1042 RAṄGĀCĀRYA[114], S. 38, Nr. 2 u. Anm. — 1043 *Summa*[18], Dist. III, tract. II, Bl. 50 r⁰. — 1044 Bl. (C 8) r⁰ 58a: Multiplikation, Bl. D: Addition, Subtraktion, Division. — 1045 UNGER[199], S. 85. — 1046 *Alkāfī fi'l ḥisab*, ed. HOCHHEIM[131], II, S. 5, cap. 28. — 1047 *Heron* IV[543], S. 351, Z. 13f.: $\frac{31}{35} \cdot \frac{14}{35} = \frac{434}{35} : 35 = \frac{12}{35} + \frac{14}{35} : 35$. — 1048 LEONARDO von Pisa[80], I, S. 47 unten, Beispiel: $23\frac{1}{3} \cdot 11\frac{1}{2}$. — 1049 Bibl. math. 14_3, 1914[523], S. 51, Nr. 24. — 1050 Bibl. math. 14_3, 1914[995], S. 107, Nr. 13: *Multiplicabitur minucia per minuciam si ducatur numerans in numerantem et denominans in denominantem.* Bei gemischten Zahlen wird vorgeschrieben, zuvor einzurichten; S. 108, Z. 20:

nach ihnen Zähler mit Zähler und Nenner mit Nenner multiplizieren.[1051]

Bei der Multiplikation mit einem Bruch entsteht der scheinbare Widerspruch, daß entgegengesetzt ihrer Definition bei ganzen Zahlen das Resultat kleiner ist als der Multiplikandus. Daß dies früher eine wirkliche Schwierigkeit für das Verständnis war, erkennt man daraus, daß immer wieder die einzelnen Rechenbücher auf sie zu sprechen kommen und sie sogar mit spitzfindigen Gründen aus der Welt zu schaffen suchen. Das erste gedruckte[1051] Rechenbuch, das diese Schwierigkeit bespricht, ist das des PIERO BORGHI (1484);[1052] noch genauer geht LUCA PACIOLI in seiner *Summa* von 1494 hierauf ein.[1053] In klarer Weise suchen RUDOLFF (1526),[1054] TARTAGLIA (1556),[1055] CLAVIUS (1583)[1056] dem entstehenden Zweifel entgegenzutreten. Auch im 17. und 18. Jahrhundert wiederholen sich diese Erörterungen ständig (so J. B. REIHER 1692[424], D. K. KAUKOL 1696[1016], ELEND 1724,[1057] WOLFF 1750[24], J. SPENGLER 1773),[1058] meist freilich in viel weniger verständlicher Art.

Daß man bei der Division eines Bruches durch eine ganze Zahl den Nenner mit dieser zu multiplizieren hat, gehört zum ältesten Bestand des Bruchrechnens, wie die Stammbruchzerlegungen der Ägypter zeigen; es ist natürlich auch den Griechen geläufig.[1059] Bei der Division durch einen Bruch verfährt der Meister GERNARDUS (13. Jahrh.) und ähnlich auch JORDANUS abweichend von der heutigen Vorschrift. Er will die Multiplikationsregel auf die Division übertragen, so daß Zähler durch Zähler und Nenner durch Nenner zu dividieren ist. Da dies selten bei einem vorliegenden Bruch ausgeführt werden kann, so erweitert er, wie wir es allgemein schreiben, in der Aufgabe

$$\frac{a}{b} : \frac{c}{d}$$

Quod si integra dantur cum minuciis reduc integra ad minucias; so ferner WIDMAN[200] 1489, Bl. (f 2) v⁰, GRAMMATEUS 1518[58a], Bl. (C 8) r⁰. — 1051 Vgl. schon JORDANUS (13. Jahrh.); Bibl. math. 14_3, 1914, S. 43, Z. 1—9 v. u.[523] — 1052 Vgl.[17] D. E. SMITH, *The first great commercial arithmetic*, Isis VIII, 1, 1926, S. 47 oben. — 1053 *Summa*[18], Dist. IV, tract. I, Bl. 53 r⁰ letzte Zeile und Bl. 53 v⁰. — 1054 Rechenbuch[15], Ausg. v. 1526 (C 5) r⁰, Z. 11 f. — 1055 *General trattato*[59], Parte I, S. 119 *Resoluzione di un dubbio adduto d'alcuni pratici sopra al multiplicare di rotti*, desgl. nächster Abschnitt: . . . *sopra al partire* . . . — 1056 *Epitome*, Ausg. v. 1584[22], S. 114; vgl. G. ENESTRÖM, Bibl. math. 13_3, 1912—1913, S. 157. — 1057 BALTH. ELEND, *Einleitung zur Arithmetischen Wissenschaft*, ? 1724. — 1058 STERNER[358], S. 286 u. 339. — 1059 *Heron* IV[543], S. 349, Z. 6: „Dividiere dies, weil es Fünftel von Fünftel sind, mit 25." S. 351, Z. 6: „Dies mit 1225 dividiert, weil es 35 stel von 35 steln ist."

den Dividendus mit $c \cdot d$ und erhält

$$\frac{a \cdot c \cdot d}{b \cdot c \cdot d} : \frac{c}{d},$$

worin er nunmehr die gewünschte Division vollziehen kann, so daß sich $\frac{a \cdot d}{b \cdot c}$ ergibt.[1060] Das aus dieser Formel abzuleitende mechanische Verfahren des Multiplizierens der beiden Brüche $\frac{a}{b}$ und $\frac{c}{d}$ *in creucz* ist im Bamberger Rechenbuch[407] (cap. 9)[1060a] und nach ihm in vielen späteren, auf Verständnis gänzlich verzichtenden Lehrbüchern die mitgeteilte Divisionsregel. Wie durch JORDANUS das Multiplizieren und Dividieren in eine einheitliche Regel gebracht wurde, so versuchten andere die Division in der Weise vorzunehmen, daß die entsprechende Regel mit der Vorschrift bei der Addition und Subtraktion übereinstimmt. Wie dort sind hier zunächst die Brüche gleichnamig zu machen und dann nur die Zähler zu dividieren: $\frac{a}{b} : \frac{c}{d} = \frac{ad}{bd} : \frac{bc}{bd} = \frac{ad}{bc}$. Diesen Modus, der schon im Papyrus RHIND[1060b] und im Pap. Akhmin verwendet ist, empfehlen eine arabische Bearbeitung des Rechenbuches des MUḤAMMAD ALḪWĀRAZMĪ (Rechenbuch[35] des JOHANNES von Sevilla?, 12. Jahrh.),[1061] eine anonyme Algorithmushandschrift des 12. Jahrh., geschrieben vor 1168,[1062] LEONARDO von Pisa (1228),[1063] GRAMMATEUS (1518),[1064] RUDOLFF (Coß 1525[460], Rechenbuch 1526[15]), STIFEL (1546, *Rechenbuch von der Welschen und Deutschen Praktik*[87]). Die heute übliche Vorschrift, den Divisorbruch umzukehren und dann — also mit seinem reziproken Wert — zu multiplizieren, findet sich zum erstenmal in STIFELS *Arithmetica integra* (1544);[1065] er nimmt diese an anderer Stelle[1066] ausdrücklich für sich in Anspruch. Im Anschluß an STIFEL benutzten CLAVIUS[1067] (1583) und THIERFELDER[1068] (1587) dieselbe Regel. Sie ist aber schon im indischen Rechnen üblich gewesen.[1069]

1060 Bibl. math. 14_3, 1914[995], S. 133, 145, Nr. 19; S. 260. *Alg. dem.*[24], Teil II, Kap. 17ff. — 1060a Bl. (17) v⁰. — 1060b K. VOGEL, *Grundlagen*[154a], S. 37. — 1061 Ed. BONCOMPAGNI II[35], Rom 1857, S. 70—71. Vgl. G. ENESTRÖM, Bibl. math. 14_3, 1914, S. 259. — 1062 Münchener Handschrift[37], Abh. Gesch. Math. 8, 1908, S. 13, 24 unten. — 1063 *Scritti*[30], I, S. 71ff. — 1064 Bl. D r⁰[58a]. — 1065 *Ar. int.*[23] S. 6, Z. 18. „*Ego Diuisionis regulam reduco ad regulam multiplicationis minutiarum, hoc modo. Diuisoris terminos commuto*". — 1066 Neubearbeitung der RUDOLFFschen Coß[338] (1525), Königsberg i. Pr. 1553, Bl. 25: Es hat auch Christoff Rudolff die Regel vom diuidiren wol künstlich gemacht / an den brüchen / Aber doch ist meyn Regel vom diuidiren der brüch / viel gebreuchlicher (wie mich bedünckt) deñ des Christoffs. Aber also thu ich im. Den Teyler kere ich vmb / also das der Zeler komme an die stat des Nenners / vnd der Nenner an die stat des Zelers / so wirt denn aus dem diuidiren ein multipliciren. — 1067 CLAVIUS, *Epitome* (1584)[22], S. 115. — 1068 D. E. SMITH, *History* II[16], S. 228, Anm. 2. — 1069 BRAHMAGUPTA

Das Wort reziprok (*recus-procus*, rückwärts-vorwärts) verwendet schon WIDMAN in seinem Rechenbuch[200] von 1489.[1070]

Auch die Division durch einen Bruch enthält logische Schwierigkeiten, auf die indes seltener als bei der Multiplikation aufmerksam gemacht wird[1051]. TARTAGLIA (1556)[1055] sucht ihnen entgegenzutreten, indem er hier die Division als ein Enthaltensein aufzufassen lehrt.

Dem Unterricht im Addieren und Subtrahieren der Brüche, das im Papyrus RHIND durch Verwendung roter Hilfszahlen, der neuen Zähler, sehr vereinfacht ist, muß eine Unterweisung, sie gleichnamig zu machen, vorausgehen. Fast allgemein beschränkt sich diese auf die Zusammenstellung zweier Nenner. Der Inder BHASKĀRA (geb. 1114) nimmt als Hauptnenner das Produkt der beiden Nenner ohne Rücksicht auf einen gemeinsamen Teiler.[1070a] Auch bei ĀRYABHAṬA (geb. 449 n. Chr.) und BRAHMAGUPTA (geb. 628 n. Chr.) wird ein gemeinsamer Teiler nicht gesucht. Viel geschickter war MAHĀVĪRĀ (um 850 n. Chr.) vorgegangen: die von ihm gestellten Aufgaben zeichnen sich auch dadurch aus, daß auf ein einfaches Resultat Wert gelegt wird, z. B.:

$$\frac{1}{2} + \frac{1}{6} + \frac{1}{12} + \frac{1}{20} + \frac{1}{36} + \frac{1}{24} + \frac{1}{8} = 1;$$

$$\frac{8}{15} + \frac{1}{20} + \frac{7}{36} + \frac{11}{63} + \frac{1}{21} = 1 \text{ usw.}$$ [1071]

LEONARDO von Pisa (*Liber abbaci* 1228) geht auch schon auf die Vereinigung mehrerer Brüche ein und warnt, als Hauptnenner einfach das Produkt zu nehmen, wenn einzelne Nenner einen gemeinsamen Teiler haben.[1072] LEONARDO beginnt mit zwei Nennern, bildet ihr Produkt und läßt in ihnen einen auftretenden gemeinsamen Teiler einmal fort; zur Summe der beiden Brüche addiert er dann ebenso den dritten Bruch usf. Für das kleinste gemeinsame Vielfache (*minimum mensuratum*,[1073] *minimus commensuraturus omnium numerorum*[1074]) hat er bereits in *columpna* ein Fachwort.[1075] Die Algorithmusschriften und Rechenbücher nach LEONARDO heben sich nicht auf diese Höhe; sie begnügen sich wieder bei ihren Beispielen mit zwei Brüchen ohne Berücksichtigung eines kleinsten Hauptnenners. Das letztere unterläßt auch noch STIFEL (1545, *Deutsche Arithmetik*[421]),

(geb. 598), BHĀSKARA (geb. 1114). Vgl. COLEBROOKE[111], S. 17, Nr. 40, S. 278, Nr. 4. Auch MAHĀVĪRA (9. Jahrh. n. Chr.) nach RAṄGĀCĀRYA[114], S. 39. — **1070** Bl. (q 4) r⁰, Regula reciprocationis: Das der nenner gewesen ist secz den zeler vnnd widerrumb das der zeler geweßen ist secz den nenner. — **1070a** Vgl. D. E. SMITH, *History* II[16], S. 223, Anm. 2. — **1071** RAṄGĀCĀRYA[114] S. 51, Nr. 57 ff. — **1072** *Scritti*[30], I, S. 57. — **1073** S. 57, Z. 5. — **1074** S. 282, Z. 5 v. u. — **1075** S. 57, Z. 21 u. ö.

wenn er auch an mehrere Brüche zugleich herangeht. TARTAGLIA (1556) gibt in seinem *General trattato*[1076] ein besonderes Verfahren an, den kleinsten Hauptnenner bei mehreren Brüchen zu finden. Zunächst sucht er das kleinste Vielfache der ersten beiden Nenner; das erhaltene Vielfache kombiniert er mit dem dritten Nenner usf. CLAVIUS (1583) verfährt ähnlich.[1077] Mit Ausgang des 17. Jahrhunderts bildet sich unsere moderne Methode heraus. So schreibt KAUKOL 1696[1016] vor, bei einer gegebenen Reihe von Nennern gleiche Nenner bis auf einen zu streichen, ebenso diejenigen wegzulassen, die in anderen enthalten sind. Besitzen zwei Nenner einen gemeinsamen Teiler, so werde einer von beiden durch ihn dividiert. Das Produkt der übrig bleibenden Zahlen sei der Hauptnenner. — Das Additionsschema mit senkrechter Anordnung der zu addierenden Brüche und rechts daneben beigefügter Angabe der erweiterten Zähler tritt uns schon bei GIRARD (gest. 1632; Niederlande) 1629[1078] entgegen; es wird im 18. Jahrhundert allgemein gebräuchlich.

2. Dezimalbrüche.

Die Dezimalbrüche haben in den Sexagesimalbrüchen (S. 51—57) ihre Vorläufer. Mögen diese ihren Ausgangspunkt von sexagesimal geteilten Maßen, ähnlich dem Winkelmaße, genommen haben, in ihrer Verwendung in der Astronomie und Mathematik streifen sie schließlich den konkreten Charakter völlig ab und werden zu reinen Bruchtypen, ein Vorgang, den wir sehr klar bei dem Duodezimalsystem des römischen As erkannten (S. 157f.). Recht bald scheint sich die Erkenntnis Bahn gebrochen zu haben, daß nicht die Zahl 60 das Wesentliche ist, sondern die gleichmäßige, systematische Abstufung in weitere und weitere Unterabteilungen mit konstanter Verhältniszahl. Diese Erkenntnis findet sich schon in dem *Liber algorismi de pratica arismetrice.*[1079] Besonders wird sie in der *Demonstratio de minutiis* des JORDANUS hervorgehoben, wo die Verallgemeinerung der sexagesimalen Brüche eine eigene Benennung (*partes consimilis sumptionis*) bekommen hat.[1080] Diesen Gedanken entwickelt auch eine Abhandlung über das Bruchrechnen, *Algorismus de minutiis*, aus dem 14. Jahrh., deren Verfasser unbekannt ist;[1081] in ihr wird auseinandergesetzt, daß man 60 nur deshalb vorziehe, weil diese Zahl durch

1076 *General trattato*[59], P. I, Bl. 112 r⁰ u. 112 v⁰. — 1077 *Epitome*[22], S. 101—102. — 1078 *Invention nouvelle en l'algèbre*[23], unter der Überschrift: *Conjugaisons des fractions*, Bl. A_4 r⁰. — 1079 Rechenbuch des JOHANNES von Sevilla (um 1140 n. Chr.), *Trattati* II[35], S. 49; G. ENESTRÖM, Bibl. math. 14_3, 1914, S. 171. — 1080 G. ENESTRÖM, Daselbst S. 45[528]. — 1081 CANTOR, 2^2, S. 127.

eine große Anzahl von Teilern ausgezeichnet sei; man könne ebensogut 12 oder 10 nehmen. Mit dem letzten Hinweis wird ein prophetischer Ausblick in die Zukunft getan. Die spätere Zeit sah sich immer mehr veranlaßt, die Zahl 10 nun wirklich zu bevorzugen. Wollte man das Rechnen der dekadisch geordneten ganzen Zahlen auf Unterabteilungen übertragen, so mußte man zur 10 greifen. Es ist nicht ausgeschlossen,[1082] daß die Inder bereits ein Weitergehen unter die Eins in dekadischer Abstufung vornahmen, daß sie etwa beim Dividieren oder Quadratwurzelausziehen Nullen anhingen, wenn sie zu den Einern gekommen waren, um die Genauigkeit des Resultates weiterzutreiben. Wir finden diese Methode wenigstens für Quadratwurzelausziehen in einer Bearbeitung jenes ältesten, auf rein indischen Quellen fußenden arabischen Rechenbuches des MUḤAMMAD IBN MŪSĀ ALḪWĀRAZMĪ (um 820 n. Chr.), die uns in der lateinischen Übersetzung (12. Jahrh.) einer arabischen Bearbeitung erhalten ist, dem sog. Rechenbuch des JOHANNES VON SEVILLA[35], wie nach einer Handschrift der Übersetzer hieß.[1083] Wir treffen sie dann bei dem um 1000 n. Chr. lebenden Araber ALNASAWĪ,[1084] ferner in einer Algorismushandschrift aus dem 12. Jahrh. (vor 1168 geschrieben),[1085] in einer Schrift des JORDANUS NEMORARIUS († 1237?), *Demonstratio de minutiis.*[1086] Handelt es sich z. B. um $\sqrt{26}$,[1087] so wird $\sqrt{260000}$ ausgerechnet; die Lösung 509 wird durch 100 wieder dividiert und gleichzeitig in Sexagesimalbruchform $5^0\,5'\,24''$ umgewandelt. In der Anlage findet sich dieses Verfahren schon im Rechenbuch der sog. 3 Brüder (Söhne des MŪSĀ IBN SCHĀKIR, 1. Hälfte des 9. Jahrh.),[1088] allerdings rein sexagesimal; sie verwandeln die Grade in kleinere sexagesimale Untereinheiten, ziehen die Wurzel und reduzieren das Resultat wieder auf Grade. Das Dividieren in der angegebenen dezimalen Art begegnet uns erst in den Rechenbüchern des 16. Jahrhunderts, aber sehr vereinzelt,[1089] ungleich häufiger das Quadratwurzelausziehen (vgl. Bd. II). Es ist kein Zweifel, daß aus dieser Methode, freilich erst nach schwerem Ringen mit der Sexagesimalteilung, das Dezimalbruchsystem seinen Anfang genommen hat. JOHANN VON GMÜNDEN († 1442),[1090] ein Mathematiker von bedeutendem Ruf, der zuerst an einer deutschen Universität (Wien) eingehendere

1082 HANKEL[188], S. 185, Anm. — 1083 *Trattati* II[35], S. 86 ff. Überschrift *item de invenienda radice integrorum numerorum alio modo per circulos.* — 1084 H. SUTER[977], Bibl. math. 7_3, 1906 bis 1907, S. 118. — 1085 Münchener Handschrift[37], Abh. Gesch. Math. 8, 1898, S. 14, 26. — 1086 Bibl. math. 14_3, 1914[523], S. 53. — 1087 M. CURTZE[272], S. 26. — 1088 H. SUTER, Bibl. math. 3_3, 1902, S. 271. — 1089 Bei GRAMMATEUS[58a], (C 8) v⁰; vgl. auch UNGER[199], S. 104. — 1090 CANTOR, 2^2, S. 177—179.

mathematische Vorlesungen gehalten hat, hatte die Lehre von den Sexagesimalbrüchen auch in seinen Schriften (*Tractatus de minutiis physicis*) behandelt. Er benutzte nicht nur die sexagesimale Einteilung auch der Ganzen, indem er eine Gruppe von 60 Ganzen als *signum physicum* zusammenfaßte und die Benutzung dieses Symbols[1091] lehrte, sondern er verwandte auch eine positionsartige Schreibform seiner Brüche und setzte einfach .2.24.36.45. statt 2 Signa 24 Grad 36 Minuten 45 Sekunden ($= 144^0 36' 45''$).[1091] Trotzdem griff er, wenn genaueres Quadratwurzelausziehen verlangt wurde, zu jener arabischen Methode, die das Abendland durch JORDANUS[1081] kennen gelernt hatte. Die gegebene sexagesimale Zahl reduzierte er auf die kleinste Unterabteilung; waren die vorhandenen Ziffernstellen beim Radizieren erschöpft, so hing er eine gerade Anzahl von Nullen an und rechnete weiter. Das erhaltene Resultat wurde dann rückwärts wieder in Sexagesimalbrüche umgesetzt. Auf diese Rückverwandlung wird dann auch zuweilen verzichtet; so erscheint in einer anonymen Handschrift aus der 2. Hälfte des 15. Jahrhunderts die Quadratwurzel aus 392 in der rein dezimalen Form $19\frac{7989}{10000}$.[1092] Gelegentlich schreibt PAUL VON MIDDELBURG (1445—1533; Rom, Padua) die Dezimalbrüche 2,8561 und 3,71293 in der Form: *duos cum minuttiis 8561 de partibus 10000, tres cum minutiis 71293 de partibus 100000.*[1092a]

Eine ähnliche Vermischung des sexagesimalen und dezimalen Prinzips nehmen wir bei seinem Nachfolger auf dem Wiener Lehrstuhl, GEORG VON PEURBACH (1413—1461), wahr.[1093] Es hatte sich für die rechnende Astronomie infolge des allmählichen Überganges in dem trigonometrischen Rechnen von den Sehnen des griechischen Altertums zu den indisch-arabischen Sinus das Bedürfnis nach Neuberechnung der ptolemäischen Sehnentafel unter Benutzung der Sinusfunktion herausgestellt (vgl. *Trigonometrie*). Diese Lücke auszufüllen, setzte sich PEURBACH zur Aufgabe. Er wählte als Größe des zugrunde gelegten Radius $r = 600000$, um sich jenes Vorteils beim Dividieren und Radizieren ohne weiteres bedienen zu können. Seine neuen Tafeln sind nie im Druck erschienen, aber heute noch

1091 Diese Schreibart ist auch im Abendland älter, vielleicht ist sie schon arabisch. Der Meister GERNARDUS (13. Jahrh.) verwendet sie bereits. G. ENESTRÖM, Bibl. math. 14_3, 1914, S. 47[523], 148[995]. S. auch daselbst S. 261, 262. (Vgl. Babylonier S. 51f.). — 1092 M. CURTZE, Abh. Gesch. Math. 12, 1901, S. 423 unten. — 1092a PAOLO DI MIDDELBURG, *De numero atomorum totius universi, contra usuarios*, Rom 1518; nach D. J. STRUIK, Rendiconti della R. accademiae nazionale dei Lincei, Cl. fis., mat. e nat 1, serie 6ª, 1⁰ sem., fasc. 6ª, Roma 1925, S. 307. — 1093 CANTOR, 2^2, S. 181—183.

in der Wiener Bibliothek vorhanden. Hilfreich ging ihm bei den mühsamen, notwendigen Berechnungen sein hochbegabter junger Schüler, REGIOMONTANUS (JOH. MÜLLER aus Königsberg in Franken, 1436—1476 Rom; Wien, Italien, Nürnberg) zur Hand. REGIOMONTANUS trieb die Genauigkeit noch um eine Stelle weiter und nahm $r = 6\,000\,000$ an. In diesem Maße ausgeführte Tabellen sind einer Abhandlung PEURBACHS, *Tractatus super propositiones Ptolemaei de sinubus et chordis*, die erst 1541 in Nürnberg zum Druck kam, angeschlossen worden; die Wahl des Radius ist in einer Einleitung eingehend begründet.[1094]

Ein derartiges Schwanken zwischen dezimaler und sexagesimaler Teilung war nichts Halbes und nichts Ganzes und konnte selbstverständlich nicht von langem Bestand sein. Der Schritt zur reinen Dezimalteilung war unvermeidlich. Ihn unternahm REGIOMONTANUS selbst, 6 Jahre nach dem Tode seines Lehrers, in vollem Bewußtsein dessen, was er tat. Sein 1467 berechnetes *Opus tabularum directionum*[1095] weist zwei Neuerungen auf; erstens lernte durch dasselbe das Abendland den Wert der Tangensfunktion genauer kennen, und zweitens lag — was uns hier besonders angeht — den beigegebenen Tangententafeln der Radius $r = 10^5$ zugrunde. Ausdrücklich wird bei einer einleitend behandelten Aufgabe (Nr. 10) die Bemerkung gemacht, daß diese Annahme die Rechnung wesentlich erleichtere.

Ein wirkliches Dezimalbruchsystem war dadurch indessen auch noch nicht geschaffen, da die von REGIOMONTANUS berechneten Tangenswerte fünfstellige g a n z e Zahlen waren. Man sollte meinen, daß durch Benutzung einer dekadischen Einheit als Radius die Hauptschwierigkeit beseitigt, daß es nunmehr ein Leichtes gewesen wäre, statt des gleitenden Radius, der von $r = 10^5$ schließlich bis zu $r = 10^{15}$ in weiter verfeinerten Tabellen stieg, die Einheit anzunehmen und durch irgendein Zeichen die an der Spitze stehende 0 von den übrigen Ziffern abzutrennen.[1096] Doch verstrich bis zu der Ausführung dieser für uns so unscheinbaren Neuerung mehr als

1094 *Tractatus Georgii Purbachii super Propositiones Ptolemaeide sinubus et chordis* (1541 Nürnberg), Bl. Bij in der Einleitung zu den Tabellen. — 1095 *Opus tabularum directionum profectionumque*, Augsburg 1490. Vgl. CANTOR, 2^2, S. 275. — 1096 Der Perser ĠIJĀṮ EDDIN ALKĀŠĪ († um 1435; aus dem Gelehrtenkreise ULŪĠ-BEG'S) gibt in seiner Abhandlung über den Kreisumfang einen sehr genauen Wert von π in der Form $3\ \overset{\text{sah-hah}}{\quad}\ 1415926535898732$, wo das darübergesetzte Wort sah-hah „Länge" bedeutet, also einen wirklichen Dezimalbruch. Vgl. D. E. SMITH, *History*[16] II, S. 238—240.

ein Jahrhundert; es bedurfte hierzu sogar eines Mathematikers von dem Range eines VIETA (1540—1603 Paris, franz. Staatsbeamter). In dem *Canon mathematicus*[1097] dieses großen französischen Algebraikers (1579) wird endlich die erste Ziffer von den übrigen abgehoben, anfangs nur dadurch, daß die folgenden Ziffern mit kleineren Typen gedruckt werden, schließlich auch, indem zur besseren Übersicht ein senkrechter Strich zwischen beide gesetzt wird.

Den Nutzen seiner Dezimalbrüche gegenüber den alten Sexagesimalbrüchen hebt VIETA ganz besonders hervor.

Sein Trennungsstrich hatte allerdings Vorläufer, aber doch nur in gelegentlicher Verwendung. So trennt einmal REGIOMONTANUS (1436—1476) bei der Ausführung der Division 85868387 : 60000 die letzten vier Ziffern durch einen ähnlichen Strich ab und rechnet mit dem Schema

85869 | 9387
1431 usf.[1098]

Die hierin liegende Rechenregel benutzt etwa 20 Jahre später PIERO BORGHI in seiner *Arithmetica*[17] von 1484,[1099] ferner mit Benutzung eines Punktes, der hier zum erstenmal auftritt, FRANCESCO PELLOS (PELLIZZATI) in seiner Arithmetik von 1492.[1100]

Ohne Erwähnung einer virgel gibt CHR. RUDOLFF diese Regel in der Algebra[460] von 1525.[1101] Sein Beispiel ist: Zu exempel/ich teile 652 durch 10. stet also 65/2. ist 65 der quocient vnnd 2 das übrig. Kompt aber ein zal durch 100 zů teilen/schneid ab die ersten zwo figuren/durch 1000 die ersten drey/also weiter für yede 0 ein figur. Im Rechenbuch von 1530[1102] überrascht uns RUDOLFF durch eine Multiplikationsrechnung, die in reiner Dezimalbruchschreibart erscheint; das nur einmalige Auftreten seines Rechenverfahrens verrät natürlich, daß er sich seiner Neuerung gar nicht bewußt ist. Bei einer Aufgabe über Zinseszinsrechnung will er die Multiplikation $375 \cdot (1 + \frac{5}{100})^n$ für $n = 1, 2, \ldots, 10$ durchführen. Er schreibt nun z. B. bei dem Übergang von $n = 2$ zu $n = 3$, 4 usf.

1097 *Canon mathematicus seu ad triangula cum appendicibus*, *Lutetiae* 1579; 1589, 1609 Titelauflagen mit dem Anhang *Fr. Vietaei universalium inspectionum ad canonem mathematicum liber singularis*, Lutetiae 1579. Vgl. K. HUNRATH, Z. Math. Phys. 38, 1893; Hist.-lit. Abt. S. 25f. — 1098 *Briefwechsel*[467], Abh. Gesch. Math. 12, 1902, S. 202; ein anderes Beispiel S. 225. — 1099 G. ENESTRÖM, Bibl. math. 10_3, 1909—1910, S. 240. — 1100 *Sen segue de la art de arithmeticha etc.*, Turin 1492, Bl. biij r°; vgl. D. E. SMITH, *Rara arithmetica*[17], S. 50, 52, und *History* II[16], S. 239. — 1101 Bl. B r°. — 1102 Exempel Büchlin[997], Bl. hij v° Ausrechnung der Aufgabe 71.

413 | 4375
20 671875
434 | 109375
21 70546875
455 | 81484375 usw.

Auch APIAN hatte 1527 die RUDOLFFsche Regel wiederholt:[1103] Item ist der teiler 10·100·1000 oder 10000 ꝛc., so wirff/so vil/als nulla sein/figuren hynweck von der zal die du tailen wilt/sy sein bedeutlich oder vnbedeutlich. An anderer Stelle zeigt APIAN, daß er die Verwandlung von $\frac{1}{2}$ in 0,5, $\frac{1}{4}$ in 0,25, $\frac{1}{8}$ in 0,125, $\frac{1}{16}$ in 0,00625, allerdings ohne die dezimale Schreibart, kennt.[1104]

CARDANO (1539) bezeichnet dieses Abwerfen der letzten Ziffern bei der Division durch 10, 100, 1000 usw. als Regel REGIOMONTANS.[1105]

Da VIETAs Canon sehr geringe Verbreitung fand und die Andeutungen RUDOLFFs zu versteckt waren, ist es erklärlich, daß der Holländer SIMON STEVIN (1548 Brügge — 1620 Leiden; Kaufmann, später im Staatsdienst als Ingenieur), der zuerst die Lehre von den Dezimalbrüchen systematisch behandelte, allgemein als deren Erfinder genannt wird. STEVIN widmete der neuen Bruchart eine kleine flämisch geschriebene Abhandlung *De Thiende* (Leiden 1585), die er in französischer Übersetzung als *La Disme* seiner in demselben Jahr gedruckten *Practique d'Arithmétique* als Anhang beifügte.[1106] Er hebt in derselben den hohen Wert der dezimalen Unterabteilungen, die erleichterte Schreibweise dieser Brüche und das einfache Rechnen mit ihnen gebührend hervor. Am Schluß der Abhandlung[1107] richtet er weitausblickend die dringende Bitte an alle Regierungen, dezimale Münz-, Maß- und Gewichtssysteme einzuführen, um dem neuen Rechnen zu seiner vollen Ausnutzbarkeit zu verhelfen (vgl. S. 65f.). Auch auf die dezimale Teilung des Winkels weist er weitsichtig hin.[1108]

1103 Kauffmannß Rechnung[446], Bl. Ciij r°, Z. 1—4. — 1104 Daselbst (Q 7) r° letzte Zeile usf. — 1105 *Practica arithmeticae*[498], Mediol. 1539, cap. 38 § 12, letzter Absatz. *Cũ igitur diuisor fuerit ex vnitate vt 1000. vel 10000. vel 100000. suficiet tot abiecisse ltas quod sunt in diuisore vnitates, residuumque erit numerus diuisus & hec fuit ratio monte regii*: 742598 | 364 usw. Vgl. auch cap. 59, § 1[1277]. — 1106 STEVIN[353], ed. GIRARD[23], I, S. 206—213. Vgl. H. BOSMANS, *La ‚Thiende' de* SIMON STEVIN, Revue des questions scient. 27_3, 1920, S. 109—139. — 1107 STEVIN[23] S. 212—213, Article VI, Schluß. — 1108 Vgl. H. BOSMANS, a. a. O, S. 130—134.

Die Schreibweise Stevins ist noch nicht auf dem Höhepunkt. Unser 0,3759 und 8,937 sieht bei ihm folgendermaßen aus:

3①7②5③9④ 8⓪9①3②7③.[1109]

Er schreibt auch, freilich nur einmal in der angeführten Schrift, statt 0,54 kürzer 54②.[1110] In späteren Werken erscheint diese bessere Form öfter, so 707② statt 7,07—458② statt 4,58—141② statt 1,41[1111]—28① statt 2,8.[1112] Doch das sind Äußerlichkeiten; die Rechnungen selbst erfolgen bereits ganz nach unseren modernen Regeln. Ein Subtraktionsbeispiel[1113] hat bei ihm die Gestalt

```
    ⓪ ① ② ③
2 3 7 5 7 8
  5 9 7 3 9
-----------
1 7 7 8 3 9,
```

wobei die darübergeschriebenen Stellenzeiger für alle senkrecht darunter stehenden Ziffern gelten. Ändern sich die Zeiger, so schreibt sie Stevin daneben oder darunter, aber nie dazwischen, um den Rechnungscharakter ganzzahliger Operationen deutlich zu zeigen. Als Beispiel diene die Multiplikation[1114]

```
    ④ ⑤ ⑥
    3 7 8
      5 4②
---------
  1 5 1 2
1 8 9 0
---------
2 0 4 1 2 .
④ ⑤ ⑥ ⑦ ⑧
```

Wenn noch andere Männer neben Stevin als Erfinder der Dezimalbrüche genannt werden, so ist das nicht zu verwundern. Die Erfindung der Dezimalbruchrechnung lag gleichsam in der Luft; Gelehrte aus allen Ländern beteiligten sich an ihr. Der Astronom Kepler schreibt 1616[1115] den Ruhm seinem Freunde Jost Bürgi

1109 Stevin, ed. Girard[23], S. 208, Explication. — 1110 Daselbst S. 209, Propos. III Nota, in einem Multiplikationsbeispiel. — 1111 Daselbst S. 391. — 1112 Daselbst S. 394. — 1113 Daselbst S. 209. — 1114 Daselbst S. 209. — 1115 Außzug auß der Vralten Messe Kunst Archimedis usw. (bekannt unter dem Namen *Österreichisches Wein-Visier-Büchlein*), Linz 1616, Nr. 60; Keplers Werke, ed. Frisch[264], 5, S. 547: ... Fürs ander, weil ich kurtze Zahlen brauche, derohalben es offt Brüche geben wirdt, so mercke, daß alle Ziffer, welche nach dem Zeichen (C) folgen, die gehören zu dem Bruch, als der Zehler, der Nenner dazu wird nicht gesetzt, ist aber allezeit eine runde Zehnerzahl von so viel Nullen, als vil Ziffer nach dem Zeichen kommen. Wann kein Zeichen nicht ist, das ist eine gantze Zahl ohne Bruch, vnd wann also alle Ziffern nach dem

zu, jenem hochbegabten Autodidakten, dem die Mathematik so vieles verdankt (1552—1632; Mechaniker; Kassel, Prag).[1116] Nach Bürgis Anleitung benutzte Kepler (1571—1630) in seinen Tabellen einen kleinen runden Haken, dessen Öffnung den Dezimalstellen zugewandt war. Es ist durchaus wahrscheinlich, daß Bürgi, der nur deutsch verstand, also die vorhandenen fremdsprachlichen Abhandlungen Vietas und Stevins nicht durcharbeiten konnte, selbständig auf seinen Vorschlag gekommen war. Wie Kepler, so hat auch Pitiscus (1561—1613, Hofprediger des Kurfürsten Friedrich IV. v. d. Pfalz) unter Bürgis Einfluß gestanden, als er in seinen trigonometrischen Tabellen Dezimalbrüche schrieb.[1117] Ein Dezimalkomma

Zeichen gehen, da heben sie bißweilen an von einer Nullen. Dise Art der Bruchrechnung ist von Jost Bürgen zu der sinusrechnung erdacht, vnd ist darzu gut, daß ich den Bruch abkürtzen kann, wa er vnnötig lang werden wil, ohne sondern Schaden der vbrigen Zahlen; kan jhne auch etwa auff Erheischung der Notdurfft erlengern. Item lesset sich also die gantze Zahl vnd der Bruch mit einander durch alle species arithmeticae handeln wie nur ein Zahl. — **1116** Bürgi benutzte als Trennungszeichen einen kleinen Ring und schrieb $141\overset{}{\underset{\circ}{|}}4$ (statt 141,4). Vgl. O. Mautz, *Zur Stellung des Dezimalkommas in der Bürgischen Logarithmentafel.* Verhdl. d. Naturforsch. Ges. in Basel, 32, 1901—1902, S. 104—106. — **1117** *Barth. Pitisci Trigonometriae sive De Dimensione Triangulorum libri quinque*[344], Editio secunda et aucta, Aug. Vindel. 1608; *Canon triangulorum emendatissimus et usum accomodatissimus pertinens ad trigonometriam R. Pitisci,* ... 1608. P. bezieht sich S. 34, Z. 1 auf Vieta, S. 40, Z. 11 auf Bürgi. Pitiscus hat nicht, wie man bisher angab, in dieser Ausgabe 1608 einen echten Dezimalpunkt benutzt. Die auftretenden Punkte dienen nur der Übersichtlichkeit der Ziffernreihe. Er schreibt sin 30° = 50000.00; sin 60° = 86602.543; sin 89° 40′ = 9998.30768. Dezimalbrüche mit echten Dezimalpunkten wären dies, wenn er $r = 100000$ annähme; in der Mehrzahl der Beispiele nimmt er aber $r = 10000000$ an. Auf die Nullen hinter der 1 kommt es ihm indes gar nicht an: er setzt glatt $r = 1$, S. 40, Z. 18: ... *diameter Fe, sit 2, ut radius EC fiat 1. Sicut ponitur in tabulis sinuum. Etsi ibi multae cyphrae ad 1. addantur.* (Der Durchmesser Fe sei 2, wie der Radius 1. So wird er in den Sinustafeln angenommen, wenn auch dort viele Nullen an die 1 gehängt werden). Daß der benutzte Punkt nur ein Übersichtspunkt ist, sieht man auch aus sin 89° 59′ 30″ = 99999.99894.23, wo er nach 5 Stellen wiederholt ist. Bei $r = 1$ dürfte es auch nicht tg 45° = 100000.00, tg 84° 59′ = 1139188.49, tg 89° = 572869, tg 89° 59′ 58″ = 202264.80624 heißen. S. 40, Z. 6 spricht er von Dezimalbrüchen: ... *quae partes vulgo sic scriberentur* $\frac{5\,176\,381}{10\,000\,000}$, *sed multo compendiosior et ad calculum accomodatior est ipsa scriptio 05176381. Omnino autem idem isti numeri valent, sicut hi duo numeri 09 et* $\frac{9}{10}$ *idem valent.* — Also nirgends ein Dezimalpunkt! Treten Ganze hinzu, so wird P. ängstlich und kehrt zur alten Schreibweise zurück, z. B. S. 85: $20\,\frac{7144456}{10000000}$.

— und zwar als erster — benutzt NEPER an einigen, wenigen Stellen der *Rabdologia* von 1617;[1118] auch der Dezimalpunkt ist ein Vorschlag von ihm.[1119] Doch hatte den Dezimalpunkt schon CLAVIUS 1593 in seinem *Astrolabium* verwendet. In der hier eingeschalteten Sinustafel,[1119a] die für $r = 1000000$ von Minute zu Minute fortschreitet, fügt er Proportionalteilchen für 1 Sekunde in einer besonderen Spalte bei, so oft sie ihre Größen ändern. Zu sin $16^{0} 12'$ $= 2789911$ und sin $16^{0} 13' = 2792704$ mit der Differenz 2793 schreibt CLAVIUS den 60ten Teil mit 46.5, auf eine Dezimalstelle abgekürzt, hin. In der Erläuterung[1119b] erklärt er auch 46.5 mit $46\frac{5}{10}$ und zeigt dann, wie man mit diesen Merkzahlen rechnet, z. B. bei sin $19^{0} 36' 40''$. Tiefer erfaßt hat er aber den Begriff eines Dezimalbruches nicht; seine Merkzahlen sind ihm nur ein besonders gelungener Rechenkniff. Er faßt in 46.5 die Zahlen 46 und 5 als selbständige getrennte Zahlen auf,[1119c] bricht auch einmal die Zeile zwischen 46 und 5 unbedenklich ab.[1119d] In seiner *Algebra* von 1608 werden alle dezimalen Brüche wie gewöhnliche Brüche mit Zähler und Nenner geschrieben.[1119e]

Bewußter gebraucht 1618 ED. WRIGHT in der englischen Übersetzung der *Descriptio*[1120] NEPERS von 1614 den Dezimalpunkt. NEPER, der diese Übersetzung durchgeführt hat, führt gelegentlich die Tabellen des PITISCUS von 1608 an. In den *Tabulae Rudolphinae* von 1627[348], benutzt auch KEPLER zuweilen den Dezimalpunkt.[1121] Geschlossene Verwendung beider Zeichen tritt erst sehr allmählich ein.[1121a]

Weniger berechtigt als bei BÜRGI ist die Annahme eigener Erfindung bei JOH. HARTMANN BEYER (1563—1625, Frankfurt a/M.), obgleich er in seiner *Logistica decimalis* von 1603[1122] sich selbst als Erfinder der Dezimalbrüche ausgibt. Es scheint aus Ähnlichkeiten mit den STEVINschen Abhandlungen gefolgert werden zu können,

— [1118] *Rabdologiae seu Numerationis Per Virgulas Libri duo*, Edinburg 1617. NEPER schreibt 1993, 273, aber auch 1993, 2′ 7″ 3‴: *Rabdologia* S. 22, 39 und 41. Ebenso oft schreibt er aber auch den dekadischen Nenner voll hin, z. B. S. 111, 112. — [1119] FL. CAJORI, *Recent symbolisms for Decimal Fractions*. The Math. Teacher, 16, 1923, S. 184—187. — [1119a] CH. CLAVIUS, *Astrolabium*, Romae 1593, S. 195—227. — [1119b] Daselbst S. 228. — [1119c] S. 228, Nr. 1: ‚*Duo hi numeri*'. — [1119d] Daselbst Nr. 2. — [1119e] Vgl. FL. CAJORI, *History of Notations* I, 1928, S. 322. — [1120] *Mirifici logarithmorum canonis descriptio*, Edinburg 1614. — *A Description of the Admirable Table of Logarithms*, London 1618 (1. Aufl. schon 1616). — [1121] *Tabulae Rudolphinae*[348] z. B. Praecepta, S. 25, Z. 43 links: 29.032 und 18.803, vorher 0.00106. — [1121a] FL. CAJORI, *History of Notations*, I, Chicago 1928, S. 323—335. — [1122] *Logistica decimalis*[77], 2. Ausgabe, Frankfurt 1619, Vorwort S. 22: Zu der Invention dieser Zehentheiligen Brüchen / ist mir erstlichen Anno

daß er diese oder Schriften, die von ihnen beeinflußt waren, gekannt hat. Neben den STEVINschen Ausdrücken für die Dezimalstellen, Prime, Sekunde usw. verwendet BEYER: *erste Teile, erste Scrupel, erste decimalia, erste Zehnder* usw. Auch seine Schreibart

$$\overset{0}{123}.\ \overset{\prime}{4}.\ \overset{\prime\prime}{5}.\ \overset{\prime\prime\prime}{9}.\ \overset{\mathrm{IV}}{8}.\ \overset{\mathrm{V}}{7}.\ \overset{\mathrm{VI}}{2}.\ \text{ oder }\ 123.\ \overset{\prime}{4}.\ \overset{\prime\prime}{5}.\ \overset{\prime\prime\prime}{9}.\ \overset{\mathrm{IV}}{8}.\ \overset{\mathrm{V}}{7}.\ \overset{\mathrm{VI}}{2}\ \text{ oder}$$

$$\overset{0}{123}.\ \overset{\prime\prime\prime}{459}.\ \overset{\mathrm{VI}}{872}\ \text{ oder }\ \overset{0}{123}.\ 459.\ \overset{\mathrm{VI}}{872},$$

ebenso $\overset{\prime\prime\prime}{47}$ statt 0,047,[1123] ähnelt derjenigen STEVINS. Beim Dividieren hängt er an den Divisor, bzw. den Dividendus, so viel Nullen, bis in beiden gleich viel Dezimalstellen stehen, und dividiert dann wie mit ganzen Zahlen; bei größerer Genauigkeit wird der Dividendus um weitere Nullen vermehrt. Die deutschen Wörter Dezimalbrüche[1124] (Gegensatz: gemeine Brüche) und Dezimalrechnung[1125] scheinen von BEYER zu stammen; er prägt auch die heute noch übliche Bezeichnung Schärfe der Rechnung.[1126]

Durch die angeführten Schriften wurde die Aufmerksamkeit der Mathematiker auf den neuen Stoff gelenkt. Die besseren Lehrbücher der folgenden Zeit können nicht umhin, in ihren zusammenhängenden Darstellungen auch den Dezimalbrüchen längere oder kürzere Abschnitte zu widmen. Neben OUGHTRED (1574—1660, engl. Landpfarrer; *Clavis mathematicae*[680] 1631), der $0\underline{|1234}$ statt 0,1234 schreibt,[1127] aber bei Logarithmen das Komma wieder verwendet,[1128] ist besonders HÉRIGONE zu erwähnen, da er in seinem enzyklopädischen *Cursus mathematicus* von 1634 ihre Theorie in ganz moderner Weise begründet.[1129] Kurze Erläuterungen für das Rechnen mit ihnen gibt B. CAVALIERI (1591?—1647; Jesuat, Bologna).[1130] Ausführlicher sind J. STEGMAN,[1131] ADRIAN METIUS

1597 ... Anlaß gegeben worden. — STEVIN wird in dem Verzeichnis der benutzten Autoren nicht genannt. — 1123 Daselbst S. 28. — 1124 Daselbst S. 7, Nr. II, VIII. — 1125 Daselbst S. 8, Nr. XVIII. — 1126 Daselbst S. 12. — 1127 Ausg. von 1631[680], cap. I, § 4, S. 1. — 1128 Z. B. *De Aequationum Affectarum Resolutione*, Ausg. von 1647 u. f., vgl. *Opuscula mathematica*, Oxford 1676, S. 113. — 1129 *Cursus mathematicus*[47], 6 vol., Paris 1634—1642; 2, *Arithm. pract.*, Kap. IV, S. 31, *De numeris Decimarum: Si series numerorum continuetur in proportione decupla à sinistra ad dextram vltra figuram vnitatum, valor numerorum decrescet infra vnitatem, eadem proportione qua crescit supra vnitatem progrediendo versus sinistram: ac proinde prima figura ab vnitatibus versus dextram significat decimas, secunda centesimas, tertia millesimas et ita deinceps.* (Setzt man die Reihe der Zahlen im Verhältnis 10 : 1 von links nach rechts über die Einheit hinaus fort, so fällt der Zahlenwert unterhalb der Einheit in ähnlicher Weise, wie er beim Fortschreiten über die Einheit nach links wächst; die erste Ziffer rechts neben der Einheit bedeutet Zehntel usw.) — 1130 CAVALIERI, *Trigonometria*[48], XXIII, S. 3. — 1131 JOACH. STEGMAN, *Institutionum mathemati-*

(1633),[1132] E. WINGATE (1660),[1133] G. A. BÖCKLER (1661)[1134] und H. MEISSNER (? 1696).[1135] ANDREAS TACQUET (1656)[1136] zeigt ausdrücklich, daß das Rechnen mit Dezimalbrüchen das mit gewöhnlichen Brüchen entbehrlich macht. Wo die Dezimalbrüche und ihre Lehre nicht zur Erläuterung von Tabellen trigonometrischer oder logarithmischer Zahlenwerte vorgeführt werden, wird ihre Verwendung in der Geometrie bei der Ausmessung von Linien, Flächen, Körpern gelehrt. Daher ist die Bezeichnung der Dezimalbrüche als *numeri geometrici* bei KASPAR SCHOTT 1674 (*Cursus mathematicus*)[479] verständlich. Oft werden hierbei der Deutlichkeit halber künstliche dezimale Maße angenommen; fast stets wird dem lebhaftesten Bedauern Ausdruck gegeben, daß im Geschäftsverkehr die dezimale Maßteilung noch fehle. Dieses Fehlen ist auch der Grund, daß in den Rechenbüchern des 17. und 18. Jahrhunderts, die sich auf das Notwendigste zu beschränken pflegen, die Dezimalbruchrechnung nicht oder nur vorübergehend erwähnt wird. So sind auch, wenn wir die seinerzeit verbreitetsten Elementarbücher daraufhin ansehen, in v. WOLFFS *Anfangsgründen*[24] (1710) die Dezimalbrüche als unnötig ganz fortgelassen; in den KÄSTNERschen *Anfangsgründen*[1137] ist das Rechnen mit ihnen auseinandergesetzt, aber mit Ableitung von den gewöhnlichen Brüchen aus, wobei die Anzahl der Dezimalstellen als *Exponent des Bruches* besonders benannt wird. — Aus anderen Rechenbüchern, die sich mit ihnen eingehender abgeben, sei auf den Ausdruck Dezimalrechnung, den JOH. ULR. MÜLLERS *Teutsche Mathematic* von 1695 wieder aufnahm,[1138] ferner auf *numeri decimales* bei TACQUET (1656)[1139] und auf die Übersetzung Dezimalzahlen statt Dezimalbrüche bei B. ELEND 1724[1057] aufmerksam gemacht. Dieses Wort wird in der neueren Zeit wieder aufgenommen[1140] und im Unterricht benutzt, wenn die Dezimalbrüche vor den gewöhnlichen Brüchen, also vor Einführung in den Bruchbegriff durchgenommen

carum libri II, Rakow 1630, I, cap. XXIV, *De logistica decimali*; ST. schreibt 39(063 statt 39,063. — **1132** *Manuale Arithmeticae et Geometriae* (nach STERNER[358], S. 298), noch nicht in den *Arithmeticae libri duo* von 1612, Lugd. Bat. — **1133** *Arithmetica*, London 1660 (STERNER[358]; S. 301). — **1134** *Arithmetica nova militaris*, Nürnberg 1661 (STERNER[358], S. 300). — **1135** *Geometria tyronica*, ohne Jahreszahl; nach Aufzeichnung der Pr. Staatsbibliothek Berlin: 1696. MEISSNER schlägt die Trennung mit einem oder zwei Punkten vor (S. 61); letztere benutzt er dann ausschließlich, so 3 : 750. — **1136** *Arithmetica*[412], II, cap. 15; 2. Aufl. 1665, S. 188—190. — **1137** Aufl. von 1764[896], S. 77, I, 3 ff. — **1138** *Voransprache*[23], zweite Seite. — **1139** *Arithmeticae theoria et praxis* 1656[412], II, 15, 2. Aufl. 1665, S. 188. — **1140** Von C. HARMS, *Rechenbuch für Volksschulen* (z. B. 3. Aufl. 1887, S. 19); HARTMANN, *Der Rechenunterricht in der deutschen Volksschule*, Hildburghausen 1888 (STERNER[358], S. 344, 517).

werden. Dezimalbruch und Dezimalstellen bürgern sich erst durch Kästners *Anfangsgründe* von 1758 ein,[1141] Dezimalen seit J. Ph. Grüson 1799.[1142] Ferner erwähnen wir die Vorschrift, die zuerst G. H. Paricius 1707[1143] besonders anführt, daß die Dezimalstellen bei Längenmaßen zu je 1, bei Flächenmaßen zu je 2, bei Körpermaßen in Gruppen zu je 3 zusammenzufassen sind.

Ganz anders gestaltete sich die Sachlage nach der so lange ersehnten Einführung des metrischen Maß-, Münz- und Gewichtssystems (vgl. S. 65—66). Nunmehr gelangten die Dezimalbrüche aus den Gelehrtenschulen in die kaufmännische Praxis, sie gewannen gesetzlichen Eingang in die Volksschule, ja begannen in kurzem dem Rechnen mit gewöhnlichen Brüchen den Platz wegzuerobern, so daß diese sich zuweilen eine Beschränkung auf die am häufigsten vorkommenden Brüche $\frac{1}{2}$, $\frac{1}{4}$, $\frac{1}{8}$, $\frac{1}{3}$, $\frac{1}{6}$, $\frac{1}{9}$, $\frac{1}{5}$, $\frac{1}{10}$, $\frac{1}{100}$ gefallen lassen mußten. Extreme Methodiker[1144] wollten sogar die gewöhnlichen Brüche ganz aus der unteren und mittleren Schule entfernt sehen und so das Kind mit dem Bade ausschütten.

Wir kommen zu der Geschichte der periodischen Dezimalbrüche.[1145] In wissenschaftlichen Schriften treten diese erst vom 17. Jahrhundert ab auf; in Schulbüchern werden sie nicht vor dem 19. Jahrhundert erwähnt.[1146] Beyer, *Logistica decimalis*, 1603[77], geht auf periodische Dezimalbrüche gar nicht ein, nur gelegentlich spricht er von einer *Periodus* und verdeutscht den Ausdruck mit begriff etlicher zusammen gehöriger Zahlen.[1147]

Die Verwandlung der gewöhnlichen Brüche in Dezimalbrüche (und umgekehrt) hatte, wenn wir von ganz gelegentlichen Beispielen bei Apian (1527) — vgl. S. 177 — und geringen Andeutungen bei Beyer (1603) selbst[1148] absehen, zuerst B. Cavalieri 1643[1149] gelehrt. Er hatte sich aber bei unendlichen Dezimalbrüchen mit Annäherungen begnügt, ohne auf die Periodizität zu achten. Eingehenderer

1141 Ausgabe 1764[396], I, S. 80. Die Verdeutschung zehnteilige Brüche von Segner, *Vorlesungen*[414], I, § 35, hielt sich nicht. — 1142 *Grundriß*[78], I, § 20, S. 15. — 1143 *Compendium*, Regensburg-Ulm 1707. — 1144 R. Mauritius, *Dezimales Rechnen und metrisches Messen*, Paderborn 1869 (Sterner[358], S. 517); H. Wendt, *Über den Rechenstoff der höh. Mädchenschule* in Manns Deutsch. Blättern f. erziehenden Unterricht, Jahrgang XI, Langensalza 1884, S. 96. — 1145 Genauere Geschichte bei L. E. Dickson, *History*[737], I, S. 159ff. — 1146 Periodische Sexagesimalbrüche finden sich im 15. Jahrhundert bei einem arabischen Gelehrten Sibt Almāridīnī, vgl. Carra de Vaux, Bibl. math. 13_2, 1899, S. 33—34. — 1147 *Logistica decimalis*[77], S. 16, 47. — 1148 Daselbst IIX—IX. Cap., S. 54f.; z. B. S. 55: $1\frac{1}{4} = \overset{0}{1}.2\overset{''}{5}$, $1\frac{7}{8} = \overset{0}{1}.87\overset{'''}{5}$. — 1149 Cavalieri, *Trigonometria*[48], Bononiae 1643, Kap. XXIV, S. 3/4.

Untersuchung würdigt sie J. Wallis (1616—1703, Prof. d. Geometrie in Oxford). Seine *Algebra* vom Jahre 1685 (handschriftlich 1676 fertiggestellt, 1693 lateinisch erschienen)[682] enthält im 89. Kapitel einige der wichtigsten Eigenschaften dieser Brüche; er versichert selbst, keine Vorgänger auf diesem Gebiete zu kennen.[1150] Wallis lehrt, daß die Division des Nenners in den Zähler bei einem Bruch aufgeht, wenn der Nenner nur 2 oder 5 als Primfaktor enthält, die Periode aber nur dann sofort mit der ersten Dezimalstelle ihren Anfang nimmt, wenn unter den Primfaktoren des Nenners keine einzige 2 oder 5 vorkommt. Auch über die Anzahl der zu einer Periode gehörenden Ziffern kennt er die einfachsten Sätze, so daß bei einem vorliegenden Bruche $\frac{Z}{N}$ die Höchstanzahl gleich $N-1$ ist, sehr oft aber die wirkliche Größe n der Periode nur einen aliquoten Teil von $N-1$ darstellt. Er beobachtet, daß auch andere Werte für n unterhalb $N-1$ auftreten, die nicht aliquote Teile von $N-1$ sind; doch entgeht ihm dabei, daß dies nur bei Nichtprimzahlen N sich einstellt. Auch die Zurückverwandlung eines rein periodischen Dezimalbruches in einen gewöhnlichen Bruch ist Wallis nicht unbekannt; denn er gibt den Rat, wenn man die Anzahl n der periodischen Stellen für einen bestimmten Bruch kennen lernen wolle, diesen so zu erweitern, daß im Nenner eine Zahl erscheint, die nur mit Neunen geschrieben wird. Seinen Betrachtungen fügt Wallis hinzu, daß Wurzeln nie zu periodischen Dezimalbrüchen führen, und erweitert dann seine Erörterungen auf Sexagesimalbrüche[1146], die auch periodisch werden könnten. Aus dem handschriftlichen Nachlaß wissen wir, daß auch Leibniz (1646 bis 1716) die Periodizität der Dezimalbrüche, etwa seit 1677, untersuchte[1151] und dabei weit vorgedrungen war; er erkannte, daß bei Primzahlen die Stellenzahl $N-1$ oder ein aliquoter Teil von $N-1$ ist, fand auch den engen Zusammenhang mit dem Fermatschen Satz, den erst J. H. Lambert später öffentlich aussprach (vgl. unten).

Erst nach der Mitte des 18. Jahrhunderts fand die Lehre der periodischen Dezimalbrüche zahlreichere Bearbeiter. Fast gleichzeitig erscheinen Abhandlungen von J. H. Lambert[1152] (1728—1777, Oberbaurat in Berlin), dem Engländer John Robertson[1153] und

1150 Wallis, *Algebra*, London 1685[682], S. 326—328; *Opera omnia*[682], Bd. II, *Algebra*, cap. 89, S. 364: *Nescio an quisquam me prior eam distincte examinaverit.* — 1151 Vgl. D. Mahnke[763], Bibl. math. 13_3, 1912—1913, S. 45. — 1152 Acta Helvetica, Basil. 1758; Acta Erud. Lips. 1769, S. 107—128: *Adnotatio quaedam de numeris eorumque anatomia.* — 1153 Phil. Trans. 1768, Nr. XXXII, S. 207 bis 213, *Of the theory of circulating decimal fractions.*

JOHANN BERNOULLI III[1154] (1744—1807, Berlin). Auch L. EULER[1155] (1707 Basel — 1783 Petersburg; Prof. in Petersburg, Berlin und wieder in Petersburg) streift in seiner *Algebra* vorübergehend unser Gebiet. Von den erstgenannten drei Abhandlungen ist die von LAMBERT die systematischere; jedoch kommen alle drei nur wenig über Induktionsresultate hinaus. ROBERTSON ist der erste, der eine besondere Schreibweise für periodische Brüche vorschlägt;[1155a] er schreibt $0,\dot{3}$, $0,\dot{2}\dot{3}$, $0,\dot{7}8\dot{5}$ statt 0,33 ..., 0,2323 ..., 0,785785 ... Brüche mit derselben Periodenzahl nennt er ähnlich. Bei ihm treffen wir zum erstenmal auch die Identität $0,999\ldots = 1$ an. Für Multiplikationen und Divisionen unendlicher Dezimalbrüche empfiehlt er, auf die entsprechenden gewöhnlichen Brüche überzugehen. Aus LAMBERTS Schrift ist die Verwendung des FERMATschen Primzahlsatzes (S. 184) erwähnenswert, da durch diesen die so fruchtbare Verbindung mit der Zahlentheorie hergestellt wird. LAMBERT weiß aus ihm eine große Menge wichtiger, besonders für die Berechnung der Perioden und ihrer Stellenanzahl geeigneter Folgerungen zu ziehen. Nach einem Bericht über die Vorarbeiten wendet sich BERNOULLI unabhängig von LAMBERT ähnlichen Untersuchungen zu, aber in weniger übersichtlicher Anordnung. In Verfolgung jenes WALLISschen Gedankens sucht er u. a. die Größe der Periode zu bestimmen, indem er 9, 99, 999 usw. in seine Faktoren zerlegt und alle in ihnen enthaltenen Divisoren zusammenstellt; Brüche, die Divisoren der 9 als Nenner besitzen, werden einstellige Perioden, alle solchen mit Divisoren der 99, die nicht schon in 9 enthalten sind, werden zweistellige Perioden haben usf. Dieser Untersuchung dient eine zweite Abhandlung BERNOULLIS in demselben Bande der Berliner Akademieberichte,[1156] die die Teiler von 11, 111, 1111 ..., $\sum_{\nu=1}^{n} 10^{\nu}$ bis zu $n = 30$ bestimmt.

Zu wissenschaftlicher Höhe gelangte die Theorie der periodischen Dezimalbrüche mit Beginn des 19. Jahrhunderts. Es ist K. F. GAUSS, der sie 1801 in engster Verbindung mit seinen großen zahlentheoretischen Untersuchungen erfolgreich in Arbeit nimmt.[1157] Sie

---

1154 Nouv. Mém. Ac. Berlin 1771, S. 273 ff. — 1155 EULER, *Algebra*[65], Petersb. 1771, Buch I, Abschn. 3, Kap. XII, § 525—539. — 1155a Nach FL. CAJORI, *History of Notations* I, S. 335, § 289 hat schon JOHN MARSH, *Decimal Arithmetic made Perfect*, London 1742, S. 5 einen derartigen Vorschlag gemacht. — 1156 Daselbst[1154] S. 318: *Recherches sur les diviseurs de quelques nombres très grands compris dans la somme de la progression géométrique* $1 + 10^1 + 10^2 + 10^3 + \ldots$ — 1157 GAUSS, *Disquisitiones arithmeticae*, Leipzig 1801, § 312—318; GAUSS'

kommt durch ihn mit der Theorie der Potenzreste und der primitiven Wurzeln in organischen Zusammenhang. Da die einschlägigen Resultate infolgedessen weit über das der Schule gesteckte Ziel hinausführen, müssen sie hier übergangen werden. Es sei nur auf die neueren, die ganze Lehre zusammenfassenden oder ergänzenden Abhandlungen von ZINDLER[1158] 1869/70, JOS. MAYER[1159] 1887/88 und HEINRICH BORK[1160] 1895 hingewiesen.

Unsere schulgemäße Verwandlung der reinperiodischen und gemischtperiodischen Dezimalbrüche in gewöhnliche Brüche lehrt E. F. AUGUST 1822.[1161] Die Bezeichnungen reinperiodische und unreinperiodische Dezimalbrüche scheint C. KOPPE 1836[1162] geprägt zu haben.

In den Tabellen für die periodischen Dezimalbruchentwicklungen wird in der Regel nur n, die Größe der Periode, angegeben. GAUSS gab[1157] eine vollständige Tabelle der Perioden für alle Primzahlen und Primzahlpotenzen unter 100; in seinem Nachlaß fand man sie bis 1000 fortgeführt.[1158] Die große Primzahlentabelle BURCKHARDTS[915] von 1814—1817 liefert n für alle Primzahlen bis 2500.[1163] Für die Primzahlen bis 15000 führte K. G. REUSCHLE (1812—1875; Stuttgart) in den Jahren 1846—1851 die Berechnung durch, deren Ergebnisse er 1856 veröffentlichte.[1164] Die Erweiterung auf den Zahlenraum bis 40000 unternahm 1874/75 der Engländer W. SHANKS (1812—1882; Durham),[1165] auf die Primzahlen zwischen 60000 und 75000 der Dubliner Professor G. SALMON.[1166] Ein sehr übersichtliches, abgekürztes Verzeichnis der Periodengrößen für die Primzahlen bis 100000, berechnet von KESSLER in Wiesbaden, ist der obengenannten Abhandlung BORKS[1160] angehängt. Auch die Tafeln von J. SACHS, 1898, sind zu nennen.[1167]

Werke, Bd. I[766], Göttingen 1870, S. 382—388. — 1158 *Sätze über den Zusammenhang periodischer Dezimalbrüche mit den gemeinen Erzeugungsbrüchen*, Progr. des k. k. Obergymnasiums in Zeugg 1869/70. — 1159 JOS. MAYER, *Über die Größe der Periode eines unendlichen Dezimalbruches oder die Congruenz* $10^x \equiv 1$ (mod P), Progr. Gymn. Burghausen 1887/88. — 1160 HEINRICH BORK, *Periodische Dezimalbrüche*, Progr. Nr. 67, Prinz Heinrich-Gymn. Berlin, Berlin 1895. — 1161 In einem Anhang zu E. G. FISCHERS[451] *Lehrbuch der Elementarmathematik*, Bd. II, Berlin 1822, S. 187—188. — 1162 *Anfangsgründe d. rein. Math. f. d. Schulunterricht*, 2 Teile, Essen 1836, I, § 236, S. 136 (2. Aufl., I, 1849, II, 1846). 1163 Noch einmal abgedruckt in C. G. J. JACOBIS *Canon arithmeticus*, Königsberg 1839. — 1164 K. G. REUSCHLE, *Neue zahlentheor. Tabellen*, Prog. Kgl. Gymnasium Stuttgart, Stuttgart 1856. — 1165 Veröffentlicht 1874 in den Proc. R. Soc. London (nach BORK[1160], S. 1). — 1166 Nach BORK[1160], S. 4. — 1167 J. SACHS, *Tafeln zum mathematischen Unterricht*, Programm Nr. 632, Großherzogl. Gymnasium, Baden-Baden, Leipzig 1898.

Die Perioden selbst enthält BERNOULLIS Tabelle[1154] für 1—200; GAUSS dehnte sie bis 1000 aus.[1168] Faktorenzerlegung der Zahlen 9, 99, 999, . . ., $10^n - 1$ bis $n = 46$ hat REUSCHLE[1169] vorgenommen und im Anschluß daran auch die Zerfällung der Zahlen 11, 101, 1001, . . ., $10^n + 1$ ($n = 1 \ldots 21$) in Primfaktoren berechnet. Eine Zusammenstellung aller Nenner, die einstellige, bzw. zweistellige, dreistellige usf. Perioden ergeben, findet sich bis zu elfstelligen Perioden in der Schrift von JOS. MAYER.[1170]

E. Das angewandte Rechnen.

I. Die Regeldetri.

Man sieht allgemein Indien als Heimat der Regeldetri an. Das ist jedoch nicht so zu verstehen, als ob die in der Regeldetri geübten Aufgabengattungen nicht schon vorher oder von anderen Völkern behandelt worden wären. Da solche Aufgaben einen Hauptteil der kaufmännischen Arithmetik bilden, wird ihre Verwendung im Gegenteil bei den handelsgewandten Völkern Babyloniens,[1171] Ägyptens, Chinas, Phöniziens und Griechenlands weit verbreitet gewesen sein. Sicher ist, daß der jedem ‚Dreisatz' zugrundeliegende logische Gedankenschluß zu den allerersten Erkenntnissen des rechnenden Menschen überhaupt gehört; auf diesem Proportionalitätsgedanken baut sich dann auch sowohl die Bruchrechnung wie die Lehre der Proportionen und später die formulierte Regeldetri auf. Leider sind uns diese praktisch-elementaren Teile der Mathematik nur spärlich überliefert worden. Der griechische, wissenschaftliche Mathematiker suchte vielmehr gerade darin etwas, seine Untersuchungen möglichst von der Praxis abzulösen; wie er es in der Geometrie verschmäht, Berechnungsvorschriften für Figuren und Körper zu geben, so überläßt er auch das eigentliche und angewandte Rechnen den Rechenmeistern, Feldmessern und Kaufleuten. Aus der Feldmeßkunst ist glücklicherweise in den HERONischen Schriften

1168 GAUSS, *Ges. Werke*, II[756], S. 411—434. — **1169** A. a. O.[1164], S. 18. — **1170** A. a. O., S. 9[1159]. — **1171** In einem Keilschrifttext aus der Hammurapizeit (2000 v. Chr.) soll festgestellt werden, in wieviel Tagen ein Kleid fertig wird, das eine bestimmte Länge hat, wenn täglich eine gewisse Anzahl Ellen hergestellt wird. *Cuneiform texts from Babylonian tablets etc. in the British Museum*, IX, 11, 47ff. Vgl. B. MEISSNER, *Babylonien und Assyrien*[96] II, S. 394; Orientalistische Literaturztg. 1916, Sp. 365. — Im griechischen Papyrus Akhmim[927] (7.—8. Jahrh. n. Chr.) Aufg. 41: Ich gab 3, erhielt $9\frac{1}{3}$; wenn ich gebe 28, wieviel erhalte ich?

ein großer Teil der damaligen Kenntnisse und Methoden auf die Gegenwart gerettet; nicht so in der kaufmännischen Arithmetik. Hier setzt leider die griechische Überlieferung ganz aus. Obgleich, wie wir wissen, die Lehre von den Proportionen in Griechenland hoch ausgebildet war, ja geradezu einen Ersatz für unsere Gleichungen darstellte, werden sie nirgends in der griechischen Literatur auf regeldetriähnliche Aufgaben angewendet. Erst NIKOLAUS RHABDAS von Smyrna bringt im 14. Jahrhundert Aufgaben aus der politischen Arithmetik (*πολιτικὸς λογαριασμός*), die mit Regeldetriansatz gelöst werden.[1172] Aus dem 15. Jahrhundert sind byzantinische Texte bekannt, in denen von der Regeldetri als der „Prophetin der Rechenkunst“ die Rede ist.[1173]

Anderseits hat aber auch die Regeldetri — oder wie man modern besser sagt — die Schlußrechnung in der nichtkaufmännischen Mathematik stillschweigend umfassende Verwendung gefunden; sie liegt dem Ausbau der sogenannten regula falsi zugrunde, wie sie bei Diophantos (z. B. IV, 14 oder 21) und später bei den Arabern vorkommt. Wenn AHMES in dem altägyptischen Rechenbuch (zwischen 1850 und 1530 v. Chr.) die Gleichung $x + \frac{1}{7}x = 19$ — modern ausgedrückt — lösen will, so nimmt er als Versuchszahl $x = 7$ an. Er zerlegte den unbekannten ‚Haufen‘ x in 7 kleinere Häufchen; 8 solche Hilfsunbekannten haben dann den Wert 19. Durch logischen Gedankenschluß wird ein Häufchen als $2 + \frac{1}{4} + \frac{1}{8}$ und der ganze Haufen als $7\left(2 + \frac{1}{4} + \frac{1}{8}\right)$, d. i. $16\frac{5}{8}$ bestimmt.[1174]

Solange eben der Mathematik noch eine eigentliche Algebra fehlte, die erst die Aufstellung von Formeln gestattete, mußte man zwangsläufig zur Schlußrechnung greifen, um nach Lösung einer bestimmten Aufgabe mit gegebenen Zahlenwerten andere gleiche Aufgaben mit abgeänderten Zahlenwerten auszurechnen, falls man nicht die ganze Rechnung noch einmal ausführen wollte. Bedingung ist dabei natürlich, daß das vorgelegte Problem auf eine Beziehung, die durch eine Gleichung ersten Grades aus-

1172 P. TANNERY, *Notices et extraits des manuscr. de la Bibl. nat.* 32, 1, Paris 1866, S. 136, 196f. — 1173 J. L. HEIBERG, Byzantinische Analekten, Abh. Gesch. Math. 9, 1889, S. 167: *Ἡ δὲ τῶν τριῶν μέθοδος ὁ τῆς λογιστικῆς μάντις ἐστί, καθῶς φησιν ὁ παλαιὸς λόγος* (Die Regel der drei [Größen] ist die Prophetin der Rechenkunst, wie ein alter Ausspruch sagt). — 1174 Vgl. das Beispiel bei H. WIELEITNER, *Mathematische Quellenbücher I. Rechnen und Algebra*, Berlin 1927, S. 5—7.

drückbar ist, hinausläuft. So hat z. B. der Maler PIETRO FRANCESCHI († 1492), der bekannte Verfasser des ersten Lehrbuchs der Perspektive, eine umfassende Sammlung planimetrischer und stereometrischer Berechnungen *De corporibus regularibus*[1175] hergestellt, methodisch ansteigend von einfachsten Aufgaben, am gleichseitigen Dreieck bis zu ganz schwierigen, wie den Oberflächen- und Volumenberechnungen der halbregelmäßigen Körper. Wir würden jede Aufgabe mit einer Resultatsformel in allgemeinen Buchstabengrößen abschließen, auf die bei zusammengesetzten oder höheren Aufgaben zurückgegriffen werden kann. FRANCESCHI muß für jede Aufgabe bestimmte Zahlenwerte unterlegen, deren Wahl der betreffenden Aufgabe außerordentlich geschickt angepaßt ist. Will er dann an späterer Stelle auf eine erledigte Aufgabe zurückgreifen — natürlich mit anderen Werten —, so rechnet er durch einen Regeldetrischluß das frühere Zahlenresultat in paßrechter Weise um.

Bei den Indern finden sich zuerst schriftliche Belege für die kaufmännische Regeldetri. Auch der Name ist indisch.[1176] Einfachere Aufgaben sind bei ĀRYABHAṬA (geb. 476 n. Chr.) vorgerechnet, solche mit direktem, indirektem und zusammengesetztem Ansatz bei BRAHMAGUPTA (geb. 598 n. Chr.), ŚRIDHARA (zwischen BRAHMAGUPTA und BHĀSKARA) und BHĀSKARA (geb. 1114 n. Chr.).[1177] Im 9. Jahrhundert schrieb MAHĀVĪRA ein mathematisches Werk, in dem einige Kapitel sich mit den verschiedenen Arten der Regeldetri, mit Anwendungen auf Zinsrechnung, Handel und Messungen befassen.[1178] In der einfachen Regeldetri werden, wie auch bei uns, drei Größen als bekannt angenommen, von denen zwei dieselbe Benennung haben. Der Inder kennt sogar für sie besondere Fachausdrücke. Er lehrt mechanische Regeln, nach denen diese drei Größen in bestimmter Reihenfolge miteinander zu multiplizieren oder zu dividieren sind. Dabei wird die zusammengesetzte Regeldetri in mehrere Dreisätze zerspalten.

Daß die Araber gelehrige Schüler der Inder waren, haben wir mehrfach gesehen. Daher fällt es nicht auf, in ihren Lehrbüchern

---

1175 G. MANCINI, *L'opera, de corporibus regularibus di Pietro Franceschi detto della Francesca*, Roma 1916. Mem. della R. Accad. dei Lincei Class. Sc. Morali, Storicha e filolog., Serie 5, Vol. XIV. Fasc. VII B. — **1176** BRAHMAGUPTA, ed. COLEBROOKE[111], S. 33, Anm. 2, S. 283. — **1177** L. RODET[109], *Leçons de calcul d'Aryabhatta*, S. 402 u. 425, Strophe XXVI; BRAHMAGUPTA, *Gaṇita*, ch. XII, sect. I, 10—13, ed. COLEBROOKE[111], S. 283—286; BHĀSKARA, *Līlāvatī*, ch. III, sect. VI, ed. COLEBROOKE[111], S. 33—38. Vgl. J. RUSKA[137], S. 94f. — **1178** RAṄGĀCĀRYA[114], cap. IVff.

Regeldetriaufgaben nach indischer Art zu finden;[1179] so in der Algebra des MUḤAMMAD IBN MŪSĀ ALḪWĀRAZMĪ (um 820; Bagdad),[1180] in der die indischen Fachwörter übernommen und verbessert, das Rechnen selbst systematischer durchgeführt wurde;[1179] ferner im Rechenbuch des ALKARḪĪ[1181] (um 1010, Bagdad) und in der *Essenz der Rechenkunst* (Kap. III)[564] des BEHĀ EDDĪN (1547—1622, Persien). Der Westaraber ALḲALAṢĀDĪ († 1486 oder 1477 in Andalusien) verwendet in seinen Schriften einen Ansatz mit symbolischen Zeichen, der sehr an unsere Proportionsform erinnert.[1182]

Den Übergang arabisch-indischer Wissenschaft zum Mittelalter vermittelt der *Liber abbaci* (1228)[30] des italienischen Gelehrten LEONARDO von Pisa. Der Ansatz des einfachen Dreisatzes nähert sich im *Liber abbaci* schon dem modernen. Während aber bei uns stets die Bezeichnung, nach der gefragt wird, rechts steht, hat LEONARDO — hier folgt er den arabischen Vorlagen — die Geldsumme stets links, die Warenmenge rechts, so daß in der Fragezeile die unbekannte Größe bald links, bald rechts gesetzt wird, je nachdem der Preis oder die Warenmenge unbekannt ist. Aufgaben mit dem Fünfsatz sind in ähnlicher Weise angeordnet[1183]

In der modernen Methodik lehrt man den Dreisatz[1184], indem man mit Schlüssen von der Einheit aus auf ganze Zahlen oder umgekehrt beginnt, dann erst von Brüchen ausgeht oder auf Brüche schließt. Hierdurch entstehen mehrere Unterfälle. Diese sind bereits in dem sog. Bamberger Rechenbuch von 1483[407] unterschieden.[1185] Überhaupt galt die Regeldetri[1186] *(regula de tribus numeris notis,*

1179 RUSKA[1177], S. 96—102. — 1180 *The Algebra of Muhammed ben Musa*, ed. ROSEN[137], S. 68—70, *On mercantile transactions*. Vgl. RUSKA[1177]. — 1181 *Al Kâfi fî'l Hisâb*, cap. 43; ed. HOCHHEIM[131], II, S. 16—18. — 1182 CANTOR, 1[3], S. 815. — 1183 *Scritti*[30], I, S. 84ff. (Dreisatz), S. 118ff. (Fünfsatz) usw. — 1184 Dreisatz ist wohl ein neuerer Ersatz des Wortes Regeldetri (Regel von den drei gesetzten Größen). So faßt es schon W. STERN (*Lehrgang des Rechenunterrichtes nach geistbildenden Grundsätzen*, Karlsruhe 1832, Vorwort S. XVI u. S. 138) auf. In den Vordergrund tritt aber bei STERN für alle Schlußrechnungsaufgaben das Wort Zweisatz, indem man zwischen: 1) *Bedingungssatz*, z. B. 5 kg kosten 20 ℳ, und 2) *Fragesatz*, 7 kg kosten wieviel ℳ? unterschied. Die Zweisatzaufgaben werden dabei eingeteilt in Dreisatzaufgaben, Fünfsatzaufgaben usw., je nachdem drei, fünf usw. Größen gegeben sind. In Beachtung, daß sich beim methodischen Unterricht der Schluß auf die Einheit einschiebt [3) 1 kg kostet 4 ℳ], nennt man neuerdings in grammatischer Auffassung des Wortes Aufgaben wie die angeführte Dreisatz. Ähnlich sind bei Durchführung die Aufgabe: „$\frac{4}{5}$ kg kosten 20 ℳ, wieviel ℳ kosten $\frac{3}{4}$ kg?" fünf Sätze erforderlich, die der Reihe nach mit $\frac{4}{5}$ kg, $\frac{1}{5}$ kg, 1 kg, $\frac{1}{4}$ kg, $\frac{3}{4}$ kg beginnen; daraus erklärt sich die neuere Bezeichnung Fünfsatz. — 1185 CANTOR, 2[2], S. 224; UNGER[199], S. 39—40. — 1186 SIMON JACOB, Ein New vnd Wolgegründt

regula magistralis, r. mercatorum, r. proportionum, verdeutscht: *Regel von drei bekannten Zahlen*[1187] *ain maisterliche Ordnung*;[1188] modern durch ‚Schlußrechnung' ersetzt[1189]) als Gipfelpunkt in der mittelalterlichen Rechenkunst, so daß sie spätestens seit dem Bamberger Rechenbuch[1190] allgemein als *die gulden Regel* bekannt war und die einzelnen Rechenmeister nicht genug Rühmens von ihr machen konnten.[1191] In dem Bestreben, sie ihrem Publikum möglichst klar zu machen und dem Leser eigene Denktätigkeit, soviel es geht, zu ersparen, wurde sie aber so gelehrt, daß ein rein mechanisches Verfahren entstand. Da auf diesem Wege eingehenderes Verständnis nicht erzielt wurde, traten Schwierigkeiten für die indirekte Regeldetri (*regula de tri conversa sive eversa,* bei Wolack 1468 *reg. detri transmutata*[1192]) auf, und nur eine große Anzahl von Beispielen der letzten Art konnte die Schüler zu einer mehr gefühls- als verstandesmäßigen Behandlung ähnlicher Aufgaben durchbilden. Selten verstand man sich dazu, auf Erklärung der rechnerischen Handgriffe durch die Proportionslehre einzugehen. Eine Ausnahme macht in dieser Beziehung Michael Stifel (1553), der den Zusammenhang mit der Algebra klarlegt,[1193] dann Simon Jakob (Rechenbuch von 1557[1186]),

Rechenbuch / auff den Linien vñ Ziffern usw., Franckfurt am Mayn / 1565, Bl. 16 v°: Vnd wirdt solche erstlich darumb de Tri / mit verzuckten vnd gestumpfften Latinischen worten genennt. (Vorwort 1552; nach dem Tode Simon Jacobs durch seinen Bruder Pangratz veröffentlicht.) 1557 hatte Simon Jacob den ersten Teil, ohne Welsche Praktik und Geometrie, in Frage- und Antwort-Form umgearbeitet und als Rechenbuch auff den Linien vnd mit Ziffern usw., Franckfurt am Mayn 1557 erscheinen lassen (Exemplar in der Münchener Staatsbibliothek). — 1187 Grammateus[58a], Rechenbuch 1518, Bl. Cij v°: Regula detre in gantzen. Diese regel wird genannt võ dreien zalen. . . . — 1188 Böschensteyn 1514[201], Bl. Ci r°. — 1189 Zuerst empfohlen durch W. Stern, Lehrgang[1184]. — 1190 Bl. (18) v°[407]. — 1191 So bei Widman, Rechenbuch 1489[200], Bl. k (1) v°: Die gulden Regel die dan alszo genãt ist wã gleicher weysz als das golt vbertrit all ander metal also auch dieszе Regel in gebrauchũg vbertrit al ander Regel. Auch wird sy genant regula Detri wan in yr durch drey bekãte zal wirt die viert vñ vnbekãt gefunden. Widman benutzte eine jetzt in Dresden befindliche Handschrift, die sich ein Magister Gotfried Wolack 1648 zu Vorlesungszwecken an der Erfurter Universität hergestellt hatte. Die Bezeichnung *regula de tri* mit dem Zusatz *apud Italos* verrät den Bezug aus italienischer Kaufmannsgelehrsamkeit. Wolack nennt die Regeldetri auch *aurea, quia ad plures quaestiones familiarissima.* Vgl. E. Wappler, Z. Math. Phys. 45, 1900; Hist.-lit. Abt. S. 47. — 1192 Daselbst S. 48[1191]. — 1193 Stifel sagt (Die Coß Christophs Rudolffs[338], 1553: fol. 36, Z. 9 f.): Es war die Coß gar eine geringe Kunst, wenn jr die Regel Detri nicht zu hielff kame / die Coß sey sonst so künstlich sie jmmer gsein mag. . . denn gar wunderbarlich wickeln vnd verknüpfen sich zusamen die Detri vñ die Coß / also das die Coß im Grund auch wol möcht genennet werden die Detri. Deñ in einem jeden Exemplo der Coß mus man haben ein vergleychung zweyer Zalen / vnder vergleycher verder sogar den EUKLID zitiert.[1194] Auf die besondere Behandlung der zusammengesetzten Regeldetri (*regula detri dupla* bei WOLACK[1191], *regula trium composita* bei CHR. CLAVIUS[1195]) wird zumeist verzichtet. Bis zum 17. Jahrhundert herrschten die Rechenbücher von ADAM RIESE[202, 203] und seinen beiden Söhnen vor (letzte Auflage 1656); die Inhalte ähnlicher Bücher unterschieden sich nur in der Fassung und den Beispielen oder boten die Regeln gar in Versen mit dem krausesten Stil, wie TOBIAS BEUTEL.[1196] Erst im 18. Jahrhundert beginnt man endlich, mehr Wert auf die Ableitung und Begründung der geübten Regeln zu legen und die Methodik im Unterricht hervorzuheben.

Infolge der großen Anwendbarkeit der Regeldetri in der kaufmännischen Praxis und im gewöhnlichen Leben waren vom 15. Jahrhundert ab eine große Anzahl von verschiedenen Aufgabengattungen entstanden, für die entsprechende Regeln mit besonderen Namen, oft merkwürdigster Art, gelehrt wurden. Im Rechenbuch des JOHANNES WIDMAN von Eger (1489)[200] beläuft sich ihre Zahl auf 28. Es ist vielleicht ein Verdienst des schon anderweitig in der Geschichte des Rechnens rühmlichst genannten TARTAGLIA (1499?—1557; Venedig), in dieses Wirrsal von Regeln System hineingebracht zu haben; er unterscheidet in seinem *General trattato* (1556) dieselben Hauptgattungen, die heute noch geschieden werden: Zins-, Skonto-, Termin-, Zinseszins-, Gesellschafts-, Wechsel- und Mischungsrechnungen.[1197]

Für gewisse Aufgaben der Praxis stellte sich das Bedürfnis nach kürzeren Verfahren heraus, als die Regeldetri sie gab. So entstand die Welsche Praktik.[1198] Diese umfaßt keine einheitliche Rechenmethode, sondern bildet nur eine Sammlung der verschiedensten Rechenvorteile, wie sie in Italien und danach in Deutschland geübt wurden.[1198a] Bei ihrer Darstellung mußten sich die Verfasser von Rechenbüchern, wie bei keinem anderen Thema, von dem Gesichtspunkte leiten lassen, daß Übung den Meister mache, und so gaben

zeychnis. Aber was ist das anders denn eine satzung eines Exempli der Regel Detri . . . — 1194 2. Aufl. 1565[1186], Bl. 16 v⁰. — 1195 TREUTLEIN[191], S. 89. — 1196 TOBIAS BEUTEL, Chursächsicher Cedernwald, eine Arithmetik oder sehr nützliche Rechenkunst, 1. Aufl. 1663 (?), 7. Aufl. 1693. — 1197 TARTAGLIA, *General trattato*[59], 1, Buch 11—15, Bl. 177—239; die Regeldetri heißt bei ihm (Buch 8, Bl. 127 r⁰) *regola detta del tre, ouer delle tre cose . . .* — 1198 Das Wort Practica tritt schon in den Handschriften des späteren Mittelalters und in den ersten gedruckten Rechenbüchern auf. So im Titel des Rechenbuches von Treviso (1478)[54]. Vgl. D. E. SMITH, *History* II[16], S. 492. — 1198a Vgl. K. VOGEL, *Grundlagen*[154a], S. 193—195.

Chr. Rudolff (1526 Rechenbuch[15]), P. Apian (1527 Rechenbuch[446]), M. Stifel (Deutsche Arithmetica 1545[421], Rechenbuch von der welschen und deutschen Practik 1546[87]), A. Riese (Rechenbücher[202, 203, 421a]) u. a. eine große Fülle einschlägiger Aufgaben. Stifel schildert 1545 in sehr offener Weise gerade im Gegensatz zu den ruhmredigen Lobpreisungen anderer, den geringen ihr innewohnenden Wert: Aber doch wer die Wellisch practick nicht weist / der bleibe bei der einfeltigen Regel Detri / so findet er eben das / welches jener findet durch die Wellisch practicam.[1199] — Insbesondere gelangte im 17. Jahrhundert die „Welsche Praktik" zu einer so allgemeinen Verwendung, daß man sie geradezu als charakteristisch für dieses Jahrhundert bezeichnet hat.[1200]

Eine zweite Fortführung fand die Regeldetri im Kettensatz. Dieser behandelt in erster Reihe Aufgaben, in denen das Verhältnis zweier Größen bestimmt werden soll, wenn nur deren Verhältnis mit anderen Zwischengrößen bekannt ist. Es entstanden mit der Zeit verschiedene Schemas der Aufstellung, die eine rein mechanische Auflösung gestatten. Bereits bei dem Inder Brahmagupta (geb. 598) kommt eine derartige Aufstellung vor;[1201] von einer ähnlichen Anordnung hat Leonardo von Pisa (1228 *Liber abbaci*)[1202] unter der Bezeichnung *figura cata* Kenntnis. Widman (Rechenbuch 1489) lehrt sie unter dem Namen *regula pagamenti*.[1203] Rudolff (1526 Rechenbuch) betont, daß diese Regel nur ein Ausfluß der einfachsten Regeldetri sei,[1204] und weist zugleich auch auf die Vorteile des Kürzens an dem erhaltenen Bruchstrichschema hin. Aber erst im 18. Jahrhundert erweiterte sich der Verbreiterungskreis des Kettensatzes, als er unter dem Namen der Reesischen Regel eine bequeme Ansatzform erhielt. Ihr Erfinder ist Caspar Franz de Rees (geb. 1690?); sein Buch[1205] wurde 1739 aus dem Holländischen über das Französische ins Deutsche übersetzt. Einen weiteren Ausbau erfuhr die Reessche Regel im Basedowschen Ansatz.[1206]

Die Kettenregel und die welsche Praktik sind aus der Schule

1199 Stifel, Deutsche Arithmetica 1545[421], Bl. 15 v°, Z. 16 f.; Stifel, Neubearbeitung von Rudolffs *Coß* (Königsberg i. Pr. 1553)[838], Fol. 39 r° unten. — 1200 Unger[199], S. 170. — 1201 Unger[199], S. 91; Sterner[358], S. 62. — 1202 *Scritti*[30], 1, S. 118 ff. — 1203 Bl. (v 5)[200], bes. das Schema auf der Rückseite. — 1204 Rudolffs Rechenbuch[15] 1526, Bl. Giij v°, Z. 3 v. u.: . . . nichts anders ist / dan ain geschwinder außzug in der Regel de tri gegrundet . . . — 1205 *Allgemeine Regel der Rechenkunst.* Vgl. Unger[199], S. 170—171. — 1206 Joh. Bernh. Basedow, *Überzeugende Methode der auf das bürgerliche Leben angewandten Arithmetik zum Vergnügen der Nachdenkenden und zur Beförderung des guten Unterrichtes in den Schulen*, § 86—93, Altona 1763. Vgl. Unger[199], S. 271; Sterner[358], S. 352 ff.

verschwunden. Wie sie einerseits nur für spezielle Aufgaben Verwendung finden konnten, so verführten sie anderseits, besonders die erste, zu rein mechanischer Anwendung. Um dies zu vermeiden, kehrte man im 19. Jahrhundert lieber zu der einfachen Regeldetri zurück und verwendete mehrfache Ansätze, die zu demselben Resultat, aber in leichterer und durchsichtigerer Weise führen. Als eine selbständige Verbesserung aus der letzten Zeit ist vielleicht der sog. Bruchsatz[1207] anzusehen. Statt in einem doppelten Dreisatz von einem Bruch auf die Einheit und dann auf einen zweiten Bruch zu schließen, wird eine Art Zweisatz gemacht, indem man direkt von dem ersten Bruch zum zweiten übergeht und die betreffenden Zahlen mit Berücksichtigung direkter und indirekter Verhältnisse sofort auf die entsprechende Seite eines Bruchstriches stellt, ein Verfahren, das für alle Aufgaben, in denen nur Multiplikationen und Divisionen auftreten, anwendbar ist.

Im folgenden wollen wir einige Aufgabengruppen betrachten, denen die Regeldetri mehr oder minder versteckt zugrunde liegt. Man pflegt diese seit der zweiten Hälfte des 18. Jahrhunderts, in Verbindung mit einigen höheren Gebieten, unter dem Namen Politische Arithmetik zusammenzufassen. Diese Wortverbindung erscheint zuerst in einem Briefe über Arithmetik des Nikolaus Rhabdas von Smyrna (um 1340), *Μέθοδος πολιτικῶν λογαριασμῶν*[1172]. (Vgl. S. 188.)

2. Die Zinsrechnung.

Die Aufnahme von Darlehen kann aus zwei Gründen erfolgen, einmal in Notlage zur Bestreitung der Kosten des Lebensunterhaltes (konsumtiver Kredit), dann zur Ermöglichung geschäftlicher Unternehmungen, die einen Gewinn abwerfen sollen (kaufmännischer Kredit). Unter der Auffassung der ersten als Unterstützungsdarlehen sind zu fast allen Zeiten, vielfach auch aus religiösen Gründen, Bestrebungen vorhanden gewesen, Zinsforderungen zu verbieten. Besonders in Zeiten noch unentwickelten Verkehrs sind die Darlehen erster Art die einzigen. So werden Zinsverbote verständlicher, wie sie im mosaischen Gesetz,[1208] im alten Rom (341 *lex Genucia*, 172 v. Chr. erneuert), in der christlichen Kirche durch die Päpste (443 Papst Leo, 1311 Konzil zu Vienne), in deutschen Reichspolizeiordnungen von 1530, 1548, 1577[1209] erlassen wurden.[1210]

1207 Unger[199], S. 188; nach diesem zum erstenmal bei W. Stern[1184]. — 1208 2. Mos. 22, V. 25; 3. Mos. 25; V. 36—37; 5. Mos. 23, V. 19. — 1209 J. Conrad, *Handwörterbuch der Staatswissenschaften*, Bd. VI, Jena 1894, S. 781. — 1210 Auch

Emporblühen von Handel und Verkehr bildete den kaufmännischen Kredit aus, den der einzelne beansprucht, um Geschäfte, zu denen sein eigenes Geld nicht ausreicht, mit Gewinn unternehmen zu können. In solchen Zeiten stellte sich ein durchschnittlicher Zinsfuß von selbst ein, dem von einigen Gesetzgebern Bestätigung erteilt wurde. Interessant ist die Veränderlichkeit dieses Zinsfußes in den verschiedenen Zeitabschnitten.[1211]

In Griechenland betrug der durchschnittliche Zinsfuß bei der delischen Tempelbank im 5. und 4. Jahrhundert v. Chr. 10 v. H., in Athen zwischen 376 und 366 12 v. H.; 360—350 erscheint 10 v. H. als niedrig. In Grund und Boden angelegtes Kapital verzinst sich zwischen 380 und 345 mit 6 bis 8 v. H. Bei Seedarlehen (für Handelsfahrten) war das Risiko ein sehr großes; daher erklärt sich für Hin- und Rückfahrt der Prozentsatz von 20—33$^1/_3$, der noch dazu nicht auf ein Jahr, sondern nur auf die Dauer der Fahrt, die im Sommer stattfand, erhoben wurde. Im 3. Jahrhundert v. Chr. sank der Zinsfuß auf 10 v. H., im 2. auf 7 bis 8 v. H., während bei Verzugszinsen und schlechterer Bürgschaft immer noch 12 v. H. gefordert wurden. Im 1. Jahrhundert v. Chr. stieg der Zinsfuß infolge der römischen Kontributionen wieder. In der Kaiserzeit bis auf Hadrian belief er sich auf 9 v. H., später auf 8 bis 7 v. H. Auf einem ägyptischen Papyrus aus dem Jahre 93 n. Chr. sind 8 v. H. berechnet.[1212]

In Rom[1213] hatte das Zwölftafelgesetz (451—449 v. Chr.) den Höchstbetrag auf 10 v. H. bestimmt. Infolge von Übertretungen wurde diese 357 wieder erneuert, 347 aber der Zins auf 5 v. H. herabgesetzt und 341 überhaupt verboten. Selbstverständlich kam dieses Verbot allmählich in Vergessenheit. Im 1. Jahrhundert v. Chr. bildete sich seit Sulla ein Zinsfuß von 4 bis 6 v. H. heraus, der aber in besonderen Fällen bis 12 v. H. stieg. Die letztere Zahl wurde seitdem als Maximum gesetzlich festgelegt (Senatsbeschluß, 50 v. Chr.) und blieb als obere Grenze bis zum Ausgang des west-

philosophische Gründe wurden bereits im Altertum vorgebracht. So sagt Aristoteles (384—322), das Geld sei von Natur aus unfruchtbar und darum sei das Zinsnehmen, in dem gleichsam Geld vom Geld gezeugt wird, von allen Erwerbszweigen der naturwidrigste (*Πολιτικῶν α'*, Berl. Akademieausgabe[6], 2, S. 1258 rechts, Kap. 10 Schluß). — 1211 Nach Gustav Billeter, *Geschichte des Zinsfußes im griechisch-römischen Altertum bis auf Justinian*, Leipzig 1898. — 1212 J. Karabacek[142], Nr. 216, S. 69. — 1213 Bei den Römern wurden die Zinsen monatlich entrichtet. *Centesima* bedeutet demnach 12 v. H. 6 v. H. wurde ausgedrückt durch *dimidia centesima*; 5 v. H. = *quincunx cent.*, 4 v. H. = *tertia pars cent.*, 3 v. H. = *quadrans cent.*

römischen Reiches bestehen. Zu JUSTINIANS Zeiten verzinsten sich sichere Anlagen nur mit 4 bis 6 v. H.

Je mehr die Kirche zur Herrschaft kam, desto mehr erhielt das Nehmen von Zinsen einen verächtlichen Charakter; schließlich wurden die bereits angeführten Verbote erlassen. Die Juden nahmen eine Ausnahmestellung ein, mußten sich aber dafür eine erhebliche Besteuerung gefallen lassen. Mit dem allmählichen Wiederanwachsen von Handel und Verkehr änderten sich die Anschauungen; im Jahre 1654 betrachtete das Reichsgericht das Fordern mäßiger Zinsen als erlaubt. Es wurden vielfach Zinsmaxima (bis 5 und 6 v. H.) gesetzlich festgelegt,[1214] zum Teil nur in dem Sinne, daß höhere Zinsen nicht verboten, aber gesetzlich nicht einklagbar waren.

Zinsberechnungen sind aus dem 3. Jahrtausend v. Chr. aus Babylon bekannt: Eine große Reihe ausgegrabener Tontäfelchen gibt uns Aufschluß über die Größe des kaufmännischen Verkehrs dieser so fernen Zeit. Interessant ist die gesetzliche Festlegung eines Geschäftsjahres von 360 Tagen, das ja auch in moderner Zeit üblich ist, aber damals viel einschneidendere Bedeutung hatte, da der altbabylonische Monat mit seinen 29—30 Tagen starke Einschaltungen notwendig machte, die nur alle 2 oder 3 Jahre vorgenommen wurden, so daß dann einem bürgerlichen Jahr von etwa 390 Tagen ein Geschäftsjahr von nur 360 Tagen gegenüberstand.[1215] Es handelt sich bei Gelddarlehen um $5\frac{1}{2}$ bis 20 v. H., bei Warenlieferung sogar bis $33\frac{1}{3}$ v. H. Der Prozentbegriff war indes noch nicht vorhanden.[1216]

Wie Zinsberechnungen im klassischen Altertum vorgenommen wurden, dafür sind uns keine Beispiele überliefert. Daß sie zu den elementaren, bei Geschäftsleuten täglich geübten Kenntnissen im Rechnen gehörten, geht aus den vielen Autorstellen hervor, die jedes Lexikon über *fenus, usura* usw. aufzählt. Besonders bei den Römern spielen sie in juristischen Angelegenheiten eine Hauptrolle. Eine der ältesten Belegstellen für kaufmännische Rechnung überliefert uns LIVIUS[1217] in einem Satze der Licinisch-Sextischen Gesetze (376 v. Chr.): *Ut deducto eo de capite, quod usuris pernumeratum*

1214 CONRAD[1209], S. 782. — 1215 F. X. KUGLER, *Sternkunde und Sterndienst in Babylon. II*[249]. Münster in W. 1909—1910, S. 192. — 1216 Genaueres bei D. E. SMITH, *History*[16] II, S. 560. — Zur Zeit HAMMURAPI's wurden bei Gelddarlehen 20 % berechnet (W. SCHWENGNER, Oriental. Literaturzeitung 1920, Sp. 12), ja sogar 30 % = $1\frac{1}{2}$ pro 60 und Monat (B. LANDSBERGER, Z. f. Assyr. 1, 1924, S. 32). — 1217 LIVIUS VI, 35, 4. Editio WEISSENBORN-MÜLLER, II, Leipzig 1902, S. 384, Z. 3 v. u.

esset, id quod superesset, triennis aequis pensionibus persolveretur (Es solle nach Abzug desjenigen Betrages vom Kapital, der als Zins schon gezahlt ist, der Rest in 3 Jahren abgelöst werden). Von *caput* (= Kopf) stammt unser Kapital, ein Wort, das nicht klassisch ist; es verrät, daß der römische Kaufmann diese Hauptsumme an den ‚Kopf' seiner Rechnung stellte; Einzelzahlungen wurden davon ‚heruntergezogen' (= *deducere*); *usura* (Zinsen) ist die ‚Ausnutzung' des Kapitals.

Aus den indischen Lehrbüchern[1218] sind uns eine große Anzahl von Beispielen für Zinsrechnung bekannt. Hervorzuheben ist gelegentliche Verwendung von Zinseszins, ferner die außerordentliche Höhe eines Zinsfußes von 5 v. H. pro Monat. Zinsaufgaben finden wir auch im *Liber abbaci* (1228) des LEONARDO von Pisa[30]. Hier kommt erstmalig das Wort *capitale* im modernen Sinn vor;[1219] wohl als Übersetzung des arabischen *ra's almāl* = Haupt des Vermögens, das wieder auf ein ähnliches indisches Fachwort zurückgeht.[1220] Es verschafft sich in den nächsten Jahrhunderten Bürgerrecht; bei REGIOMONTANUS (1436—1476) ist es ein allgemein übliches Wort.[1221] Eine deutsch geschriebene Algebra von 1481 übersetzt es mit *Hauptgut*.[1222] Auch GRAMMATEUS 1518,[1223] RUDOLFF 1525,[1224] APIAN 1527[1225] und andere benutzen diese Verdeutschung; leider ist sie wieder verschwunden.

Von den Rechenbüchern des 15. und 16. Jahrhunderts enthalten besonders die italienischen und die aus ihnen schöpfenden deutschen Werke vieles aus der kaufmännischen Arithmetik. Einfache Zinsberechnungen kommen ebenso oft vor wie solche auf Zinseszins. Eine besonders hervorragende Stelle nimmt die *Summa*[18] des LUCA PACIOLI (1494) ein. In ihr handelt der ganze 5. Traktat der 9. Distinktion, *De meritis*, von Zinsberechnungen. Unter anderem ver-

1218 ĀRYABHAṬA (geboren 476 n. Chr.), ed. L. RODET[109], Strophe XXV, S. 402, 424—425; BRAHMAGUPTA (geboren 598 n. Chr.), *Gaṇita*, ch. XII, S. II, ed COLEBROOKE[111], S. 287—289; MAHĀVĪRĀ (um 850), vgl. RAṆGĀCĀRYA[114], cap. VI, S. 94ff., sehr reichhaltige Sammlung, auch rein algebraisch erdachter Aufgaben, in denen z. B. die Summe der Zeit und des Prozentsatzes (S. 97, Nr. 25—29) oder der Zeit und des Kapitals (Nr. 29ff.) gegeben ist. BHĀSHARA (geb. 1114 n. Chr.), *Līlāvatī*, ch. IV, S. I, ed. COLEBROOKE[111], S. 39—41. — 1219 *Scritti*[30] I, S. 267, Z. 11. — 1220 BHĀSKARA, ed. COLEBROOKE[111], S. 39. Das Sanskritwort wird hier nicht genannt, aber übersetzt mit ‚the principal sum'. — 1221 Vgl. Brief vom 5. II. 1464, ed. CURTZE[467], Abh. Gesch. Math. 12, 1902, S. 236. — 1222 E. WAPPLER[482], Abh. Gesch. Math. 9, 1899, S. 539. — 1223 Rechenbuch[58a], Bl. J (6) v⁰, Z. 18: mit haubt gut vnd gewin. — 1224 Bl. BBiij v⁰, Z. 3[460]. — 1225 Kauffmans Rechnung[446], Frankf. 1527, z. B. Bl. x (8) r⁰.

schafft uns die *Summa* auch Kenntnis, daß damals bereits Zinstafeln im Gebrauch der Kaufleute waren, deren Anwendung und Zusammenstellung PACIOLI zeigt.[1226] Von Italien aus müssen sich solche Tabellen als kaufmännische Hilfsmittel, deren Gebrauch mehr oder weniger Geschäftsgeheimnis war, über Deutschland nach Holland und anderen Ländern verbreitet haben. Der erste, der solche Zinstafeln im Druck veröffentlichte, war der Holländer SIMON STEVIN (1548 Brügge — 1620 Leiden; Kaufmann, später im Staatsdienst als Ingenieur). Er ließ die 1584 erschienenen Tabellen 1585 in verbesserter Form in der *Practique d'Arithmétique* neu auflegen.[1227] Einige sind mit einfachen Zinsen,[1228] die meisten mit Zinseszinsen berechnet. — Zinszahlen, d. i. die Produkte der Kapitalien in die Anzahl der Tage bei gleichbleibendem Prozentsatz, benutzen gelegentlich, wie wir in der Terminrechnung sehen werden (S. 203, 204), WIDMAN (1489)[200] und TARTAGLIA (1556).[1229] In die Unterrichtspraxis wurden sie jedoch erst durch CHR. VON CLAUSBERGS *Demonstrative Rechenkunst* (1732) eingeführt. Im Gegensatz zur heutigen Art waren CLAUSBERGS Rechnungen indes immer noch schwülstig, da er das Jahr zu 365 Tagen annahm, also mit dem sehr unangenehmen Verzinsungsfaktor $\frac{p}{36\,500}$ zu arbeiten hatte.[1230] — Die Behandlung der Zinsrechnung bei CLAUSBERG ist überhaupt außerordentlich eingehend und nach allen Richtungen hin erschöpfend; es tritt uns hier zum erstenmal eine einheitliche Bearbeitung dieser Lehre entgegen, indem alle nur möglichen Aufgaben systematisch zusammengestellt und ihre Lösungen methodisch vorgeführt werden, im Gegensatz zu anderen Lehrbüchern, die kaum jene vier Hauptaufgaben, die wir heute unterscheiden, vollständig bringen. Von den vier vorkommenden Größen (k = Kapital, i = Jahre, z = Zinsen, p = Prozentsatz) nehmen wir heute, wie auch schon STEVIN[1231] 1585, drei als bekannt an und suchen aus ihnen die vierte zu berechnen. CLAUSBERG kombiniert diese vier Größen zuerst zu zweien, dann zu dreien und kommt zu 24 Grundaufgaben, die er ohne algebraisches Rechnen in Zahlenbeispielen ausführt. Die Aufgabe für die Zusammensetzung k, z, bei der p und i konstant gedacht sind, lautet z. B. unter Benutzung von Buchstaben: „Wieviel Zinsen erhält man von

1226 *Summa*[18], I, Dist. 9, tract. 5, Bl. 174 v⁰, 175 r⁰. Eine vor 1350 geschriebene Zinstafel des FR. B. PEGOLOTTI aus Florenz wurde 1766, Lisbona e Lucca, durch PAGNINI (*Della decima . . . e della mercatura*, 3 Bde.) gedruckt. — 1227 SIMON STEVIN[23], ed. GIRARD, I, S. 191—197. — 1228 Daselbst S. 189. — 1229 *General trattato*[59], I, lib. 11, S. 185—186. — 1230 CLAUSBERG[416], 5. Aufl. 1795, S. 1257ff. — 1231 STEVIN[23], I, S. 187—188.

k_1 *M* Kapital, wenn k_2 *M* Kapital z_2 *M* Zinsen bringen?", eine andere aus der zweiten Gruppe, etwa für k, i, z: „Wieviel Zinsen geben k_1 *M* Kapital in i_1 Jahren, wenn k_2 *M* Kapital in i_2 Jahren z_2 *M* Zinsen geben?"

Die Verwendung der Zinsformel $z = \frac{k \cdot i \cdot p}{100}$ mit ihren drei Umkehrungen fehlt nicht nur in CLAUSBERGs Buch und anderen gleichzeitigen Werken, sondern auch in den Rechenbüchern aus der ersten Hälfte des 19. Jahrhunderts. Eingang in den Schulunterricht scheint sie zuerst in Österreich gefunden zu haben; so 1821 (Prag) durch das *Handbuch der Mathematik* von ADAM BITTNER,[1232] vor allem aber 1871 durch das Rechenbuch von TEIRICH (Schulrat und Schulinspektor in Wien), 1873 durch das Rechenbuch für Untergymnasien von FR. MOČNIK. In Deutschland empfiehlt J. C. V. HOFFMANN ihre Benutzung sowohl für das schriftliche Rechnen als auch für das Kopfrechnen.[1233]

Das Wort Zins ist das lateinische *census*, eine Entlehnung des 7. oder 8. Jahrhunderts n. Chr.[1234] Das angelsächsische Interest hängt zusammen mit dem lateinischen *id, quod interest* = das, was zwischenliegt (zwischen Kapital und Rückzahlung). Es tritt als englisches Wort zuerst 1545 auf;[1235] die Form Interesse erscheint in England 1529,[1235a] in deutschen Schriften schon bei Luther,[1235b] ist aber sicher älter.

Der Prozentbegriff ist in den babylonischen Wirtschaftstexten noch nicht zu finden, wohl aber in den spätägyptischen.[1236] In Indien

1232 Daselbst S. 335[500] (vgl. E. CZUBER, Z. f. Realschulw. Wien 1902, S. 122). — 1233 Z. math. nat. Unt. 4, 1873, S. 415. — 1234 FRANZ HARDER, *Werden und Wandern unserer Wörter*, 4. Aufl., Berlin 1911, S. 113. — 1235 JAMES A. H. MURRAY, *New English Dictionary*, V, Oxford 1901, S. 394: *Act 37 Henry VIII*, c. 9, § 3. — 1235a Daselbst S. 393: *Henry VIII Instruct. Ovator Rome.* — 1235b Nach K. WEIGAND, *Deutsches Wörterbuch*, Gießen 1909 bei LUTHER 2, 6, 50 (Jenaer Ausgabe 2; 1563). Das GRIMMsche Wörterbuch führt MATHESIUS an (cr. 1587), *Katechismus 195.* In lateinischen Schriften nach DU CANGE, *Glossarium mediae et infimae Latinitatis*, T. IV, 1885, viel älter: MATTHAEUS († 1259; *Historia*) *„propter usuras, poenas et Interesse non minima suscipiebant incrementa"*; Charta HUGONIS Ducis Burgundiae anno 1229 apud Perardum p. 299, *Damna et interesse* in der Bedeutung Verlust und Gewinn (frz. *Dommages et interets*) öfter. Vgl. DU CANGE, S. 391. Das deutsche Wort Zins bedeutet zuerst Abgaben jeder Art. Es ist heute noch als Wohnungszins und Hauszins (z. B. Hauszinssteuer) für Wohnungsmiete usw. nicht ungebräuchlich. Im Sinne von Kapitalertrag tritt es erst gegen Ende des 18. Jahrhunderts die Rolle von Interesse an. M. HEYNE, *Deutsches Wörterbuch*, 3, Leipzig 1908 führt an: NEHRING (1736), *Geldentlehnen auf Zinsen*; MÖSER (1798), *Zwei von Hundert als eine Zinse genießen.* Vgl. aber S. 202[1276], RUDOLFF (1530). — 1236 Vgl. K. SETHE,

ist er schon im 4. Jahrhundert v. Chr. nachweisbar.[1237] Er liegt in dem *centesima*[1213] des alten römischen Kaufmannes; das Wort Prozent stammt aus dem Italienischen. Statt *pro centum* wurde im 16. Jahrhundert nach dem Vorbild des italienischen per cento vielfach *pro cento*[1238] gebildet. In Österreich (Perzent) und England (per cent) schloß sich die kaufmännische Praxis noch viel enger dem italienischen Fachausdruck an.

Die Verschmelzung der beiden Wörter *pro cento* zu einem Begriff ist früh erfolgt; im Druck ist dieser Vorgang erst mit dem Ende des 17. Jahrh. nachzuweisen.[1239] 1664 schreibt J. D. Götsch:[1240] *pro-cento*, 1716 A. Hesse:[1241] *Pro-Cent.* Das sich neu bildende Wort wird bald dekliniert; so bei D. A. Crusius (1749):[1242] des p. c., solchen p. c.; den Plural die Procente bildet G. Ludovici (1768).[1243] Von jetzt ab ist das einheitliche Wort Regel, so bei Ch. F. Hänel (1777),[1244] Th. H. Gadebusch (1784)[1245] usw.; selten wird es noch zweiteilig geschrieben, wie bei Fr. H. W. Ihering (1798): *das 1 pro Cent,*[1246] J. H. Michaelis (1809): *nach pro Centen.*[1247] Es erhält Zusätze; J. A. Schröter (1795) sagt: *die gegebenen Procente,*[1248] J. P. Roscher (1799): *wieviel Procent* und *procentweise.*[1249] Es ist vom Beginn des 19. Jahrhunderts an in der Praxis so befestigt, daß es zu neuen Ableitungen, wie *Procentwesen*, *Procentverhältnis*

Von Zahlen und Zahlworten[101], S. 61, Z. 63f.: psj-w 5 n 100 (ihr 5 auf 100). H. Brugsch, *Grammaire démotique*, Berlin 1855, Nr. 148, S. 69, Z. 6. Mehrere Beispiele im Papyrus Akhmin[927], z. B. Nr. 36. Für 500 Einheiten 35 $\frac{2}{3}$ $\frac{1}{2}$ Goldstatere, für 100 Einheiten wieviele? — **1237** B. Datta, *On the Origin and Development of the Idea of ‚Per Cent‘*, The Amer. math. Monthly 34, 1927, S. 530—531. — **1238** Z. B. Apian[446], Kauffmannß Rechnung, 1527, Titelblatt zu Buch II: p cento, im Text häufig: per cento; Rudolff, Exempelbüchlein[997], 1530, Aufg. Nr. 72: p cento. — **1239** Die nachfolgenden Angaben sind bei der umfangreichen Literatur auf dem Gebiete der Rechenbücher nicht erschöpfend. Der Verf. hat sich auf den immerhin recht großen Bestand der Berliner Staatsbibliothek beschränkt, doch wird der Hauptverlauf der vorgetragenen Geschichte kaum geändert werden. — **1240** Mercatorische Practica, Nürnberg 1664, S. 27: *4½ procento de Anno interesse.* — **1241** Gründliche Anweisung, Bielefeld 1716, S. 468: *Interesse-Tabella zu 4 Pro Cent.* — **1242** Anweisung zur Rechenkunst, Halle 1749, S. 20, 23, 28. — **1243** Grundriß eines vollständigen Kaufmanns-Systems, Leipzig 1768, S. 123, § 203. — **1244** Gedanken über die Handlung, Chemnitz 1777, S. 51: Procent. — **1245** Deutsche Ausgabe der 6. Aufl. von Samuel Ricards Handbuch der Kaufleute, Greifswald, Bd. 2, S. 465: Mit ½ Procent Gewinn ...; auf derselben Seite: So müßte man das ½ Procent abziehen. — **1246** Der praktische Kaufmann, Halle 1798, S. 19, 22. — **1247** Die Arithmetik, Berlin 1809, S. 427. — **1248** Versuch einer Anleitung zur praktischen Rechenkunst, Halle 1795, S. 135. — **1249** Gemeinnütziges Rechenbuch, Teil I, 2. viel verm. u. verb. Aufl., Lippstadt 1799, S. 143, Nr. 163; S. 187, Z. 9: Ist ... der Rabatt Procentweise bestimmt ...

(1803, FR. SCHULZ),[1250] verwendet werden kann. Gleichzeitig gewinnt auch das deutsche Wort Zinsfuß Anhänger (1799 E. G. FISCHER,[1251] J. P. ROSCHER,[1252] 1809 REICHE[1253] u. a.).

Das Prozentzeichen $\frac{0}{0}$ stammt aus italienischen Handschriften des 15. Jahrhunderts. In einem Manuskript von 1425 der PLIMPTON-bibliothek wird von einem unkundigen Schreiber statt des sehr häufigen *per 100:* ꝑ *100*, ꝑ *cento* kurz ꝑ$\frac{o}{\sigma}$ (für ꝑ$\overset{o}{c}$) geschrieben.[1254] Das oben angesetzte ^{0} ist aus der italienischen Zahlenbezeichnung 1^{0}, 2^{0} . . . oder $\overset{0}{1}$, $\overset{0}{2}$ . . . für *primo*, *secundo* bekannt. Eine ähnliche Abkürzung zeigt auch ein Manuskript von 1456.[1255] Ein kalligraphisch geschriebenes Manuskript von 1490[1256] schreibt wieder deutlich p. $\overset{0}{c}$. Der Schritt zu *p* $\frac{0}{0}$, das ein allerdings viel späteres Manuskript von 1684 zeigt,[1257] ist nicht sehr groß. Die Untersuchung weiterer Manuskripte aus der Zwischenzeit dürfte die Lücke leicht decken. Deutschland bezog seine kaufmännische Wissenschaft aus Italien; die Äußerlichkeiten, Fachwörter, Abkürzungen, Zeichen usw. wanderten natürlich mit. So erklärt sich die Abkürzung ꝑ c^{0} bei JOH. EYSENHUT 1538[1258] und auch das *per* $\overset{o}{\sim}$ bei A. NEUDÖRFFER 1599[1259], *pro* $\overset{o}{\sim}$ bei ULR. HOFFMANN 1658,[1260] *pro* $\overset{o}{\sim}$ bei GÖTSCH 1664,[1261] anderseits das ganz vereinzelte, dem Setzer fast versehentlich entschlüpfte *p*. $\frac{0}{0}$, das sich 1669 in ZUBRODTS Unterricht der Wechselhandlung zweimal,[1262] bei DE LA PORTE (1687)[1263] nur einmal findet, während es sonst stets mit dem voll ausgeschriebenen *pro cent*, bzw. *pour cent* aufgelöst ist. Das Zeichen $\frac{0}{0}$, gewiß im schriftlichen Rechnen häufiger, wird im Druck vermieden; erst als die Kenntnis seiner Bedeutung (*cento*) schwindet und es als Symbol, wie so viele andere, aufgefaßt wird, besonders seitdem das vorgesetzte *p* (= *pro* oder *per*) fortbleibt, gewinnt es an Verbreitung. Vereinzelt

1250 Handlungsakademist, Berlin 1803, S. 273, 276. — **1251** Rechenbuch, Berlin 1799, II, S. 218. — **1252** S. 149[1249]. — **1253** FEISTS Handbuch der Rechenkunst, Breslau, I, S. 305. — **1254** D. E. SMITH, *Rara arithmetica*[13], Boston and London 1908, S. 440. — **1255** Daselbst S. 458—459. — **1256** Daselbst S. 476. — **1257** Daselbst S. 441. — **1258** Rechenbuch[423], 1538, Bl. Rij v⁰. — **1259** Künstliche vnd Ordentliche Anweyßung der gantzen Practic . . ., Nürnberg 1599, Bl. Gij u. ö. — **1260** *Arithmetica practica*, Nürnberg 1658. — **1261** S. 69, Nr. 39[1240]. — **1262** Daselbst S. 11: $5\frac{39}{40}$ per $\frac{0}{0}$, aber gleich darauf: $5\frac{39}{40}$ pro cent. S. 122: . . . welches in 12 monat per $\frac{0}{0}$ macht 112 . . . (Dr. PENNDORF, Leipzig, brieflich) — **1263** *Le guide des Negocians et Teneurs de livres*, Amsterdam 1687 (1. Aufl., Paris 1685, war nicht zu beschaffen), in einer Kontokorrentprobe hinter S. 52: . . . *en avance à* $\frac{1}{2}$ *p.* $\frac{0}{0}$ *par mois*; an einer Parallelstelle, die den Begriff *avance* erklärt, hat J. P. Ricard 1723 *p* $\frac{0}{0}$.[1264] Bei G. Chr. Bohn (1789)[1265] erscheint auf einem Formular mit einemmal $\frac{0}{0}$ ohne *p*; sonst wird von ihm stets pro C., *pro Cento* oder p. C. geschrieben. Die Anführung von Schriften De la Portes[1266] gibt vielleicht einen Hinweis auf die Quelle. Fr. H. W. Ihering (1799) hat noch *p* $\frac{0}{0}$ (ohne Punkt), läßt aber schon ziemlich oft das *p* fort;[1267] in einem anderen Buch von 1800 achtet Ihering noch scharf auf das *p*.[1268] Aber schon J. P. Roscher (1799)[1269] läßt stets das *p* fort, so oft er überhaupt das Zeichen $\frac{0}{0}$ verwendet; zuweilen schreibt er noch p. C. In den nächsten Jahrzehnten wird das Zeichen wieder seltener. A. F. Jöscher (1836)[1270] benutzt im Text meist das ausgeschriebene Wort Prozent, bei Rechnungen aber stets $\frac{0}{0}$ ohne *p*; bei einer Aufstellung wählt er den schrägen Bruchstrich $^0/_0$ — auch ohne *p* —,[1271] der dann seit A. Dietrich (1838)[1272] Mode wird. Nach 1850 ist der wagerechte Bruchstrich eine große Ausnahme.[1273] Neuerdings wird das Prozentzeichen wieder durch das amtliche „von Hundert“, „v. H.“ zu verdrängen gesucht; ob mit Erfolg, ist zweifelhaft, da sehr gebräuchliche Wortbildungen, wie Prozent (Prozentgehalt, Prozentrechnung), prozentig u. a., ohne Ersatz blieben. Man greift mit dieser Verdeutschung unbewußt auf die älteren deutschen Rechenbücher zurück; vgl. Widman (1489):[1274] sol er mir von 100 geben 20; Apian (1527):[1275] So soltu mir alle jar vom hundert 5 fl. geben; Rudolff (1530):[1276] Wañ man vom hundert zu jährlichē Zyns gebē sol 5 fl. ...

Berechnung nach Tausend ist seltener. Gelegentlich spricht Cardano (1539) davon.[1277] Der Begriff Promille tritt auf 1635 bei

S. 140 heißt es aber: *A raison de ½ pour cent par mois.* — 1264 *Le Négoce d'Amsterdam*, 1713 Rouen, S. 662, 666, 667—673 (abwechselnd mit *pour cent*). — 1265 G. Chr. Bohns Wohl erfahrener Kaufmann, herausg. von Ebeling und Brodhagen. 5. Aufl. Hamburg 1789, S. 567: *à 125* $\frac{0}{0}$. — 1266 Daselbst S. 615. — 1267 Kaufmännisches Rechenbuch, Berlin 1799, S. 89 unten: *4* $\frac{0}{0}$, S. 91: *5* $\frac{0}{0}$ S. 98: *5* $\frac{0}{0}$, ferner S. 98, 100, 101; sonst *p* $\frac{0}{0}$. — 1268 Der praktische Kaufmann[1246] Teil 2, Berlin 1800, S. 13: *1* $\frac{0}{0}$, letzte Seite: *à* $\frac{3}{4}$ $\frac{0}{0}$. — 1269 S. 128, 129, 136, 146 ff.[1249] — 1270 Die Handelsschule I, 2. Aufl., Quedlinburg und Leipzig 1836/8, S. 167, 497 ff. — 1271 Daselbst S. 499. — 1272 Vollständige kaufmännische Bibliothek von Dr. F. Ahn; Heft 6: A. Dietrich, Handbuch der Kontorkunde, Aachen und Leipzig 1838. Auch im Heft 8: F. Schmidt, Handbuch der Buchhaltungskunde. — 1273 Z. B. E. Rassmann, Rechenbuch für Handwerkerschulen, Münster 1854; Hirsch Joseph, Vollst. kaufm. Rechenbuch, 8. Aufl., Quedlinburg 1878. — 1274 Rechenbuch, Bl. (q 8)[200]. — 1275 Vnderweysung[446], Bl. £ (8). — 1276 Exempel Büchlin, 1530[997], Aufg. 71. — 1277 *Practica Arithmeticae*[498], cap. 59, § 1 Anfang, fol Sii v° Z. 4 v. u. *Cũ tara cõputãda est ad 100. vel ad 1000. eã in summã & a pducto aufer duas literas a dextra, si est tara p 100, aut tres si sit p 1000. & residuun ẽ tara.*

A. MÖLLER,[1278] 1727 bei H. MEISSNER,[1279] 1789 bei G. CHR. BOHN.[1280] Ein Zeichen $p\,\frac{0\,0}{0\,0}$ — einfache Erweiterung des Zeichens $\frac{0}{0}$ — benutzt gelegentlich 1799 FR. H. W. IHERING.[1281] A. F. JÖSCHER (1836)[1282] hat neben $\frac{0\,0}{0\,0}$ auch $\frac{0}{0\,0}$, beidemal ohne p. Das letztere Zeichen siegt (1854 L. FORT,[1283] 1878 H. JOSEPH[1284]) und nimmt wie das Prozentzeichen den schrägen Bruchstrich an (1848 F. BOHN[1285] u. ö.).

3. Die Terminrechnung.

In der Terminrechnung wird die Aufgabe gestellt, bei mehreren an verschiedenen Terminen zu leistenden Zahlungen einen mittleren Zahlungstag für die ganze Summe anzugeben, so daß weder der Geldgeber noch der Geldnehmer Zinsverlust erleidet; der Einfachheit wegen wird in der Regel ein gleichmäßiger Prozentsatz der Verzinsung angenommen. Bei der Lösung einer solchen Frage verfährt der italienische Mathematiker LUCA PACIOLI, dessen Werk *Summa*[18] von 1494 großen Wert auf die Darstellung der seiner Zeit üblichen kaufmännischen Rechenmethoden legt, in einfacher Weise so, daß er die Zinsen berechnet, die der Geldnehmer verlieren würde, falls er alle Zahlungen am Fälligkeitstermine der ersten Zahlung zurückerstattet, dann die Zeit sucht, während der das gesamte Darlehen noch stehen bleiben kann, um diese Zinsen auszugleichen.[1286] Diese durchsichtige Lösungart verdichtete sich im praktischen Gebrauch zu einer mechanischen Rechenregel, die PACIOLI freilich nicht gibt, die aber zu seiner Zeit ganz verbreitet gewesen sein muß, da ein deutscher Rechenlehrer JOHANNES WIDMAN von Eger, sie 1489 bereits seinen Lesern bringt;[1287] auch im *General*

1278 ARN. MÖLLER, Ernevte Gründliche Anweisung, Lübeck 1635, S. 229. — 1279 H. MEISSNER, Arithmetischer Rosenkranz, 2. Aufl., Bremen 1727, S. 76. — 1280 S. 568[1265]. — 1281 S. 93, 94[1267]. S. 98 ohne p. — 1282 S. 279[1270] $\frac{0\,0}{0\,0}$, S. 510, 514 $\frac{0}{0\,0}$. — 1283 *Kleines kaufmännisches Wörterbuch*, Quedlinburg u. Leipzig 1854, S. 38. — 1284 S. 329[1273]. — 1285 F. BOHN, *Die Handlungswissenschaft*, 5. Aufl., Quedlinburg u. Leipzig 1848, S. 91. — 1286 LUCA PACIOLI, *Summa*[11], I, Dist. IX. — 1287 Um aus dem WIDMANschen Rechenbuch[200] eine Probe zu geben, sei das betreffende interessante Beispiel im folgenden abgedruckt. Es beginnt auf der Rückseite des Blattes (r 4) v⁰ unter der Überschrift Schuld: Jtm Eyner pleyb dem andern schuldigk vnd sol yn zalen an dem drittn tag yn dem menet (= Monat) 10 fl. vund an dem 7 tag 32 fl. vnd an dem 15 tag 40 fl. vnd an dem 26 tag 52 fl. Nu pitt der den schuldiger also ser er bedurff vol gelcz dz yn dz auf 1 tag zal er wol ym des erstn gelcz dester lenger harren ader porgen. Wiltu das vissen ader des gleichn So machs also Multiplicir das gelt mit den tagen als

trattato[59] des TARTAGLIA (1456)[1288] ist die kurze Form enthalten. Es werden dabei jene in der Zinsrechnung erwähnten Zinszahlen (S. 198) benutzt. Sind in moderner Bezeichnung $z_1, z_2, z_3, \ldots$ die Zahlungen, $t_1, t_2, t_3, \ldots$ die Zeiten, nach deren Ablauf von einem gewissen Haupttermin an die Zahlungen zu leisten sind, so soll man die Produkte $z_1 \cdot t_1, z_2 \cdot t_2, z_3 \cdot t_3, \ldots$ addieren und die erhaltenen Summen durch die Summen der Einzelzahlungen dividieren. Der sich ergebende Quotient

$$T = \frac{z_1 \cdot t_1 + z_2 \cdot t_2 + z_3 \cdot t_3 + \ldots}{z_1 + z_2 + z_3 + \ldots}$$

liefert die Zeit bis zu dem gemeinsamen Verfalltag.

Nach demselben Verfahren wird heute noch gerechnet. Mit Recht jedoch sind diese im Geschäftsleben kaum vorkommenden Aufgaben aus dem Schullehrstoff in jüngster Zeit gestrichen worden.

4. Die Gewinn- und Verlustrechnung.

Ähnlich wie in der Geschichte der Terminrechnung können wir uns auch bei der Gewinn- und Verlustrechnung kurz fassen. Aufgaben dieser Art werden heute nicht mehr als streng gesondertes Kapitel, sondern nur als Anwendung der allgemeinen Prozentrechnung behandelt. Bis zum 17. Jahrhundert bildeten sie einen getrennten Abschnitt in den Rechenbüchern, der eine abwechslungsreiche, ungeordnete Sammlung der verschiedensten geschäftlichen Praktiken darstellte, immer in unmittelbarer Anlehnung an die Regeldetri, selten unter Verwendung eines Prozentsatzes. So lernen wir sie im Bamberger Rechenbuch[199] von 1483 und in WIDMANS Buch[200] von 1489 kennen. Etwas mehr System brachte das 18. Jahrhundert hinein; man ordnete die einschlägigen Beispiele, indem man eine Reihe von Fragen unterschied. Es wird untersucht, wie jemand die eingekaufte Ware verkaufen müsse, um einen bestimmten Gewinn zu erzielen, wieviel bei einem abgeschlossenen Verkauf gewonnen, bzw. verloren wird, wie groß der Einkaufspreis

dan hie nyden stet. Vnd das multiplicat teyl in die fl. vnd wz dann kumpt das synt tag Als diuidir 2206 durch 134 facit 16 g $\frac{62}{134}$ vnd ist recht.

10	3	30
32 fl.	7 tag	224 pduct.
40	15	600
52	26	1352

1288 Parte I[59], liber XI, Bl. 185 v° ff.

war, wenn beim Verkauf ein gewisser Gewinn, bzw. Verlust eintrat, wie der Verkaufspreis gestellt werden muß, damit ein gewisser Prozentsatz, auch in vorgeschriebener Zeit, erzielt werde.[1289]

Von CLAUSBERG (1689 Danzig — 1751 Kopenhagen; Lehrer der Mathematik, zuletzt dänischer Staatsrat), der an der Spitze der Verfasser von Rechenbüchern im 17. Jahrhundert steht, bespricht in seiner *Demonstrativen Rechenkunst* von 1732[1290] die Gewinn- und Verlustrechnung nur beim Wechselgeschäft. Gerade dies war eins der schwierigsten Kapitel in der damaligen Rechenlehre; man bedenke, welch eine Unzahl von Maßsystemen, Gewichtssätzen, Münzwährungen in Deutschland bestanden, von denen die letzten noch dazu, selbst an einem und demselben Ort, im Kurs veränderlich waren. Da galt es zu kalkulieren, was vorteilhafter sei, eine Geldsumme direkt von einem Handelsplatz zum anderen anweisen zu lassen oder die Vermittlung eines oder mehrerer Zwischenorte zu benutzen, an denen der Kurs günstiger stand. Zu derartigen Überlegungen hat heute nur noch der Großkaufmann im internationalen Verkehr Gelegenheit; im Kleinverkehr ist nach Einführung einheitlicher Systeme keine Veranlassung mehr dazu. Anzuerkennen ist bei CLAUSBERG auch das Bestreben, seine Leser vor häufig sich einstellenden Fehlern zu warnen. Bei der Gewinn- und Verlustrechnung macht er z. B. darauf aufmerksam, daß, wenn ein Gegenstand, der 100 Taler gekostet habe, mit 110 Talern verkauft werde, dann aber nur für 100 Taler wieder weitergegeben werden kann, die Prozentsätze des Gewinnes und Verlustes für beide Verkäufe nicht übereinstimmten; der Gewinn betrage 10 v. H., der Verlust jedoch nur $9\frac{1}{11}$ v. H., da er auf die größere Ausgabe von 110 Talern zu beziehen sei.[1291]

5. Die Rabattrechnung.

Eine umfassendere Geschichte, in der sogar ein Mathematiker wie LEIBNIZ eine Rolle spielt, besitzt die Rabattrechnung. Sie holt schon bedeutend weiter aus und beginnt in der Überlieferung mit Berechnungen, die die Römer anstellten, um den baren Wert einer später anzutretenden Erbschaft für einen bestimmten Zeitpunkt anzugeben. Das dabei eingeschlagene Verfahren ist nicht ganz klar, scheint aber in der Hauptsache auf unseren Rabatt in Hundert hinauszukommen.[1292] Ähnliche Fragen behandelte um die Wende

1289 STERNER[358], S. 348. — 1290 CHR. VON CLAUSBERG, *Demonstrative Rechenkunst*[416], Leipzig 1732. 5. Aufl. v. 1795, S. 915ff. — 1291 Daselbst S. 920. — 1292 CANTOR, 1[3], S. 561.

des 2. Jahrhunderts n. Chr. der berühmte Rechtsgelehrte ULPIAN (170—228), sogar unter Zugrundelegung einer wahrscheinlichen Lebensdauer.[1292]

Wenn in dem folgenden langen Zeitabschnitt nichts für unser Thema zu finden ist, so hängt dies mit dem damaligen Niedergang des kaufmännischen Verkehrs zusammen. Mit dem Entstehen eines blühenden Handels in Italien nach Beginn des 2. Jahrtausends leben Rabattrechnungen von neuem wieder auf. Wir sehen aus der *Summa* (1494)[11] des LUCA PACIOLI, daß zu jener Zeit sogar Rabatttierungstafeln üblich waren, die die umständlichen Rechnungen ersetzen sollten.[1293] Die ersten Veröffentlichungen im Druck verdankt man SIMON STEVIN (1585); vgl. S. 198.

Einen wichtigen Abschnitt in der Geschichte der Rabattrechnung bildet der Streit um die Berechtigung des Rabatts in und auf Hundert.[1294] BENEDICT CARPZOW, ein namhafter Jurist (1595—1666; Prof. der Rechte in Leipzig, dann kursächs. Geheimrat in Dresden), bediente sich in seinen richterlichen Entscheidungen bei Geldklagen des Rabatts in Hundert (z. B. 5 v. H. Rabatt in Hundert = 100 Mark Forderung, 95 Mark Barzahlung), der, so falsch er ist, noch heute bei Diskontierung von Wechseln im Gebrauch ist, freilich bei der für gewöhnlich kurzen Zeit auch nur unerhebliche Fehler im Gefolge hat. Demgemäß zogen CARPZOW und seine Anhänger den Rabatt, der für die bestimmte Zeit sich leicht berechnen ließ, einfach von dem Kapital ab, um den Barwert dieser Forderung für einen Termin, der um die bewußte Zeit früher liegt, zu erhalten. In sehr einleuchtender Weise widerlegt CLAUSBERG 1732[1295] dieses unrichtige Verfahren durch das bekannte, auch heute noch jedesmal angeführte Beispiel für 5 v. H. bei 20 Jahren, worin nach CARPZOW die Geldforderung 20 Jahre vorher durch den Barwert 0 dargestellt würde. Gegen CARPZOW hatte LEIBNIZ (1646 Leipzig — 1716 Hannover) sich gewendet und in der eben gegründeten Zeitschrift Acta Eruditorum von 1683 gezeigt,[1296] daß man Rabatt *auf Hundert* (5 v. H. Rabatt auf Hundert = 105 Mark Forderung, 100 Mark Barzahlung) nehmen und dabei noch Zinseszins anrechnen müsse. Er bediente sich in seiner hierzu aufgestellten Antizipationsrechnung nicht unserer Zinseszinsformel $K = c \cdot \left(1 + \frac{p}{100}\right)^n$

1293 *Summa*[18], I, Dist. 9, tract. 5, Bl. 174 v°—175 r°. — 1294 CANTOR, 3², S. 53 bis 54; UNGER[199], S. 132. — 1295 *Dem. Rechenkunst*[416], 5. Aufl., 1795, S. 1300. — 1296 *Meditatio juridico-mathematica de interusurio simplice*, Acta Erud., Leipzig 1683, S. 425—432. LEIBNIZ, *Gesammelte Werke*[786], III. Folge, ed. GERHARDT, II. Abt., 3, Halle 1863, S. 125—132.

— K Forderung, c Barzahlung —, aus der sich ohne weiteres $c = K \cdot \left(\frac{100}{100 + p}\right)^n$ ergeben würde, sondern leitete dieses Resultat auf umständlicherem Wege ab. Würde von dem Kapital, das als 1 angenommen werden kann, bei der Zahlung um ein Jahr früher $\frac{1}{v}$ des Kapitals $\left(v = \frac{100}{p}\right)$ als Zinsen dieses Jahres abgezogen:

$$1 - \frac{1}{v},$$

so müßte, da die Zinsen erst am Schluß des Jahres zu zahlen sind, für den Anfang des Jahres eine Vergütung von $\frac{1}{v^2}$, als Zinsen von den Zinsen, eintreten, so daß sich ergibt:

$$1 - \frac{1}{v} + \frac{1}{v^2}\,.$$

Diese Vergütung darf aber auch nicht am Anfange des Jahres vorgenommen werden; geschieht dies, so muß eine Rückrechnung von $\frac{1}{v^3}$ erfolgen usf. Es findet sich sonach als Barwert, ein Jahr früher, die unendliche Reihe

$$1 - \frac{1}{v} + \frac{1}{v^2} - \frac{1}{v^3} + \frac{1}{v^4} - \ldots$$

Der Gesamtwert dieser Reihe ist $\frac{v}{v+1}$. Der Barwert für ein zweites Jahr früher muß sich zu diesem Wert $\frac{v}{v+1}$ ebenso verhalten, wie 1 zu $\frac{v}{v+1}$, d. h. der neue Barwert wird $\left(\frac{v}{v+1}\right)^2$; für n Jahre früher erhält man schließlich $\left(\frac{v}{v+1}\right)^n$,[1297] und dieses deckt sich mit dem oben angegebenen Resultat. Ist $p = 5$, so wird ein Jahr früher der Wert eines Kapitals von K Mark zu $\frac{20}{21}K$; er sinkt also nicht, wie beim Capzowschen Rabatt, um $\frac{1}{20}$, sondern um $\frac{1}{21}$.

Nichtmathematikern, wie den Juristen Barth und Horn,[1298] waren diese Herleitungen so wenig klar, daß sie in dem Glauben, Leibniz' Ansicht gerecht zu werden, nach 2 Jahren $\frac{2}{21}$, nach 3 Jahren $\frac{3}{21}$ usw. abzogen. Auf Grund dieser irrtümlich Leibniz zugeschriebenen Folgerung griff ein anderer Rechtsgelehrter, G. A. Hoffmann (1700—1775), diesen an, ohne Leibniz' Abhandlung selbst

1297 Leibniz ist nicht der erste Entdecker dieser Formel; mit ihr hat schon S. Stevin[1327] seine Zinstafeln von 1584 berechnet (H. G. Zeuthen, *Geschichte der Mathematik im XVI. u. XVII. Jahrhundert*, Leipzig 1903, II, 6, S. 132); auch Johann de Witt benutzt sie in seiner Schrift über Leibrenten von 1671. — 1298 Cantor 3², S. 518.

studiert zu haben, und stellte nun den sogenannten einfachen *Rabatt auf Hundert* als allein richtig auf, nach dem sich das Kapital zur Barzahlung bei *n* Jahr früherer Zahlung wie $(100 + np) : 100$ verhalten müsse. Auf seinen Irrtum, besonders durch Clausberg, aufmerksam gemacht, blieb er bei seiner Ansicht, mit der neuen Begründung, daß auch der richtige Leibnizsche Rabatt vom juristischen Standpunkt aus zu verwerfen sei, da das Gesetz Zins auf Zins verbiete.[1299]

Die neuere Gesetzgebung hatte ursprünglich durch das Bürgerliche Gesetzbuch Leibniz Recht gegeben; doch ist der Hoffmannsche Rabatt wieder eingeführt worden.[1300]

Noch in der Literatur der neuesten Zeit finden sich Fehler bei der Diskontierung auf 100.[1301]

6. Die Tararechnung.

So alt wie Tausch- und Handelsverkehr ist die Übung, von dem Gewicht der eingehandelten Ware bei der Bezahlung eine gewisse Menge in Abzug zu bringen, sei es für die Verpackung, bei Flüssigkeiten für die Gefäße, sei es für Unreinlichkeiten oder Bruch in der Ware selbst. Die angewandten Rechenmethoden decken sich vollständig mit dem bei Regeldetriaufgaben beobachteten Verfahren. Wir können uns daher im folgenden auf einige wenige erwähnenswerte Punkte beschränken.

Das Wort Tara (arabisch *ṭarḫa*, fem.) ist stammverwandt zu *ṭarḫ* (= Subtraktion, wegwerfen).[1302] Aus der Verkehrssprache gelangte es in italienische Handelskreise, von denen die reinitalienischen Worte *Brutto* (= unrein, roh) und *Netto* (= rein) hinzugefügt wurden. Diese drei Wörter können im 15. Jahrhundert noch nicht allgemeiner Sprachgebrauch des deutschen kaufmännischen Rechnens gewesen sein, da sie sich in den Rechenbüchern um die Wende des 15. Jahrhunderts nicht finden. Das Bamberger Rechenbuch (1483)[407] enthält Angaben wie:[1303] Jtē 1 sack piper wigt 2½ cℭ min⁹ 9 lb' vnd kost ye 1 lb' 8 ß minus 3 hell'

[1299] Cantor, 3², S. 525. — [1300] Meyers Lexikon, Bd. VI, 7. Aufl., 1927, Sp. 512 *Interusurium*; vgl. M. Cantor, *Politische Arithmetik*, Leipzig 1898, S. 35. — [1301] Vgl. A. Loewy, *Mathematik des Geld- und Zahlverkehrs*, Leipzig 1920, S. 26f.; L. v. Bortkiewicz, *Wie Leibniz die Diskontierungsformel begründete.* Festgabe für Wilhelm Lexis, Jena 1907, S. 77 f. — [1302] J. Ruska, brieflich. Enno Littmann, *Morgenländ. Wörter in der deutschen Sprache*, Berlin 1920, S. 34 erklärt es mit dem arabischen Ṭāra = Hülle, das als mittelarabisch belegt ist (Dozy). Vgl. dagegen J. Ruska, Der Islam, XII, 1922, S. 234—235. — [1303] Bl. (24) r⁰[407].

vñ sol fur den sag abschlahẽ 3 lb' ¾ was kost das alles. Das Wort minus ist hier also keinesfalls für unser Tara zu nehmen.[1304] Minderwertige, unreine Ware, Rückstand usw. wird als fusti (italienisch = Stengel) bezeichnet, so bei Nelkengewürz negelin, bei denen in einer Aufgabe[1305] ye 1 cC 13 lb' fusti enthält; während hier das Pfund lauter negellẽ (reines Nelkengewürz) mit 13 Schilling 3 Heller berechnet wird, wird die fusti mit 2 Schilling minus 3 Heller angesetzt. Eine Erklärung des Wortes fusti wird nicht gegeben. WIDMAN behandelt solche Aufgaben in seinem Rechenbuch von 1489[200] in einer besonderen regula fusti. Richtiger glaubt KOEBEL 1537 *regula fusci* (fuscus = braun, unrein) sagen zu sollen und erklärt:[1306] Das wort Fusci/bedeut nichts anders/dann ein zerbrochen gut gemülb/odder ander vnreynigkeyt/so in der Specerei funden wirt/als vnd' den Negelin / Jngber / Saffran ꝛc. Auch Silber vnderm golt / Kupffer vnderm sylber. Die vaß vom Honig / Butter / Oley ꝛc. vnd der gleichenn vermischt vnreinigkeit . . . Dieser allgemeinen Erklärung gemäß behandelt KOEBEL auch Legierungsaufgaben in seiner regula fusci. Im Druck kommt das Wort Tara zuerst bei BORGHI[17] 1484 vor und zwar sofort verbunden mit dem Prozentbegriff: ‚*abatando de tara 7 lb per cento*'.[1306a] Es fehlt bei CALANDRI[42] 1491, kommt aber vor bei PELLOS[1100] 1492 und PACIOLI[18] 1494; bei dem letzten auch mit dem Prozentbegriff: ‚*abattẽdo tara . 4 . lb per cẽto*'.[1306b] Von den deutschen Rechenbüchern vermeidet es WIDMAN[200], benutzt es GRAMMATEUS (1521)[1307] und RIESE (1525).[1308] Auch bei dem Spanier JUAN DE ORTEGA treffen wir 1522 eine *Regula de tara*.[1308a] RIESE hat es auch in anderen späteren seiner vielgelesenen Bücher verwertet,[1309] und scheint dadurch an der weiteren Verbreitung schuld zu sein.

1304 Gegen CANTOR, *Vorlesungen*, 2^2, S. 224. Auch RIESE trennt scharf zwischen Minus und Tara: „Rechenung auf der linihen vnd feder,"[203] Erfurt 1525, S. 24 r⁰ und 24 v⁰: „Nimm ab das minus vnd tara"; S. 25 v: „Nimm ab das minus vnd nicht das tara." — 1305 Bl. (27) r⁰[407]. — 1306 J. KOEBEL, Zwey Rechenbüchlein: uff der Linien und Zipher / Mit eynm angehenckten Visirbuch. OPPENHEIM, 1537/38, Bl. 76 r⁰. — 1306a J. W. L. GLAISHER, *On the early history of the signs + and — and on the early German arithmeticians*, Messenger of Mathematics 51_2 (S. 1—148) § 110, S. 77. — 1306b GLAISHER[1306a], § 113, S. 179. — 1307 Bl. D (6) v⁰, Z. 1 v. u. 58[a] und öfter. Auch 1525 „Eyn neues Rechẽbüchlein" auf der Titelseite. — 1308 Rechnung auff der linihen[202], 3. Aufl., Erfurt 1530, Bl. (Eij) v⁰: . . . wygt 38 pfunt 16 lot tara . . . nymb ab das tara; u. öfter bis Bl. (E 4) v⁰; Rechnung auff der Linihen vñ Feder[203], (1. Aufl. 1522), 1529 Erfurt, Bl. (E 6) v⁰. Vgl. auch Anm. 1304. — 1308a *Opera de Arithmetica et Geometrica*, Messina 1522 (Vorwort 15. XI. 1515, fol. 19 v⁰, Z. 8 v. u. — 1309 Rechnung nach der lenge | auff den Linihen und Feder[421a]; Aufl. Leipzig 1550, S. 25, 85. Überschrift, Von Tara auff und in den Zentner.

Man unterschied im 16. Jahrhundert Tara in und auf Hundert, wie wir heute noch beim Rabatt lehren.[1310] Netto findet sich im 16. Jahrhundert selten, so bei JOH. EYSENHUT 1538.[1311]

Von späteren Rechenbüchern, in denen Aufgaben unserer Art einen festen Bestandteil bilden, nennen wir nur noch dasjenige von CLAUSBERG (1732) wegen seiner großen Verbreitung. In ihm ist der *Thararechnung* ein besonderes Kapitel gewidmet.[1312] Neben *Brutto* benutzt er das Wort *Sporco* (= schmutzig), neben *Thara* die alte Bezeichnung *Fusti*, diese aber nur für einen Abzug von Ware, die verunreinigt oder durch Wasser beschädigt ist. Die Behandlung der Aufgaben findet auch unter Anwendung von Prozentsätzen statt. U. a. weist CLAUSBERG auf das Fehlerhafte hin, Betrachtungen aus der Rabattrechnung auf Taraaufgaben zu übertragen und etwa die Rechnung *auf 100* anzustellen; wie diese beim Rabatt allein richtig ist, so sei sie bei der Tara durchaus falsch. Der Begriff Gutgewicht wird bei CLAUSBERG nicht in modernem Sinne gebraucht. Gutgewicht wurde zu seiner Zeit nur dann in Anrechnung gebracht, wenn die erhandelte Ware nicht auf der öffentlichen Stadtwaage, sondern auf einer Privatwaage im Hause des Verkäufers abgewogen worden war. Natürlich wurde es unter diesen Umständen vom Bruttogewicht, nicht, wie heute, vom Nettogewicht berechnet.

7. Die Mischungsrechnung.

Die älteste Aufgabe, die das Gebiet der Mischungsrechnung streift, findet sich in Papyrus Rhind (AHMES; zwischen 1788 und 1580 v. Chr.)[381], wo in Aufgabe 71 Bier durch Wasser verdünnt und das neue Mischungsverhältnis (Getreidegehalt) ausgerechnet wird. Die Kronenaufgabe des ARCHIMEDES (287—212, Syrakus) ist bekannt. Der König HIERO hatte eine goldene Krone (besser: Kranz, στέφανος) anfertigen lassen; da der Verdacht entstand, der Verfertiger habe, statt nur reines Gold zu benutzen, im Innern Silber untermischt, wandte sich HIERO, der das Kunstwerk nicht zerbrechen wollte, an ARCHIMEDES. Dieser nahm in geistreicher Weise mit Hilfe des spezifischen Gewichtes die Untersuchung vor.[1313] An

1310 Vgl. z. B. SIMON SCHWEDER, Preussisch Rechenbuch, Königsberg 1563, Bl. 139 v° f., Kapitel 10. — 1311 Ein künstlich rechenbuch[423], Augsb. 1538, Bl. (M 7) v° u. ö. — 1312 *Demonstrative Rechenkunst*[416], 5. Aufl., 1795, S. 1361 ff. — 1313 Überliefert durch VITRUVIUS (um 15 v. Chr.), *De architectura*, IX, 3, ed. ROSE, MÜLLER-STRÜBING, Leipzig 1867, S. 215, Z. 8 — S. 216, Z. 12, und durch PLUTARCHUS, *Non posse suaviter vivi sec. Epic.*, XI, § 5, ed. DÜBNER, Bd. 4, Paris 1841, S. 1338; vgl. auch CANTOR, 1^3, S. 310 f.

diese Aufgabe erinnert eine andere, die in einem griechischen Epigramm des METRODORUS (330 n. Chr.) mitgeteilt wird:[1314] Eine Krone ist 60 Minen schwer und besteht aus einer Legierung von Gold, Kupfer, Zinn und Eisen. Gold und Kupfer betragen zusammen $\frac{2}{3}$, Gold und Zinn $\frac{3}{4}$, Gold und Eisen $\frac{3}{5}$ des Gesamtgewichtes. Die Einzelgewichte sind zu bestimmen.

Dies sind die einzigen Beispiele aus der überlieferten griechischen Literatur, die wir hier für die Mischungsrechnung anführen können, wenngleich sie ihr nur bedingt zuzurechnen sind. Wirklich hierher gehörige Aufgaben finden sich erst in indischen Schriften, aber auch hier nur vereinzelt.[1315] Die Araber scheinen der Ausbildung der Mischungsrechnung größere Aufmerksamkeit zugewandt zu haben; bei ALKARḪĪ (um 1010, Bagdad) finden sich Aufgaben mit Münzen, die als Mischungsrechnungen gelöst werden.[1316] LEONARDO von Pisa hat in seinem *Liber abbaci* (1228) einen umfangreichen Abschnitt mit Aufgaben solcher Art angefüllt.[1317] Diese Sammlung betrifft fast nur Legierungen zu Münzmetall und besteht hauptsächlich aus zwei Gruppen, deren Lösung in recht mechanischer Form gegeben wird. In der einen Gruppe sucht LEONARDO den Feingehalt einer Legierung, die aus mehreren Legierungen bekannten Feingehaltes zusammengeschmolzen wird, in der anderen fragt er nach dem Zusammensetzungsverhältnis gegebener Legierungen, aus denen eine Mischung von vorgeschriebenem Feingehalt hergestellt werden soll. Wird auch der Grundstock dieser Rechnungen arabischer Wissenschaft angehören, so hat LEONARDO sie doch nicht ohne selbständige Bearbeitung einfach aus ihr übernommen; aus seinen späteren Schriften sind eigene Untersuchungen bekannt, die zu einer neuen, ihm eigentümlichen Lösungsmethode allgemeiner Mischungsaufgaben mit ganzzahligen Maßzahlen führten.[1318]

Aus italienischen Kaufmannskreisen kam mit anderen Teilen der praktischen Arithmetik auch die Mischungsrechnung nach Deutschland. Allmählich sonderte sich von ihr die sogenannte Gold- und Silberrechnung ab (Kap. 16 im Bamberger Rechenbuch[467] von 1483), in der Preisbestimmungen für Gold- und Silberwaren verschiedenen Feingehaltes vorgenommen wurden. Im Rechenbuch von JOHANNES WIDMAN[200] (1489) treten Mischungsaufgaben

1314 CANTOR, 1³, S. 463. — 1315 BHĀSKARA, *Līlāvatī*[111], ch. IV, sect. III u. V, ed. COLEBROOKE, S. 43 u. 46—48. — 1316 *Al-Kāfī*, cap. 70, übers. v. HOCHHEIM[131], III, S. 19—20. — 1317 *Scritti*[30], I, S. 143—166. — 1318 *Scritti*, II[694], S. 247 *Flos, de avibus emendis secundum proportionem datam;* vgl. CANTOR, 2², S. 50—51.

in der *regula alligationis*, in späteren Rechenbüchern auch in der *regula fusti* auf (vgl. Tararechnung, S. 209).

Im Laufe der nächsten Jahrhunderte vermehrte sich der Stoff nicht sonderlich; es wurde immer wieder nach früheren Mustern gearbeitet. Auch CLAUSBERGS *Demonstrative Rechenkunst* 1732 bringt die Gold- und Silberrechnung wie im 15. Jahrhundert getrennt,[1319] in der *Regel Alligationis* das übrige.[1320] Den Schluß bilden verschiedene Aufgaben von der Art der Archimedischen Kronenaufgabe.

8. Die Gesellschaftsrechnung.

Ein viel reichhaltigeres Bild liefert die Geschichte der Gesellschaftsrechnung; sie reicht zurück bis an die Grenze unseres geschichtlichen Wissens überhaupt. Schon in dem oftmals erwähnten altägyptischen Rechenbuch des AHMES[381] (zwischen 1788 und 1580 v. Chr.) treten uns Aufgaben dieser Art entgegen und zwar sowohl Durchschnittsberechnungen als auch allgemeine Verteilungsaufgaben. Als Beispiel für die erstere führen wir an: „Bekannt ist der Ernteertrag eines ganzen Jahres, gesucht der Durchschnittsbetrag für den Tag."[1321] Hierbei wird einfach durch 365 dividiert. Von den anderen ist eine Aufgabe durch ihre falsche Fassung auffallend: „700 Brote sollen so unter 4 Personen geteilt werden, daß die eine $\frac{2}{3}$, die andere $\frac{1}{2}$, die dritte $\frac{1}{3}$, die vierte $\frac{1}{4}$ erhält."[1322] Die Summe dieser Brüche ist größer als 1; die Verteilung muß daher im Verhältnis der angegebenen Brüche vorgenommen werden. Solche, für unsere Begriffe ungenau[1322a] gestellten Aufgaben finden wir auch in späterer Zeit sehr häufig. Im 16. Jahrh. n. Chr. erhebt der namhafte italienische Mathematiker TARTAGLIA, 1556 im *General trattato*[1323] ausdrücklich seine Stimme gegen die Lässigkeit, mit denen zeitgenössische Rechenlehrer solche „unmöglichen" Aufgaben ihrem Leserkreis anzubieten wagten. AHMES kümmert sich um den Fehler in seiner Aufgabe nicht, teilt die Einheit durch die Summe der gegebenen Brüche und multipliziert das Ergebnis mit 700; von dem Resultat nimmt er alsdann $\frac{2}{3}$, bzw. $\frac{1}{2}$, $\frac{1}{3}$, $\frac{1}{4}$. Wenn das eigen-

1319 CLAUSBERG[416], 5. Aufl., 1795, S. 1404—1414. — 1320 Daselbst S. 1414—1451. — 1321 EISENLOHR[381], S. 165—166, Nr. 66. — 1322 EISENLOHR[381], S. 158—159, Nr. 63. — 1322a Für den Ägypter bedeutete die Angabe folgendes: Wenn der erste Mann bei der Verteilung $\frac{2}{3}$ Brot bekam, erhielt der zweite Mann ein halbes, der dritte Mann ein Drittel usw. Dieses Verfahren, das aus einer Teilung eine Verteilung macht, stimmt mit dem heute noch unter den Eingeborenen üblichen überein (K. VOGEL, brieflich). — 1323 *General trattato*[59], Venedig 1556, I, lib. XII, Bl. 200 v°.

artige Rechnen mit Stammbrüchen (vgl. S. 150ff.) uns nicht befremdlich vorkäme, wäre die Behandlung der Aufgabe durchaus modern.

Auch für die indischen Rechner war die Gesellschaftsrechnung ein sehr beliebtes Thema, besonders reichhaltig ist die Sammlung solcher Aufgaben bei MAHĀVĪRĀ (um 850 n. Chr.).[1323a]

Aus der griechischen Mathematik ist hier zunächst die Archimedische Kronenaufgabe (s. S. 210), dann die Heronsche (erstes Jahrhundert v. Chr., Alexandria) Brunnenaufgabe zu erwähnen. In der letzteren wird die Zeit bestimmt, in der mehrere Röhren eine Zisterne bei gleichzeitigem Fließen füllen, wenn die Zeiten bekannt sind, die jede einzelne dazu braucht.[1324] Sie erscheint unvermittelt in einer Schrift HERONS, *Ausmessungen* (*Mensurae*, *Μετρήσεις*), und bildet von hier ab einen festen Bestandteil fast aller Rechenbücher bis auf die Gegenwart. Wir finden sie in einem algebraischen Epigramm des METRODORUS (um 330 n. Chr.), in einer dem Abt ALCUIN (735—804, Tours) zugeschriebenen Handschrift, in indischen Schriften, wie in denen des BHĀSKARA, in arabischen Lehrbüchern (ALKARḪĪ, um 1010, Bagdad), im *Liber abbaci* des Italieners LEONARDO von Pisa (1228), in den meisten Rechenbüchern des 15. und 16. Jahrhunderts usf. WIDMAN (1489) erzählt von einem Schaf, das von einem Löwen allein in einer Stunde, von einem Wolf in vier, von einem Hund in sechs Stunden verzehrt werden könnte, aber von allen zugleich in Angriff genommen wird, und an einer anderen Stelle von einem Schiff mit drei Segeln verschiedener Größe, die der Schiffer einzeln, aber auch alle zusammen benutzen kann, in einer dritten von einer Mühle mit drei ungleich großen Mahlgängen. Bei HUSWIRT (1501) ist es ein Haus, das von vier Baumeistern gleichzeitig erbaut werden soll, von denen der erste es allein in einem Jahr, der zweite in zwei Jahren usw. zu errichten verspricht, u. a.[1325]

1323a RAṄGĀCĀRYA[114], cap. VI, S. 110ff. — 1324 HERO, *Mensurae*, cap. 20, Opera IV[543], ed. HEIBERG, S. 176, Z. 4—9: *Ἔστω κινστέρνα εἰς ἣν εἰσέρχονται ἀγωγοὶ β̄. ὁ μὲν εἷς γεμίζει αὐτὴν εἰς ὥραν μίαν, καὶ ὁ εἷς γεμίζει αὐτὴν εἰς ὥρας δ̄. διὰ πόσων ὡρῶν ὁμοῦ γεμιοῦσιν τήν κινστέρναν;* (Es sei ein Brunnen, in den 2 Zuflüsse führen. Der eine füllt ihn in einer Stunde, der andere in vier. In wieviel Stunden werden beide zusammen den Brunnen füllen?) — 1325 METRODORUS (um 330 n. Chr.), vgl. CANTOR, 1[3], S. 462; ALCUIN († 804), *Opera*, ed. FROBENIUS, 1777, Bd. II, S. 442, prop. VIII *De cupa* in den *Propositiones Alcuini ad acuendos juvenes;* ALKARḪĪ (um 1010), *Extrait du Fakhrī*, II, 15, ed. WOEPCKE, Paris 1853, S. 83; BHĀSKARA (geb. 1114), *Līlāvatī*, ed. COLEBROOKE[111], ch. IV, sect. II, S. 42; LEONARDO PISANO, *Scritti*[30],

In der römischen Zeit gab das Erbrecht in der Praxis vielfach zu Teilungsaufgaben Veranlassung. Sei es, daß die vorgefundene Erbschaft die verfügten Legate nicht deckte, sei es, daß die Erben in unvorschriftsmäßiger Weise vom Testament bedacht waren — nach der lex Falcidia (40 v. Chr.) mußte dem eigentlichen Erben ein Viertel des Ganzen überlassen werden, den anderen Erben also Abzüge gemacht werden, wenn das Viertel nicht beachtet war —, immer mußte die gerichtliche Regelung durch eine Art Gesellschaftsrechnung vorgenommen werden. Ja, verwickelte Fälle werden besonders erdacht, um an ihnen den juristischen Scharfsinn zu üben. Eine solche Aufgabe, die sich ähnlich der eben erwähnten Brunnenaufgabe wie ein roter Faden durch die Geschichte des Rechnens bis zur Neuzeit hinzieht, ist die folgende: „Ein Mann stirbt kurz vor der Geburt seines Kindes und verfügt, daß, wenn ihm ein Sohn geboren wird, dieser das Doppelte des Anteiles der Mutter, wenn eine Tochter, die Mutter das Doppelte der Tochter erben sollte. Jetzt gebiert die Frau aber Zwillinge verschiedenen Geschlechtes. Wie ist die Erbschaftsverteilung vorzunehmen?“ Ein Jurist SALVIANUS JULIANUS[1326] (unter den Kaisern HADRIAN und ANTONINUS PIUS) beginnt den Reigen der uns bekannten Bearbeiter. Er teilt das Vermögen in sieben Teile; der Sohn erhält vier, die Mutter zwei, die Tochter einen von diesen. Dann seien die Verhältnisangaben des Testamentes erfüllt. Hierbei beruft sich JULIANUS schon auf einen älteren Rechtsgelehrten JUVENTIUS CELSUS (um 100 n. Chr.), von dem wir indes nichts Genaueres wissen. Spätere Autoren, wie CAECILIUS AFRICANUS, JULIUS PAULUS (3. Jahrhundert), suchen zu anderen Lösungen zu gelangen, da in der angegebenen Art die Tochter zu schlecht wegkomme. Wieder aufgenommen wird unser

I, S. 183; Bamberger Rechenbuch[407] 1483, vgl. UNGER[199], S. 106; CHUQUET, *Le Triparty*[19] (1484), Anhang, Aufg. XXI, S. 420/21; WIDMAN[200] (1489), Bl. (r 7) r⁰ Von der Mulen, Bl. (ſ 1) r⁰ Leb Wolff Hunt, Bl. ſ (1) v⁰ Schiff; HUSWIRT (1501), *Enchiridion*[91], Aufg. 26 u. 27; RIESE, *Coß* (Manuscript 1524 in der Kirchen- und Schulbibliothek zu Marienberg), nach BERLET, *Adam Riese, sein Leben, seine Rechenbücher und seine Art zu rechnen*; *Die Coß von Adam Riese*, Leipzig-Frankfurt a/M. 1892, S. 55, Aufg. 118; RUDOLFF, *Coß*[460], 1525, Exempl der Erſten regl, Nr. 150, Bl. Oiiij; CARDANO, *Practica Arithmeticae*[498] Mailand 1539, cap. 66, § 125; *Opera*[631], Lugduni 1663, IV, S. 180; BEHĀ EDDĪN (1547—1622), *Essenz der Rechenkunst*[564], ed. NESSELMANN, Berlin 1843, cap. X, Aufg. 4, deutsch S. 49 bis 50; BUTEO, *Logistica*[75] Lugd. 1559, S. 205 (3 Zecher v. verschiedener Trinkfestigkeit); SCHOOTEN, *Exercitationes mathematicae*[860], Lugd. Bat. 1657, S. 17, Aufg. 28; NEWTONS Vorlesungen, unter dem Titel *Arithmetica universalis*[498], 1707 von WHISTON veröffentlicht. S. 65, probl. VII (ganz allgemein behandelt), u. a. — 1326 CANTOR. 1[3], S. 561—562.

Problem in der ALCUINschen Handschrift,[1327] in CHUQUETS *Triparty* 1484, PACIOLIS *Summa* 1494, vor allem in den deutschen Rechenbüchern des 15./16. Jahrhunderts, bei deren Verfassern sich kühne Phantasie sogar zu Drillingen und Fünflingen versteigt.[1328] Ihnen erscheint diese Aufgabe so interessant, daß sie sie, selbst auf Kosten wirklich wichtiger Dinge, nicht übergehen zu dürfen glauben. Auch in CLAUSBERGS *Demonstrativer Rechenkunst* (1732)[1329] ist sie der Besprechung für wert gehalten worden, mit ernsthaft tadelnder Anmerkung gegen diejenigen, die diesen kniff lichen Fall durch höhere Mehrgeburten noch verwickelter gemacht hatten.

Auch die Araber haben sich an dem Ausbau der Erbteilungsrechnung stark beteiligt; ihren Arbeiten lag indes wohl nur die indische und die griechische Wissenschaft, aber nicht die römische Literatur, die sie nur in geringem Maße kennen lernten, zugrunde. MUḤAMMAD IBN MŪSĀ ALḪWĀRAZMĪ (um 820 n. Chr., Bagdad) widmet in seiner Algebra den Erbteilungsaufgaben ein großes Kapitel,[1330] und es scheint sein Verdienst zu sein, zuerst auf sie die systematische Lösungsmethode mit Hilfe von Gleichungen angewendet zu haben.[1331]

In dem Hauptwerk des christlichen Mittelalters, dem *Liber abbaci*[30] (LEONARDO von Pisa, 1228), ist der 10. Abschnitt Gesellschaftsaufgaben gewidmet: *De societatibus factis inter socios.* Es sind vorzugsweise einfache Gewinnverteilungsaufgaben, bei denen mehrere Personen mit verschieden großen Einsätzen angenommen werden.[1332] Vollständiger, wenn auch etwas ungeordnet, wird unsere Aufgabengruppe im Bamberger Rechenbuch[407] von 1483, cap. 13, behandelt. Man kann die dort gegebenen 17 Aufgaben in sechs Arten einteilen.

1327 ALCUINI *Opera*[1325], II, S. 445, prop. XXXV: *De obitu cuiusdam Patris familias.* — 1328 CHUQUET, 1484, *Le Triparty*[19], Anhang, Aufg. XXIII; WIDMAN[200], 1489, Bl. (ſ 8) v⁰ (Drillinge: 1 Sohn u. 2 Töchter); LUCA PACIOLI[18], 1494, *Summa*, Teil I, dist. 9, tract. 1, Nr. 80, S. 158, Z. 9ff.; HUSWIRT, 1501[91], IV, Aufg. 8; KOEBEL, Oppenheim 1514, Eynn Newe geordent Rechēbüchlein[93], Bl. XXII v⁰; RUDOLFF, *Coß*, 1525[460], Bl. Miiij v⁰, Nr. 107 (Drillinge, wie WIDMAN); APIAN, Rechenbuch, 1527[446] unter Geselschafft: von theylung des geldts vnnd gewins in Geselschafftē, Erbschafftē, Kauffen vnd verkauffen etc.; THADDAEUS DANUS, *Arithmetices practices methodus*, Basel 1546, Quaestio XIII; BUTEO, *Logistica*[75], Leiden 1559, S. 264f., Quaestio 60; RAMUS, *Arithmetica*[498], 1592 Frankfurt, lib. II, cap. 12, § 9, S. 194 (Fünflinge, 3 Söhne und 2 Töchter). — 1329 Ausg. v. 1795[416], S. 1403. — 1330 MUHAMMED BEN MUSA[137], ed. ROSEN, London 1831, S. 86ff. — 1331 Vgl. J. RUSKA[137], S. 47f. Eine sehr eingehende Darstellung der behandelten Aufgaben gibt H. WIELEITNER, *Die Erbteilungsaufgaben bei Muhammed ibn Musa Alchwarazmi*, Ztsch. math.-nat. Unterricht, 53, 1922, S. 57—67. — 1332 *Scritti*[30], I, S. 135—143.

Erstens erstrecken sich die Einlagen der einzelnen Personen auf gleiche Zeit, zweitens auf verschiedene Zeiten; drittens sind die Einlagen nicht ihrer absoluten Größe nach, sondern nur in ihrem Verhältnis zueinander bekannt. Viertens werden Aufgaben von der Art gelöst, daß etwa $A\ \frac{1}{3}$, $B\ \frac{1}{4}$, $C\ \frac{1}{5}$ usw. zu beanspruchen hat, wobei auf ein Überschreiten der Einheit bei Summierung der Brüche nicht geachtet wird. Fünftens sind für die Einlagen nicht zusammenhängende Proportionen gegeben, wie $A:B = 3:1$, $B:C = 4:1$. Schließlich wird noch Vermehrung und Verminderung der Einlagen während der Dauer des Geschäftes berücksichtigt.[1333] Daß auch ein Abschnitt der *Summa* des Italieners LUCA PACIOLI (1494) eingehend *de societatibus* handelt, liegt bei der umfassenden Darlegung, die die kaufmännische Wissenschaft in diesem bedeutenden Werke erfährt, auf der Hand.[1334]

Nach diesen Vorbildern arbeitet nun der große Haufen der deutschen Rechenmeister — so mechanisch, wie möglich! Die Lösung wird vollzogen durch so viel einfache Regeldetriaufgaben, als Gesellschafter vorhanden sind. Ist ein Gewinn in verschiedene Anteile zu zerlegen, so multipliziert man den Gesamtgewinn mit je einem Anteil und dividiert durch die Summe der Anteile. Die dabei heute üblichen Rechenvorteile, statt der Anteile kleinste Verhältniszahlen zu nehmen oder gar die Division vor der Multiplikation auszuführen, um so eine gemeinsame Vorarbeit für alle Dreisätze zu erledigen, ließ man sich fast stets entgehen. In gebührender Weise hervorgehoben werden solche Erleichterungen beim Rechnen erst im 18. Jahrhundert, wie in CLAUSBERGS *Demonstrativer Rechenkunst* von 1732.[1335]

9. Wechselrechnung.

Die Verschiedenheit des Münzfußes von Ländchen zu Ländchen, die zu den größten Umständlichkeiten bei Bezahlung gekaufter Ware führte, die vielfache Gefährdung des Eigentums, die mit der Beförderung von barem Gelde bei den unsicheren Verkehrsverhältnissen verbunden war, endlich wiederholt erlassene Ausführungsverbote einheimischen Geldes führten zur Erfindung des Wechselbriefes. Die Erkenntnis seiner Nützlichkeit ließ seinen Gebrauch sich immer weiter verbreiten und ihn schließlich zu dem vervollkommneten Zahlungsmittel werden, das der Geschäftsmann heute an ihm besitzt.

1333 UNGER[199], S. 40. — 1334 *Summa*[18], I, dist. 9, tract. 1, Bl. 150 r° ff. — 1335 5. Ausg. v. 1795[416], S. 1388.

Juden sollen seine Erfindung gemacht und ihn im 7. Jahrhundert, als sie aus Frankreich vertrieben wurden, nach der Lombardei gebracht haben, wo er bei dem bald hochstrebenden Handel Italiens günstigen Boden fand. Am Anfang des 13. Jahrhunderts bildeten sich die ersten Privatbanken in Italien (Girobanken von *giro* = Kreis, Gesellschaft von Kaufleuten), die die gegenseitigen Zahlungen ihrer Mitglieder ausglichen. Politische Flüchtlinge aus der Lombardei, Ghibellinen, führten die Kenntnis des Wechsels in Amsterdam ein und schufen hier ein neues Zentrum, von dem aus sein Gebrauch sich über Europa ausdehnte. Mit dem 13. Jahrhundert beginnt der Handel Nürnbergs; seine Kaufmannssöhne wanderten zur Erlernung ihrer Wissenschaft nach Italien und brachten die dort üblichen Verfahren zurück in ihre Heimat. Durch sie kam der Wechsel nach Deutschland.

Der älteste, uns bis jetzt bekannt gewordene Wechsel stammt aus dem Jahre 1325 (ausgestellt in Mailand, zahlbar in Lucca nach 8 Monaten); ein zweites Formular teilt uns LUCA PACIOLI in seiner *Summa*[18] von 1494 mit.[1336]

Dem Gebrauche folgte schließlich auch die staatliche Anerkennung. Venedig hat den Ruhm, die erste Staatsgirobank (1584)[1337] errichtet zu haben; ihr folgten andere in Amsterdam (1609), Hamburg (1619) und Nürnberg (1621). In der *Ordonnance pour le commerce* von 1673 schuf Frankreich ein allgemeines Wechselrecht, das durch den *Code de commerce* NAPOLEONS abgelöst wurde. In Deutschland trat einheitliche Regelung erst 1849—1862 ein. Ein internationales Wechselrecht gibt es noch nicht.

Lehrbücher, aus denen der junge Kaufmann sich bilden konnte, werden bald nach Aufschwung von Handel und Verkehr in Italien entstanden sein. Das älteste Dokument kaufmännischer Rechenlehre ist für uns PACIOLIS *Summa*[18] von 1494. Die letzte Distinktion des 1. Abschnittes stellt für die Geschichte des Handels, besonders des italienischen, eine hochwichtige Quelle dar. Hier sind Belehrungen über die Form und Verwendung des Wechsels[1338] zum erstenmal in der Literatur gegeben, hier erscheinen zuerst die Bezeichnungen *Debet* und *Credit*, hier findet sich vor allem die älteste Anleitung zur doppelten Buchführung.[1339] Eigene Neuerungen

1336 *Summa*[18], Venedig 1494, Teil I, dist. IV, tract. IV, Bl. 167 v° am Rand (die Seitenzahl heißt durch einen Druckfehler 168). — 1337 E. L. JAEGER, *Beiträge zur Geschichte der Doppelbuchhaltung*, Stuttgart 1874, S. 278. — 1338 Teil I[18], dist. IX, tract. IV, *De cambio*, Bl. 167 r° ff. — 1339 Daselbst tract. XI, *De computis et scripturis*, Bl. 198 v° ff., übersetzt in E. L. JAEGER, *Lucas*

PACIOLIS sind dies keineswegs; er gab nur das wieder, was er in seinem kaufmännischen Verkehr erlernt hatte. Daß er es aber wiedergab und wie er es wiedergab, bleibt sein unbestreitbares Verdienst. Bearbeitungen der *Summa* in verschiedenen Sprachen führten zu schneller Verbreitung der geschilderten Methoden und Gewohnheiten. Deutsche Schriftsteller beteiligten sich in der ersten Hälfte des 16. Jahrhunderts wenig daran. Nur GRAMMATEUS († 1525 in Wien, Universitätslehrer daselbst) übernimmt einiges aus der *Summa* in sein Rechenbuch von 1518.[1340] 1543 erschien eine flämische und französische Anleitung zur Buchführung von JAN YMPYN, die auch ins Englische übersetzt wurde, 1549 in Nürnberg eine Schrift *Zwiefach Buchhalten* von WOLFFGANG SCHWEICHER, der ein die *Summa* nachahmendes Werk des DOMENICO MANZONI, *Quadernio doppio col suo giornale*, Venedig 1540, zugrunde liegt.[1341] Auch in TARTAGLIAS *General trattato* (1556)[1342] ist die Wechsellehre behandelt. Das ausführlichste Lehrbuch des 17. Jahrhunderts ist ZUBRODT, *Unterricht der Wechselbehandlung*[1262] (1669), im 18. Jahrhundert CLAUSBERGS *Demonstrative Rechenkunst*[416] von 1732.[1343]

Pacioli und Simon Stevin nebst einigen jüngeren Schriftstellern über Buchhaltung, Stuttgart 1876, S. 8. — 1340 Buech haltẽ durch Zornal Kaps vnd Schuldtbuch auff alle Kauffmannschafft, Bl. (M 6) ff.[58a] — 1341 Vgl. M. CANTOR, Z. Math. Phys. 42, 1897, Lit.-hist. Abt., S. 46. — 1342 *General trattato*[59], I, lib. XIV, Bl. 219 v° ff. — 1343 5. Ausg. v.[416] 1795, S. 791—1053.

Zusammenstellung

der Seitenzahlen und Anmerkungsnummern für Band I der zweiten und dritten Auflage

zur Ausnutzung der Namen- und Sachverzeichnisse im Schlußband (Band VII) der zweiten Auflage.

Die angegebenen Seitenzahlen können sich selbstverständlich nicht völlig decken; sie geben aber zur Auffindung der gesuchten Stelle in der dritten Auflage des Band I genügend Anhalt. Die Anmerkungszahlen decken sich genau.

I. Seitenzahlen von Band I.

2. Aufl.	3. Aufl.	2. Aufl.	3. Aufl.	2. Aufl.	3. Aufl.	2. Aufl.	3. Aufl.	2. Aufl.	3. Aufl.	2. Aufl.	3. Aufl.
1	1	31	46	61	85	91	117	121	154	151	189
2	2	2	47	2	86	2	118	2	155	2	190
3	3	3	48	3	87	3	119	3	156	3	192
4	4	4	49	4	88	4	121	4	157	4	193
5	5	5	50	5	89	5	122	5	159	5	194
6	6	6	51	6	90	6	123	6	160	6	195
7	8	7	52	7	91	7	124	7	161	7	196
8	9	8	54	8	92	8	125	8	162	8	197
9	11	9	55	9	93	9	126	9	163	9	198
10	12	40	57	70	94	100	128	130	164	160	199
1	13	1	58	1	95	1	129	1	166	1	201
2	14	2	59	2	96	2	130	2	167	2	202
3	15	3	63	3	97	3	131	3	168	3	203
4	16	4	64	4	99	4	132	4	169	4	204
5	17	5	65	5	100	5	133	5	170	5	205
6	21	6	66	6	101	6	134	6	172	6	206
7	23	7	67	7	102	7	135	7	173	7	207
8	24	8	68	8	103	8	136	8	174	8	208
9	26	9	70	9	104	9	138	9	175	9	209
20	30	50	71	80	105	110	139	140	176	170	210
1	31	1	72	1	107	1	140	1	177	1	211
2	32	2	75	2	108	2	143	2	178	2	212
3	—	3	76	3	109	3	144	3	180	3	214
4	35	4	77	4	110	4	145	4	181	4	215
5	37	5	78	5	111	5	146	5	182	5	216
6	38	6	79	6	112	6	147	6	183	6	217
7	39	7	80	7	113	7	148	7	184	7	218
8	40	8	81	8	114	8	149	8	185		
9	43	9	82	9	115	9	151	9	186		
30	45	60	84	90	116	120	152	150	187		

II. Anmerkungszahlen von Band I.

(Am Rande die Nummern der zweiten Auflage und zwar **oben** ihre Einerziffern; **links** die Hunderter- und Zehnerziffern.)

	0	1	2	3	4	5	6	7	8	9
0		1	6	7	8	9	10	11	13	15
1	17	18	19	22	23	24	29	30	31	31
2	34	35	36	37	38	39	42	43	44	45
3	46	47	48	49	50	51	52	53	·	55
4	56	57	58	58[a]	59	60	61	62	63	64
5	65	66	67	68	69	70	71	72	73	75
6	76	77	78	79	80	81	82	83	84	85
7	86	88	89	90	91	92	93	94	95	97
8	98	102	108	109	110	111	112	113	115	116
9	117	118	119	120	121	S. 23–26	129	·	135	136
10	217	220	·	147	148	149	150	151	152	153
1	154	155	156	157	158	159	160	161	162	163
2	164	·	·	171	172	173	174	176	177	178
3	179	180	181	187	188	189	190	191	192	193
4	194	195	196	198	199	200	201	203	203[a]	206
5	207	·	236	237	239	243	245	246	247	248
6	249	251	252	254	255	257	258	259	260	262
7	263	264	265	266	267	268	269	270	271	272
8	273	274	275	276	278	279[a]	280	281	282	283
9	284	289	290	291	292	293	294	299	300	301
20	302	304	305	306	307	308	309	311	312	313
1	314	315	316	317	318	319	320	332	333	334
2	335	336	337	338	339	340	341	342	343	344
3	345	346	347	350	351	352	354	354[a]	355	356
4	361	362	366	367	368	372	374	376	377	378
5	379	·	388	389	390	391	392	393	394	395
6	397	398	400	403	404	406	54	408	409	410
7	411	415	420	424	·	426	428	429	433	434
8	435	436	437	439	440	441	442	443	444	445
9	447	449	450	451	452	453	454	455	456	457
30	458	460	461	462	463	464	465	466	467	468
1	469	470	471	472	473	474	475	476	479	480
2	481	482	483	487	488	489	490	491	492	493
3	494	495	498	499	500	501	502	505	506	507
4	508	509	510	515	516	517	519	520	521	522
5	523	524	525	526	528	529	530	531	532	533
6	534	535	536	537	538	539	540	541	542	545
7	546	549	551	552	553	555	556	557	558	559
8	560	561	562	563	566	567	568	569	571	573
9	574	575	576	577	578	579	580	581	583	585
	0	1	2	3	4	5	6	7	8	9

Fortsetzung.

	0	1	2	3	4	5	6	7	8	9
40	587	588	589	590	591	592	593	594	595	596
1	597	598	599	600	601	602	603	604	605	607
2	608	609	610	611	612	618	619	622	623	626
3	627	628	630	631	632	633	634	635	638	639
4	640	641	642	643	644	645	646	647	648	649
5	650	651	652	653	654	655	656	657	659	660
6	662	663	664	665	667	668	669	670	671	672
7	673	674	675	676	677	678	679	581	682	683
8	686	·	687	688	689	690	691	692	692a	694
9	695	696	697	699	700	701	703	704	708	709
50	711	712	713	714	715	716	717	718	719	720
1	721	722	723	724	727	728	729	730	731	732
2	733	734	735	736	738	739	740	742	743	744
3	745	746	748	749	750	751	752	753	754	755
4	756	757	758	760	761	763	764	765	766	767
5	769	771	772	773	774	775	776	777	778	779
6	780	781	782	783	784	786	787	788	789	790
7	791	793	795	796	798	799	800	802	803	804
8	806	807	808	809	811	812	814	819	820	830
9	831	832	833	834	835	836	842	846	847	848
60	849	850	851	853	856	857	858	859	860	861
1	865	866	872	874	875	876	877	878	879	880
2	881	883	885	886	887	888	889	890	891	892
3	893	894	895	899	900	904	·	·	906	907
4	909	910	914	915	916	917	918	919	932	933
5	·	937	938	939	940	942	943	944	945	946
6	947	949	952	953	955	956	957	958	959	960
7	964	968	969	970	973	974	975	976	978	979
8	980	981	987	988	989	990	993	994	995	996
9	998	999	1000	1001	1002	1003	1004	1005	1006	1007
70	1008	995	1009	1010	1011	1016	1016a	1017	1019	1020
1	1021	1022	1025	1027	1028	1029	1030	1031	1032	1033
2	1035	1036	1038	1039	1040	1041	1043	1044	1045	1048
3	1049	1050	1053	1054	1055	1056	1058	1060	1060a	1061
4	1062	1063	1064	1065	1066	1067	1070	1072	1073	1074
5	1075	1076	1078	1081	1082	1083	1084	1085	1086	1087
6	1088	1089	1090	1092	1093	1094	1095	1097	1099	1100
7	1101	1102	1103	1104	1106	1107	1108	1109	1110	1111
8	1112	1113	1114	1115	·	1118	1122	1123	1124	1125
9	1126	1127	1128	1130	1131	1132	1133	1134	1135	1136
	0	1	2	3	4	5	6	7	8	9

Fortsetzung.

	0	1	2	3	4	5	6	7	8	9
80	1137	1138	1139	1140	1141	1142	1144	1146	1147	1148
1	1149	1150	1152	1153	1154	1155	1156	1157	1158	1159
2	1160	1161	1162	1164	1165	1166	1168	1169	1170	1172
3	1173	1177	1178	1179	1180	1181	1182	1183	1185	1186
4	1187	1188	1191	1194	1195	1197	1199	1200	1201	1202
5	1203	1204	1206	1207	1208	1209	1210	1211	1213	1214
6	1215	1217	1218	1219	1221	1222	1223	1224	1225	1227
7	1228	1229	1230	1231	1232	1233	1238	1239	1240	1241
8	1242	1243	1244	1245	1246	1247	1248	1249	1250	1251
9	1252	1253	1254	1255	1256	1257	1258	1259	1260	1261
90	1262	1263	1264	1265	1266	1267	1268	1269	1270	1271
1	1272	1273	1274	1275	1276	1278	1279	1280	1281	1282
2	1283	1284	1285	1286	1287	1288	1289	1290	1291	1292
3	1293	1294	1295	1296	1298	1299	1300	1302	1303	1306
4	1307	1308	1309	1310	1311	1312	1313	1314	1315	1316
5	1317	1318	1319	1320	1321	1323	1324	1325	1326	1328
6	1329	1330	1331	1332	1333	1334	1335	1336	1337	1338
7	1339	1340	1341	1342	1343					
8										
9										
	0	1	2	3	4	5	6	7	8	9

Band 1: Rechnen. VII, 177 Seiten. 1921. 7.20, geb. 8.20
Band 2: Allgemeine Arithmetik. IV, 221 Seiten. 1921. 8.50, geb. 9.50
Band 3: Proportionen, Gleichungen. IV, 151 Seiten. 1922. 6.—, geb. 7.—
Band 4: Ebene Geometrie. IV, 240 Seiten. 1922. 9.—, geb. 10.—
Band 5: I. Ebene Trigonometrie. II. Sphärik und sphärische Trigonometrie. IV, 185 Seiten. 1923. 7.50, geb. 8.50
Band 6: Analysis, Analytische Geometrie. IV, 169 Seiten. 1924. 7.—, geb. 8.—
Band 7: Stereometrie. Verzeichnisse. V, 128 Seiten. 1924. 6.50, geb. 7.50

„Dem Verfasser gebührt unser Dank für sein die neuesten Ergebnisse historischer Forschungen berücksichtigendes, durch Vollständigkeit und Klarheit sich auszeichnendes Werk. Es verdient seinen Platz im Bücherschrank eines jeden Mathematikers.“ *Naturwissenschaften.*

Mathematische Forschung in den letzten 20 Jahren. Rede, gehalten am 31. Januar 1921 vor der Mathematischen Gesellschaft Benares von deren Vorsitzendem GANESH PRASAD. Aus dem Englischen übersetzt von Dr. FRIEDRICH LANGE. Groß-Oktav. 37 Seiten. 1923. 0.80

In leichtverständlicher Darstellung berichtet der Verfasser über den Aufbau der Theorie der Integralgleichungen und ihre Anwendungen, die Erforschung der Grundlagen der mathematischen Physik, die Verallgemeinerung des Begriffs der konvergenten Reihen und die Entwicklung der modernen Relativitätstheorie.

Neue Rechentafeln. Für Multiplikation und Division mit allen ein- bis vierstelligen Zahlen. Herausgegeben von Professor Dr. J. PETERS, Observator am Astronomischen Recheninstitut. Folio-Format. VI, 378 Seiten. 1909. Geb. 20.—
Diese Rechentafeln von Peters sind ebenfalls in französischer wie englischer Ausgabe zu haben. Je geb. 20.—

Dr. A. L. Crelles Rechentafeln, welche alles Multiplizieren und Dividieren mit Zahlen unter Tausend ganz ersparen, bei größeren Zahlen aber die Rechnung erleichtern und sicherer machen. Neue Ausgabe. Besorgt von O. SEELIGER. Mit Tafeln der Quadrat- und Kubikzahlen von 1—1000. VII, 501 Seiten. Folio. 1930. Geb. 26.—
Diese Rechentafeln von Crelle liegen auch in französischer wie englischer Ausgabe vor. Je geb. 26.—

Fünfstellige Logarithmen. Mit mehreren graphischen Rechentafeln und häufig vorkommenden Zahlwerten. Von Regierungsrat Professor A. ADLER. Zweite Auflage. 117 Seiten u. 1 Tafel. 1929. (Samml. Göschen Bd. 423.) Geb. 1.80

Der Band enthält die gemeinen Logarithmen der ganzen Zahlen bis 1000, die der goniometrischen Funktionen, die wirklichen Werte dieser Funktionen und die Reihe von mathematischen, physikalischen und astronomischen Hilfstafeln, wie sie fünfstelligen Logarithmentafeln gewöhnlich beigegeben sind.

Fünfstellige Logarithmentafeln der trigonometrischen Funktionen für jede Zeitsekunde des Quadranten. Herausgegeben von Prof. Dr. J. PETERS, Observator am Astronomischen Recheninstitut. Lex.-Oktav. IV, 82 Seiten. 1912. 6.—, geb. 7.—

In den vorliegenden Tafeln bietet der Herausgeber, unter Benutzung des wertvollen Materials, das ihm als Resultat der mit J. Bauschinger ausgeführten Bearbeitung der 8 stelligen Tafeln der trigonometrischen Funktionen zur Verfügung stand, der rechnenden Astronomie ein Hilfsmittel von großem Nutzen.

Vollständige logarithmische und trigonometrische Tafeln. Von Professor Dr. E. F. AUGUST, weiland Direktor des Köllnischen Realgymnasiums, Berlin. Achtundvierzigste Auflage in der Bearbeitung von Dr. F. AUGUST, weiland Prof. a. d. Artillerie- u. Ingenieur-Schule, Berlin. Oktav. VII, 204 S. 1927. Geb. 2.—

„Die Anordnungen des Zahlenmaterials in den Tafeln, der klare Druck, handliches Format und gediegene Ausstattung empfehlen das Buch allein.“ *Allgemeine Vermessungs-Nachrichten.*

Vierstellige Tafeln und Gegentafeln für logarithmisches und trigonometrisches Rechnen in zwei Farben zusammengestellt. Von Professor Dr. HERMANN SCHUBERT. Neue Ausgabe von Dr. ROBERT HAUSSNER. o. ö. Professor an der Universität Jena. 175 Seiten. Neudruck 1926. (Samml. Göschen Bd. 81.) Geb. 1.80

„Die vierstelligen Logarithmen sind in der Form recht handlich und gefällig. Besonders zu empfehlen sind die Tafeln für Schulen, wo es von Vorteil ist, die Lernenden nicht mit umfangreichen Büchern zu belasten.“ *Zeitschrift d. Österr. Ingenieur- und Architekten-Vereins.*

Vierstellige Logarithmentafeln. Von Dr. MAX ZACHARIAS, Studienrat am Vereinigten Friedrichs- und Humboldt-Gymnasium in Berlin, und Dr. PAUL METH, Studienrat a. d. Herderschule in Charlottenburg. Groß-Oktav. 44 Seiten. 1927. Geb. 1.50

„Diese Logarithmentafel zeichnet sich durch übersichtliche Anordnung und Reichtum des Gebotenen aus." Deutsche Schulzeitung in Polen.

Logarithmische Rechentafeln für Chemiker, Pharmazeuten, Mediziner und Physiker. Gegründet von Professor Dr. F. W. KÜSTER †. Für den Gebrauch im Unterrichtslaboratorium und in der Praxis berechnet sowie mit Erläuterungen versehen. Nach dem gegenwärtigen Stande der Forschung bearbeitet von Dr. A. THIEL, o. ö. Professor der physikalischen Chemie, Direktor des Physik.-Chem. Instituts der Universität Marburg. Fünfunddreißigste bis vierzigste, verbesserte und vermehrte Auflage. Oktav. 188 Seiten und eine Tafel. 1929. Geb. 7.50

„Die wohl allseitig bekannten Küsterschen Rechentafeln sind dem Chemiker, der sich ihrer einmal bedient hat, zum ungern entbehrten Werkzeug geworden, das sich in seiner bewährten Anordnung des Stoffes zu einem wirklich nützlichen und fast notwendigen Hilfsbuch entwickelt hat. Die Neuauflage erscheint wie üblich nach dem neuesten Stande der Forschung." Zeitschrift für angewandte Chemie.

Fünfstellige Tafeln der Kreis- und Hyperbelfunktionen sowie der Funktionen e^x und e^{-x} mit den natürlichen Zahlen als Argument. Von Dr.-Ing. KEIICHI HAYASHI, Professor an der Kaiserlichen Kyushu-Universität Fukuoka-Hakosaki, Japan. Oktav. IV, 182 Seiten. Neudruck 1928. 9.—

„Der bekannte japanische Verfasser hat aus der Notwendigkeit, die Werte beider Funktionsarten gleichzeitig zur Verfügung zu haben, Tafeln berechnet, in denen nicht nur die Hyperbelfunktionen, sondern auch die Kreisfunktionen mit verschieden großen Abstufungen, auf fünf Dezimalstellen angewendet sind. Die Anordnung dieser Tafeln ist äußerst praktisch, Druck und Papier sind ausgezeichnet, so daß die Benutzung sich bequem und einfach gestaltet. Für alle, die zahlenmäßige Rechnungen mit den genannten Funktionen häufiger auszuführen haben, ist der Gebrauch der Tafeln als praktisch und zeitsparend zu empfehlen." Zeitschrift des Vereins Deutscher Ingenieure.

Hauptsätze der Elementar-Mathematik zum Gebrauch an höheren Lehranstalten. Von Dr. F. G. MEHLER. Neu bearbeitet von Oberstudiendirektor A. SCHULTE-TIGGES. Oktav.

Ausgabe A. 31. Auflage des Stammbuches. Mit 107 Figuren im Text und auf 1 Tafel. XII, 280 Seiten. 1921. 2.80

Ausgabe B mit Übungen. Unterstufe. 13. Auflage. Mit 6 Tafeln. IX, 223 Seiten. 1927. 2.80

Ausgabe B ohne Übungen. 12. Auflage. (Sonst wie die vorige.)
Unterstufe. Mit 3 Tafeln. 166 Seiten. 1923. 1.80
Oberstufe. 8. Auflage. Mit 6 Tafeln. VII, 254 Seiten. 1925. 4.—

Geometrische Aufgaben und Übungen (aus der Ausgabe B).
Unterstufe. Mit 2 Tafeln. 58 Seiten. 1923. 0.60
Oberstufe. 89 Seiten. 1925. 1.50

Hierzu sind erschienen:

Rechentafeln für höhere Lehranstalten. 2. Auflage. 18 Seiten. 1929. 0.30

Arithmetische Aufgabensammlung (aus der Ausgabe B).
Unterstufe. Mit 4 Tafeln. V, 100 Seiten. 1927. 2.50
Oberstufe. 106 Seiten. 1929. 3.—
Ergebnisse zur Unterstufe. 42 Seiten. 1928. 3.—
Auflösungen zur Oberstufe. IV, 92 Seiten. 1929. 4.—

Ferner folgende Einzelteile der Oberstufe mit Übungen:

Grundzüge und Anwendungen der Differential- und Integralrechnung mit zahlreichen Übungsaufgaben für höhere Schulen. Mit 1 Tafel. 63 Seiten. 1925. 1.—
Grundzüge der darstellenden Geometrie mit zahlreichen Übungsaufgaben für höhere Schulen. Mit 4 Tafeln. 63 Seiten. 1925. 1.50

Mathematische Formelsammlung. Von Professor O. TH. BÜRKLEN †. Vollständig umgearbeitete Neuausgabe von Dr. F. RINGLEB. Mit 36 Figuren. 241 Seiten. 1928. (Sammlung Göschen Bd. 51.) Geb. 1.80

„Eine sehr geschickt ausgewählte und recht reichhaltige Sammlung, welche wohlgeeignet ist, die Abiturienten der Gymnasien und Oberrealschulen bei den Repetitionen zu unterstützen und ihnen einen klaren Überblick über das ganze System der Elementarmathematik zu geben." *Fortschritte der Mathematik.*

Mathematische Mußestunden. Eine Sammlung von Geduldspielen, Kunststücken u. Unterhaltungsaufgaben mathematischer Natur. Von Professor Dr. HERMANN SCHUBERT. Vierte Auflage, neubearbeitet von Professor Dr. F. FITTING, München-Gladbach. Oktav. 245 Seiten. 1924. Geb. 6.—

„Das kleine, auch äußerlich hübsch ausgestattete Buch wird allen Lesern Freude machen, und insbesondere der Lehrer wird in ihm eine Fülle von Anregungen für den Unterricht vorfinden. Wir empfehlen die ‚Mußestunden' allgemeiner Beachtung." *Zeitschrift für das Realschulwesen.*

Arithmetik nebst Gleichungen 1. und 2. Grades. Von Professor Dr. HERMANN SCHUBERT. Dritte Auflage, neubearbeitet von Professor P. B. FISCHER, Studienrat am Gymnasium zu Berlin-Steglitz. Mit 5 Figuren. 132 Seiten. 1923. (Sammlung Göschen Bd. 47.) Geb. 1.80

Die neue Bearbeitung des vorliegenden Bandes ist durch einen Abschnitt über Kombinatorik bereichert.

Lehrbuch der Algebra. Von Dr. ALFRED LOEWY, o. Professor an der Universität in Freiburg i. Br. I. Teil: Grundlagen der Arithmetik. Groß-Oktav. VI, 398 Seiten. 1915. 12.—, geb. 13.20

Elementare Algebra. Von Professor P. B. FISCHER, Studienrat am Gymnasium in Berlin-Steglitz. Mit 20 Figuren. 149 Seiten. 1926. (Samml. Göschen Bd. 930.) Geb. 1.80

„Der erste Teil des Bandes behandelt die allgemeine Theorie der algebraischen Gleichungen, der zweite besondere Gleichungen und Lösungsverfahren. Dem Text sind gut gewählte Zahlenbeispiele beigegeben." *Allgem. Vermessungs-Nachrichten.*

Algebra I: Die Grundlagen. Von Dr. OSKAR PERRON, o. ö. Professor an der Universität München. Mit 4 Figuren. 1927. VIII, 307 Seiten. (Göschens Lehrbücherei Bd. 8.) 10.—, geb. 11.50

Algebra II: Theorie der algebraischen Gleichungen. Von Dr. OSKAR PERRON, o. ö. Professor an der Universität München. Mit 5 Figuren. 1927. VIII, 243 Seiten. (Göschens Lehrbücherei Bd. 9.) 8.—, geb. 9.50

Band I enthält die Grundbegriffe, es folgt ein Kapitel über den polynomischen und den Taylorschen Satz und der für den Ingenieur wichtige Abschnitt über Determinanten. Anschließend folgen Kapitel über symmetrische Funktionen, Teilbarkeit und über die Existenz von Wurzeln. Band II ist der Gleichungstheorie gewidmet.

Beispielsammlung zur Arithmetik und Algebra. Von Professor Dr. HERMANN SCHUBERT. Vierte, neubearbeitete und erweiterte Auflage von Professor P. B. FISCHER, Studienrat am Gymnasium zu Berlin-Steglitz. Mit 8 Figuren. 139 Seiten. 1926. (Samml. Göschen Bd. 48.) Geb. 1.80

Die bekannte Beispielsammlung zur Arithmetik und Algebra von H. Schubert erscheint hiermit in einer neuen Bearbeitung. Änderungen gegen die alten Auflagen sind neben unerheblichen Kürzungen und mehrfachen Verbesserungen insofern eingetreten, als die Aufgaben zur Algebra ganz erheblich erweitert wurden.

Irrationalzahlen. Von Dr. OSKAR PERRON, o. ö. Professor an der Universität München. 1921. VIII, 186 Seiten. (Göschens Lehrbücherei Bd. 1.) 6.—, geb. 7.—

Inhalt: Die Grundlagen — Der Begriff der Grenze — Potenzen und Logarithmen — Verschiedene Darstellungsformen irrationaler Zahlen — Approximation irrationaler Zahlen durch rationale — Algebraische und transzendente Zahlen.

Praxis der Gleichungen. Von Dr. C. RUNGE, Professor an der Universität Göttingen. Zweite, verbesserte Auflage. Mit 8 Figuren. 1921. V, 172 Seiten. (Göschens Lehrbücherei Bd. 2.) 6.—, geb. 7.—

Eine erschöpfende Darstellung der Verfahren zur numerischen Auswertung der linearen und nichtlinearen Gleichungen mit einer und mehreren Unbekannten. Dient das Werk auch in erster Linie den Bedürfnissen des praktischen Rechnens, so findet doch auch der Lehrer viele wertvolle Anregungen darin.

Höhere Algebra. Von Dr. HELMUT HASSE, o. ö. Professor der Mathematik an der Universität Halle.
I: Lineare Gleichungen. 160 Seiten. 1926. (Samml. Göschen Bd. 931.) Geb. 1.80
II: Gleichungen höheren Grades. 160 Seiten. 1927. (Samml. Göschen Bd. 932.) Geb. 1.80

„Es ist dem Verfasser gelungen, in engstem Rahmen das Gebäude der „allgemeinen" Algebra vor den Augen des Lesers aufzurichten, einer Algebra, die auf dem Fundament der Definitionen der Ringe, Körper und Integritätsbereiche aufgebaut ist." Zeitschrift für mathem. und naturw. Unterr.

Einführung in die Axiomatik der Algebra. Von Dr. H. BECK, o. Professor an der Universität Bonn. 1926. X, 198 Seiten. (Göschens Lehrbücherei Bd. 6.) 9.—, geb. 10.50

Das vorliegende Buch enthält im wesentlichen den Stoff einer an der Bonner Universität gehaltenen Anfängervorlesung; es erschöpft sich nicht in axiomatischen Dingen, sondern bringt darüber hinaus eine Reihe anderer Gebiete, die der Studierende braucht.

Einführung in die Determinantentheorie einschließlich der Fredholmschen Determinanten. Von Dr. GERHARD KOWALEWSKI, o. Prof. an der Techn. Hochsch. in Dresden. Zweite, verk. Aufl. Gr.-Okt. IV, 304 S. 1925. 14.—, geb. 15.50

„Die Kowalewskische Darstellung des umfangreichen Gebietes zeichnet sich durch die anschauliche Kraft und Klarheit der Sprache vor anderen aus. Die Beschäftigung mit diesem Buche gewährt neben dem wissenschaftlichen Gewinn einen reichen ästhetischen Genuß." Schulwart.

Vektoranalysis in ihren Grundzügen und wichtigsten physikalischen Anwendungen. Von Dr. ARTHUR HAAS, a. o. Professor an der Universität Wien. Zweite, verbesserte Auflage. Mit 37 Abbildungen im Text. Groß-Oktav. VI, 147 Seiten. 1929. 5.—, geb. 6.—

Das Buch stellt die Grundzüge der Vektoranalyse in engstem Zusammenhange mit ihrer Anwendung auf Mechanik, Hydrodynamik, Elektrizitätslehre und Relativitätstheorie dar.

Vektoranalysis. Von Dr. SIEGFRIED VALENTINER, Professor für Physik an der Bergakademie Clausthal. Mit 16 Figuren. Vierte, umgearbeitete Auflage. 136 Seiten. 1929. (Samml. Göschen Bd. 354.) Geb. 1.80

Zahlentheorie. Von Dr. KURT HENSEL, o. ö. Professor an der Universität Marburg. Groß-Oktav. XII, 356 Seiten. 1913. 10.—, geb. 12.—

Grundlehren der neueren Zahlentheorie. Von Professor Dr. PAUL BACHMANN. Zweite, verbesserte Auflage. Herausgegeben von Dr. ROBERT HAUSSNER, ord. Professor an der Universität Jena. Mit 10 Figuren. 1921. XV, 246 Seiten. (Göschens Lehrbücherei Bd. 3.) 8.50, geb. 9.50

Der erste Abschnitt umfaßt die klassische Theorie der rationalen Zahlen, der zweite eine Einführung in die Theorie der algebraischen Zahlen, deren verschiedene Methoden am Beispiel des quadratischen Körpers zu einem harmonischen, in sich geschlossenen Bau zusammengefügt werden.

Synthetische Zahlentheorie. Von Dr. RUDOLF FUETER, o. Professor an der Universität Zürich. Zweite, verbesserte Auflage. 1925. VIII, 277 Seiten. (Göschens Lehrbücherei Bd. 4.) 10.—, geb. 12.—

Die vorliegende zweite Auflage des bewährten Lehrbuches weist gegen die erste zahlreiche Änderungen und Ergänzungen auf.

Das Fermatproblem in seiner bisherigen Entwicklung. Von Professor Dr. PAUL BACHMANN. Oktav. VIII, 160 Seiten. 1919. 2.50

In der vorliegenden Abhandlung gibt der Verfasser eine Übersicht von den Beweisverfahren und den Theorien, welche Euler, Legendre, Gauß, Dirichlet, Kummer und andere Forscher in ihren Studien über das allgemeine Fermatproblem angewandt und entwickelt haben.

Lehrbuch der Mathematik für Studierende der Naturwissenschaften und der Technik. Eine Einführung in die Differential- und Integralrechnung und in die analytische Geometrie. Von Dr. GEORG SCHEFFERS, Geh. Regierungsrat, Prof. a. d. Techn. Hochschule Charlottenburg. Mit 438 Figuren. Sechste, verbesserte Auflage. Lexikon-Oktav. VIII, 743 Seiten. 1925. 30.—, geb. 33.—

Dieses vor allem für Studierende der Naturwissenschaften und der Technik geschriebene Lehrbuch ist in erster Linie für den Selbstunterricht bestimmt und geht daher von dem denkbar geringsten Maß von Vorkenntnissen aus: der Leser braucht nur im Buchstabenrechnen, in der Auflösung von Gleichungen ersten Grades mit einer Unbekannten und in der niederen Geometrie bewandert zu sein.

Determinanten. Von Professor Studienrat PAUL B. FISCHER. Zweite, verbesserte Auflage. Durchgesehener Neudruck. 136 Seiten. 1928. (Samml. Göschen Bd. 402.) Geb. 1.80

Der in einer wesentlich umgearbeiteten Auflage vorliegende Band soll die Studierenden der Mathematik, Physik und technischen Wissenschaften in die Grundzüge der Determinanten einführen.

Gruppentheorie. Von Dr. LUDWIG BAUMGARTNER in München. Mit 8 Figuren. 120 Seiten. 1921. (Samml. Göschen Bd. 837.) Geb. 1.80

Elementare Reihenlehre. Von Dr. HANS FALCKENBERG, Professor an der Universität Gießen. Mit 4 Figuren im Text. 136 Seiten. 1926. (Samml. Göschen Bd. 943.) Geb. 1.80

Das Bändchen will mehr bieten als das, was in jedem Lehrbuch der Infinitesimalrechnung über unendliche Reihen enthalten ist, und fügt deshalb z. B. der Erörterung über das Cauchysche Divergenz- und Konvergenzkriterium auch solche über das Raabesche, das logarithmische und das Gaußsche an

Fouriersche Reihen. Von Dr. W. ROGOSINSKI, a. o. Professor an der Universität Königsberg i. Pr. Mit 4 Figuren. 1930. (Samml. Göschen Bd. 1022.) Geb. 1.80

Lebesguesche Integrale und Fouriersche Reihen. Von Dr. L. SCHLESINGER, o. Professor an der Universität Gießen, und Dr. A. PLESSNER. Groß-Oktav. VIII, 229 Seiten. 1926. 14.—, geb. 16.—

„Das System ist so durchgeführt, daß fast keine Vorkenntnisse gefordert und trotzdem das volle Beherrschen des Materials erzielt werden kann.“ Allgemeine Österr. Chemiker- u. Techniker-Zeitung.

Methoden der praktischen Analysis. Von Dr. FR. A. WILLERS, o. Professor an der Bergakademie Freiberg (Sachsen). 344 Seiten. 1928. (Göschens Lehrbücherei Bd. 12.) 20.—, geb. 21.50

Der Band gibt dem Mathematiker einen Einblick in die Anwendungsmöglichkeiten der Methoden und macht den Naturwissenschaftler und Ingenieur mit den theoretischen Grundlagen bekannt.

Niedere Analysis. Von Professor Dr. BENEDIKT SPORER. Mit 5 Figuren. Zweite, verbesserte Auflage. Sechster Abdruck. 179 Seiten. 1919. (Samml. Göschen Bd. 53.) Geb. 1.80

Ohne den wissenschaftlichen Boden zu verlassen, war es das Bestreben des Verfassers, alle Ableitungen in den verschiedenen Kapiteln dieses umfangreichen Gebietes so einfach und verständlich wie möglich darzustellen und durch Beispiele klarer zu machen.

Höhere Analysis. Von Dr. FR. JUNKER, Rektor des Realgymnasiums und der Oberrealschule in Göppingen (Württemberg). Erster Teil: Differentialrechnung. Mit 167 Übungsbeispielen und 67 Figuren im Text. Dritte, verbesserte Auflage. Neudruck. 204 Seiten. 1929. (Samml. Göschen Bd. 87.) Geb. 1.80
Zweiter Teil: Integralrechnung. Mit 50 Figuren im Text. Vierte, verbesserte Auflage. Neudruck. 132 Seiten. 1929. (Samml. Göschen Bd. 88.) Geb. 1.80

„Die Bändchen sind eine wahre Hochschule des abstrakten Denkens, und das Werk genießt in Fachkreisen mit Recht das höchste Ansehen.“ Magazin für Pädagogik.

Repetitorium und Aufgabensammlung zur Differentialrechnung. Von Rektor Dr. FR. JUNKER. Vierte, verbesserte Auflage von Oberstudienrat Professor Dr. A. WITTING. Mit 47 Figuren im Text. 130 Seiten. 1928. (Samml. Göschen Bd. 146.) Geb. 1.80

Der Band, der sich als vorzügliches Mittel zur Einübung der elementaren Sätze und Formeln der Differentialrechnung bewährt hat, erfuhr bei seiner Neuauflage eine bedeutende Verbesserung und Erweiterung.

Repetitorium und Aufgabensammlung zur Intregalrechnung. Von Rektor Dr. FR. JUNKER. Mit 52 Figuren im Text. Dritte, verbesserte Auflage Neudruck. 135 Seiten. 1929. (Samml. Göschen Bd. 147.) Geb. 1.80

„Die reichhaltige Aufgabensammlung ist für den Selbstunterricht sehr geeignet. Das nützliche Büchlein wird weiterhin die verdiente große Verwendung finden.“ Schweizer Pädagogische Zeitschrift.

Lehrbuch der Differentialgleichungen. Von Dr. HEINRICH LIEBMANN, o. Professor an der Universität Heidelberg. Groß-Oktav. VI, 226 Seiten. Mit 31 Figuren. 1901. 6.—, geb. 7.20

Einführung in die Theorie der gewöhnlichen Differentialgleichungen auf funktionentheoretischer Grundlage. Von Dr. LUDW. SCHLESINGER, o. Professor an der Universität Gießen. Dritte, neubearbeitete Auflage. Groß-Oktav. VIII, 326 Seiten. 1922. 10.—, geb. 11.—

Es war das Bestreben des Verfassers, durch die hier gegebene Darstellung die Theorie der Differentialgleichungen auch denjenigen leichter zugänglich zu machen, die es mit den Anwendungen der Analysis zu tun haben.

Gewöhnliche Differentialgleichungen. Von Dr. G. HOHEISEL. 159 Seiten. 1926. (Samml. Göschen Bd. 920.) Geb. 1.80

Der Band beginnt mit einer elementar gehaltenen Einführung in die Theorie der gewöhnlichen Differentialgleichungen, geht aber in den späteren Teilen über die Anfangsgründe hinaus. Bei der Auswahl des Stoffes wurden Gegenstände, welche Anwendungen zulassen, bevorzugt.

Gewöhnliche Differentialgleichungen. Von Dr. J. HORN, o. Professor an der Technischen Hochschule Darmstadt. Zweite, völlig umgearb. Auflage. Mit 4 Figuren. 1927. VIII, 197 Seiten. (Göschens Lehrbücherei Bd. 10.) 9.—, geb. 10.50

Inhalt: Elementare Integrationsmethoden, Existenzbeweise, Methode der schrittweisen Annäherung, numerische und graphische Näherungsmethoden, lineare Differentialgleichungen, elementare Integrationsmethoden und weitere Untersuchungen im reellen Gebiet, Existenzbeweise im komplexen Gebiet, Abhängigkeit der Lösungen von Parametern und Anfangswerten, Singularitäten nichtlinearer Differentialgleichungen.

Partielle Differentialgleichungen. Von Dr. G. HOHEISEL. 159 Seiten. 1928. (Samml. Göschen Bd. 1003.) Geb. 1.80

Das Buch enthält alle wichtigen Lehrsätze und Methoden für die Integration der partiellen Differentialgleichungen. Trotz der Kürze sind alle wesentlichen Ideen und Wege aufgezeigt.

Partielle Differentialgleichungen. Von Dr. J. HORN, o. Professor an der Technischen Hochschule Darmstadt. Zweite, umgearbeitete Auflage. Mit 8 Figuren. VIII, 228 Seiten. 1929. (Göschens Lehrbücherei Bd. 14.) 11.—, geb. 12.—

In diesem einführenden Lehrbuch, das seine Eigenart ganz aus dem bewährten Programm von „Göschens' Lehrbücherei" herleitet, werden sowohl lineare partielle Differentialgleichungen zweiter Ordnung, wie sie in der mathematischen Physik vorkommen als auch nichtlineare partielle Differentialgleichungen erster und zweiter Ordnung behandelt, sowohl Randwert- als auch Anfangswertprobleme, durchweg unter Beschränkung auf zwei unabhängige Veränderliche; es wird auch eine Einführung in die häufig benutzte Theorie der Integralgleichungen gegeben.

Mengenlehre. Von Professor Dr. E. KAMKE. Mit 6 Figuren. 160 Seiten. 1928. (Samml. Göschen Bd. 999.) Geb. 1.80

Der Band behandelt die grundlegenden Tatsachen der Mengenlehre, die für alle Zweige der Mathematik so große Bedeutung gewonnen hat. Die Definition der Menge erfolgt im Anschluß an Cantor. Besondere Vorkenntnisse werden nicht vorausgesetzt.

Mengenlehre. Von Dr. F. HAUSDORFF, o. Professor an der Universität Bonn. Zweite, neubearbeitete Auflage. Mit 12 Figuren. 1927. 285 Seiten. (Göschens Lehrbücherei Bd. 7.) 12.—, geb. 13.50

Das Lehrbuch setzt beim Lesen keine höheren mathematischen Kenntnisse als die Anfangsgründe der Differential- und Integralrechnung, allerdings aber eine gewisse Schärfe des abstrakten Denkens voraus und wird von Studierenden in mittleren Semestern mit Erfolg gelesen werden können.

Funktionentheoretische Vorlesungen. Von HEINRICH BURKHARDT. Neu herausgegeb. von Dr. GEORG FABER, o. Prof. a. d. Techn. Hochsch. in München.

I. Band 1. Heft. Dritte, umgearbeitete Auflage. Groß-Oktav. X, 182 Seiten. 1920. 6.—, geb. 7.20

I. Band 2. Heft. Fünfte, umgearbeitete Auflage. Groß-Oktav. X, 286 Seiten. 1921. 9.—, geb. 10.50

II. Band. Dritte, vollständig umgearbeitete Auflage. Groß-Oktav. VI, 444 Seiten. 1920. 14.—, geb. 15.50

Das Buch will in einer für Studierende geeigneten Form den Zugang zu den Funktionentheorien von Weierstraß und von Riemann zugleich erschließen.

Einleitung in die Funktionentheorie. (Die komplexen Zahlen und ihre elementaren Funktionen.) Von MAX ROSE, Oberlehrer an der Goetheschule zu Berlin-Wilmersdorf. Mit 10 Figuren. Zweite, verbesserte Auflage. 135 Seiten. 1918. (Samml. Göschen Bd. 581.) Geb. 1.80

Der Verfasser gibt eine systematische Darstellung aller derjenigen Hilfsmittel, deren die Funktionentheorie zur Entwicklung ihrer Prinzipien bedarf. Im Anhang werden die Grundzüge der konformen Abbildung erörtert und an Beispielen erläutert.

Funktionentheorie. Von Dr. KONRAD KNOPP, o. Professor an der Universität Tübingen.

Erster Teil: Grundlagen der allgemeinen Theorie der analytischen Funktionen. Mit 8 Figuren. Zweite, vollständig neubearbeitete Auflage. Durchgesehener Neudruck. 140 Seiten. 1926. (Sammlung Göschen Bd. 668.) Geb. 1.80

Zweiter Teil: Anwendungen und Weiterführung der allgemeinen Theorie. Mit 7 Figuren. Zweite, vollständig neubearbeitete Auflage. Durchgesehener Neudruck. 138 Seiten. 1926. (Samml. Göschen Bd. 703.) Geb. 1.80

„Die beiden vollständig neubearbeiteten Bände seien allen Studierenden der Mathematik als Muster klarer und strenger Darstellung aufs wärmste empfohlen." Monatsschrift für Mathematik und Physik.

Aufgabensammlung zur Funktionentheorie. Von Dr. KONRAD KNOPP, o. Professor an der Universität Tübingen.

Erster Teil: Aufgaben zur elementaren Funktionentheorie. 136 Seiten. 1923. (Samml. Göschen Bd. 877.) Geb. 1.80

Zweiter Teil: Aufgaben zur höheren Funktionentheorie. 143 Seiten. 1928. (Samml. Göschen Bd. 878.) Geb. 1.80

Die Mehrzahl der in den beiden Bänden enthaltenen Aufgaben beziehen sich auf Knopps „Funktionentheorie" (Samml. Göschen Bd. 668 und 703). Sämtlichen Aufgaben sind die Lösungen beigegeben.

Automorphe Funktionen. Von Dr. L. SCHLESINGER, o. Professor an der Universität Gießen. X, 205 Seiten. 1924. (Göschens Lehrbücherei Bd. 5.) 8.—, geb. 9.20

Im ersten Abschnitt wird die Kernfrage an einfachen Beispielen behandelt, darauf die notwendigsten Sätze aus der nichteuklidischen Geometrie unter Heranziehung der Kreisverwandtschaften. Es folgt der Diskontinuitätsbeweis der zugehörigen Gruppe von Verschiebungen und der Existenzbeweis für die zu einem Normalpolygon gehörigen automorphen Funktionen

Elliptische Funktionen. Von Dr. R. KÖNIG, o. Professor der Mathematik an der Universität Jena, und Dr. M. KRAFFT, a. o. Professor an der Universität Marburg i. H. Mit 4 Figuren. 263 Seiten. 1928. (Göschens Lehrbücherei Bd. 11.) 13.—, geb. 14.50

Das Buch will dem Studierenden und Fachmann die elliptischen Funktionen als Glied eines großen Organismus verstehen lehren, der mit den einfachsten analytischen Funktionen, den rationalen, beginnt und schließlich zu den Riemannschen Funktionensystemen emporwächst.

Einführung in die Theorie der algebraischen Funktionen einer Veränderlichen. Von HEINRICH W. E. JUNG, o. ö. Prof. an der Universität Halle-Wittenberg. Mit 35 Abb. im Text. Groß-Oktav. VI, 246 S. 1923. 3.50, geb. 4.—

„Das überaus klar und anschaulich geschriebene Buch wird allen denjenigen, die sich mit den grundlegenden Methoden der arithmetischen Theorie der algebraischen Funktionen vertraut machen wollen, von Nutzen sein." Zeitschrift für mathem. u. naturwiss. Unterricht.

Theorie des Potentials und der Kugelfunktionen. Von Professor Dr. A. WANGERIN in Halle a. d. S.

I. Teil: Mit 46 Fig. VIII, 255 S. Unveränd. Neudr. 1922. (Slg. Schub. Bd. 58.) Geb. 4.—

II. Teil: Mit 17 Fig. VIII, 286 Seiten. 1921. (Samml. Schubert Bd. 59.) Geb. 4.—

„Wer in die Potentialtheorie eindringen will, findet in dem leichtverständlichen Buch einen zuverlässigen und angenehmen Führer." Zeitschrift f. d. mathem. u. naturwiss. Unterricht

Potentialtheorie. Von Dr. W. STERNBERG, a. o. Professor in Breslau.
I. Die Elemente der Potentialtheorie. Mit 5 Figuren. 136 Seiten. 1925. (Samml. Göschen Bd. 901.) Geb. 1.80
II. Die Randwertaufgaben der Potentialtheorie. Mit 1 Figur. 133 Seiten. 1926. (Samml. Göschen Bd. 944.) Geb. 1.80

„Die Bände geben einen klaren Einblick in die Gedankengänge und Beweismethoden der Potentialtheorie. Da es dem Verfasser gelungen ist, trotz der räumlichen Enge alle erforderlichen Beweise exakt durchzuführen, ist das Werk als Hilfsbuch neben einer Vorlesung durchaus zu empfehlen."
Zeitschrift für den mathem. u. naturw. Unterricht.

Numerische Integration. Von Professor Dr. FR. A. WILLERS. Mit 2 Figuren. 116 Seiten. 1923. (Samml. Göschen Bd. 864.) Geb. 1.80

Die Darstellung ist sehr übersichtlich und so elementar als möglich gehalten. Sie setzt nur die Kenntnisse der Grundgesetze der Differential- und Integralrechnung voraus und wendet sich an Mathematiker, Physiker und vor allem an Ingenieure, für die das Buch eine gute Anleitung und Einführung ist.

Graphische Integration. Von Professor Dr. FR. A. WILLERS. Mit 53 Figuren. 142 Seiten. 1920. (Samml. Göschen Bd. 801.) Geb. 1.80

Der Verfasser versucht, einem weiteren Kreise die immer noch zu wenig benutzten zeichnerischen Methoden bekanntzumachen. Er setzt dabei so wenig Vorkenntnisse wie möglich voraus.

Taschenbuch für praktische Geometrie. Von Dr. H. LÖSCHNER, o. ö. Professor an der Deutschen Technischen Hochschule in Brünn. Mit 10 Figuren im Text. Klein-Oktav. X, 147 Seiten. 1922. Geb. 2.—

Der vorliegende Band enthält die wichtigsten Formeln der praktischen Geometrie, die Konstanten und Genauigkeitsangaben, Leitsätze für die Beobachtungen und Merkregeln für die Behandlung, Beförderung und Aufbewahrung geodätischer Instrumente und Geräte.

Grundzüge der ebenen Geometrie. Von Professor Dr. FR. BOHNERT in Hamburg. Mit 220 Fig. VIII, 223 Seiten. 1915. (Samml. Schubert Bd. 2.) Geb. 3.90

Ebene Geometrie. Von G. MAHLER, Professor der Mathematik am Gymnasium in Ulm. Mit 110 zweifarbigen Figuren. Vierte, verbesserte Auflage. Neudruck. 166 Seiten. 1922. (Samml. Göschen Bd. 41.) Geb. 1.80

Ebene und sphärische Trigonometrie. Von Prof. Dr. F. BOHNERT in Hamburg. Zweite Auflage. Dritter Neudruck. Mit 63 Figuren. VIII, 167 Seiten. 1919. (Samml. Schubert Bd. 3.) Geb. 4.40

Das Buch enthält die Grundbegriffe der Trigonometrie. Die beigegebenen Beispiele sollen den unentbehrlichen Übungsstoff liefern und gleichzeitig einen Überblick über die vielfache Verwendbarkeit und Bedeutsamkeit der Trigonometrie gewähren. Das letzte Kapitel bietet die wichtigsten Anwendungen der Sphärik auf die mathematische Geographie.

Ebene und sphärische Trigonometrie. Von Dr. GERHARD HESSENBERG, o. Professor an der Technischen Hochschule Berlin. Mit 59 Figuren. Dritte, neubearbeitete Auflage. Durchgesehener Neudruck. 171 Seiten. 1926. (Samml. Göschen Bd. 99.) Geb. 1.80

„Der Verfasser hat seine Aufgabe, in dem engen Rahmen nicht bloß alle wichtigen Formeln mitzuteilen, sondern auch die Grundgedanken, auf welchen dieselben beruhen, klar darzustellen und den Zusammenhang derselben, ihre Bedeutung und Anwendbarkeit hervorzuheben, vortrefflich gelöst."
Archiv der Mathematik und Physik.

Sammlung von Aufgaben aus der ebenen und sphärischen Trigonometrie. Von Dr. FRITZ HEILAND, Studienrat am Gymnasium in Jena. Mit 26 Figuren. 152 Seiten. 1922. (Samml. Göschen Bd. 848.) Geb. 1.80

Die Sammlung schließt sich nach Anordnung und Bezeichnung dem Lehrbuch Hessenbergs (Samml. Göschen Bd. 99) an. Wichtigere Formeln sind vorangestellt, zum Teil mit Ableitung. Zu sämtlichen Aufgaben sind die Lösungen angegeben.

Stereometrie. Von Professor Dr. ROBERT GLASER. Dritte, verbesserte Auflage. Neudruck. Mit 81 Figuren. 139 Seiten. 1920. (Samml. Göschen Bd. 97.) Geb. 1.80

Sammlung von Aufgaben aus der Stereometrie. Von Professor Dr. ROBERT GLASER. Mit 54 Figuren. 168 Seiten. 1917. (Samml. Göschen Bd. 779.) Geb. 1.80

Aufgaben über Prisma und Zylinder — Projektionszeichnen — Pyramiden und Kegel — Kugel und Kugelteile — konoidartige Körper — Prismatoide — schief abgeschnittene Prismen und Zylinder — Guldinsche Regel.

Einführung in die analytische Geometrie. Von Professor Dr. GERHARD KOWALEWSKI. Mit 112 Figuren. Dritte, unveränderte Auflage. Lexikon-Oktav. VIII, 360 Seiten. 1929. Geb. 11.20

Das aus Vorlesungen entstandene Buch ist namentlich zum Gebrauch für Studierende bestimmt.

Lehrbuch der analytischen Geometrie. Von Dr. FRIEDRICH SCHUR, o. Professor an der Universität Breslau. Zweite, verbesserte und vermehrte Auflage. Mit 81 Figuren. Groß-Oktav. XII, 248 Seiten. 1912. 6.50, geb. 7.70

Analytische Geometrie der Ebene. Von Dr. R. HAUSSNER, o. ö. Professor an der Universität Jena. Mit 60 Figuren. 164 Seiten. 1928. (Samml. Göschen Nr. 65.) Geb. 1.80

Die Darstellung beginnt elementar und setzt nur die nötigsten planimetrischen und algebraischen Schulkenntnisse voraus. Es ist nicht nur die allgemeine Theorie der analytischen Gebilde ersten und zweiten Grades vollständig gegeben, sondern auch eine größere Zahl von speziellen Sätzen, vornehmlich über die Kegelschnitte.

Aufgabensammlung zur analytischen Geometrie der Ebene. Von Dr. R. HAUSSNER, o. ö. Professor an der Universität Jena. 1930. (Samml. Göschen Bd. 256.) Geb. 1.80

Analytische Geometrie des Raumes. Von Professor Dr. MAX SIMON, Straßburg i. E. Mit 28 Abbildungen. Dritte, verbesserte Auflage. Neudruck. 208 Seiten. 1922. (Samml. Göschen Bd. 89.) Geb. 1.80

Das Werk besitzt den Charakter eines ausführlichen Lehrbuches; es gibt eine übersichtliche und abgeschlossene Darstellung der analytischen Geometrie des Raumes nach dem gegenwärtigen Stande der wissenschaftlichen Forschung und bietet zuverlässige Belehrung über die analytisch-geometrischen Theorien.

Aufgaben zur analytischen Geometrie des Raumes. Von O. TH. BÜRKLEN, Professor am Realgymnasium in Schwäb.-Gmünd. Mit 8 Figuren. Zweite, verbesserte und vermehrte Auflage. Neudruck. 109 Seiten. 1923. (Samml. Göschen Bd. 309.) Geb. 1.80

Die vorliegende Sammlung ist für die erste Einführung bestimmt. Sie soll dem Schüler oder Studierenden Gelegenheit geben, die analytischen Methoden anzuwenden, die Gebilde in ihren verschiedenen Lagen und ihren besonderen Fällen, sowie ihre Beziehungen zueinander zu erfassen und zugleich seine Raumanschauung zu bilden.

Elementargeometrie der Ebene und des Raumes. Von Professor Dr. MAX ZACHARIAS in Berlin. Mit 196 Figuren im Text. 252 Seiten. 1929. (Göschens Lehrbücherei Bd. 16.) 13.—, geb. 14.50

Die Elementargeometrie wird nicht vom Standpunkte des Schulunterrichts, sondern von dem der Wissenschaft aus behandelt. Ausgangspunkt ist das (etwas modifizierte) Hilbertsche Axiomensystem. In der Darstellung treten zwei Momente in den Vordergrund: die geschichtliche Entwicklung und die prinzipielle Begründung der einzelnen Gebiete.

Nichteuklidische Geometrie. Von Prof. Dr. H. LIEBMANN in Heidelberg. Mit 40 Figuren. Dritte Auflage. 150 Seiten. 1923. 6.—, geb. 7.—

Das vorliegende Buch will, möglichst wenig an mathematischen Kenntnissen voraussetzend, in die nichteuklidische Geometrie einführen, und zwar nur auf einem Gebiete — dem der Ebene —, auf diesem aber gründlich dargestellt.

Nichteuklidische Geometrie. Von Professor Dr. RICHARD BALDUS. Mit 71 Figuren. 152 Seiten. 1927. (Sammlung Göschen Bd. 970.) Geb. 1.80

Wenn auch der Band durch möglichste Klarheit und zahlreiche Figuren, auf die besondere Sorgfalt verwendet wurde, zunächst auf den Neuling auf diesem Gebiet Rücksicht nimmt, so dürfte doch auch der Fachmann manches Neue darin finden. Daß bis zu den Übergängen aus dem mathematischen in das rein philosophische Gebiet vorgedrungen wird, dürfte philosophisch interessierten Lesern willkommen sein.

Kreis und Kugel. Von Dr. WILHELM BLASCHKE, o. Prof. an der Universität Hamburg. Mit 27 Fig. im Text. Groß-Oktav. X, 169 Seiten. 1916. 4.40, geb. 5.50

Einführung in die konforme Abbildung. Von Dr. LUDWIG BIEBERBACH, o. ö. Professor an der Universität Berlin. Zweite, neubearbeitete Auflage. Mit 38 Figuren. 131 Seiten. 1927. (Samml. Göschen Bd. 768.) Geb. 1.80

„Der Autor faßt seine Aufgabe, eine Einführung in die konforme Abbildung zu geben, in doppeltem Sinne auf. Er vermittelt dem Leser die eigentlich elementaren Teile der Theorie der konformen Abbildung; andererseits eröffnet er durch Eingehen auf einzelne neue Entwicklungen den Zugang zu den modernsten und tiefsten Untersuchungen der gesamten Funktionentheorie."

Jahrbuch über die Fortschritte der Mathematik.

Anwendung der Differential- und Integralrechnung auf Geometrie. Von Dr. GEORG SCHEFFERS, Geh. Reg.-Rat, Professor an der Technischen Hochschule Charlottenburg. I. Mit 107 Figuren. Dritte, verbesserte Auflage. XII, 482 Seiten. 1923. 13.—, geb. 14.50
II. Mit 110 Fig. Dritte, verbesserte Aufl. XI, 582 Seiten. 1922. 15.—, geb. 16.50
Die besprochenen Probleme werden alle mit großer Ausführlichkeit behandelt. Die am Schluß beigefügten Formeltafeln und Register erhöhen den Wert des Werkes, das nicht nur einführen, sondern auch zu selbständigen Forschungen anregen soll.

Allgemeine Theorie der Raumkurven und Flächen. Von Oberstudiendirektor Dr. VIKTOR KOMMERELL in Tübingen und Prof. Dr. KARL KOMMERELL in Tübingen. I. Teil. Dritte Auflage. Mit 28 Figuren. VIII, 184 Seiten. 1921. (Samml. Schubert Bd. 29.) Geb. 3.—
II. Teil. Dritte Aufl. Mit 13 Fig. IV, 196 S. 1921. (Samml. Schubert Bd. 44.) Geb. 3.—
In der neuen Auflage werden u. a. die Untersuchungen Salkowskis über die Raumkurven und die Bertrandschen Kurven berücksichtigt.

Spezielle Flächen und Theorie der Strahlensysteme. Von Oberstudiendirektor Dr. VIKTOR KOMMERELL in Tübingen und Prof. Dr. KARL KOMMERELL in Tübingen. Mit 9 Figuren. VI, 171 Seiten. 1911. (Samml. Schubert Bd. 62.) Geb. 7.30

Liniengeometrie mit Anwendungen. Von Professor Dr. KONRAD ZINDLER in Innsbruck. I. Teil. Mit 87 Figuren. Neudruck. VIII, 380 Seiten. 1928. (Samml. Schubert Bd. 34.) Geb. 18.—
II. Teil. Mit 24 Figuren. VII, 252 Seiten. 1906. (Samml. Schubert Bd. 51.) Geb. 9.50
Ein besonderer Vorzug dieses vorliegenden Lehr- und Einführungsbuches sind die jedem Bande beigegebenen Übungsaufgaben, zu deren Lösung sich am Schluß eine Anleitung befindet.

Projektive Geometrie in synthetischer Behandlung. Von Dr. KARL DOEHLEMANN, weil. Professor an der Technischen Hochschule München. Fünfte Auflage.
Erster Teil. Mit 59 Figuren. 132 Seiten. 1922. (Samml. Göschen Bd. 72.) Geb. 1.80
Zweiter Teil. Mit 55 Figuren. 138 Seiten. 1924. (Samml. Göschen Bd. 876.) Geb. 1.80
„Die Darstellung ist musterhaft klar und leichtverständlich und wird durch übersichtliche Zeichnungen und zahlreiche Aufgaben aufs trefflichste illustriert." Bayerische Blätter für das Gymnasialschulwesen.

Geometrische Transformationen. Von Dr. KARL DOEHLEMANN, weil. Professor an der Technischen Hochschule München. Zweite Auflage, herausgeg. von Dr. WILHELM OLBRICH, Prof. an der Hochschule für Bodenkultur in Wien. Mit 89 Figuren im Text und 4 Abbildungen. VIII, 246 Seiten. 1930. (Göschens Lehrbücherei Bd. 15.) Im Druck.

Lehrbuch der darstellenden Geometrie. Von Dr. KARL ROHN, Geh. Rat, weiland Professor an der Universität Leipzig, und Dr. ERWIN PAPPERITZ, Geh. Rat, Professor an der Bergakademie in Freiberg i. Sa. Drei Bände. Groß-Oktav. I. Orthogonalprojektion. Vielflache, Perspektivität ebener Figuren, Kurven, Zylinder, Kugel, Kegel, Rotations- und Schraubenflächen. Vierte, erweiterte Auflage. XX, 502 Seiten. Mit 351 Figuren. 1913. Anastatischer Nachdruck. 1921. 16.50, geb. 18.—
II. Axonometrie, Perspektive, Beleuchtung. Vierte, umgearbeitete Auflage. VI, 194 Seiten mit 118 Figuren. 1916. 6.20, geb. 7.20
III. Kegelschnitte, Flächen zweiten Grades, Regel-, abwickelbare und andere Flächen. Flächenkrümmung. Vierte, unveränderte Auflage. X, 334 Seiten. Mit 157 Figuren. 1923. 10.80, geb. 12.—

Darstellende Geometrie. Von THEODOR SCHMID, o. ö. Professor an der Technischen Hochschule in Wien. I. Teil: Eckige Körper, Kugel, Zylinder, Kegel, Plankurven und Raumkurven mit den zugehörigen Torsen im Normalrißverfahren und in orthogonaler Axonometrie. Dritte Auflage. Mit 170 Figuren. 283 Seiten. 1922. (Samml. Schubert Bd. 65.) Geb. 6.—
II. Teil: Schiefe und zentrale Projektion. Dreh-, Rohr-, Schrauben- und Regelflächen. Geländedarstellung, Kartenprojektion, Nomographie. Zweite Auflage. Mit 163 Figuren. 340 Seiten. 1923. (Samml. Schubert Bd. 66.) Geb. 7.50
„Unter den zahlreichen guten Lehrbüchern der darstellenden Geometrie steht das vorliegende mit in erster Reihe. Ausgezeichnete Figuren, klare Darstellung, reicher Inhalt sind seine besonderen Kennzeichen." Unterrichtsblätter f. Mathem. u. Naturw.

Darstellende Geometrie. Von Dr. ROBERT HAUSSNER, o. ö. Professor der Mathematik an der Universität Jena. Erster Teil: Elemente; Ebenflächige Gebilde. Vierte, verbesserte Auflage. Mit 110 Figuren im Text. 207 Seiten. 1929. (Samml. Göschen Bd. 142.) Geb. 1.80
Zweiter Teil: Perspektive ebener Gebilde; Kegelschnitte. Dritte, verbesserte und vermehrte Auflage. Mit 88 Figuren im Text. 168 Seiten. 1929. (Samml. Göschen Bd. 143.) Geb. 1.80

In vier Abschnitten werden die Parallelprojektion ebener und räumlicher Gebilde, die Darstellung von Punkt, Gerader und Ebene in senkrechter Projektion auf zwei zueinander senkrechte Ebenen sowie ebenflächige Gebilde behandelt.

Koordinatensysteme. Von Professor PAUL B. FISCHER, Studienrat am Gymnasium zu Berlin-Steglitz. Mit 8 Figuren. Zweite, verbesserte Auflage. 128 Seiten. 1919. (Samml. Göschen Bd. 507.) Geb. 1.80

Der Verfasser versucht den Koordinatenbegriff von einem allgemeinen Standpunkt aus darzustellen. Durch sorgfältig ausgewählte, zahlreiche Literaturangaben wird der Wert des Bandes erhöht.

Algebraische Kurven. Neue Bearbeitung von Dr. H. WIELEITNER, Oberstudiendirektor in München.

Erster Teil: Gestaltliche Verhältnisse. Mit 97 Figuren. Durchgesehener Neudruck. 146 Seiten. 1930. (Samml. Göschen Bd. 435.) Geb. 1.80

Zweiter Teil: Allgemeine Eigenschaften. Mit 35 Figuren. Neudruck. 123 Seiten. 1919. (Samml. Göschen Bd. 436.) Geb. 1.80

Praktisches Zahlenrechnen. Von Professor Dr.-Ing. P. WERKMEISTER in Dresden. Mit 60 Figuren. Zweite, verbesserte Auflage. 136 Seiten. 1929. (Samml. Göschen Bd. 405.) Geb. 1.80

Das Buch gibt eine übersichtliche Auskunft über die in der Praxis angewendeten Arten des Rechnens. Es wird daher in allen Kreisen der Technik und Naturwissenschaft ein willkommener Führer und Ratgeber sein.

Mathematische Instrumente. Von Professor Dr. FR. A. WILLERS. Mit 68 Figuren. 144 Seiten. 1926. (Samml. Göschen Bd. 922.) Geb. 1.80

Der Band bringt nicht nur eine Beschreibung der mathematischen Instrumente, sondern auch eine genaue Theorie, aus der die Anwendungsmöglichkeiten, die beste Art des Gebrauchs, sowie die Größe der auftretenden Ungenauigkeiten abgeleitet werden.

Vermessungskunde. Von Dr.-Ing. P. WERKMEISTER, o. Professor an der Technischen Hochschule Dresden.
I: Stückmessung und Nivellieren. Mit 140 Figuren. Vierte Auflage. 156 Seiten. 1926. (Samml. Göschen Bd. 468.) Geb. 1.80
II: Messung von Horizontalwinkeln, Festlegung von Punkten im Koordinatensystem. Absteckungen. Mit 93 Figuren. Dritte Auflage. 136 Seiten. 1930. (Samml. Göschen Bd. 469.) Geb. 1.80
III: Trigonometrische und barometrische Höhenmessung, Tachymetrie und Topographie. Mit 61 Figuren. Zweite Auflage. 136 Seiten. 1923. (Samml. Göschen Bd. 862.) Geb. 1.80

Graphische Darstellung in Wissenschaft und Technik. Von Professor Dr. MARCELLO PIRANI, Privatdozent an der Technischen Hochschule in Charlottenburg. Mit 58 Figuren. Neudruck. 126 Seiten. 1922. (Samml. Göschen Bd. 728.) Geb. 1.80

Von der einfachen Darstellung von Größen mit unbekanntem Zusammenhang in Form von Kurven oder Skalen ausgehend, geht der Verfasser zur Darstellung von Größen bekannter Abhängigkeit (Funktionsskalen, insbesondere logarithmische projektive Teilung) über und bespricht dann die Aufstellung von Rechentafeln namentlich mit der Methode der fluchtrechten Punkte oder mit Hilfe mehrerer gekreuzter Linien.

Wahrscheinlichkeitsrechnung. Von Dr. OTTO KNOPF, o. Professor der Astronomie an der Universität Jena. I. 112 Seiten. 1923. II. Mit 10 Figuren. 112 Seiten. 1923. (Samml. Göschen Bd. 508 und 871.) Geb. je 1.80

Eine knappe, klare Darstellung der Wahrscheinlichkeitsrechnung, deren Wert für die mathematischen Grundlagen des Versicherungswesens, für die statistische Mechanik und neuerdings auch für das Fernsprechwesen auf der Hand liegt.

Ausgleichungsrechnung nach der Methode der kleinsten Quadrate. Von WILHELM WEITBRECHT, Professor der Geodäsie in Stuttgart. Zweite, veränderte Auflage.

I. Teil: Ableitung der grundlegenden Sätze und Formeln. Mit 8 Figuren. Neudruck. 127 Seiten. 1919. (Samml. Göschen Bd. 302.) Geb. 1.80

II. Teil: Zahlenbeispiele. Mit 8 Figuren. Neudruck. 141 Seiten. 1920. (Samml. Göschen Bd. 641.) Geb. 1.80

Jeder der beiden Teile bildet ein das ganze Gebiet umfassendes, für sich geschlossenes Ganzes. Der erste enthält die Ableitung der grundlegenden Sätze und Formeln, während im zweiten die fertigen Ergebnisse dieser Ableitungen zusammengestellt und auf hauptsächlich dem Gebiet der Geodäsie entnommene Zahlenbeispiele angewendet werden.

Versicherungsmathematik. Von Dr. FRIEDRICH BOEHM, Professor an der Universität München.

I: Elemente der Versicherungsrechnung. 144 Seiten. 1925. (Samml. Göschen Bd. 180.) Geb. 1.80

II: Lebensversicherungsmathematik. Einführung in die technischen Grundlagen der Sozialversicherung. 171 Seiten. 1926. (Samml. Göschen Bd. 917.) Geb. 1.80

Der erste Band behandelt den Zins als erste, die Sterbetafel als zweite Rechnungsgrundlage, die Prämienreserve und die Versicherung verbundener Leben. Der zweite Band enthält außer einer eingehenden Behandlung der Lebensversicherungsmathematik eine Einführung in die technischen Grundlagen der Sozialversicherung.

Politische Arithmetik. (Zinseszinsen-, Renten- und Anleiherechnung.) Von Dr. EMIL FOERSTER, Honorardozent an der Technischen Hochschule in Wien. Mit 7 Figuren. 155 Seiten. 1924. (Samml. Göschen Bd. 879.) Geb. 1.80

In 6 Kapiteln wird der Reihe nach die einfache Zinsenrechnung, die Zinseszinsenrechnung für Einzelkapitalien und Renten, das Rechnen mit vorschüssigen Zinsen, die Schuldentilgung sowie die Kurs- und Rentabilitätsrechnung behandelt.

Statik. Von Professor Dipl.-Ing. W. HAUBER in Stuttgart.

I. Teil: Die Grundlehren der Statik starrer Körper. Mit 82 Figuren. Sechster Neudruck. 148 Seiten. 1921. (Samml. Göschen Bd. 178.) Geb. 1.80

II. Teil: Angewandte (techn.) Statik. Mit 61 Figuren. Sechster Neudruck. 149 Seiten. 1922. (Samml. Göschen Bd. 179.) Geb. 1.80

Mit dem ersten Teile ist beabsichtigt, eine kurze Darstellung der wichtigsten der technischen Statik zugrunde liegenden allgemeinen statischen Gesetze zu geben. Der zweite Teil umfaßt die statische Berechnung starrer Stabverbindungen, der statisch bestimmten Fachwerksträger für Dächer und Brücken, der Spreng- und Hängwerke, enthält die Lehre über die Standfestigkeit der Mauern und Tonnengewölbe und gibt das Wichtigste aus der Theorie des Erddrucks und dem Gebiet des Gleichgewichts der seilartigen Körper.

Graphische Statik mit besonderer Berücksichtigung der Einflußlinien. Von Dipl.-Ing. OTTO HENKEL, Bauingenieur und Studienrat an der Baugewerkschule in Erfurt.

I. Teil: Zusammensetzung und Zerlegung der Kräfte in der Ebene. Schwerpunkte. Trägheitsmomente. Spannungen in geraden Stäben. Der einfache Vollwand- und Fachwerkträger. Der Dreigelenkbogen. Gewölbe. Erddruck und Wasserdruck. Mit 127 Figuren. Zweite Auflage. 150 Seiten. 1929. (Samml. Göschen Bd. 603.) Geb. 1.80

II. Teil: Durchgehende Gelenkträger. Dreigelenkbogen. Formänderungen gerader Träger. Durchlaufende (kontinuierliche) Träger. Formänderungen gebogener Träger. Zweigelenkbogen und Zweigelenkrahmen. Eingespannter Bogen und Steifrahmen. Mit 91 Figuren. Zweite Auflage. 176 Seiten. 1928. (Samml. Göschen Bd 695.) Geb. 1.80

Der erste Band enthält die Zerlegung der Kräfte in einer Ebene, graphische Schwerpunktsbestimmungen ebener Gebilde, Trägheitsmomente, Spannungen in geraden Stäben, den einfachen Vollwand- und Fachwerkträger, Dreigelenkbogen und das Gewölbe. Der zweite Band behandelt die durchgehenden Gelenkträger, Dreigelenkbogen, Formänderungen gerader und gebogener Träger, Zweigelenkbogen, den eingespannten Bogen Erddruck- und Wasserdruck.

Analysis der ebenen Bewegung. Von Dr. MARTIN KRAUSE, Geheimrat, Professor an der Technischen Hochschule Dresden. Unter Mitwirkung von Dr. phil. et rer. techn. Alexander Carl in Leisnig. Oktav. VII, 216 Seiten. 1920. 3.—

Das Buch beschäftigt sich mit den analytischen Beziehungen zwischen den Punkten zweier, in der gleichen Ebene gelegener Koordinatensysteme, von denen das eine fest, das andere bewegt ist, ausgehend von den Transformationsgleichungen.

Geschichte der Physik. Von Prof. A. KISTNER in Karlsruhe. 2 Bände.
I: Die Physik bis Newton. Zweite, verbesserte Auflage. Mit 13 Figuren. 126 Seiten. 1919. (Samml. Göschen Bd. 293.) Geb. 1.80
II: Die Physik von Newton bis zur Gegenwart. Zweite, erweiterte Auflage. Mit 3 Figuren. 149 Seiten. 1919. (Samml. Göschen Bd. 294.) Geb. 1.80

Kristallographie. Von Dr. W. BRUHNS, Prof. an der Bergakademie Clausthal. Zweite Auflage, neubearb. von Dr. P. RAMDOHR, o. Prof. an der Technischen Hochschule Aachen. Mit 184 Figuren. 114 Seiten. 1926. (Samml. Göschen Bd. 210.) Geb. 1.80

Einführung in die Kristalloptik. Von Dr. EBERHARD BUCHWALD, Privatdozent der Physik an der Universität Breslau. Mit 124 Figuren. Neudruck. 124 Seiten. 1920. (Samml. Göschen Bd. 619.) Geb. 1.80

Einführung in die geometrische Optik. Von Dr. W. HINRICHS, Berlin-Wilmersdorf. Mit 56 Figuren. Zweite, verbesserte Auflage. 143 Seiten. 1924. (Samml. Göschen Bd. 532.) Geb. 1.80

Nach der Einleitung über die Grundgesetze der geometrischen Optik folgen die Abschnitte über die Reflexion an ebenen Flächen und sphärischen Flächen. Dann wird die Brechung an ebenen Flächen, an einer Kugelfläche und durch ein zentriertes System von Kugelflächen behandelt. In Kapitel VI finden die Linsen und Linsensysteme Beachtung.

Theoretische Physik. Von Dr. GUSTAV JÄGER, Professor der Physik an der Universität Wien. 5 Bände.

I. Band: Mechanik. Mit 25 Figuren. Sechste, verbesserte Auflage. 150 Seiten. 1930. (Samml. Göschen Bd. 76.) Geb. 1.80

II. Band: Schall und Wärme. Mit 7 Figuren. Sechste, umgearbeitete und vermehrte Auflage. 133 Seiten. 1930. (Samml. Göschen Bd. 77.) Geb. 1.80

III. Band: Elektrizität und Magnetismus. Mit 35 Figuren. Sechste, verbesserte Auflage. 151 Seiten. 1930. (Samml. Göschen Bd. 78.) Geb. 1.80

IV. Band: Optik. Mit 44 Figuren. Sechste, umgearbeitete und vermehrte Auflage. 148 Seiten. 1930. (Samml. Göschen Bd. 374.) Geb. 1.80

V. Band: Wärmestrahlung, Elektronik und Atomphysik. Mit 16 Figuren. Sechste, umgearbeitete und vermehrte Auflage. 128 Seiten. 1930. (Samml. Göschen Bd. 1017.) Geb. 1.80

Allen, welche sich ein Kompendium der theoretischen Physik anschaffen wollen, seien diese Bändchen empfohlen. Der Verfasser hat den Stoff aus dem Gesamtgebiet sorgfältig ausgewählt und dabei die neuesten Resultate der Forschung berücksichtigt.

Einführung in die theoretische Physik. Von Dr. CLEMENS SCHAEFER, Professor an der Universität Breslau. 3 Bände.

I. Band: Mechanik materieller Punkte, Mechanik starrer Körper, Mechanik der Kontinua (Elastizität und Hydromechanik). Mit 272 Figuren im Text. Dritte, verbesserte und vermehrte Auflage. Groß-Oktav. XII, 991 Seiten. 1929. 45.—, geb. 48.—

II. Band: Theorie der Wärme, Molekular-kinetische Theorie der Materie. Mit 88 Figuren im Text. Zweite, verbesserte und vermehrte Auflage. Groß-Oktav. X, 660 Seiten. 1929. 28.—, geb. 30.—

III. Band. Erscheint Mitte 1930.

„Das vorliegende Werk füllt eine merkbare Lücke in der bisher vorliegenden Literatur über theoretische Physik aus. Was es von seinen Vorgängern unterscheidet, ist einmal die Verwendung aller modernen Methoden und zum zweiten die klare und ausführliche Darstellungsweise, welche auch das Studium schwieriger Kapitel zu einem Genuß macht." Annalen der Physik.

Einführung in die theoretische Physik mit besonderer Berücksichtigung ihrer modernen Probleme. Von ARTHUR HAAS, a. o. Professor a. d. Universität Wien.
I. Band. Dritte und vierte, völlig umgearbeitete und vermehrte Auflage. Mit 58 Abbildungen im Text. Groß-Oktav. X, 307 Seiten. 1923. 7.50, geb. 9.—

II. Band. Dritte und vierte, völlig umgearbeitete und vermehrte Auflage. Mit 72 Abbildungen im Text und auf zwei Tafeln. Groß-Oktav. VIII, 379 Seiten, 1924. 8.50, geb. 10.—

„Der Vorzug des Buches liegt zweifellos in dem Umstande, daß es dem Verfasser gelingt, den Leser unter Vermeidung jedes überflüssigen Wissensballastes bis an die Probleme der modernen theoretisch-physikalischen Forschung heranzuführen. Es gibt gewiß kein anderes Buch ähnlichen Umfanges, das den Studierenden gleichzeitig mit den Elementen der theoretischen Physik und mit den wichtigsten modernen Forschungsergebnissen, wie Röntgenspektroskopie, Kristallanalyse, Isotopenbestimmung usw. vertraut macht.“ Monatshefte für Mathem. u. Physik.

Atomphysik. Von Dr. HANS LESSHEIM in Breslau. I. Band. Mit 36 Abbildungen. 134 Seiten. 1929. (Samml. Göschen Bd. 1009.) Geb. 1.80

Zur einheitlichen Feldtheorie. Von Professor Dr. ALBERT EINSTEIN. 8 Seiten. 1.—

Neue Begründung der Relativitätstheorie.

Allgemeine Mechanik der Punkte und starren Systeme. Ein Lehrbuch für Hochschulen. Von E. BUDDE. 2 Bände. Oktav.
I. Band: Mechanik der Punkte und Punktsysteme. 418 Seiten. 1890. 7.—
II. Band: Mechanische Summen und deren starre Gebilde. Seite 419—968. 1891. 8.—

Physikalische Formelsammlung. Von Prof. G. MAHLER †. Fünfte, völlig umgearbeitete Auflage, besorgt von Prof. K. MAHLER in Aalen. Mit 71 Figuren. 162 Seiten. 1927. (Samml. Göschen Bd. 136.) Geb. 1.80

Physikalische Aufgabensammlung. Von Prof. G. MAHLER †. Mit den Resultaten. Neubearbeitet von Prof. K. MAHLER in Aalen. Vierte, verbesserte Auflage. 136 Seiten. 1930. (Samml. Göschen Bd. 243.) Geb. 1.80

Physikalische Messungsmethoden. Von Prof. Dr. WILHELM BAHRDT in Berlin-Lichterfelde. Mit 54 Figuren. Zweite, verbesserte Auflage. Durchgesehener Neudruck. 147 Seiten. 1921. (Samml. Göschen Bd. 301.) Geb. 1.80

Physikalische Tabellen. Von Dr. A. LEICK. Zweite Auflage, neubearbeitet von Prof. Dr. W. LEICK in Berlin-Lichterfelde. 96 Seiten. 1920. (Samml. Göschen Bd. 650.) Geb. 1.80

Luftelektrizität. Von Dr. KARL KÄHLER, Privatdozent für Meteorologie an der Universität Berlin. Zweite Auflage. Mit 19 Figuren. 134 Seiten. 1921. (Samml. Göschen Bd. 649.) Geb. 1.80

Röntgenstrahlen (Physik, Technik und Anwendungen). Von Dr. phil. nat. RICHARD HERZ in Frankfurt a. M. Mit 48 Figuren im Text und 36 Abbildungen auf 16 Tafeln. 136 Seiten und 16 Tafeln. 1927. (Samml. Göschen Bd. 950.) Geb. 1.80

Theorie des Schlickschen Massenausgleichs bei mehrkurbeligen Dampfmaschinen. Von Professor Dr. HERMANN SCHUBERT. Lexikon-Oktav. 132 Seiten. 1901. 8.—

Das vorliegende Buch behandelt den Massenausgleich vom rein mathematischen Standpunkt aus. Die Anforderungen, welche die Praxis stellt, werden als gegebene Nebenbedingungen den Gleichungen hinzugefügt, deren Erfüllung notwendig ist, um den Ausgleich zu ermöglichen.

Kinematik. Von Dr.-Ing. HANS POLSTER, Betriebsingenieur der Badischen Anilin- und Sodafabrik Merseburg-Leuna. Mit 76 Abbildungen. Zweite Auflage. 151 Seiten. 1920. (Samml. Göschen Bd. 584.) Geb. 1.80

Der Band bietet dem Studierenden eine Einführung, will aber darüber hinaus den in der Praxis stehenden Ingenieuren, die sich in die schwierigen Bewegungsverhältnisse von Nocken-, Schwingdaumen- und Wälzhebelsteuerungen oder von anderen Gebieten tieferen Einblick verschaffen wollen, ein bequemer Führer sein.

Ballistik. Von Dr. THEODOR VAHLEN, o. ö. Professor der reinen und angewandten Mathematik an der Universität Greifswald. Mit 53 Abbildungen. Groß-Oktav. XII, 231 Seiten. 1922. 9.—, geb. 10.—

Im Gegensatz zu anderen Werken über Ballistik bringt dieses neue Buch gerade den mathematischen Gehalt der Ballistik zur Darstellung. Es gewinnt dadurch noch erhöhte Bedeutung, daß es seine Entstehung den praktischen Erfahrungen verdankt, die der Verfasser im Kriege machte. U. a. weist es als neu die zwischen innerer und äußerer Ballistik einzuschaltende Übergangsballistik und als Ballistik in großen Höhen die kosmische Ballistik auf.

Festigkeitslehre. Von Professor Dipl.-Ing. W. HAUBER in Stuttgart. Mit 56 Figuren und 1 Tafel. Achter Neudruck. 127 Seiten u. 1 Tafel. 1923. (Samml. Göschen Bd. 288.) Geb. 1.80

In dem Band gibt der Verfasser eine kurze Übersicht über die Fundamentalsätze der elastischen Kräfte in ihrer Anwendung auf die einfacheren Fälle der Festigkeit, soweit sie für die gewöhnlichen Aufgaben des praktischen Lebens in Frage kommen.

Aufgabensammlung zur Festigkeitslehre mit Lösungen. Von R. HAREN. Dritte, vollständig neubearbeitete Auflage von JOSEF FURTMAYR, Dipl.-Ing. in Stuttgart. Mit 43 Figuren. 116 Seiten. 1923. (Samml. Göschen Bd. 491.) Geb. 1.80

Der Band bietet in 8 Abschnitten 66 Aufgaben nebst Lösungen über Zug, Druck, Biegung, Schub, Verdrehung, Knickung, Festigkeit plattenförmiger Körper und zusammengesetzte Festigkeit; in einem Anhang sind die benötigten Zahlenwerte kurz zusammengestellt.

Hydraulik. Von Professor Dipl.-Ing. W. HAUBER in Stuttgart. Zweite, verbesserte und vermehrte Auflage. Neudruck. Mit 45 Figuren. 156 Seiten. 1925. (Samml. Göschen Bd. 397.) Geb. 1.80

Das Buch enthält eine Darstellung der Hydrostatik und bringt aus der Hydrodynamik: Ausfluß des Wassers aus Gefäßen; Überfall des Wassers über Wehre; Die Bewegung des Wassers in Flüssen und Kanälen; Die Bewegung des Wassers in Röhren mit konstantem Querschnitt; Stoß eines zylindrischen oder prismatischen Wasserstrahls auf eine Zylinderfläche.

Elastizitätslehre für Ingenieure. Von Professor Dr.-Ing. MAX ENSSLIN an der Höheren Maschinenbauschule Eßlingen.

I. Grundlagen und Allgemeines über Spannungszustände, Zylinder, ebene Platten, Torsion, gekrümmte Träger. Mit 65 Figuren. Zweite, verbesserte Auflage. 147 Seiten. 1921. (Samml. Göschen Bd. 519.) Geb 1.80

II. Statisch unbestimmte Konstruktionen, Sätze von Castigliano und Maxwell, Dreimomentensatz, Vorspannungen, Temperaturspannungen, Fachwerke mit überzähligen Stützpunkten und überzähligen Stäben, Prinzip der virtuellen Verrückungen, Verschiebungsplan. Mit 44 Figuren. 120 Seiten. 1927. (Samml. Göschen Bd. 957.) Geb. 1.80

Band I bespricht die Grundlagen der Elastizitätslehre sowie Allgemeines über Spannungszustände, Zylinder, ebene Platten, Torsion und gekrümmte Träger. Band II gibt eine Einführung in die Methoden zur Berechnung der statisch unbestimmten Konstruktion des Bau- und Maschineningenieurs.

Vorlesungen über Thermodynamik. Von Dr. MAX PLANCK, Professor der theoretischen Physik an der Universität Berlin. Mit 5 Figuren im Text. Neunte Auflage. Groß-Oktav. XI, 288 Seiten. 1930. Geb. 11.50

Das vorliegende Buch geht von einigen allgemeinen Erfahrungstatsachen aus, namentlich von den beiden Hauptsätzen der Wärmelehre, und entwickelt hieraus die wichtigsten physikalischen und chemischen Sätze. Zunächst werden die Grundtatsachen und Begriffserklärungen für Temperatur, Molgewicht und Wärmemenge erläutert, dann die beiden Hauptsätze der Wärmetheorie aufgestellt und bewiesen, endlich die Anwendungen auf die besonderen Gleichgewichtszustände ausführlich besprochen.

Astronomie. Größe, Bewegung und Entfernung der Himmelskörper. Von A. F. MÖBIUS. Bearbeitet von Dr. HERM. KOBOLD, o. Hon.-Professor an der Universität Kiel.

I. Das Planetensystem. Mit 33 Figuren. Elfte Auflage. Durchgesehener Neudruck. 136 Seiten. 1925. (Samml. Göschen Bd. 11.) Geb. 1.80

II. Kometen, Meteore und das Sternsystem. Mit 15 Figuren und 2 Sternkarten. Dreizehnte Auflage. 128 Seiten. 1923. (Samml. Göschen Bd. 529.) Geb. 1.80

Der erste Teil beschränkt sich auf die Darstellung der Bewegungserscheinungen und der Größenverhältnisse der Planeten und ihrer Trabanten. Im zweiten Teil leitet die zunächst gegebene Behandlung der dem Sonnensysteme weniger innig verbundenen Glieder, der Kometen und Meteore, zu dem Hauptgegenstande der Betrachtung, dem Fixsternsystem, über. Im letzten Kapitel wird der Leser mit den Theorien über die Entwicklungsvorgänge im Universum bekanntgemacht.

Astrophysik. Die Beschaffenheit der Himmelskörper. Von Professor Dr. W. F. WISLICENUS. Neubearbeitet von Professor Dr. H. LUDENDORFF. Vierte Auflage. Mit 14 Abbildungen. 136 Seiten. 1920. (Samml. Göschen Bd. 91.) Geb. 1.80

In dem Band werden Sonne, Mond, Planeten und ihre Trabanten behandelt. Die Physik der Fixsterne, der veränderlichen Sterne, Nebel und Sternhaufen ist vollständig neubearbeitet. Neben den reinen Beobachtungstatsachen werden auch die Hypothesen über die Energiequellen der Sonne, die Entstehung der Mondgebirge usw. besprochen.

Röderdruck Leipzig

FSC
www.fsc.org
MIX
Papier | Fördert gute Waldnutzung
FSC® C083411

Zeitfracht Medien GmbH
Ferdinand-Jühlke-Straße 7
99095 Erfurt, Deutschland
produktsicherheit@kolibri360.de